Les nouveaux paradigmes du projet ?

Peter Lang
Bruxelles · Bern · Berlin · New York · Oxford · Wien

Trilogie issue des 20ème rencontres internationales en urbanisme organisées par APERAU* qui se sont tenues du 18 au 22 juin 2018 sur le campus de l'Université de Lille

Pauline Bosredon et Frédéric Dumont (dir.), *Projet en partage, partage sans projet. Les dimensions sociales et territoriales du projet.* Peter Lang, 2021.

Helga-Jane Scarwell et Philippe Deboudt (dir.), *Les nouveaux paradigmes du projet ? Transition adaptation résilience.* Peter Lang, 2021.

Marc Dumont, Annette Groux et Didier Paris (dir.), *Le projet et la fabrique urbaine : enseigner, débattre, agir.* Peter Lang, 2021.

Ces trois ouvrages sont disponibles en libre accès sur le site www.peterlang.com.

*Association pour la promotion de l'enseignement et de la recherche en aménagement et en urbanisme

Helga-Jane SCARWELL et
Philippe DEBOUDT (dir.)

Les nouveaux paradigmes du projet ?

Transition, adaptation, résilience

Peter Lang
Bruxelles · Bern · Berlin · New York · Oxford · Wien

Publié avec le soutien financier de la Région Hauts de France, de l'Université de Lille et du laboratoire Territoires, Villes, Environnement & Société

Image de couverture: "Blue sky and white clouds reflecting in a curved glass building" ©istockphoto.com

Cette publication a fait l'objet d'une évaluation par les pairs.

1 avenue Maurice, B-1050 Bruxelles, Belgique
www.peterlang.com ; brussels@peterlang.com

ISBN 978-2-8076-1111-5
ePDF 978-2-8076-1773-5
ePUB 978-2-8076-1774-2
MOBI 978-2-8076-1775-9
DOI 10.3726/b18045
D/2021/5678/07

Information bibliographique publiée par « Die Deutsche Bibliothek »
« Die Deutsche Bibliothek » répertorie cette publication dans la « Deutsche National-bibliografie » ; les données bibliographiques détaillées sont disponibles sur le site <http://dnb.ddb.de>.

SOMMAIRE

Liste des contributeurs 11

INTRODUCTION

Richesse et diversité des cadres théoriques, des thématiques, des contextes, des échelles géographiques et des études de cas pour appréhender les transformations des pratiques du projet par les enjeux de la durabilité 19

PHILIPPE DEBOUDT ET HELGA-JANE SCARWELL

PARTIE 1 TRANSITION

Les enjeux de hiérarchie dans la gouvernance de la durabilité urbaine : acteurs, instruments et projets urbains face à la transition 41

PHILIPPE HAMMAN

Des dynamiques de projet pour l'innovation des territoires métropolitains. La Métropole du Grand Paris face aux défis écologiques. Vers une « *knowledge industrial green city* » ? 61

PATRIZIA INGALLINA

Ville-aéroport : imaginer des transitions. Le cas de Tours (France) 85

CHRISTOPHE DEMAZIÈRE ET DIVYA LEDUCQ

Les concepts de quartier de l'innovation et de projet urbain à Montréal : utopies d'un développement économique et urbain intégré ? 107

PRISCILLA ANANIAN

Quand la ville durable se nourrit de la ville intelligente : que reste-il du projet ? Hanoï, métropole en transition 133

Helga-Jane Scarwell, Divya Leducq, Do Lien Huong Dinh, Quòc Dat Nguyen et Ngoan Pham

Les transitions urbaines au Cameroun entre stratégies de survie et préservation de l'environnement 161

Lionel Prigent et Christian Kalieu

Partie 2 Adaptation

La nature en ville : Comment les pratiques aménagistes s'adaptent en continu à l'impératif écologique. Étude à partir de cinq projets du Grand Ouest français 189

Sabine El Moualy, Guy Baudelle et Laurence Le Du-Blayo

L'improbable ceinture verte : aménagements et dynamiques socio-territoriales des espaces végétalisés des pourtours de l'agglomération parisienne 215

Morgane Flégeau et Fabien Roussel

L'avènement des services écosystémiques et ses conséquences sur la gestion des espaces verts urbains en France 239

Amélie Robert et Jean Louis Yengué

Identifier les continuités écologiques : une cohérence interterritoriale délicate sous forme de « patate chaude » 261

Julie Chaurand, Magalie Franchomme, Jacques Baudry et Jean-Philippe Tonneau

Changement climatique et aménagement du territoire : le rôle de la trame verte urbaine 285

Marion Brun, Magalie Franchomme, Christelle Hinnewinkel et Brandon Stordeur

La techno-nature. Émergence d'une figure de nature hybride au service de l'habitabilité. Exemple du projet d'écologie urbaine du parc Kaplan à Lyon 309

Muriel Delabarre

Partie 3 Résilience

Le projet urbain au défi de la qualité de l'air et des enjeux environnementaux 337

Lionel Charles

Comment l'imbrication de la pollution de l'air avec le changement climatique bouleverse le projet urbain ? 367

Isabelle Roussel

Vive la règle pour le projet ! L'articulation de la règle et du projet au service de la résilience urbaine à l'inondation 389

Sylvain Rode et Julien Langumier

Enjeux de gestion des risques en milieu urbain relatifs aux projets d'infrastructures aériennes de transport : le cas du risque inondation 409

Michaël Gonzva, Gabrielle Richard, Bruno Barroca, Vincent Becue et Kristel Mazy

La gestion des risques naturels littoraux selon le projet : d'une gestion sans stratégie à une stratégie sans gestion ? Le cas de la Côte d'Opale (France) 419

Philippe Deboudt

Conclusion

Transition, adaptation, résilience : un processus itératif pour construire de nouveaux paradigmes du projet 447

Helga-Jane Scarwell et Philippe Deboudt

Liste des contributeurs

Priscilla Ananian
Université du Québec à Montréal
Département d'études urbaines et touristiques

Bruno Barroca
Université Paris-Est
Lab'Urba

Guy Baudelle
Université Rennes 2
UMR ES0

Jacques Baudry
INRA, Agrocampus Ouest, École Supérieure d'Agriculture d'Angers
UMR Biodiversité, AGroécologie et Aménagement du Paysage

Vincent Becue
Université de Mons
Faculté d'Architecture et d'Urbanisme

Marion Brun
Université de Lille
Laboratoire Territoires, Villes, Environnement & Société (TVES)
ULR 4477

Lionel Charles
Fractal

Julie Chaurand
Université de Montpellier, AgroParisTech, CIRAD, CNRS, IRSTEA
UMR Territoires, Environnement, Télédétection et Information Spatiale

Philippe Deboudt
Université de Lille
Laboratoire Territoires, Villes, Environnement & Société (TVES)
ULR 4477

Muriel Delabarre
Université de Lausanne
Faculté des géosciences

Christophe Demazière
Université de Tours
UMR 7324 CITERES CNRS

Do Lien Huong Dinh
Université de Lille
Laboratoire Territoires, Villes, Environnement & Société (TVES)
ULR 4477

Laurence Le Du-Blayo
Université Rennes 2
UMR ESO

Morgane Flégeau
Université Paris 13
EA 7338 Pléiade

Magalie Franchomme
Université de Lille
Laboratoire Territoires, Villes, Environnement & Société (TVES)
ULR 4477

Michaël Gonzva
Université Paris-Est
Lab'Urba

Philippe Hamman
Université de Strasbourg
Laboratoire Sociétés, Acteurs, Gouvernement en Europe (UMR 7363 SAGE)

Christelle Hinnewinkel
Université de Lille
Laboratoire Territoires, Villes, Environnement & Société (TVES)
ULR 4477

Patrizia Ingallina
Sorbonne Université
ENeC

Christian Kalieu
Université de Dschang, Cameroun

Julien Langumier
DDTM 13
Laboratoire RIVES, UMR 5600 EVS, ENTPE

Divya Leducq
Université de Tours
UMR CNRS 7324 CITERES (Cités, Territoires, Environnement et Sociétés)

Kristel Mazy
Université de Mons
Faculté d'Architecture et d'Urbanisme

Sabine El Moualy
Université Rennes 2
UMR ESO & Agence Aubépine, Rennes

Quòc Dat Nguyen
Université de Lille
Laboratoire Territoires, Villes, Environnement & Société (TVES)
ULR 4477

Ngoan Pham
Université de Lille
Laboratoire Territoires, Villes, Environnement & Société (TVES)
ULR 4477

Lionel Prigent
Université de Bretagne occidentale
Laboratoire Géoarchitecture

Gabrielle Richard
Université de Mons, Université Paris-Est
Faculté d'architecture et d'urbanisme, Mons et Lab'Urba, Paris-Est

Amélie Robert
Université de Tours
UMR CITERES

Sylvain Rode
Université de Perpignan Via Domitia
UMR 5281 ART-Dev

Fabien Roussel
Université d'Artois
EA 2468 Discontinuités

Isabelle Roussel
Université de Lille
Laboratoire Territoires, Villes, Environnement & Société (TVES)
ULR 4477

Helga-Jane Scarwell
Université de Lille
Laboratoire Territoires, Villes, Environnement & Société (TVES)
ULR 4477

Brandon Stordeur
Université de Lille
Laboratoire Territoires, Villes, Environnement & Société (TVES)
UR 4477

Jean-Philippe Tonneau
Université de Montpellier, AgroParisTech, CIRAD, CNRS, IRSTEA
UMR Territoires, Environnement, Télédétection et Information Spatiale

Jean Louis Yengué
Université de Poitiers
Laboratoire RURALITÉS

Introduction

Richesse et diversité des cadres théoriques, des thématiques, des contextes, des échelles géographiques et des études de cas pour appréhender les transformations des pratiques du projet par les enjeux de la durabilité

Philippe Deboudt et Helga-Jane Scarwell

Université de Lille
Laboratoire Territoires, Villes, Environnement & Société

L'appel à communications du colloque des 20e rencontres internationales en urbanisme de l'APERAU à Lille (2018) a questionné le « Projet » :

> Tantôt ou tout à la fois urbain, métropolitain, de développement (durable), de territoire, agricole, grand, structurant, multi-acteur, multi-dimensionnel, négocié, complexe, emblématique…le projet ne manque pas de qualificatifs. De quoi le projet n'est-il donc pas le nom, d'ailleurs ? Un outil, une catégorie autant qu'un dogme, mais surtout une étonnante métaphore plurielle, dont l'incroyable succès tient entre autres à sa très grande plasticité[1].

Plusieurs auteurs ont déjà exploré et analysé le rôle du projet dans l'urbanisme (par exemple : Tomas, 1995 ; Toussaint et Zimmermann, 1998 ; Scherrer, 2000 ; Novarina, 2003 ; Pinson, 2004 ; Hamman et Blanc, 2009 ; Pinson, 2009 ; Ascher, 2010 ; Claude, 2000 ; Ingallina, 2010 ; Hamman, 2011 ; Rode, 2017 ; Arab, 2018 ; Martouzet, 2018). Dans l'ouvrage de G. Pinson (2009) *Gouverner la ville par le projet*, dans lequel l'auteur se focalise sur deux ordres de transformation – « un

---

1 Deboudt P., Bosredon P., Castex E., Dumont F., Dumont M., Groux A., Menerault P., Paris D., Prévot M., Scarwell H.-J. (dir.), 2018, Actes du colloque des 20èmes Rencontres Internationales en Urbanisme de l'APERAU, « Que reste-t-il du projet ? », Lille, éd. Université de Lille, 414 p.

changement dans la perception de la ville ; un changement dans les modes d'action qui participent à la fabrication des politiques urbaines » – , la gouvernance constitue l'un des paradigmes du projet en urbanisme.

À l'occasion du colloque des rencontres internationales en urbanisme de l'APERAU, organisé à l'Université de Lille en 2018, cinq questionnements ont été développés pour faire émerger et analyser les nouveaux paradigmes du projet en s'intéressant à la dimension territoriale du projet, à la production de nouvelles normes, aux pratiques d'apprentissage, au rôle de l'essor du numérique et enfin aux nouveaux enjeux du projet issus des impératifs de la durabilité (Deboudt *et al.*, 2018).

Dans cet ouvrage, nous nous intéressons à ce dernier questionnement et nous proposons d'explorer trois nouveaux paradigmes articulés avec le développement durable des territoires et la ville durable : la transition, l'adaptation et la résilience ; ces trois paradigmes ont en effet contribué à renouveler les liens entre d'une part, l'aménagement, l'urbanisme et d'autre part, le projet, durant les 10 dernières années, dans le cadre de l'inscription des territoires et des villes dans une course à la durabilité (Andres et Bochet, 2010 ; Emelianoff, 2015 ; Hamman *et al.*, 2017).

Cet ouvrage propose au fil de dix-sept chapitres d'identifier et d'analyser les nouveaux paradigmes du projet quand il est articulé avec des enjeux environnementaux, ceux de la ville durable et de l'aménagement durable des territoires (Theys et Emelianoff, 2001 ; Emelianoff, 2007). Le projet se trouve en effet bouleversé par de nouveaux impératifs écologiques, juridiques et sociaux invitant à la durabilité à l'échelle internationale, européenne (paquet Énergie Climat) et nationale (par exemple en France, les lois de programmation fixant les Orientations de la Politique Énergétique – POPE2, Grenelle 1 et 2 ou la loi relative à la transition énergétique pour la croissance verte). Leur traduction selon de nouveaux objectifs à atteindre ou de nouvelles normes ont des incidences sur les pratiques de l'aménagement et de l'urbanisme et sur la nature séquentielle du projet. Ainsi, le projet se trouve de plus en plus complexifié par l'évolution des problématiques urbaines et environnementales et par le besoin de répondre à l'articulation des enjeux globaux et locaux ou encore à des besoins de structuration et d'évaluation des démarches de projet.

La transition constitue le premier nouveau paradigme du projet analysé dans la première partie de l'ouvrage. La transition peut être écologique, sociale, environnementale, énergétique, socio-écologique, etc. (Perthuis, 2019 ; Chatterton et Cutler, 2013 ; Cottin-Marx, Flipo et Lagneau, 2013).

La thématique des « transitions » (écologique, sociale, etc.) accompagne-t-elle la généralisation d'une inflexion du projet vers la préfiguration comme nouveau mode opératoire ? Le projet n'apparaîtrait-il pas comme une opportunité à saisir pour engager les villes et les territoires sur le chemin de la **transition** environnementale ?

L'adaptation représente le second nouveau paradigme du projet constituant le fil directeur de la seconde partie de l'ouvrage. À la différence de la première partie dans laquelle les transitions ont principalement concerné le fait urbain et les villes, l'adaptation est envisagée pour des territoires plus diversifiés. L'adaptation doit répondre aux enjeux du changement climatique et écologique, de la protection de la biodiversité et de l'environnement (Bertrand et Rocher, 2014 ; Van Gameren *et al.* ; Richard 2016 ; Desse *et al.*, 2017). À l'image de la transition, quelles sont les nouvelles figures de l'action, quelles sont les méthodes qui s'imposent en parallèle du projet pour envisager l'**adaptation** des villes et des territoires aux enjeux environnementaux et au changement climatique ?

Enfin dans la troisième partie, la résilience représente le dernier paradigme mobilisé. Le projet peut contribuer à l'émergence d'un urbanisme résilient ou à un aménagement résilient quand il s'agit de prendre en compte les risques et les vulnérabilités dans le projet (Borraz, 2008 ; Toubin, *et al* ; 2012 ; Djament-Tran et Reghezza-Zitt, 2012 ; Mathevet et Bousquet, 2014).

La notion même de projet a-t-elle encore du sens ou n'est-elle plus qu'une fiction, lorsque dominent la vulnérabilité, l'inégalité, l'instabilité, l'incertitude ? Quels projets ou stratégies sont conçus et mis en œuvre dans les villes et les territoires pour assurer leur **résilience** ?

Transition ; Adaptation ; Résilience, ces trois notions ont été choisies pour identifier et analyser dans cet ouvrage au travers de multiples contextes géographiques, échelles de l'action, figures d'acteurs et temporalité de l'aménagement, les nouveaux paradigmes du projet.

La 1re partie de l'ouvrage rassemble six chapitres dont le fil directeur est constitué par la notion de transition socio-environnementale des villes, mise en œuvre à partir de projets. Cette transition est appréhendée principalement dans des espaces urbains de différentes dimensions, des États (le Cameroun), des métropoles (Paris, Montréal, Hanoi), des villes moyennes (Tours) et dans des contextes géographiques variés, en France, en Asie et en Afrique. Plusieurs paradigmes de la transition se retrouvent au fil des 6 chapitres et permettent d'identifier différentes dimensions de la transition et des projets mobilisés et analysés dans les chapitres : la ville durable, la ville intelligente, l'élaboration d'une utopie urbaine. Également dans ces chapitres, la gouvernance et la participation des acteurs, l'intégration des dimensions du développement urbain constituent un des leviers essentiels de la transition. Les chapitres insistent sur les limites et les obstacles dans le processus de la transition avec des décalages entre les objectifs portés dans les utopies urbaines et la réalité de leur production, notamment quand elle se combine avec un accroissement des inégalités socio-spatiales dans la ville.

Avant de proposer plusieurs lectures de cette transition socio-environnementale et des projets associés dans plusieurs contextes urbains et géographiques, le 1er chapitre livre un cadrage conceptuel et un premier regard sur le levier principal du processus de transition, la gouvernance de la ville durable. **Philippe Hamman** rassemble une réflexion sur les enjeux de hiérarchie dans la gouvernance de la durabilité urbaine[2]. L'auteur part de l'hypothèse « d'une double complexification du projet urbain : (1) à travers la nécessité d'articuler en permanence des enjeux globaux et locaux, c'est-à-dire tenir une pluralité d'échelles en interaction ; et (2) à travers des démarches et des méthodes qui évoluent aussi bien sous l'angle des instruments mobilisés que des jeux d'acteurs », puis il convoque une littérature francophone et anglophone, ainsi que des cas empiriques, pour apporter des éclairages sur deux questionnements : « interroger trois grandes dimensions des enjeux de hiérarchie : acteurs et ressources, normes et légitimités, contenus et instruments, puis relire en relation la gouvernance publique et urbaine, à travers le double rapport aux priorités d'action et aux échelles d'intervention ». Enfin, l'auteur s'intéresse à la question des échelles géographiques et de l'action publique ou individuelle. Parmi les cas empiriques mobilisés, on peut citer notamment celui de la fiscalité et des aides incitatives dans le secteur du photovoltaïque, l'exemple des réglementations thermiques dans le bâti, le mouvement des villes en transition, les dispositifs intelligents des compteurs linky.

Les trois chapitres suivants concernent des études de cas localisées dans des pays d'urbanisation ancienne. Dans ces contextes, la dynamique de la transition doit se superposer à des territoires consolidés. Deux situations différentes sont envisagées dans ces chapitres. Le cas de transitons

---

[2] Philippe Hamman, 2020, Les enjeux de hiérarchie dans la gouvernance de la durabilité urbaine : acteurs, instruments et projets urbains face à la transition.

envisagées à de nouvelles échelles de la gouvernance urbaine, en quête de légitimité (le Grand Paris), puis une transition s'appuyant sur des projets de reconversions de quartiers dans une métropole (Montréal) ou une ville moyenne (Tours). **Patrizia Ingallina** s'est intéressée aux contributions des dynamiques de projet pour l'innovation des territoires en s'appuyant sur l'exemple de la Métropole du Grand Paris[3]. L'auteure rappelle la définition du projet rattaché à l'urbain auquel le terme dynamique est très souvent associé par les acteurs de l'aménagement : une démarche, de processus itératif et interactif, impliquant différents acteurs, à différentes échelles, dans des temporalités différentes[4]. P. Ingallina propose de mobiliser le cluster, dont la ville *knowledge-based* est une figure emblématique, pour analyser un exemple de dynamiques de projet et plus précisément le modèle des *knowledge industrial green cities* c'est-à-dire une combinaison de la prospérité économique appuyée sur l'économie de la connaissance avec la soutenabilité environnementale. Ces modèles de développement urbain bien connus en Asie (Corée du Sud) ou développées plus récemment au Maghreb (Maroc) trouvent une adaptation spécifique dans le cas de la métropole du Grand Paris avec une introduction de la dimension écologique postérieurement à la mise en œuvre d'un modèle reposant principalement sur le développement économique à partir de clusters. Se pose alors la question du décalage entre ces deux approches et des orientations envisagées pour mieux articuler les dimensions économiques et écologiques notamment à une échelle locale dans des projets urbains et à une échelle globale à partir d'une dynamique de labellisation de projets intégrant une dimension écologique. **Divya Leducq et Christophe Demazière**[5] interrogent la notion de transition en urbanisme pour des « espaces urbains consolidés et dont il s'agit de penser la mutation vers un urbain durable », c'est dire dans des espaces « d'urbanisation ancienne ou l'essentiel de la ville de demain est déjà constitué ». Les auteurs ont choisi de centrer leur analyse sur des espaces anciennement urbanisés dans les années 1950 à 1970 autour des principes fonctionnalistes avec un espace dominé par l'articulation entre des fonctions économiques et des infrastructures de transport. Pour ces catégories d'espaces urbains,

---

3 Patrizia Ingallina, 2020, Des dynamiques de Projet pour l'innovation des territoires. La Métropole du Grand Paris face aux défis écologiques.

4 Ingallina, P. (2010, 3e édition), *Le Projet Urbain*, coll. « Que-Sais-Je ? », Paris, PUF.

5 Divya Leducq et Christophe Demazière, 2020, Ville-aéroport : imaginer des transitions. Le cas de Tours (France).

envisager une transition constitue un véritable défi. L'exemple analysé correspond à une zone urbaine située au nord-est de l'agglomération de Tours et marquée par la présence d'un aéroport militaire et civil encerclé par l'urbanisation, dont la fonction militaire a été abandonné récemment. Cette analyse permet d'identifier les obstacles (maîtrise du foncier) et les leviers (planification, portage) à la mise en œuvre d'une transition pour cet espace aéroportuaire en voie de réappropriation. L'un des apports de ce chapitre est également constitué par la configuration du travail de recherche sur ce sujet mobilisant plusieurs catégories d'acteurs professionnels et académiques dans le cadre pédagogique de l'atelier en urbanisme impliquant des étudiants étrangers. **Priscillia Anamian** a choisi le sujet de la redynamisation d'anciens territoires industriels à partir de la dynamique de l'innovation en prenant l'exemple des quartiers de l'innovation à Montréal[6]. L'originalité de ce chapitre tient dans la prise en compte de plusieurs concepts mobilisés de manière transversale : il s'agit d'identifier « les enjeux de la superposition de ces concepts – quartier de l'innovation et projet urbain – sur des territoires relativement restreints ». Il tire son originalité de l'étude de cas développée différente

> d'autres quartiers de l'innovation dans le monde qui se sont basés sur de grandes institutions technologiques comme Google, Amazon, Microsoft et des hôpitaux universitaires se consacrant surtout à la recherche et au développement dans les murs des institutions, le QI de Montréal ancre son rôle dans la mise en réseau des parties prenantes sur quatre volets : urbain, recherche et développement, social et culturel, et économique.

L'un des apports de ce chapitre se trouve également dans l'analyse des contributions de ces dynamiques de projet au développement urbain intégré et l'identification de limites ou de décalages entre les imaginaires portés par ces concepts et leurs déclinaisons dans les territoires. La prégnance des trajectoires passées, les jeux d'acteurs avec l'absence d'une vision partagée ou d'un consensus, l'impossibilité de formalisation d'un périmètre de projet ou l'inadaptation des outils de l'urbanisme réglementaire expliquent la dimension utopique de ces modèles de développement urbain et leur traduction complexe pour contribuer à un développement urbain intégré.

---

[6] Priscillia Anamian, 2020, Les concepts de quartier de l'innovation et de projet urbain à Montréal : utopies d'un développement économique et urbain intégré ?

Les deux derniers chapitres interrogent le processus de la transition dans des contextes d'urbanisation très différents, en Asie et en Afrique, ou les projets sont confrontés à des dynamiques massives d'urbanisation et, en Afrique, faire face à des inégalités de développement. **Helga-Jane Scarwell** *et al.*[7] proposent une analyse de la ville durable sous le prisme de la ville intelligente à partir du cas de la métropole de Hanoi au Vietnam. La globalisation du phénomène urbain peut se lire à partir de l'essor des projets de smart city mis en œuvre principalement en Europe en constituant l'un des leviers de l'adaptation des villes au changement climatique. Plusieurs métropoles en Asie se sont également engagées dans des projets de smart city dont les villes vietnamiennes avec le cas le plus exemplaire constitué par la métropole de Hanoi ; il s'agit d'apporter des réponses aux conséquences d'une urbanisation massive en rendant les villes plus attrayantes, plus compétitives. Hanoi représente un exemple récent et révélateur de tensions entre de nouvelles dynamiques de développement et un creusement des inégalités socio-spatiales. Le modèle envisagé pour la smart city à Hanoi peut être questionné selon les trois dimensions de la ville durable. Dans ce chapitre, les auteurs dressent un bilan de la mise en œuvre des projets de smart city dans les villes vietnamiennes en réalisant un focus sur le cas de Hanoi ou cette dynamique s'accompagne de nouvelles opportunités de développement économique et s'inscrit dans différentes catégories de projets urbains. L'un des apports importants de ce chapitre vient de la mobilisation de plusieurs échelles géographiques pour l'analyse de la diffusion des projets de smart city structurés à partir des infrastructures urbaines durables, ainsi que des modèles de ville durable issus de la mise en œuvre de ces projets. Cette analyse aborde le sujet de la participation des acteurs dans la réussite de ces projets. Les retombées des projets de smart city principalement identifiées dans des quartiers les plus compétitifs posent également la question des conséquences de cette dynamique sur le renforcement des inégalités socio-spatiales à l'échelle métropolitaine. **Lionel Prigent et Christian Kalieu** s'intéressent aux transitions urbaines au Cameroun portées soit par des stratégies de survie soit par des objectifs de préservation de l'environnement. Dans ce dernier chapitre, les enjeux de la transition se heurtent à des défis majeurs et à l'épreuve de la croissance et du développement, néanmoins

[7] Helga-Jane Scarwell, Divya Leducq, Do Lien Huong Dinh, Quòc Dat Nguyen, Ngoan Pham, 2020, Quand la ville durable se nourrit de la ville intelligente : que reste-il du projet ? Hanoï, métropole en transition.

elle peut se lire dans des expériences de projets interrogeant la question de la gouvernance et celle de la transition démocratique. Les auteurs soulignent dans ce chapitre les traits majeurs du développement urbain et ses conséquences sur l'environnement, notamment les ressources en eau et l'approvisionnement des villes. Les thèmes de l'énergie, des déchets permettent également d'identifier les solutions mises en œuvre par les habitants ou des entreprises pour pallier aux difficultés de la gestion publique urbaine. Les facteurs explicatifs de ces difficultés dans la gouvernance urbaine sont également analysés : insuffisance de la gestion technique, interruption des politiques de coopération, insuffisance des ressources financières. Plusieurs pistes et solutions sont également évoquées pour répondre aux enjeux d'une transition socio-environnementale complexe à décliner localement. On peut évoquer les initiatives de collectifs d'habitants, les aides apportées par la coopération internationale, les initiatives portées par des entreprises internationales et les ONG, ainsi que l'engagement récent des villes dans des projets d'aménagement.

Dans la deuxième partie de l'ouvrage, le projet est construit en référence à la notion d'adaptation. Les projets doivent contribuer à adapter les villes et les territoires au changement climatique, à intégrer la prise en compte de la biodiversité dans l'aménagement des villes et des territoires, à intégrer les nouveaux enjeux de la protection de l'environnement dans les trajectoires récentes de processus de développement urbain inscrit dans une temporalité longue. Le projet est décliné dans la trame verte, la mise en œuvre de continuité écologique, les services écosystémiques, l'invention d'une nature hybride pour produire de nouvelles formes d'habitabilité des territoires. Dans cette partie, les auteurs envisagent l'adaptation à partir de projets à différentes échelles géographiques, une Région, une métropole, des villes moyennes, des quartiers ou même un parc urbain. Les contextes géographiques concernent le territoire français, principalement la région Hauts de France et l'Ouest, la région parisienne et Lyon. Deux fils directeurs jalonnent l'ensemble des six chapitres : le décalage entre d'une part, les évolutions dans les savoirs, théories de l'urbanisme ou de l'aménagement et d'autre part, les résistances aux changements identifiées sur le terrain ; il est aussi question du décalage entre les ambitions des projets et la nature limitée, mais parfois suscitant l'adhésion de collectifs d'acteurs, de leur concrétisation. Les projets portant l'adaptation sont aussi dépendants des rapports de force entre les acteurs et des évolutions des contextes politiques, juridiques et réglementaires produisent une certaine complexité responsable de difficultés ou de délais dans la déclinaison opérationnelle des projets dans les villes et les territoires.

Les deux premiers chapitres ont en commun la prise en compte d'une temporalité longue dans l'aménagement et l'urbanisme (demi-siècle) pour identifier les ruptures dans les trajectoires des projets, les nouvelles inflexions, les leviers de l'adaptation et les limites des nouveaux projets intégrant les impératifs de la durabilité et de l'adaptation. **Sabine El Moualy** *et al.*[8] analysent l'adaptation des pratiques aménagistes à l'impératif écologique en s'appuyant sur cinq projets du grand Ouest français. L'originalité de ce chapitre concerne la temporalité prise en compte, assez longue – 1950–2010 – pour analyser la prise en compte des enjeux écologiques dans l'évolution de quartiers des villes d'Angers, Nantes et Rennes. Les auteurs montrent dans l'étude de ces 5 projets que les déterminants de la ville durable sont introduits progressivement aidés par le renouvellement des politiques publiques territoriales lié à la décentralisation. Le chapitre illustre également les rapports de force entre acteurs dans l'élaboration du projet urbain et les évolutions des savoirs et des pratiques dans l'urbanisme. **Fabien Roussel et Morgane Flégeau** proposent une étude du projet de ceinture verte pour l'agglomération parisienne[9]. Les auteurs reviennent sur l'historique de ce projet remontant au début des années 1980 et sur les évolutions de son contenu, à l'origine dépourvu de dimension écologique. Ils soulignent également les spécificités de la ceinture verte mise en œuvre Paris en comparaison d'autres métropoles, du point de vue de sa localisation « non aux limites de l'espace urbanisé… mais à cheval entre l'espace urbain et l'espace rural ». Les auteurs discutent la contribution ultérieure de cet outil à la transition écologique de l'agglomération parisienne et à sa réinterprétation par la Région Île de France, sans réel succès du point de vue de sa déclinaison opérationnelle. Sont alors présentés en l'absence d'une concrétisation d'un projet global toutes les initiatives locales déterminées « par des attentes socio-environnementales mêlées et donnant à voir des aménagements

---

8 Sabine El Moualy, Guy Baudelle et Laurence Le Du-Blayo, 2020, La nature en ville : Comment les pratiques aménagistes s'adaptent en continu à l'impératif écologique. Étude à partir de cinq projets du Grand Ouest français.

9 Fabien Roussel et Morgane Flégeau, 2020, Ceinture verte pour l'agglomération parisienne, sa trajectoire, les enjeux environnementaux l'improbable ceinture verte : trajectoires et aménagements des espaces végétalisés des pourtours de l'agglomération parisienne.

écologiques et paysagers très marqués par les contextes socio-politiques ». Ces initiatives locales s'inscrivent dans l'émergence de projets de type « *green wedges* » observés dans d'autres métropoles en Europe.

Les trois chapitres suivants s'intéressent à de nouveaux concepts et outils en lien avec la prise en compte des enjeux de protection de la biodiversité ou des enjeux du changement climatique dans l'aménagement des territoires (services écosystémiques, trame verte, trame bleue). **Jean-Louis Yengue et Amélie Robert** s'intéressent à l'avènement des services écosystémiques et à ses conséquences sur la gestion des espaces verts urbains[10]. Ce chapitre propose un état des lieux sur la définition des services écosystémiques, dont l'émergence en France est assez récente (2005), et analyse la dimension opérationnelle de cette notion avec sa déclinaison dans la mise en œuvre de politiques publiques territoriales, son appropriation par les acteurs ou les collectivités pour la gestion des espaces verts et des espaces urbains en France. Les études de cas sont choisies dans la région Centre Val de Loire et l'analyse s'appuie sur des entretiens avec une cinquantaine d'acteurs locaux issus de collectivités, services déconcentrés de l'État, élus, outils de protection du patrimoine naturel ou de développement local. L'étude s'est également focalisée sur les 6 principales villes de cette région (Blois, Bourges, Chartres, Châteauroux, Orléans et Tours) et leurs espaces verts. Parmi les résultats de cette recherche, on peut retenir le caractère très différencié selon les villes de la déclinaison opérationnelle de cette notion de service écosystémique. Les auteurs ont identifié les fonctions principales des espaces verts urbains et leur évolution selon leur appropriation par les usagers et les positions des collectivités. Cette notion de service écosystémique a contribué à renouveler les regards portés sur les espaces verts urbains en lien avec d'autres outils évoqués dans les chapitres de cet ouvrage, la connectivité écologique, l'enjeu de biodiversité ou la trame verte. Un résultat intéressant concerne le décalage entre la faible connaissance de cette notion par les acteurs et l'importance, la diversité des services rendus et perçus par ces mêmes acteurs. **Julie Chaurant** *et al.*[11] abordent de la contribution des continuités écologiques pour l'aménagement durable des territoires à

---

[10] Jean Louis Yengue et Amélie Robert, 2020, L'avènement des services écosystémiques et ses conséquences sur la gestion des espaces verts urbain.

[11] Julie Chaurand, Magalie Franchomme, Jacques Baudry, Jean-Philippe Tonneau, 2020, Identifier les continuités écologiques : une cohérence interterritoriale délicate sous forme de « patate chaude ».

travers la politique de la trame verte et bleue. La métaphore employée par les auteurs traduit les plus ou moins grandes difficultés d'appropriation de cette politique par les acteurs et la complexité de sa traduction opérationnelle dans les différents outils de l'aménagement des territoires. Pour leur démonstration les auteurs se focalisent sur quatre territoires en Bretagne et en Occitanie Pyrénées-Méditerranée avec des échelles emboitées. Les avantages de cette politique sont mis en avant dans ce chapitre (articulation à construire entre le volet urbanisme et écologique des politiques), ainsi que les limites, par exemple la logique de projet proposée pour décliner cette politique. Ils ont également identifié des acteurs « relais » dont le rôle est crucial pour le succès de la déclinaison de cette politique dans les territoires. Néanmoins d'une part, les contentieux juridiques associés aux documents de l'urbanisme réglementaires et reliés au sujet des continuités écologiques, les incertitudes liées aux évolutions de la réforme territoriale (loi MAPTAM, loi NOTRE) et d'autre part, les nouvelles perspectives suite à la loi de 2016 sur la biodiversité pourraient complexifier ou relancer la portée opérationnelle de cette politique dans les années à venir. **Marion Brun** *et al.*[12] abordent le sujet de la prise en compte du changement climatique dans l'aménagement du territoire à partir de la mise en œuvre de projets de trames verte urbaines. La trame verte urbaine peut constituer un outil dans l'aménagement des territoires pour contribuer à l'atténuation des effets du changement climatique. Cet outil relève d'une double approche de la nature en ville à la fois dans l'urbanisme et dans l'écologie du paysage. Les auteurs questionnent la mobilisation de cet outil à partir de l'exemple de la politique menée dans la Région Hauts de France par les collectivités locales dont la Métropole Européenne de Lille. Les auteurs ont discuté l'hypothèse d'une contribution complémentaire de la trame verte en matière d'atténuation au changement climatique et de connectivité écologique. Leur conclusion ne la confirme pas et démontre à l'inverse un cloisonnement entre les actions mobilisant l'outil trame verte pour les enjeux climatiques ou de biodiversité. Les auteurs abordent quelques pistes pour renverser cette situation à partir de propositions d'acteurs.

Dans le dernier chapitre de cette seconde partie, l'approche choisie par l'auteur combine une dimension empirique et théorique. Plusieurs

---

12 Marion Brun, Magalie Franchomme, Christelle Hinnewinkel, Brandon Stordeur, 2020, Changement climatique et aménagement du territoire : le rôle de la trame verte urbaine.

de questionnements qui ont traversé les chapitres précédents sont ici remobilisés à partir de l'analyse d'un « projet de nature hybride » permettant d'envisager la définition d'un urbanisme écologique. **Muriel Delabarre** s'est focalisée sur le projet d'écologie urbaine du parc Kaplan Lyon pour analyse une figure de nature hybride au service de l'habitabilité, la techno-nature[13]. Le thème de la ville durable et des interactions entre le projet urbain et l'écologie est également exploré dans ce chapitre. Une approche complémentaire et non abordée dans les précédents chapitres concerne la ville habitable avec le projet de mobiliser la notion d'habitabilité pour contribuer à un urbanisme écologique. L'auteure analyse un projet d'écologie urbaine, le parc Jacob Kaplan à Lyon. La notion d'habitabilité est explorée dans cette étude de cas à partir de la matérialité urbaine (combinaison des composants de nature) et des représentations du projet par les acteurs, les usagers. C'est à partir de cette double approche que l'auteur propose une nouvelle figure de nature hybride intitulée techno-nature. L'auteur propose également une discussion autour des interactions entre les sciences humaines et sociales et les sciences de l'ingénieur à partir de la notion d'habitabilité.

Dans la dernière partie de l'ouvrage, il est question de l'urbanisme et de l'aménagement résilient. Ce dernier nouveau paradigme de la résilience constitue un défi majeur pour le projet. L'urbanisme de la transition, de l'adaptation est forcément résilient dans les territoires et les villes exposés à des risques ou à des vulnérabilités. Cette partie rassemble cinq chapitres interrogeant les notions de résilience et de risque pour identifier les enjeux des projets intégrant ces dimensions, ainsi que les obstacles à surmonter par le projet pour ce qui concerne le développement des villes ou l'aménagement des territoires.

Les deux premiers chapitres abordent un enjeu crucial pour l'élaboration et la déclinaison du projet eu égard à la protection de la qualité de l'air et la gestion des pollutions. Ces deux nouveaux enjeux environnementaux amènent à une remise en cause de la conception et de la mise en œuvre du projet. Et dans les deux chapitres, celle-ci concerne principalement la gouvernance des territoires et des villes. À la différence des deux parties précédentes, c'est ici l'action de l'État qui est questionnée et celles des acteurs des territoires pour ce qui concerne leur mobilisation

---

[13] Muriel Delabarre, 2020, La techno-nature. Émergence d'une figure de nature hybride au service de l'habitabilité. Exemple du projet d'écologie urbaine du parc Kaplan à Lyon.

pour intégrer ces nouveaux enjeux dans les projets. Le sujet de la prise en compte du changement climatique évoqué dans le second chapitre amène un questionnement sur l'impératif des changements d'échelles de l'action publique, abordés dans le cas français et en se focalisant sur les projets urbains dont l'élaboration doit déboucher sur des changements dans les modes de gouvernance. Un fil directeur entre ces chapitres est également constitué par la complexité de l'action et du projet dès lors qu'il est nécessaire d'imbriquer différents enjeux les uns avec les autres (changement climatique, pollution de l'air, qualité de l'air) pour les intégrer dans l'aménagement des villes et des territoires selon différentes formes de gouvernance. Dans le premier chapitre, **Lionel Charles** interroge l'émergence et le développement des enjeux environnementaux pour ce qui concerne leur implication dans la reconfiguration de la notion de projet urbain[14]. L'auteur se focalise sur le sujet de la qualité de l'air et situe sa réflexion à différentes échelles géographiques, mondiale, européenne, nationale et locale selon différentes approches relevant de la gouvernance ou des perceptions sociales. Un argumentaire est déployé pour rappeler les articulations entre différents thèmes, l'environnement, la qualité de l'air, la ville, l'action publique, le développement. Au final, c'est l'action de l'État en France qui est discutée pour identifier ses limites appréhendées notamment dans l'inertie des structures urbaines. L'enjeu majeur de la gouvernance urbaine est discuté et des pistes sont envisagées pour relever les défis d'une action publique pas encore à la hauteur des enjeux. On peut retenir notamment l'idée d'orienter le projet urbain en direction de la composition urbaine et « vers une gouvernance urbaine clairement affichée sur la question de la qualité de l'air et son articulation aux autres problématiques environnementales au nom de la santé et du bien-être, comme cela commence à se faire bien que de façon encore timide, et non pas masquée derrière le flou de l'aménagement urbain ». Dans le second chapitre, **Isabelle Roussel** s'est intéressée aux conséquences de l'imbrication de la pollution de l'air avec le changement climatique sur le projet urbain global[15]. « Si la pollution de l'air a depuis des siècles constitué une préoccupation des villes, cette question est revenue à l'heure actuelle, avec force, sur l'agenda des politiques

---

14 Lionel Charles, 2020, Le projet urbain au défi de la qualité de l'air et des enjeux environnementaux.

15 Isabelle Roussel, 2020, Comment l'imbrication de la pollution de l'air avec le changement climatique bouleverse le projet urbain global ?

urbaines car elle reste un problème de santé publique majeur, encore mal résolu. » Replaçant la question de la qualité de l'air et de la pollution dans l'élaboration des politiques d'environnement à différentes échelles, l'auteure pose une question centrale constituant en même temps un défi pour l'élaboration des projets urbains au cours des 5 dernières années :

> L'enjeu est de réinventer la ville à l'heure de la transition écologique, de construire la ville durable, inclusive et résiliente. C'est la clé de la qualité de vie de chacun comme de la cohésion sociale entre tous dans un monde urbanisé. La qualité de l'air et le changement climatique deviennent des enjeux essentiels à traiter par les villes anciennes qui doivent ainsi bouleverser les logiques avec lesquelles elles organisent leur aménagement et leur croissance.

Le chapitre aborde les pistes envisagées par les institutions urbaines pour inventer de nouvelles formes de gouvernance urbaine intégrant ces enjeux environnementaux.

Les trois chapitres suivants ont en commun la prise en compte des risques naturels dans l'aménagement des territoires et dans la perspective d'un aménagement résilient. Dans ces trois chapitres, le projet doit composer avec le droit et la norme issus des politiques de prévention et de gestion des risques naturels. Un autre point commun entre ces chapitres concerne la temporalité envisagée avec un temps long durant lequel sont appréciés les événements de rupture et les obstacles à l'émergence d'un urbanisme résilient. Dans les deux premiers chapitres, il est question du risque inondation. Les auteurs interrogent les interactions entre les dimensions réglementaires et juridiques de la prise en compte des risques dans l'aménagement des infrastructures, des villes et des territoires avec des projets porteurs d'une innovation pour contribuer à un urbanisme résilient. **Sylvain Rode et Julien Langumier**[16] s'intéressent à l'articulation de la règle et du projet au service de la résilience urbaine à l'inondation. Dans ce chapitre, il est question du projet urbain mobilisé comme un outil heuristique et opérationnel pour repenser l'aménagement urbain dans des zones exposées à des risques. Les auteurs proposent d'envisager « le projet intégrant le risque inondation dans ses démarches et ses productions comme un nouveau mode opératoire d'un urbanisme résilient ». Ils discutent ensuite l'articulation entre les logiques

---

16 Sylvain Rode et Julien Langumier, 2020, Vive la règle pour le projet ! L'articulation de la règle et du projet au service de la résilience urbaine à l'inondation.

réglementaires, juridiques (la règle) et la logique du projet pour envisager un urbanisme résilient. Deux démarches alimentent cette réflexion dans le chapitre, d'une part un matériau d'enquêtes auprès d'acteurs de projets résilients développés en zone inondable et d'autre part, le processus d'élaboration des Plans de Prévention des Risques inondation dans le sud-est de la France. Les auteurs proposent de mobiliser la notion de transaction pour articuler la règle et le projet et ainsi contribuer à un urbanisme résilient. **Michel Gonzva** *et al.*[17] présentent une étude des enjeux de gestion des risques d'inondation concernant les projets d'infrastructures aériennes de transport. Il s'agit dans ce chapitre de prendre en compte les différentes dimensions techniques, financières et réglementaires qui participent à la complexité de la conception d'un projet de systèmes de transport public urbain. Les auteurs discutent des enjeux spécifiques de la gestion des risques liés à ces projets en se focalisant sur la catégorie des systèmes de transport positionnés sur des infrastructures aériennes (viaducs par exemple) exposés à des inondations. Le concept de résilience est mobilisé dans ce chapitre. Les auteurs proposent une méthodologie pour combiner les différents enjeux à prendre en compte à différentes échelles pour intégrer le risque inondation dans la production du transport urbain comme projet.

Dans le dernier chapitre l'auteur s'est focalisé sur les territoires littoraux français et leur exposition aux risques naturels d'érosion et de submersion. Dans ce dernier chapitre, la gestion des risques naturels est envisagée dans une temporalité longue pour identifier une rupture majeure au cours des dix dernières années avec un foisonnement de stratégies et de projets au service d'une meilleure résilience des territoires. **Philippe Deboudt**[18] questionne les modalités de cette gestion par les acteurs, notamment par l'État, son évolution appréhendée dans une longue durée. L'auteur souligne notamment dans cette trajectoire les bouleversements de la gestion des risques naturels côtiers durant les dix dernières années sous l'influence de quatre éléments : la catastrophe naturelle Xynthia, la transposition en France d'une politique européenne

[17] Michaël Gonzva, Gabrielle Richard, Bruno Barroca, Vincent Becue, Kristel Mazy, 2020, Enjeux de gestion des risques en milieu urbain relatifs aux projets d'infrastructures aériennes de transport : le cas du risque inondation.

[18] Philippe Deboudt, 2020, La gestion des risques naturels littoraux selon le projet : d'une gestion sans stratégie à une stratégie sans gestion ? Le cas de la Côte d'Opale (France).

sur la prévention et la gestion du risque inondation, l'adaptation des territoires littoraux au changement climatique et les dernières étapes de la réforme territoriale en lien avec la politique de décentralisation. Envisagée sur la longue durée, ce chapitre montre le passage d'une gestion des risques naturels côtiers organisée sans stratégie à une multiplication de stratégies et de projets difficilement accompagnés par une gestion.

Quelques mots conclusifs dans cette introduction pour souligner la richesse et la diversité des contributeurs de cet ouvrage. Les 38 auteurs et co-auteurs sont issus de différentes universités et institutions en France (Université de Lille, Université d'Artois, Université de Bretagne Occidentale, Université de Montpellier, Université Paris 13, Université de Paris-Est, Université de Perpignan, Université de Poitiers, Université Rennes 2, Sorbonne Université, Université de Strasbourg, Université de Tours, Polytech Tours, CIRAD, INRA, Agrocampus Ouest, CNRS) et à l'étranger (Université Dschang – Cameroun, Université de Lausanne – Suisse, Université du Québec à Montréal – Canada, Université de Mons – Belgique), de service déconcentré de l'État en France, de bureaux d'étude ou de société coopérative. Enfin les auteurs et co-auteurs représentent une diversité de disciplines (aménagement-urbanisme, architecture, géographie, sociologie), statuts (professeur des universités, maîtres de conférences, maître d'enseignement et de recherche, chercheur, professeur émérite, architecte-urbaniste, ingénieur, praticien, docteur, technicien, doctorant) et d'expériences attestant de la mobilisation de notre communauté scientifique pour identifier et analyser les nouveaux paradigmes du projet.

Bibliographie

Andres L., Bochet B. (2010). « Ville durable, ville mutable : quelle convergence en France et en Suisse ? », *Revue d'Économie Régionale & Urbaine*, octobre (4), p. 729–746. DOI :10.3917/reru.104.0729.

Arab N. (2018). « Pour une théorie du projet en urbanisme », *Revue européenne des sciences sociales*, 56–1 (1), p. 219–240. https ://www-cairn-info.ressources-electroniques.univ-lille.fr/revue-europeenne-des-sciences-sociales-2018-1-page-219.htm.

Ascher F. (2010). *Les nouveaux principes de l'urbanisme*, La Tour-d'Aigues, Éditions de l'Aube.

Bertrand F., Rocher L. (2014). *Les territoires face aux changements climatiques. Une première génération d'initiatives locales*, Bruxelles, Peter Lang, coll. « EcoPolis », 269 p.

Chatterton P. et Cutler A. (2013).*Un écologisme apolitique. Débat autour de la transition*, Montréal, Écosociété.

Claude V. (2000). « Le projet urbain, un ici et maintenant ou un nouvel ailleurs ? Quelques réflexions sommaires », in A . Hayot, A. Sauvage (dir.), *Le projet urbain. Enjeux, expérimentations et professions*, Paris, Éditions de La Villette, p. 61–77.

Cottin-Marx S., Flipo F. et Lagneau A. (2013). « La transition, une utopie concrète ? », *Mouvements*, 75, p. 7–12.

Deboudt P., Bosredon P., Castex E., Dumont F., Dumont M., Groux A., Menerault P., Paris D., Prévot M., Scarwell H.-J. (dir.) (2018). *Actes du colloque des 20èmes Rencontres Internationales en Urbanisme de l'APERAU, « Que reste-t-il du projet ? »*, Lille, éd. Université de Lille, 414 p.

Desse R.-P., François A. et Sawstschuk J. (2017). « Adapter les territoires aux changements climatiques : transition urbanistique et aménagement de l'espace », *Norois*, 245, mis en ligne le 31 décembre 2017. URL : http://journals.openedition.org/norois/6201.

Djament-Tran G., Reghezza-Zitt M. (2012). *Résiliences urbaines, les villes face aux catastrophes*, Éditions Le Manuscrit.

Emelianoff C. (2007). « La ville durable : l'hypothèse d'un tournant urbanistique en Europe », *L'Information géographique*, 71 (3), p. 48–65. DOI :10.3917/lig.713.0048.

Emelianoff C. (2015). « La ville durable, une notion fossile ? », in R. Barré (ed.), *Un demi-siècle d'environnement entre science, politique et prospective : En l'honneur de Jacques Theys*, p. 137–144, Versailles, Éditions Quæ. DOI : 10.3917/quae.barre.2015.01.0137.

Hamman P., Blanc C. (dir.) (2009). *Sociologie du développement urbain durable. Projets et stratégies métropolitaines françaises*, Bruxelles, P.I.E Peter Lang, 260 p.

Hamman P. (2011). « La "ville durable" comme produit transactionnel », *Espaces et sociétés*, 147 (4), 25–40. https://doi.org/10.3917/esp.147.0025.

Hamman P., Anquetin V., Monicolle C. (2017). « Du "développement durable" à la "ville durable" : quels débats aujourd'hui ? Regards croisés à partir de la littérature francophone et anglophone », *VertigO. La revue électronique en sciences de l'environnement* [En ligne], 17, 1 | mai 2017, mis en ligne le 02 juin 2017. URL : http//journals.openedition.org/vertigo/18466.

Ingallina P. (2010). Le Projet Urbain, coll. « Que-sais-je ? », Paris, PUF.

Martouzet D. (dir.) (2018). *Le projet fait les acteurs. Urbanisme, complexité, incertitude*, Tours, Presses Universitaires François Rabelais, 428 p.

Mathevet R., Bousquet F. (2014). *Résilience & Environnement*, Paris, Buchet-Chastel.

Novarina G. (dir.) (2003). *Plan et Projet, l'urbanisme en France et en Italie*, Paris, Anthropos, 223 p.

Borraz O. (2008). *Les politiques du risque*, Presses de Sciences Po

Perthuis (de) C. (2019). *Le tic-tac de l'horloge climatique. Une course contre la montre pour le Climat*, Bruxelles, De Boeck Sup.

Pinson G. (2004). « Le projet urbain comme instrument d'action publique », in P. Lascoumes, P. Le Galès (dir.), *Gouverner par les instruments*, Paris, Presses de Sciences Po, p. 199–233.

Pinson G. (2009). *Gouverner la ville par projet : Urbanisme et gouvernance des villes européennes*, Paris, Presses de Sciences Po.

Richard E. (2016). *L'adaptation aux changements climatiques, les réponses de l'action publique territoriale*, Rennes, Presses universitaires de Rennes, coll. « Espace et Territoires »,

Rode S. (2017). « La conception de projets d'aménagement urbain comme processus collectif », *Espaces et sociétés*, 171 (4), p. 145–161. DOI : 10.3917/esp.171.0145.

Scherrer F. (2000). « Projet », in S. Wachter (dir.), *Repenser le territoire. Un dictionnaire critique*, La Tour d'Aigues, DATAR/Éditions de l'Aube, p. 63.

Tomas F. (1995). « Projets urbains et projets de ville », *Les Annales de la recherche urbaine*, 68–69, p. 134–143.

Theys J. & Emelianoff C. (2001). « Les contradictions de la ville durable », *Le Débat*, 113 (1), p. 122–135. DOI : 10.3917/deba.113.0122.

Toubin M., Lhomme S., Diab Y., Serre D., Laganier R. (2012). « La Résilience urbaine : un nouveau concept opérationnel vecteur de durabilité urbaine ? »,*Développement durable et territoires*, 3 (1), mis en ligne le 24 mai 2012. URL : http ://journals.openedition.org.ressources-electroniques.univ-lille.fr/developpementdurable/9208 ; DOI : https ://doi-org.ressources-electroniques.univ-lille.fr/10.4000/developpementdurable.9208.

Toussaint J.-Y., Zimmermann M. (dir.) (1998). *Projet urbain, ménager les gens, aménager la ville*, Sprimont, Mardaga.

Van Gameren V., Weikman R., Zaccai E., (2014). *L'adaptation au changement climatique*, Paris, La Découverte.

Partie 1

Transition

Les enjeux de hiérarchie dans la gouvernance de la durabilité urbaine : acteurs, instruments et projets urbains face à la transition

Philippe Hamman[1]

Introduction

Dans cet ouvrage consacré à l'influence des transitions sur les pratiques de l'urbanisme, nous partons de l'hypothèse d'une double complexification du projet urbain : (1) à travers la nécessité d'articuler en permanence des enjeux globaux et locaux, c'est-à-dire tenir une pluralité d'échelles en interaction ; et (2) à travers des démarches et des méthodes qui évoluent aussi bien sous l'angle des instruments mobilisés que des jeux d'acteurs. Ce contexte de procéduralisation de l'action est un marqueur de la fabrique urbaine en développement durable (Hamman, 2012, 2019b). Le mot d'ordre de la durabilité s'opérationnalise localement à la fois par des contenus *et* par des procédures : ce que l'on priorise (énergie, transports, déchets, espaces verts, etc.) et comment on le fait, en mettant en avant le registre de la démocratie et de la participation inclusive (Hamman, Anquetin, Monicolle, 2017).

Le succès du répertoire de la gouvernance de la durabilité l'illustre, et mérite que l'on s'y arrête pour mieux saisir les enjeux actuels de transition, aussi bien écologique que sociale, vers la « ville durable ». En effet, la gouvernance exprime « la question fondamentale de la manière

[1] Professeur de sociologie de la ville, des territoires et de l'environnement à l'Institut d'Urbanisme et d'Aménagement Régional (IUAR), porteur du Master Ville, environnement et sociétés et assesseur scientifique de la Faculté des Sciences sociales, co-responsable de l'axe « Dynamiques territoriales, villes et mobilités » du laboratoire Sociétés, Acteurs, Gouvernement en Europe (SAGE, UMR 7363), CNRS-Université de Strasbourg.

dont des sociétés hétérogènes et différenciées parviennent à maintenir des formes d'organisation, d'ordre, des règles et à prendre des décisions. Fondamentalement, la gouvernance traite du problème de comment assurer une coordination économique et politique dans une société » (Bridge, Perreault, 2009 : 476)[2]. Plus spécialement, « le concept de gouvernance environnementale constitue un cadre qui permet d'analyser les configurations institutionnelles, les échelles spatiales, les structures organisationnelles et les acteurs sociaux en jeu quand sont prises des décisions sur un environnement et ses ressources » (*ibid.* : 486). James Evans ponctue :

La gouvernance, qui consiste à piloter la société, se doit de jouer un rôle majeur en coordonnant [les] voix disparates et en menant à une action collective vers un futur durable. [C'est pourquoi il faut] replacer la gouvernance dans un contexte politique plus large pour comprendre comment l'environnement est contrôlé, manipulé, régulé et contesté par une grande variété d'acteurs et d'institutions (2012 : 4e de couverture).

Ce chapitre propose un point sur les débats afférents, en retenant pour focale la problématique hiérarchie/non-hiérarchie dans ces processus. Reconnaissant la hiérarchie dans les relations de gouvernance, à la suite notamment de Mark Bevir (2012), nous mettons à distance certaines études plus normatives – « ce que l'on devrait faire » – qu'empiriques et intègre la dimension des pratiques concrètes. Si la gouvernance renvoie d'emblée et de façon centrale à la coordination d'acteurs et d'institutions (voir les travaux devenus classiques de Kooiman, 1993 ; Le Galès, 1995), les rapports entre les parties prenantes ne sont pas égalitaires mais asymétriques (Hamman, 2005) : des relations hiérarchiques se maintiennent, même si elles n'ont plus nécessairement la même forme que par le passé (Hamman, 2019b).

Cette entrée permet de ne pas s'en tenir à des lectures binaires de « bonnes pratiques » *versus* des comportements jugés « déviants », parfois sous-jacentes aux discours sur la transition : par distinction des énoncés qualifiés de catastrophistes, cette dernière traduit en effet une dynamique qui se veut *maîtrisée* de passage d'une situation A vers une situation B que l'on est en mesure d'appréhender et qui sera meilleure. À ce titre, parler de transition emporte deux implicites qu'il convient de pointer :

---

2 Ma traduction pour les publications en anglais, avec l'aide de Stéphanie Alkofer, que je remercie.

(1) Il est présupposé une « prise » des acteurs décideurs sur les enjeux et des leviers d'action – d'où un débat sur le mode de gouverne et la place plus ou moins nodale des acteurs étatiques : *gouvernement* et/ou *gouvernance* de la transition. Rappelons, à cet égard, les propos d'Andrew Heywood, qui ne sépare pas les deux notions : « La gouvernance constitue un terme plus vaste que celui de gouvernement. De manière générale, le terme désigne les différents moyens par lesquels la vie sociale est coordonnée. Le gouvernement peut ainsi se comprendre comme l'une des organisations participant à la gouvernance » (1997 : 19). Gouvernement et gouvernance s'appréhendent conjointement face aux enjeux multiscalaires de la durabilité :

> Le concept de gouvernance indique que tout organe gouvernant se voit limité, dans sa capacité d'agir en toute indépendance, par un ensemble complexe de dynamiques locales et internationales, en interaction les unes avec les autres. Il renvoie à la manière dont les activités sociales, économiques et politiques de nombreux acteurs divers sont coordonnées et conciliées dans un contexte spécifique (Frödin, 2015 : 452).

(2) Il en va également d'un certain ordre social, des régulations entre les intérêts et les valeurs divers des groupes en présence – autrement dit, la question de la légitimité de l'action en démocratie et ses vecteurs. L'appel au citoyen actif en est un marqueur. La focale se déplace alors des structures sociales, comme cadre habilitant et contraignant (à l'exemple des aménités et services urbains), vers des « éco-gestes » et une mise en responsabilité individuelle au nom de la durabilité. L'approche devient ternaire, avec pour troisième angle la *gouvernementalité*, en écho à la « conduite des conduites » au sens de Michel Foucault (1975). Comme l'exprime Benito Cao : « Les autorités politiques sont toujours en place, mais gouvernent différemment : elles exercent le pouvoir *à travers* les citoyens plutôt que *sur* les citoyens, modelant les conduites en façonnant la volonté et produisant finalement diverses formes d'autogouvernement » (2015 : 148).

La gouverne à travers des citoyens ou des consommateurs « verts » témoigne de ces mécanismes en matière de durabilité. On vient à parler d'« environnementalité » (contraction de « gouvernementalité environnementale » : Agrawal, 2005) pour qualifier « l'emploi de techniques d'ingénierie sociale afin de pousser la population à s'intéresser à certains problèmes écologiques et de suggérer – de manière non expressément coercitive – de nouvelles conduites en matière d'écologie » (Darier, 1996 : 594). Cela s'illustre par le Plan Vert lancé par le gouvernement canadien en 1990, centré sur l'éducation, l'action volontaire et la sensibilisation de la population, et cherchant à la mobiliser dans des objectifs de durabilité en avançant la notion de « citoyenneté écologique » (*ibid.* : 595 ; Cao, 2015 : 165–169).

Les injonctions à la sobriété énergétique lancées aux consommateurs et aux ménages sont une incarnation de la gouvernementalité de la durabilité, qui modifie l'échelon de pertinence de l'action urbaine. On passe tendanciellement d'échelles collectives (notamment l'accès à des biens et des services, et les inégalités de répartition en fonction des groupes sociaux) à l'« éco-conscience » individuelle, notamment quant à la consommation d'énergie du logement (Roudil, 2014 ; Hamman, 2018). Ce changement d'échelle tend à masquer les inégalités socio-économiques et les capacités différentielles des uns et des autres à agir : par exemple, selon que l'on est locataire dans un logement social ou propriétaire de sa résidence. Une recherche sur les propriétaires de maisons dites durables en milieu périurbain en Alsace – définies d'abord par leur isolation, leur système de recyclage d'air ou de production de chaleur, etc. – révèle que ces ménages, aux revenus relativement confortables, relèguent en fait la préoccupation environnementale derrière les perceptions de confort attachées à l'espace du logement, et la performance énergétique du bâti semble d'autant plus faciliter ces arbitrages (Mangold, 2018 : 645–657).

Dans ce contexte à la fois théorique et pratique, deux principaux questionnements vont nous retenir, en faisant à chaque fois dialoguer la littérature francophone et anglophone ainsi que des cas empiriques. Il s'agira d'abord d'interroger trois grandes dimensions des enjeux de hiérarchie : acteurs et ressources, normes et légitimités, contenus et instruments. Puis nous pourrons relire en relation la gouvernance publique et urbaine, à travers le double rapport aux priorités d'action et aux échelles d'intervention.

1 Déplier les enjeux de hiérarchie : un triple balancement

La problématique des rapports de gouvernance hiérarchiques ou non hiérarchiques a été abordée dès les recherches pionnières de

Jan Kooiman (1993). En 2003, ce dernier propose une modélisation distinguant « gouvernance hiérarchique », « co-gouvernance » et « auto-gouvernance », en fonction du degré auquel sont impliqués des acteurs étatiques, respectivement non étatiques. Ce modèle peut être reformulé de façon relationnelle, en s'inspirant de la conceptualisation de Philipp Lange *et al.* (2013 : 10), à travers un triple balancement : acteurs et ressources, normes et légitimités, contenus et instruments.

1.1 Acteurs et ressources

La plupart des chercheurs ciblent une double distinction entre acteurs étatiques et non étatiques, publics et privés, et s'intéressent aux coalitions et régulations repérables entre ces différentes parties prenantes (Bridge, Perreault, 2009 : 482–483). La problématique d'une gouvernance néolibérale de la durabilité émerge ici, vue comme moins stato-centrée et plus fondée à partir des principes du marché, dans la mesure où le néolibéralisme « implique la construction de nouvelles échelles [...], aux relations plus instables (la "glocalisation", la prétendue perte de pouvoir de l'État-nation) et l'engagement dans de nombreuses dynamiques propres à chaque échelle » (McCarthy, Prudham, 2004 : 279).

La privatisation des ressources naturelles est souvent donnée en exemple. Dans la ville d'El Islote dans les Caraïbes colombiennes, l'autonomie de la population s'amoindrit à mesure du développement de la propriété privée de l'eau, qui s'accompagne de la mise en place d'un appareil administratif de gestion de l'accès à la ressource. Des controverses relatives à certaines sources se multiplient, renforcées par la part grandissante du tourisme sur l'île. Dans ce contexte, alors même que la Constitution colombienne de 1991 a établi une décentralisation politique et financière du pays, c'est au contraire « un plus grand assujettissement à l'État [qui] est ici mis en exergue par les systèmes actuels d'approvisionnement en eau » (Arango, 2013 : 269). Les enjeux de hiérarchie sont posés : renforcer la domination de l'économie sur la société, *via* le néolibéralisme et ses modes d'action diffus dont la gouvernance et la gouvernementalité peuvent se faire les outils, ou replacer l'économie au service de la société, avec une portée proprement politique (Blanc, 2009 : 250–253). De plus, à travers les dispositifs de la gouvernementalité, les gouvernements peuvent acquérir une capacité renouvelée d'orchestrer la gouvernance, c'est-à-dire les actions des acteurs non étatiques, afin de continuer à garantir leurs objectifs – la gestion de l'eau à El Islote le révèle.

La problématique des déchets urbains dans les pays du Sud est également éclairante. Par exemple, depuis la décennie 2000, le système de gestion des déchets en Égypte, reposant jusqu'alors largement sur le secteur informel, a été transformé avec l'arrivée de multinationales européennes et le choix des autorités d'une délégation de service. Au Caire, la privatisation a connu des difficultés pratiques, en raison de la mise à l'écart des chiffonniers traditionnels, accusés désormais de vols de déchets. Des stratégies d'adaptation des entreprises se repèrent alors. Elles introduisent des contrats de sous-traitance, mais de façon partielle : seulement pour une fraction des chiffonniers, dans certains quartiers et sur un territoire moindre que par le passé. De plus, elles mettent ces acteurs informels en concurrence entre eux pour réaliser la prestation, menacés d'un transfert du contrat à d'autres chiffonniers (Debout, Florin, 2011). On le saisit, parler, avec la gouvernance de la durabilité, d'un transfert de pouvoir d'acteurs étatiques vers des acteurs non étatiques ne signifie pas nécessairement un renforcement de la société civile, c'est-à-dire la gouvernance vue comme synonyme de participation politique et de citoyenneté. D'où la question de savoir qui parvient à se faire entendre et qui fait la décision (Cao, 2015).

1.2 Normes et légitimités

Un deuxième questionnement concerne la production des normes et leur légitimité, par rapport aux différents acteurs en coprésence. Rikke Arnouts, Mariëlle Van der Zouwen et Bas Arts (2012) mettent ainsi en rapport les deux dimensions du pouvoir et de la règle. Sur le premier aspect, les relations de pouvoir entre les différents acteurs retiennent l'attention sous l'angle de leurs capacités d'action relatives, c'est-à-dire à la fois les moyens sur lesquels ces acteurs peuvent se fonder et la façon dont ils y recourent ou pas. Sur le second volet, les auteurs distinguent deux types de règles : les « règles d'accès », c'est-à-dire la possibilité/capacité relative de prendre part à des coalitions en termes de gouvernance ou au contraire en être exclu, et les « règles de responsabilité », quant à une division des responsabilités entre les acteurs concernés.

La variable de la hiérarchie se retrouve ainsi systématiquement en arrière-plan de la production de légitimité. D'une part, en l'absence d'une autorité unique, la production des règles passe par des négociations, avec des ressources différentes en fonction des acteurs et des asymétries de pouvoir dans ces processus d'énonciation et de stabilisation de normes. Ceci correspond à un contexte de gouvernance multiniveaux, aujourd'hui dominant pour penser et agir en durabilité, et amène à aborder les autres parties comme des partenaires à l'échange, même en tension (Hamman, 2012, 2015). Par exemple, la faible conflictualité suscitée par les projets de parcs solaires en Provence-Alpes-Côte d'Azur par rapport à d'autres régions françaises peut s'analyser à partir de nombreuses régulations, participant d'une résolution des tensions avant qu'elles ne se transforment en conflits. Ces régulations sont opérées à plusieurs niveaux par des dispositifs institutionnels et sociaux et des acteurs aux expériences et apprentissages différents, avec en particulier trois groupes en interaction : les opérateurs et entreprises privées, l'élite municipale politique et technique des communes d'implantation, et les services déconcentrés de l'État. Les projets de parcs solaires dont ainsi inscrits à l'intérieur d'« ordres locaux d'aménagement » chaque fois spécifiques et devant être en permanence réactualisés, en interaction multi-échelles (national/régional/département/local) (Baggioni, 2017).

D'autre part, le questionnement de la règle comme production d'un ordre social et politique rencontre celui des rapports entre gouvernance et gouvernementalité de la durabilité. Ainsi que l'exprime Paul Robbins, « les technologies et institutions [de la gouvernementalité] contrôlent non seulement ce que les individus peuvent faire (par des règles) mais déterminent aussi les objectifs et conduites qui sont considérés comme souhaitables (par des normes et des attentes) et quels résultats sont désirés sur le plan écologique (aspects esthétiques et éthiques) » (2012 : 179).

1.3 Contenus et instruments

Une troisième problématique concerne la correspondance entre contenus et instruments, en termes de passage d'une gouvernance substantielle à une gouvernance procédurale, que ce soit dans la formulation ou la mise en œuvre de politiques en durabilité urbaine (Hamman, 2012 ; Hamman, Anquetin, Monicolle, 2017). Erik Hysing (2009) propose ainsi une graduation des modes de gouvernance entre autorité étatique et autonomie sociétale, en distinguant, d'une part, des logiques de planification, de « commandement et contrôle », et, d'autre part, des instruments de pilotage « soft », à l'instar d'outils économiques et de codifications volontaires.

En cela, les instruments représentent une incarnation non seulement technique mais aussi politique de choix de régulation, entre coercition plus ou moins directe et affichée, et volontarisme inspiré et cadré. C'est encore une fois la leçon des travaux de Michel Foucault (1975) sur les micro-disciplines faussement dépolitisées, tout comme celle de l'analyse des politiques publiques s'agissant de « gouverner par les instruments » (Lascoumes, Le Galès, 2005). La réception des politiques de durabilité est essentielle pour produire des effets de réalité, et pas uniquement le cadre de leur formulation et de leur élaboration. C'est pourquoi le registre de la « ville durable » s'appréhende en permanence à la fois comme un modèle normatif (par exemple, ville compacte versus ville étalée et les traductions en termes de règlements d'urbanisme[3]) et un récit global (solidarité intergénérationnelle pour l'avenir commun de la planète) censé emporter l'adhésion de tout un chacun (Holden *et al.*, 2018).

Ceci s'incarne en particulier dans la détermination d'indicateurs de durabilité, qui ne sont pas seulement un mode de concrétisation d'un projet mais aussi un vecteur de sa validation. Philippe Zittoun l'explique à partir de l'élaboration d'une cartographie du bruit à Paris entre 1999 et 2002, sur l'initiative de la municipalité : « Il suffit ainsi à un acteur de dire que sa "rue est rouge" pour évoquer l'existence d'un problème de bruit » (Zittoun, 2007 : 164). Ces chiffrages sont discutables car ils sont le produit d'un logiciel de modélisation devant intégrer de nombreux paramètres évolutifs (gabarit des rues, travaux, sens uniques, modification des immeubles, etc.), ce qui induit des incertitudes. Pour les élus, ils permettent toutefois d'« énoncer ce qui fait problème, en triant et en hiérarchisant », et de désigner un « coupable » : la circulation urbaine, puis, sur cette base, d'exprimer des réponses qui pourront leur être créditées : remplacement des pavés, espaces à vitesse limitée type « zone 30 », etc. (*ibid. :* 161–177). L'indicateur favorise une homogénéité (une échelle de couleurs) dans le maniement de la complexité et écarte les « plaignants » – c'est-à-dire les riverains mobilisés, les associations de quartier, les mouvements écologistes, etc. – pour légitimer les élus à traiter le dossier, alors même que ces différents acteurs sont régulièrement invités à « participer » aux actions en durabilité.

---

3 Ainsi, la loi ELAN (Évolution du logement, de l'aménagement et du numérique) promulguée le 24 novembre 2018 a établi en France de nouveaux seuils d'autorisation de surfaces commerciales dans l'objectif de revitalisation des centres-villes.

2 Relire en relation la gouvernance publique et urbaine

« Il faut aussi prendre en compte ce qui est gouverné et ce qui n'est pas gouverné pour situer les frontières du gouvernement local », souligne Patrick Le Galès (2011 : 754). Cette remarque traduit l'importance à accorder à la gouvernance publique (qu'elle soit stato-centrée ou orientée vers les autorités locales) dans l'appréhension de la gouvernance urbaine. S'y ajoute la prégnance des interactions réciproques entre les phénomènes d'urbanisation (l'urbain généralisé ?) et les changements environnementaux globaux (Seto, Solecki, Griffith, 2016), qu'il s'agisse des usages des ressources environnementales par la ville ou de risques climatiques, etc.

Le rapport entre ville, durabilité et gouvernance a été clairement formulé par Peter Roberts, Joe Ravetz et Clive George : « Étant donné que le développement durable est un processus dynamique auquel contribuent tous les acteurs d'une ville en tentant de planifier et de mettre en œuvre une stratégie complète et de long terme pour l'agglomération urbaine, il est essentiel de reconnaître l'importance de la gouvernance pour guider et valider le processus » (2009 : 16–17). Cela est éminemment perceptible autour des rapports hiérarchiques ou non hiérarchiques.

2.1 Le rapport aux priorités d'action

Derrière les ambitions affichées, la durabilité urbaine peut d'abord se lire *in concreto* comme un jeu sur les marges, enserré dans le social et le politique. Par exemple, si le problème de la qualité de l'air en ville s'est imposé sur les agendas politiques, sa gestion ne va pas de soi. En France, les municipalités s'efforcent de visibiliser l'assertion générique selon laquelle « la pollution tue ». La communication des collectivités associe explicitement les déplacements urbains et la congestion automobile avec la dégradation de la qualité de l'air et ses impacts sur la santé des citadins, à commencer par les enfants. Le site Internet de la ville de Paris met en relief une telle ligne volontariste :

> La Ville de Paris fait de la lutte contre la pollution d'origine routière une de ses priorités. Pourquoi ? Parce que 90% des Parisiens vivent dans un environnement pollué. […] La Ville lancera une campagne de mesures à partir de la rentrée 2019 dans les crèches, les écoles et les collèges. Des

données collectées dans les cours qui seront communiquées aux parents et, si les seuils sont dépassés, des mesures locales seront mises en œuvre[4].

En termes de gouvernance, ce chaînage vise à construire un problème public, identifier des causes et des victimes, donc à légitimer des actions municipales et à rechercher de nouveaux « alliés » : tout un chacun est concerné par sa santé.

Dans cette « pédagogie » de la durabilité urbaine, un travail de concertation des habitants et usagers s'avère indispensable pour évoquer un consentement et susciter la participation citoyenne, qui ne va jamais de soi. Un autre exemple le montre bien : les micropolluants présents dans les réseaux d'assainissement urbains en France. Ces résidus de métaux, pesticides, détergents, plastiques ou produits pharmaceutiques représentent une préoccupation pour les pouvoirs publics, d'autant que le traitement au niveau des stations d'épuration est malaisé. Or, si « une partie non négligeable de ces rejets problématiques proviennent directement des pratiques domestiques », une enquête conduite à Strasbourg a souligné que « la population interrogée reste majoritairement persuadée que l'industrie est le principal responsable et il semble difficile de s'imaginer que des produits d'utilisation courante, notamment ceux liés à l'hygiène corporelle, puissent avoir une quelconque incidence sur la qualité des cours d'eau » (Heitz, Pierrette, Barbier, 2017).

Aussi, les affirmations « en pointe » en durabilité ne sont pas exemptes de compromis pratiques. Le système de vignettes *Crit'Air*, classant les véhicules en fonction de leurs émissions polluantes afin d'en restreindre la circulation, est également significatif. Il s'applique dans certaines grandes villes et cible les véhicules les plus anciens et polluants, à certaines périodes dites critiques pour la qualité de l'air (les fameux « pics d'ozone ») ou dans certains périmètres urbains, selon les décisions prises au niveau local. On le comprend, ces initiatives ont leur domaine de validité et leurs limites.

Cette contextualisation socio-politique conduit à différencier transactions de croissance et de continuité, d'une part, et transactions de rupture, de l'autre (Hamman, 2012 : 82–86). S'agissant de la « ville durable », la tension se manifeste entre des innovations de continuité, par exemple pour réduire les gênes ou les impacts de la circulation automobile sans remettre en question le principe : l'aménagement d'un

4 https://www.paris.fr/stoppollution (consulté le 26/07/2019).

boulevard périphérique, d'une « zone 30 » limitant la vitesse en centre-ville, etc. ; et des innovations de rupture, qui proposent un changement de modèle : développer les modes de déplacements alternatifs à la voiture, comme les transports en commun en site propre – on a relevé le retour en force du tramway dans les grandes villes françaises (Hamman, 2015) –, l'usage du vélo et les déplacements pédestres, etc.

Au temps de l'invocation des « mobilités durables et partagées », l'introduction, dans de nombreuses grandes villes en Europe, de dispositifs de vélos en libre-service et de l'autopartage (location de véhicules à la demande) restitue cette complexité. Là où l'on perçoit d'abord une proposition « alternative », écologique et sociale : l'usage pour se déplacer et non la possession ou le statut social, ces dispositifs consacrent en fait bien souvent des « capitalismes urbain » qui ont su intégrer la critique écologique. Il ne s'agit pas seulement de mobilités « bonnes pour la planète » ou censées responsabiliser le citoyen dans la lutte contre le changement climatique. Ces dispositifs participent aussi du renforcement de groupes privés dans la gestion des mobilités urbaines – à l'instar de JC Decaux, depuis les abribus lyonnais en 1965 jusqu'aux systèmes de vélos libre-service –, à l'heure où les métropoles renforcent leur poids dans la globalisation. Les partenariats public-privé valent comme un analyseur de la double transformation des villes contemporaines – une nouvelle idéologie politique et économique de l'urbain, qui rompt avec les thèses de la durabilité comme bien commun dépolitisé – et du capitalisme – qui se nourrit des critiques adressées par les mouvements environnementaux ou par l'économie sociale et solidaire, et se reproduit en bénéficiant de la promotion de l'« économie du partage » (Huré, 2017).

Dès lors, la durabilité urbaine peut se lire, sous l'angle de relations de gouvernance qui se recomposent mais conservent une part hiérarchique prégnante, comme « un projet négociable et opportuniste » : il est porté par des coalitions d'acteurs qui

> ne se construisent pas prioritairement à partir d'une vision partagée de ce que doit être l'application effective du développement durable, mais principalement sur la base d'une approche *opportuniste* du projet : chacun doit pouvoir conserver la cohérence de sa propre identité d'acteur [...]. Au risque d'aboutir à certaines injonctions paradoxales (la croissance verte, la consommation durable, etc.), quand l'acteur croit construire un infléchissement de son identité, alors que ses finalités ne sont nullement remises en cause (la croissance, la productivité, etc.) (Villalba, 2010 : 441–442).

2.2 La question des échelles

La question des échelles s'impose également lorsqu'on focalise sur l'urbain, en relation avec les processus de métropolisation et le développement des grandes villes. Dans ce contexte, la « gouvernance de la transition » traduit l'importance maintenue d'un pilotage et d'une planification du changement multi-échelles, et donc d'une gouvernance hiérarchique. Ce scénario est notamment piloté par les États et les acteurs publics *via* un certain nombre d'instruments. C'est le cas de la fiscalité et autres aides incitatives, dont on a vu clairement l'importance à travers les périodes d'essor ou de repli du secteur du photovoltaïque en France, équipant les toitures de maisons individuelles en ville, etc. Ce marché a, en particulier, connu une expansion très rapide entre 2008 et 2010, liée aux prix de rachat attractifs de l'électricité produite. Cet effet d'aubaine a conduit le gouvernement à adopter un moratoire puis à mener une consultation au sein du secteur en 2010–2011 pour sortir de la « crise » des tarifs aidés (Cointe, 2015). L'édiction de normes est un autre levier, à l'exemple des réglementations thermiques dans le bâti (RT 2012 puis RT 2020) ainsi que de labels attestant des performances renforcées (bâtiment à énergie positive BEPOS). La promotion immobilière de la maison « durable » en France s'apparente de la sorte à « une performance énergétique certifiée ». Ces démarches peuvent déboucher sur une « écologie de bonne conscience » pour les propriétaires, indépendamment de leurs actes de consommation ou du rapport à l'automobile, qui n'évoluent pas nécessairement (Mangold, 2018).

Parallèlement aux processus *top-down* de la gouvernance de la transition, s'est développé depuis une quinzaine d'années le mouvement *bottom-up* des villes en transition (*transition towns*), qui appelle à une économie locale durable et sobre avec un engagement citoyen[5]. Il ne s'agit pas d'avaliser deux scénarios « étanches » s'excluant l'un l'autre, mais de souligner la tension entre les interprétations technologiques et écologiques, en la relisant à travers la dialectique des transactions de continuité et de rupture (Hamman, 2012).

À première lecture, la décarbonisation des économies est inscrite par les pouvoirs publics dans une démarche planifiée : la feuille de route de l'Union européenne *Energy Roadmap* a quantifié et échelonné

---

5 Voir les sites: https://transitionnetwork.org/ ; et http ://www.entransition.fr/.

des objectifs à atteindre par les États membres à horizon 2050[6]. La transition se veut organisée sur le long terme, autour de buts annoncés qui intègrent une pluralité d'échelles, associant aussi bien les institutions que les pratiques individuelles (la consommation, etc.) ou encore le marché et les technologies, dans le sens d'une « gouvernementalisation du changement » (Rumpala, 2017).

Au fil des échelles d'opérationnalisation se dégage le rôle joué par une diversité de parties prenantes, et non simplement l'État : les collectivités territoriales, les petites et moyennes entreprises, des collectifs associatifs locaux, etc., dessinant « un mouvement à bas bruit qui n'est guère perçu par les organisations nationales » (Cacciari *et al.*, 2014 : 4). En ce sens, la transition énergétique s'analyse au prisme de ses incarnations territoriales et urbaines, afin de combiner une approche de la durabilité en termes de contenus (quelle performance énergétique du bâti, quelles énergies renouvelables) et de procédures (quels modes et dispositifs d'opérationnalisation) (Hamman, Anquetin, Monicolle, 2017).

Ainsi abordé, le changement socio-écologique n'est pas uniquement une problématique « macro » ou globale ; il percole jusqu'à l'échelle des comportements individuels et *a priori* banals (Bornemann, Sohre, Burger, 2018), avec en réalité nombre de dilemmes pratiques : débrancher les appareils électriques du logement, économiser l'eau pour la douche, la vaisselle ou les toilettes, trier et réduire les déchets, etc. En outre, si l'on confronte les équipements techniques de la transition énergétique dans l'habitat urbain – isolation, pompe à chaleur, ventilation mécanique contrôlée (VMC), récupérateur d'énergie, etc. – avec les rapports socio-économiques de sa mise en œuvre, une corrélation se dégage entre le fait de disposer de ces installations et l'appartenance à des groupes sociaux capitalisés économiquement et/ou culturellement (Mangold, 2018 : 437–703).

La dimension du politique est ainsi réintroduite. Nous avons affaire à une grammaire de légitimation qui sert de fondement aux discours de la transition, suivant des transactions permanentes. Par exemple, il est de plus en plus question de dispositifs « intelligents », incarnés dans la mise en place en France des compteurs Linky. Supposés optimiser

6 Il est envisagé de réduire les émissions de CO_2 d'ici 2050 de 80% sur la base de leur niveau de 1990 : http://ec.europa.eu/energy/en/topics/energy-strategy-and-energy-union/2050-energy-strategy.

la consommation d'énergie, en l'identifiant en temps réel ainsi que les appareils énergivores, ils sont valorisés comme des *nudges* par les opérateurs[7] et par le ministère de la Transition écologique et solidaire[8], prônant l'avènement d'un *smart consumer*, à partir d'« une logique d'ouverture des marchés de l'énergie et [d']un principe d'économie et de transition énergétique » (Danieli, 2018 : 5). Ce référentiel *instrumental* de la durabilité s'est imposé comme dominant, avec des procédures d'accompagnement appelant aux comportements « vertueux » et ciblant la consommation d'énergie et les catégories populaires ou moyennes (Roudil, 2014), à l'exemple des Points Info Énergie et leurs conseillers (Cacciari, 2016). L'étude du système de chauffage et de la VMC auprès de locataires de logements sociaux dans plusieurs villes en Alsace l'a également établi, en parallèle du cas de particuliers producteurs d'« énergies vertes » (Hamman, 2018, 2019a). Cela marque tout un discours du social et sur le social : la finalité, l'action et ses modalités de réalisation. En interaction, se dégage un référentiel *expérimental*, qui correspond à des finalités sociétales et un autre rapport au politique, à l'exemple de certaines coopératives locales de production d'énergie (là où d'autres ont aussi une motivation économique forte).

Les rapports urbains à la « nature » illustrent également cette complexité. Sa « proximité » peut être un motif revendiqué d'installation en périurbain et d'étalement des villes. En même temps, son appréhension entre différents acteurs et groupes sociaux met en jeu une série de contradictions entre une « nature urbaine », promue par une lecture aménagiste et institutionnelle de « verdissement » des espaces urbanisés – ce qui peut devenir un facteur de ségrégation sociale à travers les projets d'éco-quartiers –, et une pluralité d'initiatives et d'expériences révélant l'existence d'une nature non maîtrisée, présente dans les franges urbaines et support de différentes activités sociales (Hajek, Hamman, Lévy, 2015), y compris à travers l'habitat informel auto-construit ou le détournement d'usage de jardins ouvriers par les habitants de quartiers populaires (Deprez, Vidal, 2014).

Dans ces deux registres de projets instrumental/expérimental, les transactions concrètes ne se situent pas sur le même plan, entre adaptabilité

---

7 Voir le site d'EDF : https://particulier.edf.fr/fr/accueil/contrat-et-conso/compteur/compteur-linky.html.

8 https://www.ecologique-solidaire.gouv.fr/nudges-verts.

technique et adaptation sociale. La réflexion sur la gouvernance de la transition ouvre cette boîte noire, sans simplifier la grammaire des valeurs avancées et des principes, sélectifs socialement, de mise en œuvre. Gouvernance publique et gouvernance urbaine sont bien à considérer de concert, entre régulations institutionnelles et production permanente du lien social. Derrière les fausses évidences de la durabilité, ce sont les *a priori* de la « politique du consensus », au sens de Jacques Rancière (1995 : 143), qui se donnent à voir.

Conclusion

Le registre de la transition a partie liée avec celui de la gouvernance suivant une problématique de l'organisation des transformations sociétales en direction de la durabilité. Trois mises en tension le font plus particulièrement comprendre.

Premièrement, on distingue des représentations normatives, s'appuyant sur une préconception de ce que la transition et sa gouvernance devraient être, et des regards analytiques, ciblant les implications qu'emportent les formes et modes concrets issus des différents pratiques des acteurs.

Deuxièmement, ressort tout un questionnement des échelles. Il s'agit d'abord des échelles spatiales : comment dépasser des cadres sélectifs socialement (éco-quartiers, etc.) ou un effet d'affichage (la haute performance énergétique du bâti avancée en durabilité et qui peut en fait conduire à augmenter la température des pièces pour plus de « confort », etc.). Un enjeu décisif peut être alors d'associer des acteurs de « niche » et des acteurs plus larges de la société, afin de faire évoluer les représentations et les règles. Un lien se dégage également avec les échelles temporelles, à travers le répertoire du *transition management*, c'est-à-dire une vision graduelle et incrémentale du changement, corrélée avec des expérimentations par essai et erreur à petite échelle (Hamman, 2012 : 99–102). Le risque est de négliger la dimension politique et, derrière des modélisations socio-techniques élaborées, de renvoyer à des cadres managériaux réducteurs et à la sphère du conseil à la décision. Or, si la transition peut être pilotée avec une direction volontariste, elle comprend également des composantes non intentionnelles et non prévisibles, compte tenu des assemblages d'acteurs, de modes de légitimation, de contenus et d'instruments au fil des interactions. La coordination représente alors une dimension forte. Mais les cadres et les instances qui coordonnent les actions ne sont pas le strict reflet d'une intentionnalité transparente et rationnelle, car eux-mêmes évoluent à mesure des processus en cours. Les transactions permanentes à l'œuvre, entre continuités et ruptures, prennent ici tout leur sens.

Troisièmement, les processus de la transition socio-écologique urbaine sont caractérisés *in itinere* par des compositions hiérarchiques et non hiérarchiques en matière de gouvernance. Des relations plus ou moins ouvertes ou fermées entre acteurs, institués et instituants, traduisent à la fois le quoi (contenus) et le comment (procédures) de la durabilité : quels types de transformation, avec quel potentiel, qui les impulse et qui y prend part ou en est exclu. C'est là une problématique fondamentalement sociale.

Bibliographie

Agrawal A. (2005). *Environmentality : Technologies of Government and the Making of Subjects*, London, Duke University Press.

Arango L. (2013). « Les réseaux d'approvisionnement en eau à El Islote (Colombie), un indicateur des transformations dans les dynamiques sociopolitiques locales », *Journal des anthropologues*, 152–153, p. 267–289.

Arnouts R., van Der Zouwen, M. & Arts, B. (2012). « Analysing Governance Modes and Shifts. Governance Arrangements in Dutch Nature Policy », *Forest Policy and Economics*, 16, p. 43–50.

Baggioni V. (2017). *Tensions sur l'espace villageois contemporain : les mécanismes de prévention des conflits liés à l'implantation des parcs solaires en région Provence-Alpes-Côte d'Azur (PACA)*, Thèse de doctorat en sociologie, Aix-Marseille Université.

Bevir M. (2012). *Governance : A Very Short Introduction*, Oxford, Oxford University Press.

Blanc M. (2009). « Gouvernance », in J.-M. Stébé & H. Marchal (dir.), *Traité sur la ville*, Paris, PUF, p. 207–257.

Bornemann B., Sohre, A. & Burger, P. (2018). « Future Governance of Individual Energy Consumption Behavior Change. A Framework for Reflexive Designs », *Energy Research and Social Science*, 35, p. 140–151.

Bridge G. & Perreault T. (2009). « Environmental Governance », in N. Castree, D. Demeritt, D. Liverman & B. Rhoads (eds.), *A Companion to Environmental* Geography, Chichester, Wiley-Blackwell, p. 475–497.

Cacciari J. (2016). « Les Conseillers info énergie : petites mains incertaines des politiques énergétiques françaises », *Formation emploi*, 135, p. 137–154.

Cacciari J., Dodier R., Fournier P., Gallenga G. & Lamanthe A. (2014). « Observer la transition énergétique "par le bas". L'exemple des acteurs du bassin minier de Provence » *Métropolitiques*, 15 janvier. http ://www.metropolitiques.eu/Observer-la-transition-energetique.html.

Cao B. (2015). *Environment and Citizenship*, London/New York, Routledge.

Cointe B. (2015). « From a Promise to a Problem : Accounting for the Effects of Feed-in Tariffs for Photovoltaics in France », *Energy Research and Social Science*, 8, p . 151–161.

Danieli A. (2018). *La « mise en société » du compteur communicant. Innovations, controverses et usages dans les mondes sociaux du compteur d'électricité Linky en France*, Thèse de doctorat en sociologie, Université Paris Est Marne-la-Vallée.

Darier É. (1996). « Environmental Governmentality : The Case of Canada's Green Plan », *Environmental Politics*, 5 (4), p. 585–606.

Debout L. & Florin B. (2011). « Chiffonniers et entreprises privées internationales », *Égypte/Monde arabe*, 3e série, 8. http ://journals.openedition.org/ema/3036.

Deprez S. & Vidal P. (2014). « L'habitat auto-construit aux limites de la ville : des classes populaires havraises en quête d'ailleurs », *Espaces et sociétés*, 156–157, p. 85–107.

Evans J. (2012). *Environmental Governance*, London/New York, Routledge.

Foucault M. (1975). *Surveiller et punir. Naissance de la prison*, Paris, Gallimard.

Frödin O. (2015). « Researching Governance for Sustainable Development : Some Conceptual Clarifications », *Journal of Developing Societies*, 31 (4), p. 447–466.

Hajek I., Hamman P. & Lévy J.-P. (dir.) (2015). *De la ville durable à la nature en ville : entre homogénéité urbaine et contrôle social*, Villeneuve d'Ascq : Presses universitaires du Septentrion.

Hamman P. (2005). « From "Multilevel Governance" to "Social Transactions" in the European Context », *Swiss Journal of Sociology*, 31 (3), p. 523–545.

Hamman P. (2012). *Sociologie urbaine et développement durable*, Bruxelles, De Boeck.

Hamman P. (2015). « Negotiation and Social Transactions in Urban Policies : the Case of the Tramway Projects in France », *Urban Research and Practice*, 8 (2), p. 196–217.

Hamman P. (2018). « Habiter la "ville durable" en logement social ? Une analyse sociologique de la transition énergétique à l'échelle locale », *Pollution atmosphérique. Climat, santé, société*, n° 237–238. http://lodel.irevues.inist.fr/pollution-atmospherique/index.php ?id=6536.

Hamman P. (2019a). « Local Governance of Energy Transition: Sustainability, Transactions and Social Ties. A Case Study in North East France », *International Journal of Sustainable Development and World Ecology*, 26 (1), p. 1–10.

Hamman P. (ed.) (2019b). *Sustainability Governance and Hierarchy*, London/New York, Routledge.

Hamman P., Anquetin V. & Monicolle C. (2017). « Contemporary Meanings of the "Sustainable City". A Comparative Review of the French and English-Language Literature », *Sustainable Development*, 25 (4), p. 336–355.

Heitz C., Pierrette M. & Barbier R. (2017). « Les micropolluants d'origine domestique dans l'eau : enquête sur la représentation d'une nouvelle menace », *VertigO*, 17 (3). http://journals.openedition.org/vertigo/18723.

Heywood A. (2007 [1997]). *Politics*, London, Macmillan.

Holden E., Linnerud K., Banister D., Schwanitz V.J. & Wierling A. (2018). *The Imperatives of Sustainable Development. Needs, Justice, Limits*, London/New York, Routledge.

Huré M. (2017). *Les mobilités partagées. Nouveau capitalisme urbain*, Paris, Publications de la Sorbonne.

Hysing E. (2009). « From Government to Governance? A Comparison of Environmental Governing in Swedish Forestry and Transport », *Governance*, 22 (4), p. 547–672.

Kooiman J. (ed.) (1993). *Modern Governance: New Government-Society Interactions*, London, Sage.

Kooiman J. (2003). *Governing as Governance*, London, Sage.

Lange P., Driessen P.P.J., Sauer A., Bornemann B. & Burger P. (2013). « Governing Towards Sustainability. Conceptualizing Modes of

Governance », *Journal of Environmental Policy and Planning*, 1 (23). DOI :10.1080/1523908X.2013.769414.

Lascoumes P. & Le Galès P. (2005). *Gouverner par les instruments*, Paris, Presses de Sciences Po.

Le Galès P. (1995). « Du gouvernement des villes à la gouvernance urbaine », *Revue française de science politique*, 45 (1), p. 57–95.

Le Galès P. (2011). « Urban Governance in Europe: What Is Governed? », in G. Bridge & S. Watson (eds.), *The New Blackwell Companion to the City*, p. 747–758, Chichester, Wiley-Blackwell.

Mangold M. (2018). *Pour une sociologie de la « maison durable » : entre production d'une offre techno-centrée et vécu des habitants*, Thèse de doctorat en sociologie, Université de Strasbourg.

McCarthy J. & Prudham S. (2004). « Neoliberal Nature and the Nature of Neoliberalism », *Geoforum*, 35, p. 275–283.

Rancière J. (1995). *La mésentente. Politique et esthétique*, Paris, Galilée.

Robbins P. (2012 [2004]). *Political Ecology*, Chichester, Wiley-Blackwell.

Roberts P., Ravetz J. & George C. (2009). *Environment and the City*, London/New York, Routledge.

Roudil N. (2014). « La ville durable à l'épreuve de la sobriété. Le citadin entre injonction à "bien habiter" et normalisation des conduites en milieu urbain », in G. Christen, P. Hamman, M. Jehling & M. Wintz (dir.), *Systèmes énergétiques renouvelables en France et en Allemagne. Synergies et divergences*, p. 95–115, Paris, Orizons.

Rumpala Y. (2017). « From "Sustainable Development" to a Governmentalization of Change? Translations and Implications of an Institutional Concern in France and the European Union », *Humanity and Society*, 41 (2), p. 240–268.

Seto K.C., Solecki W.D. & Griffith C.A. (2016). *Routledge Handbook of Urbanization and Global Environmental Change*, London/New York, Routledge.

Villalba B. (2010). « Développement durable et mobilisations collectives », in B. Zuindeau (dir.), *Développement durable et* territoire, Villeneuve d'Ascq : Presses universitaires du Septentrion, p. 433–443.

Zittoun P. (2007). « La carte parisienne du bruit. La fabrique d'un nouvel énoncé de politique publique », *Politix*, 78, p. 157–178.

Des dynamiques de projet pour l'innovation des territoires métropolitains. La Métropole du Grand Paris face aux défis écologiques. Vers une « *knowledge industrial green city* » ?

Patrizia Ingallina[1]

Introduction

Le terme « dynamiques de projet » est largement employé par les acteurs de l'aménagement. De plus en plus d'actions menées sur un territoire sont, en effet, désignées sous ce terme. Si le mot projet n'est pas toujours directement associé à celui de dynamique, il n'en reste pas moins qu'il s'y réfère. Le projet agirait, en somme, comme un « stimulateur territorial » à l'instar d'un stimulateur cardiaque, capable de développer de nouvelles dynamiques[2]. En tant que tel, le sens du mot projet appliqué à l'urbain est rattaché à sa signification première, à savoir de démarche, de processus itératif et interactif, impliquant différents acteurs, à différentes échelles, dans des temporalités différentes[3].

---

1 Patrizia Ingallina est professeure en Aménagement de l'Espace et Urbanisme à Sorbonne Université où elle dirige le Master Urbanisme et Aménagement. Membre du Codev de la Métropole du Grand Paris elle effectue des activités d'expertise en urbanisme en France et à l'étranger. Ses recherches portent sur la fabrication de l'attractivité territoriale par des projets urbains innovants (éco-city, Knowledge city, Smart city).

2 CAUE 92, Atelier 2 du 24 octobre 2013 : Dynamiques territoriales de projet et paysages, http://www.paysages.hauts-de-seine.developpement-durable.gouv.fr/atelier-2-du-24-octobre-2013-dynamiques-r40.html. AURH, Agence d'Urbanisme de la Région du Havre, Lancement de l'appel à projet « Réinventer la Seine », 2016, http://www.aurh.fr/actualites/488-lancement-de-l-appel-a-projets-reinventer-la-seine.html

3 Ingallina, P. (2010, 3e édition), *Le Projet Urbain*, coll. « Que-Sais-Je ? », Paris, PUF.

Conçu comme fixateur d'innovation dans un territoire, une innovation le plus souvent dans les procédés et dans la gestion des tâches[4], le projet introduit des dynamiques capables de créer de nouvelles formes d'économie qui nécessitent des dynamiques urbaines. Ces dynamiques de projet s'inscrivent dans une logique de clustering, le cluster étant la figure emblématique de la ville *Knowledge-based*, une ville qui se transforme par le biais la connaissance (Carrillo, 2005). L'objectif de ces actions n'est pas uniquement la prospérité économique, mais aussi la soutenabilité environnementale à travers une organisation socio-spatiale « équitable » des villes afin de créer une économie sécurisée dans un environnement humain durable, selon le modèle des *knowledge industrial green cities*, qui se développe actuellement en Corée, par exemple (Ingallina, 2017)[5]. La dimension « knowledge-based » est ainsi complétée par une dimension naturelle, écologique garante de l'amélioration de la qualité de vie en ville.

D'autres pays ont déjà adopté ce modèle de « ville verte de la connaissance » et développent leurs quartiers nouveaux suivant ce modèle[6]. Différent, le cas de la Métropole du Grand Paris qui, partant d'un modèle basé sur le développement économique par l'établissement de clusters dans la première couronne (la ville *knowledge-based*), s'efforce aujourd'hui d'introduire de plus en plus la dimension écologique dans les dynamiques de projet (appel à projets : Inventons la Métropole du Grand Paris) et dans les dispositifs d'urbanisme (Charte Métropole Nature).

1 Dynamiques de projet pour l'innovation

Actuellement la notion de projet utilisée par les agences et les institutions en charge de la planification est assimilée à un ensemble d'actions aptes à redynamiser un territoire dans l'objectif d'innover.

---

4 Selon l'économiste Schumpeter, l'innovation peut aussi bien être un facteur de croissance que de crise. Il distingue entre innovation technologique dans la création d'un produit on dans un procédé nouveau et entre innovation de rupture ou incrémentale. Il peut aussi y avoir une innovation organisationnelle, qui est une évolution dans les manières de faire. Les dynamiques urbaines actuelles emploient ce terme souvent dans la dernière acception ainsi que dans le sens d'invention de nouveaux procédés.

5 La ville de Séoul par exemple a développé des projets de « knowledge industrial green cities », soulignant que désormais ces deux composantes sont essentielles.

6 La construction de la Technopole de Laâyoune, dans le sud du Maroc en est un exemple (Ingallina, 2019).

L'idée que le projet soit porteur de dynamiques territoriales innovantes est de plus en plus répandue parmi les agences d'urbanisme et les institutions impliquées dans les processus de planification, par exemple. Ces dynamiques de projet visent à réadapter les territoires aux différents impératifs et enjeux (économiques, sociaux, environnementaux etc.) qui se présentent au fur et à mesure et nécessitent d'idées nouvelles.

On parle alors de « dynamiques de projet » pour l'innovation, l'objectif de ces dynamiques innovantes étant de relancer la croissance à travers de nouvelles formes d'économie qui nécessitent justement des dynamiques urbaines pour se développer. L'innovation recherchée est, dans un premier temps, économique et urbaine. La notion d'innovation est empruntée à l'économiste Schumpeter selon lequel les cycles économiques issus de l'innovation peuvent être caractérisés par des « grappes d'innovation »[7].

Concernant la ville, il s'agit tout d'abord de créer un nouvel imaginaire économique (Indergaard, 2012) basé sur la connaissance. Ce premier impératif se justifie parce qu'il est question de sortir de la crise mondiale de 2008[8] tout en améliorant l'offre en espaces publics et en alimentant la consommation. Cela explique bien la nécessité d'obtenir cette double innovation, économique et urbaine :

- La première table sur le renforcement de la compétitivité à travers le développement de marchés de la connaissance[9], à savoir tout ce qui est basé sur l'immatériel comme la production intellectuelle ou de nouveaux services, par exemple. Les dynamiques de projet qui ont pour objectif de renforcer la compétitivité s'effectuent à grande échelle et sont directement liées à la productivité (PIB), la finalité étant d'attirer des capitaux et de garantir l'emploi à travers la spécialisation des territoires.
- La deuxième concerne l'amélioration de la qualité de vie à l'échelle locale, de la ville et de ses quartiers, pour renforcer l'attractivité

7 Après une innovation majeure de rupture, d'autres innovations se succèdent jusqu'à détruire ce qui existait (« destruction créatrice). L'innovation incrémentale, de son côté, permet l'amélioration continue des technologies. Il existe aussi une innovation qui n'est pas liée à la production mais à des procédés. C'est l'innovation organisationnelle consistant dans une nouvelle manière de faire.

8 On se réfère en particulier à la crise de 2008, dite des « subprimes » qui a été globale.

9 Francisco Javier Carrillo, 2016. « Knowledge markets: a typology and an overview » *International Journal of Knowledge-Based Development*, Inderscience Enterprises Ltd, 7 (3), p. 264–289.

urbaine. L'objectif est d'attirer des flux globaux et de renforcer la consommation à travers la création d'espaces publics et de quartiers attractifs.

Rattrapées par les exigences actuelles en matière de lutte contre la pollution, contre le réchauffement climatique, contre la perte de la biodiversité et plus en général pour maintenir un écosystème urbain équilibré, les politiques urbaines s'efforcent de plus en plus d'intégrer la dimension écologique. L'objectif étant d'améliorer la qualité de l'environnement, un environnement qui se veut plus sain et plus naturel.

Cette approche est donc intégrée aussi bien à grande échelle qu'à l'échelle de la ville dans la double poursuite d'une compétitivité globale et d'une attractivité locale.

Concrètement, ces deux démarches (compétitivité et attractivité) ne se déclinent pas parallèlement, mais s'entrelacent car les territoires compétitifs qui se veulent spécialisés (par exemple sous la forme de clusters scientifiques et technologiques) à grande échelle, revendiquent aussi un haut degré d'attractivité à l'échelle locale (qualité de vie) ; de même, l'attractivité ne s'exerce pas uniquement à l'échelle locale (par exemple les villes touristiques comme Paris ou Venise exercent une attractivité à l'échelle mondiale).

Il y a donc une imbrication complexe d'échelles dans la poursuite du double objectif de compétitivité et attractivité qu'il s'agit d'articuler à travers des dynamiques de projet.

2 La knowledeg-based city

Les chercheurs en *knowledge management* ont démontré que la ville est le lieu le plus adapté pour développer l'innovation économique et sociale. Les recherches sur la ville *Knowledge based* appartiennent, en effet, à un domaine de recherche reconnu qui s'appelle « Knowledge-Based Development » associant la recherche en développement urbain, en études urbaines et en planification urbaine à la recherche en matière de *knowledge management* et de capital intellectuel (Carrillo, 2006). Selon ces chercheurs, la ville peut être considérée comme un « hub » de connaissance parce qu'elle est fortement caractérisée par des flux d'idées, de personnes et de services[10]. Le contexte des marchés de la connaissance, conduit les politiques mondiales à développer la R&D (Recherche &

[10] « Consequently, cities act as hubs in the national and international economies. They also concentrate local links based on trusted networks and enhance clusters

Développement) en encourageant les partenariats entre université, instituts de recherche et industrie.

Naissent de nouveaux pôles de croissance basés sur l'assemblage de ces trois forces réunies autour de plates-formes (ou « hubs ») collaboratives. Ces logiques d'assemblage s'inscrivent dans le processus de clustering territorial basé sur le concept de cluster innovant (Porter, 1990, Leducq & Lusso, 2011). Les clusters innovants doivent être structurés autour de ces plateformes (connectées à travers les TTO – Technology Transfert Offices et les Technoparks).

La figure du cluster symbolise la *knowledge city*, une ville qui s'appuie sur la connaissance comme moteur pour stimuler des dynamiques concurrentielles. Les villes de la connaissance sont basées sur une économie drainée par des exportations à forte valeur ajoutée. Cette valeur a été créée à travers la recherche, l'innovation technologique et l'apport de « cerveaux » (Carrillo, 2005). Il s'agit de villes où les secteurs public et privé valorisent et nourrissent la connaissance, investissent dans la diffusion du savoir et dans la découverte (*learning* et innovation) et exploitent les connaissances pour créer des produits ou des services à valeur ajoutée tout en créant la richesse (Carrillo, 2005).

Les performances des clusters innovants sont directement liées à leur emplacement, préférablement dans une ville où il y a plus de flux de personnes et donc d'idées et où il peut y avoir des effets de débordement des laboratoires vers l'extérieur et vice-versa (Indergaard, 2012).

✓ *Le KUBD*

Le concept de KUBD (*knowledge urban based development*, Yigitcanlar, 2012), se réfère au processus de transformation de la ville de la fin du XXe siècle en *knowledge based city* à travers des dynamiques innovantes basées sur la connaissance.

> The concept of knowledge-based urban development has first come to the urban planning and development agenda during the very last years of the 20th century as a promising paradigm to support the transformation process of cities into knowledge cities and their societies into knowledge societies. However, soon after the exponentially rapid advancements experienced, during the first decade of the 21st century, particularly, in the domains of economy, society, management and technology along with the

development through knowledge spillovers. » (NESTA, 2007, Source : Garner, 2012) severe impacts of climate change, have made the redefinition of the term a necessity. (Yigitcanlar, 2012)

✓ *Le KUBD face aux enjeux planétaires et à la transition écologique.*

Aujourd'hui, dans le monde, la population totale de 27 villes (principalement des pays en développement), a atteint des dizaines de millions de personnes, comme la ville de Tokyo, par exemple, qui concentre plus de 34 millions de personnes dans son territoire métropolitain. Cela a engendré une urbanisation rapide, risquant de rendre les populations vulnérables face aux conséquences des catastrophes économiques ou naturelles mondiales.

De nombreuses initiatives d'action mondiales ont été entreprises : les sommets de l'ONU Habitat, le rapport de l'ONU Brundtland, la Convention des Nations Unies sur le changement climatique et le Protocole de Kyoto, les COP (Conférences de Parties sur le Climat) afin de sensibiliser et de relever les défis environnementaux, économiques et sociaux à l'échelle mondiale.

Parallèlement à ces initiatives, au cours de ces dernières années, les spécialistes ont mis l'accent sur la nécessité d'une nouvelle compréhension et d'un modèle de planification et de développement urbain pour mieux gérer les problèmes sociaux, environnementaux et urbanistiques et de développement d'infrastructures résilientes pour les villes (Friedmann, 2005).

Le KBUD est un nouveau paradigme de développement à l'ère de la connaissance ayant pour objectif de créer une ville destinée à encourager et à permettre la production et la circulation du « travail abstrait » – une ville de la connaissance. Le KBUD vise la prospérité économique et la durabilité environnementale à travers une organisation socio-spatiale « juste » des villes, c'est-à-dire établit une économie sécurisée dans un environnement humain durable (Yigitcanlar, 2009).

Les principaux piliers du KBUD sont quatre : économie, société, environnement et gestion. Parallèlement à ces quatre piliers, la durabilité et les capacités organisationnelles stratégiques sont également essentielles pour le développement axé sur les connaissances des villes et des régions (Fig. 1).

Cette méthode basée sur le KBUD a été appliquée à cinq villes : Austin, Barcelone, Helsinki, Melbourne, Singapour. Cette pratique a montré qu'une vision stratégique solide avec une planification à long terme est

DÉVELOPPEMENT ÉCONOMIQUE	ÉCONOMIE Économie de la connaissance	DÉVELOPPEMENT SOCIAL
GESTION Gouvernance et planification Leadership et participation	KNOWLEDGE BASED URBAN DEVELOPMENT	SOCIÉTÉ Capital humain et social
DÉVELOPPEMENT INSTITUTIONEL	ENVIRONNEMENT Développement durable et qualité de vie	DÉVELOPPEMENT URBAIN ET ENVIRONNEMENTAL

Fig. 1: Tableau reconstitué à partir des éléments du tableau réalisé par Tan Yigitcanlar (Yigitcanlar *etal.*, 2012)

un « must ». Ces villes de la connaissance de premier plan se spécialisent dans quelques secteurs seulement, mais fixent des objectifs ambitieux et elles développent leurs stratégies KBUD avec attention.

« Cette analyse globale des meilleures pratiques a révélé des stratégies communes basées sur le KBUD pour construire des villes de la connaissance prospères (Yigitcanlar, 2009) :

§ *Political and societal will and good governance* ;
§ *Strategic vision and dynamic long-term development plan* ;
§ *Setting-up of agencies to promote KBUD* ;
§ *Strong financial support, partnership and strategic investments* ;
§ *International and multi-cultural character of the city* ;
§ *Creation of urban innovativeness engines* ;
§ *Research excellence-universities, R&D institutions* ;
§ *Metropolitan web-portal-E-government, E-democracy* ;
§ *Value creation to citizens skill development, employment, social outcomes* ;
§*Quality of place, life and affordable housing and urban services* ;
§ *Low-cost and easy access to advanced communication networks.*[11]

[11] Voir : Yigitcanlar, T. (2009), « Planning for knowledge-based urban development: global perspectives », *Journal of Knowledge Management*, 13 Issue : 5, p.228–242.

3 La Métropole du Grand Paris : de la *knowledge city* à la Métropole nature en passant par l'Écotone

Faire de la ville un écosystème innovant devient, on l'a compris, une ambition stratégique pour la plupart des villes mondiales. Dès lors l'innovation écologique devient un enjeu primordial pour ces villes. Les dynamiques de projet doivent donc englober cet objectif à différentes échelles et en adoptant différentes actions et méthodologies.

Les actions menées à l'échelle de la Métropole du Grand Paris naissante[12], sont diverses et variées et s'effectuent conjointement au projet du RGPE (*Réseau Grand Paris Express*), un super métro qui s'étends sur 195 km, avec 4 lignes nouvelles et 69 gares (dont 80% en correspondance), pour 2 millions de voyageurs par jour.

Le RGPE, par ailleurs, avait été initialement pensé dans une optique de développement économique (développer des emplois, faciliter les liaisons entre les différents centres économiques de la capitale). Deux secteurs de développement avaient été désignés à cet effet (Blanc, 2010), près des deux principaux aéroports, Roissy-Charles de Gaulle et Orly. Un système de clusters (obtenu à travers l'installation d'universités à proximité des entreprises existant sur le territoire francilien), a été aussi déployé autour de Paris à l'instar d'une « knowledge city, » premier modèle qui venait caractériser le territoire du Grand Paris (Fig. 2). Le territoire de la connaissance était fixé. Il s'agissait désormais d'organiser un territoire qui prime la qualité de la vie, plus naturel, plus sain et plus vivable.

Parmi ces actions, on peut rappeler l'appel à projets « Inventons la Métropole du Grand Paris », la plus grande consultation d'Europe dont le premier, qui a eu lieu en 2017, a eu un certain succès avec 420 candidatures de groupement d'entreprises et 51 projets lauréats. Cela a

---

12 La loi de modernisation de l'action publique territoriale et d'affirmation des métropoles (loi MAPTAM) du 27 janvier 2014 a créé la métropole du Grand Paris, établissement public de coopération intercommunale (EPCI) à fiscalité propre à statut particulier qui a vu le jour au 1er janvier 2016. La loi du 7 août 2015 portant nouvelle organisation territoriale de la République (loi NOTRe) a apporté des modifications aux modalités de fonctionnement de la métropole du Grand Paris.

Voir : « La métropole du Grand Paris », Direction de l'action légale et administrative : http://www.vie-publique.fr/decouverte-institutions/institutions/approfondissements/metropole-du-grand-paris.html.

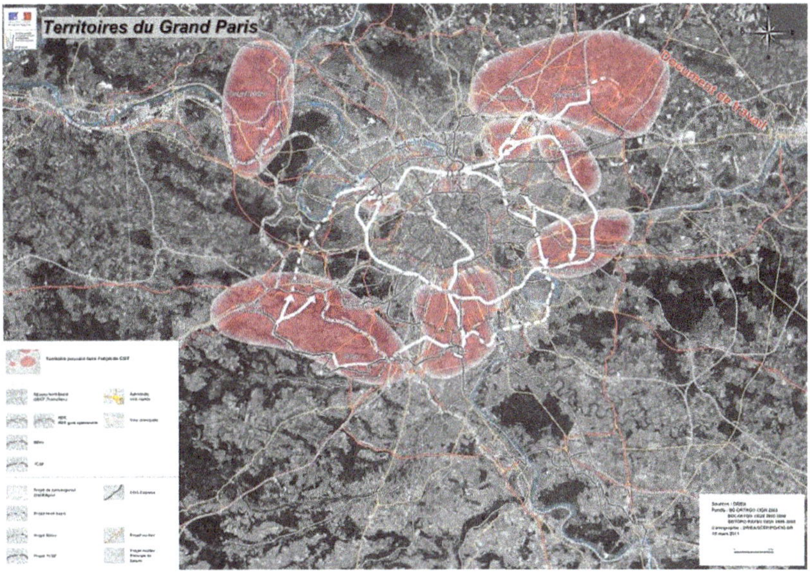

Fig. 2: Les Clusters du Grand Paris. Source : *Universités et enjeux territoriaux* (2012), sous la direction de P. Ingallina, Villeneuve d'Ascq, Presses Universitaires du Septentrion.

été une occasion pour innover, à travers certains projets, non seulement au plan technologique mais aussi au plan écologique.

En même temps, la MGP doit mettre en place les nouveaux dispositifs d'aménagement et d'urbanisme tels que le SCoT (à l'échelle de la MGP) et les PLUI (Plan Local d'Urbanisme Intercommunal) de ses 12 Établissements Publics Territoriaux établis par le décret du 11 décembre 2015[13]. Dans ce contexte, il a été créé au sein du Codev (Conseil de Développement) de la MGP, un groupe de travail sur la « nature en ville » en charge d'orienter les préconisations du plan biodiversité de la Métropole, alors qu'une Charte pour la Métropole Nature a été rédigée pour faciliter les initiatives menées en ce sens par les élus et par les entreprises. Une double approche se développe actuellement : d'un côté

13 Pour voir la carte qui illustre cette nouvelle répartition territoriale : https://it.wikipedia.org/wiki/File :%C3%89tablissements_publics_territoriaux_du_Grand_Paris.svg.

des dynamiques de projet orientées vers les innovations technologiques et écologiques, de l'autre côté des dispositifs à grande échelle visant la protection de l'environnement et l'équilibre écosystémique.

3.1 Inventons la Métropole du Grand Paris I (2016–2017) : révéler la richesse des territoires dans une dynamique de projet basée sur l'innovation

L'objectif de cet appel à projets était de valoriser les territoires qui forment le « Grand Paris »[14], tout en mettant en avant leur diversité, leurs forces et les dynamiques à l'œuvre, en agissant comme un catalyseur du projet métropolitain. Ce premier appel d'offre a déjà donné des résultats, avec 51 projets lauréats sur 153 groupements finalistes. Il est donc possible d'en évaluer la portée et les retombées.

Selon Patrick Ollier, le président de la MGP, « cet appel à projet est un concours révélateur de la Métropole, un concours accélérateur du développement des territoires, un concours catalyseur de la construction métropolitaine ». Cet appel à projets s'inspire de celui, plus ancien, appelé « Réinventer Paris »[15], lancé pour la première fois en 2016, par la mairie de Paris.

---

14 L'idée de créer un Grand Paris repose sur la consolidation de la zone dense (qui coïncide en gros avec les trois départements limitrophes, Hauts-de-Seine, Seine-Saint-Denis et Val-de-Marne). C'est à ce niveau qu'il faut doter la Capitale des équipements, des logements, des moyens de transport pour assurer la qualité de vie de tous ses habitants. Pour ce faire, un secrétariat d'État au développement de la Région capitale (2009–2010) a vu le jour. La création de pôles économiques majeurs est ensuite prévue par la loi du 3 juin 2010 relative au Grand Paris. Ces pôles se situent autour de Paris et seront desservis par un réseau de transport public construit ad hoc (connexion avec les aéroports, les gares TGV et avec le centre de Paris). Cette même loi institue la Société du Grand Paris, un EPIC chargé de concevoir un métro automatique dans la banlieue parisienne. Paris Métropole, syndicat mixte d'études ouvert, née à la même époque, en 2009, de l'union des collectivités locales de la Petite Couronne et Paris, rassemblant, au 1er janvier 2015, 212 collectivités (161 communes, 42 intercommunalités, les 8 départements franciliens et la région Île-de-France), représentant 9,3 millions d'habitants, soit 88% de l'agglomération parisienne. Voir : « La métropole du Grand Paris », Direction de l'action légale et administrative : http://www.vie-publique.fr/decouverte-institutions/institutions/approfondissements/metropole-du-grand-paris.html.

15 L'appel à projets urbains innovants, « Réinventer Paris » a été lancé pour la première fois, en 2016, par la Mairie de Paris. Un deuxième appel d'offre a été lancé en 2017, avec pour objectif d'explorer les potentialités du sous-sol parisien.

Anne Hidalgo, maire de Paris et première Vice-Présidente de la Métropole, dit à ce propos :

> « Réinventer Paris a apporté un nouveau souffle sur l'urbanisme et l'architecture, avec un retentissement inédit à l'international. En élargissant cette démarche, nous voulons poser un acte fondateur, puissant, pour notre nouvelle Métropole. En faisant émerger des projets innovants partout dans le Grand Paris, nous voulons accélérer nos dynamiques territoriales et construire ensemble une identité commune. »[16]

Il s'agit donc d'identifier des projets aptes à représenter l'identité de ce nouveau territoire, la Métropole du Grand Paris, tout en contribuant au rayonnement et à l'attractivité d'un pays entier.

Lancée en 2016, cette première édition de l'appel à projets « Inventons la Métropole du Grand Paris », co-organisée avec l'État et la Société du Grand Paris, peut être considérée comme : « **la plus grande consultation menée en Europe en matière d'aménagement et d'urbanisme** ...(qui) a généré **7,2 milliards d'euros d'investissements privés, 2,6 millions de m² à construire**. La mobilisation exceptionnelle du secteur de la construction et l'audace des acteurs de l'innovation, en réponse à cette invitation à l'action, contribuent à identifier la Métropole comme parmi les plus innovantes et avancées au monde. »[17] (Patrick Ollier).

Cela a conduit à lancer un deuxième appel à projets en 2018[18].

Ce premier appel d'offre visait aussi à donner une cohérence territoriale à l'aménagement de la métropole, en l'absence d'un PLU (Plan Local d'Urbanisme) métropolitain et en attente de la mise en place des 12 EPT (Établissements Publics Territoriaux) que compte la Métropole, qui devront se doter d'un PLUI (Plan Local d'Urbanisme

---

16 « Inventons la Métropole du Grand Paris » Une dynamique en marche. Séminaire de Baltard, 23 mai 2016, Communiqué de Presse Paris, voir : http://www.patrick-ollier.com/IMG/pdf/_2016_05_23__cp_inventons_la_metropole_du_grand_paris_v7_.pdf

17 https://www.inventonslametropoledugrandparis.fr.

18 Le deuxième appel d'offre a vu 85 groupements finalistes, 23 lauréats, en 2019, sur 23 sites. « Les projets vont contribuer à réinventer les modes d'habiter et de travailler, tout en contribuant au retour de la nature en ville. Ils incarnent de nouvelles destinations métropolitaines, tout en assurant un ancrage local en fabriquant des lieux forts, emblématiques, qui donnent du sens à l'échelle du quartier, de la ville et de la Métropole. » (déclaration de Patrick Ollier, https://www.inventonslametropoledugrandparis.fr/).

Intercommunal)[19]. Pour cela il a mobilisé des unités de travail innovantes à travers des groupements de professionnels aux compétences et aux rôles multiples : opérateurs privés, investisseurs, concepteurs, mais aussi tout un milieu engagé dans les écosystèmes de l'innovation pour parvenir à produire un projet « clefs en main ». Les équipes ainsi formées ont disposé d'une grande liberté, le jury n'imposait, en effet, que peu de règles très en amont.

✓ *Les objectifs.*

Plus généralement, l'objectif de ce premier appel d'offre était de doter la Métropole du Grand Paris d'une dynamique de projet capable de produire un urbanisme innovant dans toutes ses composantes : dans l'originalité de la composition des équipes, dans l'organisation et dans la répartition des tâches au sein de ces mêmes équipes, dans les démarches, dans les idées qui nourrissent la conception du projet proprement dit. La diversité des sites choisis (une large palette de contextes urbains, des sites bâtis aux terrains nus, des sites historiques ou industriels, agricoles ou forestiers, etc.) était censée agir comme un stimulateur de l'inventivité des équipes. Quant aux modalités d'action nouvelles, les interactions entre les organisateurs et les équipes ont constitué des moments propices à l'échange et à l'ouverture dans des projets collaboratifs. De même, cet appel d'offre se proposait de susciter de nouveaux concepts, de créer de nouveaux lieux, d'identifier de nouveaux usages et de nouveaux services en privilégiant mixité fonctionnelle et réversibilité, tout en mettant en place des modèles garants de l'efficience des projets et de l'association des habitants. L'aspect financier de cette initiative n'est pas à négliger car la principale innovation en ce sens (déjà présente dans l'appel à projets « Réinventer Paris ») consistait à associer des investisseurs (ou mécènes) dans un même groupement, qui soient garants, du moins en partie, de la soutenabilité financière des opérations envisagées. Enfin, la question de l'éco-soutenabilité environnementale, sociale et économique, est émergée dans toute sa force à travers les concepts très présents d'urbanisme tactique et transitoire, d'économie circulaire, de bio-mimétisme, de biodiversité, etc.

---

19 Le PLUI entre en vigueur le 1er janvier 2016, suite au décret relatif à la modernisation du contenu du Plan Local d'urbanisme du 29/12/2015.

Les objectifs de « Inventons la Métropole du Grand Paris (2016–2017) :

- S'inscrire dans la recherche d'une métropole innovante, durable, solidaire et intelligente.
- Contribuer au dynamisme économique et à l'offre d'emploi dans la métropole.
- Répondre aux besoins de logement et de services des habitants.
- Assurer une exemplarité en matière énergétique et environnementale.
- Contribuer au rayonnement artistique, culturel et social de la Métropole.[20]

✓ *Caractéristiques des projets lauréats.*

Sur 51 projets lauréats, 19 se situent à proximité des gares du RGPE et dans les entrées de ville. La terminologie employée par les équipes est largement diffusée : résilience, écosystème, écoconception, écogestion, efficacité énergétique, lutte contre le changement climatique, réduction de l'empreinte carbone, etc. Ce sont des termes qui reviennent régulièrement dans les réponses à l'appel à projets. L'innovation semble s'inscrire dans la manière dont les tâches se répartissent dans les équipes (innovation organisationnelle) et dans les procédés techniques (modes de construction plus écologiques et plus économiques). Aussi l'appel à projet en lui-même peut être considéré comme une innovation de procédés. La notion de cluster revient souvent dans les réponses aussi bien parce qu'il s'agit d'opérations situées à côté de clusters (projet Ecotone situé près des clusters santé et numérique, dans la vallée de la Bièvre, par exemple), que parce que les projets cherchent eux-mêmes à « faire cluster » (Talent Makers Lab – TML, Antonypôle, etc.). Enfin, on peut assimiler la rhétorique qui accompagne la description des projets à une innovation-marketing[21], avec l'introduction de concepts nouveaux ou employés dans d'autres domaines que celui de l'aménagement urbain et de la

---

[20] Est ensemble : Grand Paris, voir : https://www.est-ensemble.fr/10-sites-dest-ensemble-retenus-par-la-metropole-pour-participer-un-grand-concours-durbanisme.

[21] ORGANISATION DE COOPÉRATION ET DE DÉVELOPPEMENT ÉCONOMIQUES. Manuel d'Oslo, *Principes directeurs pour le recueil et*

construction, par exemple « réflexion biomimétique » (projet « Écotone ») ou « écosystème d'apprentissage, écosystème productif » (projet « Talent Makers Lab »). L'innovation urbaine est donc relative car elle doit tenir compte de la diversité des contextes. Elle dépend aussi des politiques à l'œuvre et de l'usage qu'elles en font.

3.1.1 Un projet emblématique du retour à la nature : Écotone[22]

« Notre projet ÉCOTONE a pour but de faire de ce site privilégié le lien entre la ville et la nature et de construire un bâtiment qui est l'interface entre ces deux environnements. En biologie, cette zone de transition entre deux écosystèmes s'appelle un écotone. »[23]

Écotone est l'un des 3 ou 4 projets phares et emblématiques de la métropole du Grand Paris. Situé à Arcueil, il sera desservi par deux lignes du Grand Paris Express (la ligne 14 et la ligne 15). En introduisant le concept d'Écotone, le groupement s'inscrit dans la mouvance intellectuelle récente visant à appliquer ce concept généralement employé par les écologues et les géographes, aussi aux Sciences Humaines et Sociales. On l'applique, dans ce cas, à l'architecture, initialement considérée uniquement comme un artefact, un objet matériel qui n'est pas naturel. Le projet urbain se situe à Arcueil, sur l'emprise de l'ancienne ZAC du Coteau. Quatre cabinets d'architectes ont travaillé ensemble à ce projet : Duncans Lewis Space Architecture, Triptyque Architecte,

---

l'interprétation des données sur l'innovation, 3e édition, Paris, Éditions de l'OCDE, 2005, 184 p.

22 Les données sur le projet Écotone proviennent de :
- Bastian F., Bouhadiba S., Genevois A., Guenanen L., Laureau S. (2018), « Écotone. Inventons la Métropole du Grand Paris », Dossier réalisé dans le cadre du cours « Démarche Projet », Master AUDP- Sorbonne Université ;
- https://www.ladn.eu/entreprises-innovantes/marques-engagees/nature-larchitecture-du-futur/
- Site de la Mairie d'Arcueil, Accueil, Urbanisme et Habitat, « Un projet urbain innovant pour le coteau », publié le 23.10.2017. https://www.arcueil.fr/un-projet-innovant-pour-le-coteau/
- http://www.leparisien.fr/val-de-marne-94/arcueil-la-promesse-de-vente-de-l-ecotone-est-signee-27-06-2019-8104623.php
- https://94.citoyens.com/2017/ecotone-arcueil-ecolo-city-zen-parc,26-10-2017.html

23 http://triptyque.com/fr/project/ecotone/.

OXO Architectes et Parc Architectes. D'autres partenaires ont été associés à la démarche : les paysagistes de l'Atelier Georges, la Mairie d'Arcueil et la Ville de Paris. La foncière « Compagnie de Phalsbourg est l'investisseur qui a soutenu le projet en favorisant le dialogue entre tous les participants. Le bio-mimétisme étant le thème principal du projet, un conseil scientifique a été monté ad hoc impliquant le Museum d'Histoire Naturelle, le Centre Européen d'Excellence en Bio-mimétisme de Senlis (CEEBIOS), ELAN et le lab CRIGEN d'ENGIE.

La constitution d'un tel groupement permettait d'envisager le développement de recherche sur la biodiversité, le mix énergétique, le bio-mimétisme et sur les nouvelles techniques de construction capables de rapprocher l'architecture et la nature.

✓ *Le programme.*

Tout en ayant comme objectif la revitalisation du secteur Nord-Ouest d'Arcueil, le projet urbain Écotone (81870 m^2) s'inscrit dans la ZAC du Coteau, bloquée depuis quelques années et donc en friche, dont l'organisme aménageur est la Société d'Économie Mixte Sadev94.

Le programme est en soi assez banal : il consiste dans la réalisation d'un quartier essentiellement destiné au secteur tertiaire (64930 m^2 de bureaux dont 6810 m^2 destinés à des espaces de co-working et un laboratoire de R&D sur le développement durable et le bio-mimétisme). Seront réalisés également : un hôtel de 5800 m^2 dont les activités de loisirs seront ouvertes au public, une résidence (4360 m^2) destinée aux chercheurs, aux étudiants et aux jeunes actifs et des commerces, de services de proximité et des restaurants bio (6480 m^2) selon les souhaits exprimés par les habitants demandeurs d'animations sur le secteur tant le jour que la nuit. À cet effet, des équipements sportifs seront offerts aux riverains (Concept Sport et une salle de sport et fitness). Il est prévu aussi la mise en place d'un pôle de santé en partenariat avec les cabinets Ipso Santé et la Fédération Française des Art-thérapeutes notamment.

Un parc paysager sera ouvert au public. L'opération est ouverte sur le quartier et prévoit mille places de parkings en souterrain, totalement accessibles aux habitants.

Un tel projet est estimé atour de 300 millions d'euros, avec un prix de vente du m^2 de 366 euros. L'objectif que la Compagnie de Phalsbourg s'est donné est d'accueillir environ 20 entreprises pour environ 4000 salariés. Elle s'est également engagée à porter le projet pendant 10 ans une fois livraison faite, en 2024, ce qui est important pour garantir la livraison du projet, même si sa réalisation nécessitait davantage de temps.

Ce projet s'inscrit dans un site complexe, traversé par deux bretelles d'autoroutes de l'A6 et à la convergence de trois villes, le projet Écotone prend en compte la complexité du site avec le bâtiment en terrasses au long de la pente et creusé de patios pour éclairer l'intérieur. Ce projet s'insère aussi dans le paysage existant se constituant comme son nom le veut (Écotone) entre la ville et la nature[24].

✓ *Un projet bas carbone qui respecte l'environnement.*

Ce projet s'inscrit dans une démarche bas carbone et utilise un mix énergétique développé par ENGIE. Ainsi, une centrale multi énergie qui fournira l'électricité, du biogaz et de l'hydrogène a été créée et connectée au smart grid multi-énergies pour favoriser la mobilité de demain. Des solutions de récupération de la chaleur des eaux usées, des panneaux solaires, des éoliennes urbaines ainsi que la valorisation des déchets par la méthanisation ont été développées. Le concept d'écogestion, comme régulation naturelle du bâtiment s'accompagnant de procédés techniques innovants, est aussi à la base du projet. Le bâtiment composé d'un dôme transparent en ETFE (éthylène tétrafluoroéthylène) et d'une couverture végétale est assimilable à la nature (bio-mimétisme). Une couverture végétalisée viendra se greffer sur le dôme avec comme fonction de réguler l'atmosphère.

3.2 L'intégration de la nature dans les dispositifs d'urbanisme par la MGP

La nature en ville est devenue désormais une thématique centrale tant pour les politiques urbaines que pour les chercheurs qui sont concernés de près ou de loin par celle-ci. La nature étant un vaste sujet, d'autres disciplines qui se considèrent parties prenantes, manifestent leur intérêt soudain pour la ville, dès lors que le terme de nature y est rattaché, d'où l'engouement nouveau pour des formations alternatives en urbanisme qui prolifèrent dans d'autres champs disciplinaires avec succès[25]. En

---

24 Pour un aperçu du projet voir : https://94.citoyens.com/2017/ecotone-arcueil-ecolo-city-zen-parc,26-10-2017.html

25 Une formation en « Urbanisme et Biodiversité » a été récemment montée, par exemple, au Muséum d'Histoire Naturelle dans le cadre de la Chaire Muséum Engie.

effet, des disciplines telles que l'Écologie et la Biologie, par exemple, sont étroitement concernées par la nature et les formes que sa réintroduction dans la ville pourrait prendre, sachant qu'il s'agit de trouver des moyens pour lutter contre les catastrophes naturelles qui constituent une menace tant pour les villes que pour les humains. Conscient de cette exigence, la Métropole du Grand Paris a entrepris beaucoup d'initiatives et a lancé des études au sujet de la nature en ville. Parmi ces initiatives, on peut rappeler la création d'un groupe de travail au sein du Codev,[26] dédié à la « Nature en ville » finalisé à identifier des orientations pour le plan biodiversité de la MGP et à interagir avec le SCoT Métropolitain qui se construisait en même temps. Également, le lancement de la Charte Métropole Nature, adoptée à l'unanimité au Bureau de la MGP, le 7 juin 2019 a constitué un autre moment important dans l'établissement de critères précis en défense de la nature en ville et pour une offre généralisée de services éco-systémiques.

✓ *Les axes principaux de l'avis du Groupe de Travail du Codev de la MGP.*

On peut rappeler rapidement les axes qui se sont dégagés à partir de l'Avis rendu en septembre 2019, par le groupe de Travail du Codev[27] à la MGP qui part du constat selon lequel la nature en ville est l'assurance vie de l'homme :

- *Planter plus d'arbres* (1 arbre alimente 4 personnes en oxygène) *et utiliser la végétation et les points d'eau pour lutter contre le dérèglement climatique* ;
- *Changer les comportements vis-à-vis de pour rattraper la perte de biodiversité et inverser cette tendance* ;
- *Penser la prévention des risques pour la santé comme un gain pour la société et pas comme un coût* (la nature peut faire économiser !) ;

---

[26] Le Conseil de Développement de la MGP est présidé par Meka Brunel (PDG de Gecina).

[27] Ce groupe de travail a été présidé par Patrizia Ingallina, Irène Nenner et Corinne Vieillemard ont été les deux rapporteurs chargées de l'élaboration de l'Avis reprenant les points identifiés par l'ensemble des participants à ce groupe de travail dont les noms sont illustrés de suite : C.Chiarelli, E.Ciriegi, F.Clavel, O. Dietenbeck, P.Lassalle, J.L. Leclerc, C. Maisonneuve, S. Onillon, X. Pignat, P. Stoeber, S. Tille. Florence Robert et Manal Saifane ont aussi apporté leur contribution.

- *Développer une culture de la nature ;*
- *Recenser, préserver, sanctuariser et développer tous les espaces de nature existants* ;
- *Développer une politique vigoureuse de réduction de toutes les pollutions* ;
- *Développer une politique des sols vivants dans la MGP et en région parisienne de l'agriculture urbaine, des toitures végétalisées etc. par les citoyens* ;
- *Rétablir le cycle de l'eau* ;
- *Penser économie circulaire* ;
- *Financer et accompagner le changement au niveau de la MGP.*
- *Les engagements vis-à-vis de la nature portée par la Charte Métropole Nature.*

Par l'élaboration de cette Charte, la Métropole du Grand Paris veut montrer son engagement ferme dans la lutte contre le dérèglement climatique et la perte de la biodiversité. Cette Charte sera signée par les élus locaux et les entreprises qui le souhaiteront en vue de l'obtention du label « Métropole Nature » ainsi définie par la Charte : « Une Métropole Nature pour un territoire plus **respirable**, plus **agréable**, plus **vivable** ». Le ton est donné, l'accent est mis sur la qualité de vie, pour une ville plus vivable. La Charte naît aussi du besoin de sensibiliser le plus grand nombre en espérant une mobilisation collective dans les actions en faveur de la nature en ville. Les premiers destinataires de la Charte sont les élus locaux, premiers responsables de la qualité de vie afin d'assurer un cadre de vie sain à leurs habitants tout en incitant les acteurs qui interviennent sur le territoire à en faire autant. Cette Charte s'adresse aussi aux entreprises qui exercent leurs activités sur les territoires parfois avec un impact sur l'environnement naturel. Ces deux principaux destinataires, en signant la charte non seulement s'engagent à en respecter les principes mais aussi à promouvoir les bonnes pratiques, à diffuser des idées nouvelles et à soutenir des réalisations qui respectent les principes de la charte à travers le label « Métropole Nature » qui valorisera ces actions. L'accent est mis aussi sur la nécessité de stimuler la connaissance en la matière chez les citoyens, en créant des formations tout au long de la vie, par exemple. Aussi, l'apport des entreprises et des collectivités pourraient consister dans le financement de recherches sur les thématiques inhérentes la nature en ville.

Engagements de la Charte Métropole Nature :

Le signataire s'engage à :

- *Intégrer les enjeux de nature et biodiversité au Cœur de ses politiques, ses stratégies et son activité ;*
- *Agir de façon concrète en faveur de la préservation du patrimoine naturel et métropolitain ;*
- *Renforcer la présence de la nature et de l'agriculture urbaine sur le territoire métropolitain ;*
- *Viser un objectif de biodiversité positive en évitant toute action dommageable à la nature ;*
- *Inscrire ses actions dans une approche de long terme en prenant en compte les modalités de gestion, d'usage et de suivi des espaces de nature ;*
- *Favoriser les interactions des citoyens avec la nature ;*
- *Défendre les principes de cette charte ;*
- *Entreprendre, si ses compétences s'y prêtent, la démarche de*
- *Labellisation "M*étropole Nature" détaillée dans la présente Charte

En contrepartie la Métropole s'engage à :

- Promouvoir et *valoriser les actions du signataire à travers une communication régulière et l'organisation d'événements ;*
- *Assurer une évaluation et un suivi* du plan d'actions remis par le signataire dans le cadre de la démarche de labellisation "Métropole Nature".

Extrait de la « Charte d'engagement pour une Métropole Nature »

Conclusion

Il semble désormais acquis que la « métropole de demain sera verte ou elle sera invivable » (en paraphrasant Daniel Breuiller, vice-président de la MGP en charge de la nature en ville[28]). Aussi, le modèle de la ville

[28] https://www.lejournaldugrandparis.fr/daniel-breuiller-metropole-de-demain-sera-verte-invivable.

*knowledge-bas*ed tel qu'il avait été développé dans les premières approches pour la construction du Grand Paris, a évolué vers une approche plus équilibrée qui mixe innovations technologiques et écologiques. Cette approche vise l'obtention de l'amélioration des conditions de vie dans une ville de plus en plus menacée par le dérèglement climatique, la perte de biodiversité, la perte de la qualité de l'air, des eaux et des sols (souvent pollués). Des dynamiques de projet à cet effet, sont mises en place, à double échelle : à l'échelle locale par des projets urbains concrets et à l'échelle globale par la mise en place de dispositifs d'urbanisme ad hoc. Compte tenu de l'importance des avancées technologiques, en particulier dans l'élargissement de l'offre de services facilement accessibles à tous les citoyens, il ne paraît pas raisonnable d'arrêter le processus et de revenir en arrière (peu de gens seraient sans doute disposés à se priver de leur téléphone portable ou de leur ordinateur, à jamais, même si une utilisation plus limitée et mieux maîtrisée de ces moyens est souhaitable). Il conviendrait de penser les innovations technologiques en fonction des exigences écologiques, pour stimuler les actions en faveur de la nature en ville et faciliter l'accès à l'information et à l'action (best practices). Un nouveau modèle de ville se mettrait alors en place, une ville « Éco-Technologique » dont il s'agit d'étudier les tenants et les aboutissants à travers les expériences récentes menées par d'autres qui se sont déjà engagés en ce sens[29].

Bibliographie

Blanc C. (2010). *Le Grand Paris du XXIe siècle*, Paris, Éd. du Cherche Midi.

Carrillo F.J. (2005). *Knowledge Cities*, London/New-York, Routledge, Taylor 1 Francis Group.

Carrillo F.J. (2016). « Knowledge markets: a typology and an overview », *International Journal of Knowledge-Based Developmen*t, *Inderscience Enterprises Ltd*, 7 (3), p. 264–289.

Friedmann J. (2005). *China's Urban Transition*, University of Minnesota Press.

---

[29] Voir le premier Forum international sur la « Ville des Défis : Innovation Éco-Technologique », organisé à Laâyoune (Maroc), en Octobre 2019 : http://www.technopolefoumeloued.ma/Programme-INTERNATIONAL-ville-defis.pdf

Garner C., Dornan A. (2012). « Piloting knowledge based development policy and practice in building a vibrant ecosystem », in T. Yigitcanlar, K. Metaxiotis, F.J. Carrillo (dir.), *Building prosperous knowledge cities*, Cheltenham/Camberley, Edward Elgar Publishing.

Indergaard. M. (2012). « Réintégrer les universités dans le tissu urbain : l'assemblage d'un écosystème innovant à New York », in P. Ingallina (dir), *Universités et enjeux territoriaux*, Lille, Presses Universitaires du Septentrion.

Ingallina P. (2010). *Le Projet Urbain*, coll. « Que-sais-je ? », Paris, PUF.

Ingallina P. (2017). « La knowledge based city : concepts et pratiques. Le cas de la Corée : de l'ubiquitous city à la tech-city », in D. Leducq, H. Scarwell, P. Ingallina (dir.), *Modèles de la ville durable en Asie. Utopies, circulation des pratiques, gouvernance*, Bruxelles, Peter Lang.

Ingallina P. (ed.) (2019). *Ecocity, Knowledge City, Smart City: vers une ville écosoutenable ?*, Villeneuve d'Ascq, Presses Universitaires du Septentrion.

Ingallina, P. (2017). « Knowledge Cities: Concepts and practices. The Korea and Morocco cases: towards an ecological – industrial knowledge city model? », in, *Knowledge Cities World Summit*, Actes du Congrès Mondial, Arequipa, 20–22 juin.

Leducq D., Lusso B. (2011). « Le cluster innovant : conceptualisation et application territoriale », *Cybergeo, revue européenne de géographie, Espace, société, territoire.*

Porter M.E., (1990). *The Competitive Advantage of Nations*, New York, Free Press.

Yigitcanlar T., Metaxiotis K., Carrillo F.J. (dir.) (2012). *Building prosperous knowledge cities*, Cheltenham/Camberley, Edward Elgar Publishing.

Yigitcanlar T. (2012). « Knowledge-based urban development redefined: from theory to practice knowledge-based development of cities », QUT – Queensland University of Technology: https://eprints.qut.edu.au/46970/2/46970.pdf.

Yigitcanlar T. (2009). « Planning for knowledge-based urban development: global perspectives », *Journal of Knowledge Management*, 13 (5), p. 228–242, https://doi.org/10.1108/13673270910988079.

Sitographie :

APUR, IAU-IdF, Contribution au Diagnostic de la métropole du Grand Paris, http://www.metropolegrandparis.fr/sites/default/files/contribution_au_diagnostic_de_la_mgp-nov-2015-web.pdf

Inventons la Métropole du Grand Paris, http://www.inventonslametropoledugrandparis.fr/

Métropoles du Grand Paris, https://www.apur.org/fr/mots-cles/metropole-grand-paris

Observatoire des quartiers des gares du Grand Paris, https://www.apur.org/sites/default/files/documents/mononographie_gare_fort_issy_vanves_clamart.pdf

CAUE 92, Atelier 2 du 24 octobre 2013 : Dynamiques territoriales de projet et paysages, http://www.paysages.hauts-de-seine.developpement-durable.gouv.fr/atelier-2-du-24-octobre-2013-dynamiques-r40.html

AURH, Agence d'Urbanisme de la Région du Havre, Lancement de l'appel à projet Réinventer la Seine, 2016, http://www.aurh.fr/actualites/488-lancement-de-l-appel-a-projets-reinventer-la-seine.html

https://www.arcueil.fr/un-projet-innovant-pour-le-coteau/

- http://www.leparisien.fr/val-de-marne-94/arcueil-la-promesse-de-vente-de-l-ecotone-est-signee-27-06-2019-8104623.php
- https://94.citoyens.com/2017/ecotone-arcueil-ecolo-city-zen-parc,26-10-2017.html
- https://www.ladn.eu/entreprises-innovantes/marques-engagees/nature-larchitecture-du-futur/
- http://triptyque.com/fr/project/ecotone/
- https ://www.inventonslametropoledugrandparis.fr/
- http://www.aurh.fr/actualites/488-lancement-de-l-appel-a-projets-reinventer-la-seine.html
- http://www.paysages.hauts-de-seine.developpement-durable.gouv.fr/atelier-2-du-24-octobre- 2013-dynamiques-r40.html
- http://www.vie-publique.fr/decouverte-institutions/institutions/approfondissements/metropole-du-grand-paris.html
- http://www.technopolefoumeloued.ma/Programme-INTERNATIONAL-ville-defis.pdf

Autres documents :

Bastian F., Bouhadiba S., Genevois A., Guenanen L., Laureau S. (2018). « Écotone. Inventons la Métropole du Grand Paris », Dossier réalisé dans le cadre du cours « Démarche Projet », dispensé par P. Ingallina, Master 2 AUDP– Sorbonne Université.

Avis N5 : *Nature en Ville*, CODEV, Métropole du Grand Paris, Septembre 2019.

Ville-aéroport : imaginer des transitions. Le cas de Tours (France)

Christophe Demazière[1] et Divya Leducq[2]

Introduction

La notion de « transition » en urbanisme revêt au moins trois réalités. La transition urbaine, morphologique et fonctionnelle fait naître de nouveaux lieux dans la ville (Roncayolo, 2002), qui après leur âge d'or apparaissent bien souvent comme un legs du passé plus ou moins encombrant à gérer pour recoudre les espaces urbains. Parallèlement, les grands enjeux du XXIe siècle pointent la nécessité d'une transition éco-soutenable vers des territoires durables et résilients (Markard *et al.*, 2012), dont la mutation est accélérée au gré d'une combinaison de facteurs exogènes et endogènes. Enfin, les nouvelles formes de transactions marquent une transition inédite dans les modes de planification et de gestion des projets urbains, qu'ils soient exceptionnels comme ordinaires (Albrechts *et al.*, 2017). En tant que chercheurs en urbanisme, nous

---

1 Christophe Demazière est professeur en urbanisme et aménagement du territoire à l'université de Tours, où il coordonne le parcours *Planning and Sustainability* du Master Urbanisme et aménagement. Il est spécialisé dans l'analyse interdisciplinaire des dynamiques urbaines et des politiques locales en Europe. Il a écrit, dirigé ou codirigé une dizaine d'ouvrages, le dernier en date étant *The Right to the City. Dialogues in Urban and Regional Planning*, codirigé avec Chris Silver et Robert Freestone (Routledge, 2018).

2 Divya Leducq est maître de conférences en urbanisme et aménagement du territoire à l'École Polytechnique de l'université de Tours, où elle intervient dans les différents parcours du département Aménagement et Environnement. Ses recherches interrogent les modèles mobilisés dans la fabrique de la ville contemporaine (circulation, hybridation, ancrage). Inscrits à la frontière de la géographie économique et de l'aménagement régional et urbain, ses travaux portent sur des villes en Inde, au Vietnam, en France et au Canada.

proposons ici d'examiner les questions que posent la transition dans le cas d'espace urbains consolidés et dont il s'agit de penser la mutation vers un urbain « durable ». C'est certainement un truisme que de rappeler qu'en Europe, continent d'urbanisation ancienne et à la démographie aujourd'hui ralentie, l'essentiel de la ville de demain est déjà constitué. On peut définir la ville consolidée comme l'espace urbain « où l'on a accumulé au fil du temps toutes sortes d'activités mélangées consolidant ainsi son rôle de centre de services et d'activités pour un ensemble d'habitants qui y viennent depuis un territoire vaste » (Duthilleul, 2015, p. 74). Au sein de la ville consolidée, en particulier quand celle-ci est de grande taille, les centres anciens ont un potentiel de transition important en raison de leur patrimoine, de la qualité des espaces publics et de la densité des réseaux qui s'y entrecroisent. De manière plus sélective, les espaces péricentraux sont réinvestis par la puissance publique et de grands investisseurs privés – en France, les cas de l'Île de Nantes ou d'Euroméditerranée l'illustrent. Par contre, les espaces urbanisés dans les années 1950 à 1970, autour des principes fonctionnalistes et donnant une large place à l'automobilité, constituent un défi pour la transition urbaine (Masboungi, 2015). Penser la transition de ces morceaux de ville issus d'un strict zonage, édifiés très rapidement, dépourvus de patrimoine et au paysage somme toute banal semble tout aussi important que de régénérer les centres-villes ou déployer les villes vertes ou les villes intelligentes. L'espace urbain consolidé, quand il est marqué par la présence massive de fonctions économiques se greffant sur des infrastructures de transport, ne connait pas aisément une transition vers l'urbain durable. Tel est le cas des vastes zones logistiques, industrielles ou tertiaires qui se sont édifiées autour des aéroports, souvent sans grande planification ni anticipation (Salewski, 2015). Nous dénommons ces espaces la ville-aéroport, dont l'évolution fait l'objet de nombreuses recherches en urbanisme (Güller et Güller, 2003 ; Freestone et Baker, 2011 ; Conventz et Thierstein, 2015). La tendance à la mixité fonctionnelle dans les projets urbains depuis vingt ans et les remises en causes actuelles concernant le transport motorisé (notamment routier et aérien) peuvent cependant être sources d'opportunités pour la transition de la ville-aéroport. Ce mouvement est déjà largement engagé avec certains projets (Schubert, 2015 ; Vilenskii et Veretennikova, 2017).

Nous traiterons ici du cas de Tours, vingtième agglomération française par le nombre d'habitants, qui se situe sur la Loire, entre Orléans et Nantes. Sur le plateau correspondant au coteau Nord de la Loire, un secteur urbain est marqué par la présence d'un aéroport militaire et civil qui a été rattrapé progressivement par l'urbanisation. L'aéroport a été créé en 1915 comme base militaire. Une activité civile commerciale s'y est ensuite développée, en particulier dans les années 2000 avec le développement du transport à bas coût, subventionné par les collectivités territoriales. En 2017, le ministère de la Défense a décidé le départ de l'école de chasse militaire en 2021. Pour les collectivités territoriales, conserver l'aéroport civil constitue un défi car ses coûts de fonctionnement augmenteront : jusqu'à présent, le contrôle aérien et la maintenance de l'infrastructure étaient assurés par l'armée. Un deuxième défi lié est de trouver une vocation pour les 200 hectares et les biens immobiliers (hangars, tour de contrôle, etc.) dont l'armée se déleste. Ce chapitre vise à analyser comment utiliser la transition de l'aéroport pour une planification spatiale innovante du secteur nord-est de Tours. Notre matériau a comme origine la commande du conseil de développement de Tours Métropole Val de Loire dans le cadre d'une auto-saisine liée à la révision du schéma de cohérence territoriale[3]. Bien qu'il y ait eu historiquement un développement séparé de l'aéroport, des sites économiques alentour et de la ville, nous soutenons que dans l'avenir tout projet urbain et de développement de l'aéroport (y compris dans le cas de sa reconversion) devrait viser la coévolution.

1 Problématiques de la transition urbaine et application à une agglomération intermédiaire

1.1 Transition et urbanisme : quelles interrelations ?

Si elle apparaît très en vogue chez les chercheurs comme chez les praticiens de l'urbanisme (Fnau, 2019), la notion de transition n'est

---

[3] À cette occasion, un projet pédagogique – « Ville-aéroport, le cas de Tours » – a été mis en place par cinq enseignants-chercheurs pour 30 étudiants en urbanisme de Polytech Tours. Les étudiants étaient issus de deux formations : un cursus d'ingénieur et un master international accueillant des étudiants anglophones. Au total, plus de 12 nationalités étaient représentés. Cet atelier a été mené pendant trois mois (septembre à décembre 2018). Il a impliqué des travaux sur le terrain, la rencontre de nombreux intervenants (élus locaux, représentants des milieux d'affaires et d'associations environnementales) et des rendus réguliers devant le conseil de développement. Ceci étant, les arguments et idées présentés ici sont le fait des seuls auteurs de ce texte et n'engagent qu'eux.

pourtant pas nouvelle. En effet, les transitions démographique, agraire ou nutritionnelle sont autant de transitions socio-techniques qui ont marqué les sociétés et ont été analysées depuis longtemps (Ollivier et Plumecocq, 2015). Ainsi, on ne peut réduire la transition à la question énergétique ou démocratique, et cette notion revêt en urbanisme au moins trois réalités qui influencent l'aménagement des espaces quotidiens aussi bien dans le projet anticipateur que dans la planification, et dans la gestion des espaces hérités. La transition urbaine (Steck, 2006) lie la croissance progressive des villes à de nouvelles organisations fonctionnelles et morphologiques et fait naître de nouveaux lieux dans la ville (Roncayolo, 2002). Après leur âge d'or, les lieux de transit tels que les infrastructures de transport et les canaux de communication afférents (routes, voies ferrées, pistes aériennes) apparaissent bien souvent comme un héritage lourd à gérer, qui posent la question récurrente de la mutation des territoires. Transformer les ruptures brutales en continuité douce devient alors nécessaire pour recoudre les espaces urbains (Gay, 2004). Parallèlement, les grands enjeux de ce premier XXIe siècle (changement climatique, biodiversité, énergie…) rappellent la nécessité d'une transition éco-soutenable vers des territoires durables et résilients (Markard *et al.*, 2012), dont la mutation est accélérée au gré d'une combinaison de facteurs exogènes et endogènes (Fuenfschilling *et al.*, 2019). Dans le cadre de ces transitions environnementales, il est intéressant de produire des connaissances et des scénarios possibles pour l'aménagement de la ville de demain. Enfin, de nouveaux principes de transaction (Dugua et Trotta-Brambilla, 2012) marquent une transition inédite dans les modes de planification et de gestion des projets urbains, ordinaires comme exceptionnels (Wolfram, 2018). La lecture en termes de transitions urbaine et plurielle est un cadre d'analyse pertinent pour observer les transformations passées et actuelles d'une partie de l'agglomération de Tours. Dans ce chapitre, nous aborderons donc la transition à la fois comme la période nécessaire à la réadaptation d'un système après une crise, mais aussi comme l'adaptation des sociétés et des structures, autant grâce aux transformations à bas bruits qu'aux changements en profondeur et de plus long terme grâce à l'articulation au projet de territoire métropolitain. Bien que lié à un mode de transport qui paraît de prime abord en contradiction avec les impératifs de durabilité, notre contribution permet ainsi de s'inscrire dans l'analyse des expérimentations urbaines qui permettent à la ville, en tant que système socio-technique, d'évoluer. Ce chapitre permet également, en décalant la focale vers des espaces intermédiaires, d'approfondir les études sur les transitions (Markard *et al.*, 2012) en analysant les contextes spatiaux (transitions spatiales) et institutionnels (jeux d'acteurs).

1.2 Tours, une agglomération intermédiaire propice à la transition ?

Tours est un des deux pôles urbains principaux du Centre-Val de Loire, une région au rayonnement modeste. En 2016, cette région compte 3,9% de la population nationale, 4% de l'emploi métropolitain mais ne contribue qu'à 3,2% du PIB français. Au sein du Bassin Parisien, le Centre-Val de Loire constitue traditionnellement un espace de desserrement de l'Île-de-France pour certaines fonctions et populations. Ainsi, pendant les Trente Glorieuses, la décentralisation d'industries fordistes l'a érigé en puissance économique. La région a alors bénéficié de l'implantation de 800 établissements et de 95000 postes de travail, soit un quart des opérations et 15% des emplois créés par ce biais en France (Mirloup, 1984). L'activité décentralisée s'est limitée surtout aux tâches de fabrication et cette orientation est devenue source de fragilité. Ainsi, entre 2003 et 2013, l'emploi salarié industriel a reculé de 21,4%, contre 18,2% pour la France de province (Insee, 2015).

Les infrastructures de transport routier et ferré reliant l'Île-de-France à l'Ouest et au Sud-Ouest français font de l'axe ligérien – d'Orléans à Tours – le support de l'essentiel du développement économique régional. Cet espace rassemble la moitié de la population régionale et l'essentiel des forces de recherche et d'innovation. Orléans est la capitale administrative de la région, et Tours a vu l'enseignement supérieur, la recherche et les activités culturelles se développer très fortement. Elles ne sont pourtant classées respectivement qu'au 22e et 20e rang national des aires urbaines. Agglomérations de 300 000 habitants au sein d'aires urbaines de moins d'un demi-million d'habitants, Orléans et Tours ne peuvent être assimilées à des métropoles, mais sont des agglomérations intermédiaires (Grésillon, 1995 ; Demazière, 2007). Sous l'impulsion de leurs élus respectifs, elles sont pourtant devenues des métropoles institutionnelles en 2017, en même temps que d'autres agglomérations intermédiaires françaises qui n'ont pas davantage de rayonnement métropolitain : Dijon, Clermont-Ferrand, Metz, Saint-Étienne et Toulon (Demazière, 2018).

À propos des agglomérations françaises comptant de 200 à 500 000 habitants, S. Deraëve (2014, p. 26) a énoncé le dilemme auquel elles sont confrontées : « trop petites pour prétendre développer les mêmes stratégies d'appui à la performance économique et à l'innovation que les métropoles, elles sont aussi trop grandes pour y renoncer ». De ce point de vue, Tours ne fait pas exception (Demazière, 2007). Si l'agglomération abrite le siège d'un pôle de compétitivité, celui-ci est seulement de niveau national. Plus récemment, la candidature au label Métropole French Tech n'a pas été couronnée de succès, malgré l'alliance passée avec toutes les villes de la région Centre-Val de Loire. En matière d'urbanisme, l'étroitesse des marchés immobiliers et peut-être le manque d'ambition des élus locaux ont pu aboutir ces quinze dernières années à des projets mort-nés : pont habité sur la Loire, construction de bureaux sur une dalle qui aurait recouvert les voies ferrées, tour de bureaux et de logements pour cadres travaillant à Paris, etc. On peut citer également des projets considérablement retardés : reconversion des casernes, construction d'hôtels de standing, de commerces et de logements à proximité de la Loire, etc. Il faut dire que la construction intercommunale est récente à Tours et bien moins aboutie que dans d'autres agglomérations intermédiaires proches géographiquement (Le Mans, Angers, Poitiers…), sans parler de Nantes ou de Rennes. Maire de Tours de 1959 à 1995, Jean Royer était bien moins intéressé par la coopération intercommunale que par les projets pour sa ville. À son propos, certains parlent de « couple fusionnel maire/ville » (Lussault et Thibault, 1994, p. 127). Premier essai de coopération intercommunale, le district constitué en 1959 n'a jamais voté de budget. Il a été dissous au milieu des années 1990, sous l'injonction de la loi ATR. Le maire élu en 1995, Jean Germain, s'est d'abord contenté de créer un Syndicat à Vocations Optionnelles Multiples. En revanche, il saura convaincre ses collègues de l'agglomération de saisir l'aubaine financière proposée par la loi Chevènement. Au bilan de la communauté d'agglomération, créée en 2000, on peut porter la réalisation d'un centre de traitement des déchets et la réalisation d'une ligne de tramway. En revanche, le schéma de cohérence territoriale a mis plus de huit ans à être réalisé et, à cette occasion, Jean Germain s'est prononcé publiquement contre toute perspective d'un plan d'urbanisme intercommunal. Avec la création récente de la métropole, on pourrait dire que l'histoire bégaie. Au vu des critères énoncés, Tours n'était pas concernée par la loi MAPTAM. Mais le successeur de Jean Germain à la tête de l'EPCI, Philippe Briand, a su affaiblir les oppositions politiques locales à la structuration en métropole. En effet, il a manié comme argument principal la perspective de bénéficier du pacte État-métropoles, doté de

150 millions d'euros par le gouvernement Valls. À propos de la vague de création de communautés d'agglomération, E. Négrier expliquait déjà au début des années 2000 : « le leader d'un tel projet est en position de faire gagner de l'argent à la collectivité ; son opposant de lui en faire perdre » (Négrier, 2001, p. 291). Cependant, le gouvernement Philippe issu des élections législatives de 2017 n'a pas étendu le pacte État-métropoles aux sept dernières métropoles créées. Au contraire, il entend plutôt réguler les dépenses des plus grandes collectivités territoriales françaises – dont les métropoles – en en limitant la hausse de leurs dépenses de fonctionnement. La toute jeune métropole Tours Val de Loire souhaite répondre à ce contexte difficile en initiant de « grands projets » soutenant son attractivité économique et résidentielle. On parle d'une deuxième ligne de tramway, du bouclage du boulevard périphérique, de l'implantation de nouveaux établissements d'enseignement supérieur, etc. Le très fort engagement des élus métropolitains dans le maintien de l'aéroport s'inscrit dans ce cadre (Fig. 1). Dans les discours, l'aéroport est énoncé comme un équipement type des métropoles, distinguant par ailleurs Tours de sa grande rivale régionale, Orléans, qui en est dépourvue. En revanche, comme au temps de la communauté d'agglomération et bien que la loi y oblige les métropoles, il n'est toujours pas question à Tours d'un plan local d'urbanisme intercommunal. Pour cette raison, penser le codéveloppement possible de l'aéroport et de son environnement urbain proche n'est pas simple. Par exemple, la ville de Tours a inscrit dans son Plan Local d'Urbanisme (arrêté en septembre 2019) la réalisation de nombreux projets résidentiels sur le secteur Nord de Tours, encore riche en foncier. Il s'agit pour elle de contrer les effets de la périurbanisation, mais aussi de marquer que le développement d'activités économiques autour de l'aéroport n'aurait pas d'effet fiscal direct pour elle – la fiscalité professionnelle est acquittée auprès de la métropole. De son côté, la métropole, qui contribue chaque année à combler le déficit d'exploitation de l'aéroport aux côtés du département et de la région, souhaite conforter la vocation du Nord de Tours au développement industriel, logistique, tertiaire et commercial.

2 Aux franges de la ville consolidée : des routes et un aéroport créant des effets de coupure

La formation d'un espace urbain est un phénomène qui se déploie dans le long terme (Roncayolo, 2002). On propose de lire ainsi le

Fig. 1: L'aéroport de Tours Val de Loire dans son tissu urbain.
Réalisation : Divya Leducq, 2019 (image satellite Google Earth, 2019)

développement d'une ville-aéroport, remontant les siècles bien avant que l'infrastructure aéroportuaire soit créée. Dans le cas de Tours, trois épisodes historiques ont généré une transformation progressive du plateau rural dominant la Loire (Demazière *et al.*, 2019). Ces épisodes sont : la percée de Tours par la route Paris-Bordeaux au XVIIIe siècle, la création d'une base militaire aérienne au début du XXe siècle et, dans les années 1960 et 1970, l'urbanisation et l'industrialisation rapide de ce vaste secteur, suivant les principes de l'urbanisme fonctionnaliste.

2.1 Connecter tout en séparant : la « grande percée » et ses effets sur l'urbanisation de Tours

Tours, dont le premier nom fut « Caesarodunum », a été fondée au Ier siècle de notre ère par les Romains sur une colline au bord de la Loire. Ce site a été choisi pour éviter toute inondation. Les Romains ont construit des temples, des bains, et un amphithéâtre qui pouvait accueillir plus de 30000 personnes (Audin, 2002). Aujourd'hui, les traces de ce passé dans l'espace urbain sont minimes. En revanche, grâce à son emplacement au bord de la Loire, Tours s'est rapidement développée en tant que centre de commerce de niveau national.

En 1450, suite à l'installation du roi Louis XI, Tours est devenue la capitale de la France. Grâce à la présence quasi permanente du roi et de la cour, une activité artisanale et artistique importante prend alors son essor : orfèvres, brodeuses, armuriers, tailleurs de pierre, etc. (Chevalier, 1985). De nombreux châteaux sont alors construits dans la vallée de la Loire. À partir de 1550 et tout au long du XVIIe siècle, le départ définitif du roi à Paris provoque un déclin de la ville. Cette période voit la construction d'une enceinte protégeant la ville de Tours des inondations de la Loire. Selon les historiens, la morphologie de la ville n'a pas beaucoup changé jusqu'au XVIIIe siècle (Chevalier, 1985).

Au début du XVIIIe siècle, les liens politiques et économiques entre la France et l'Espagne se renforcent considérablement, donnant un nouvel élan à la route reliant Paris à Bordeaux en Espagne. Le réseau de routes royales est entièrement repensé par les ingénieurs issus de l'École des Ponts et Chaussées récemment fondée (Arbellot, 1973). Pour relier les villes, les ingénieurs préconisent de dessiner de grandes routes radiales aussi rectilignes que possible. La largeur des routes royales est normalisée à soixante pieds de large (près de vingt mètres), de nombreux ponts sont construits, des fossés sont systématiquement creusés et des arbres sont plantés le long de la chaussée.

Dans ce contexte, la route allant de Paris à Bordeaux et jusqu'en Espagne a été modifiée en profondeur au niveau de Tours. Il s'est agi de créer un nouveau tronçon traversant la ville, parfaitement rectiligne et long de sept kilomètres du nord au sud. Ces travaux, appelés la « Grande percée », ont duré de 1757 à 1779 (Chevalier, 1985). Un nouveau pont sur la Loire a été construit en pierre entre 1765 et 1778. Une nouvelle voie a été tracée dans Tours, au cœur du tissu urbain du Moyen Âge. Ultérieurement, cette percée a orienté le développement urbain de Tours le long de cet axe Nord-Sud. Au sud du noyau urbain existant, l'urbanisation a eu lieu au XIXe siècle, avec l'arrivée du chemin de fer et la démolition des remparts qui ont laissé place à de grands boulevards bordés d'arbres, où des demeures privées ou des galeries commerciales ont été construites. Dans ce processus, la route royale s'urbanise.

L'effet de l'infrastructure fut bien différent au Nord, sur la rive droite de la Loire. La création de la route royale y a signifié l'arasement de la colline. Longue d'un kilomètre, cette portion est encore appelée aujourd'hui « la Tranchée ». Ensuite, la route royale s'oriente vers le nord-est en direction de Paris. Jusqu'aux années 1960, l'espace sur la rive droite de la Loire, bien que traversé par la route royale est demeuré essentiellement agricole. L'urbanisation se concentrait en bas du coteau, à proximité immédiate de la Loire, dans les deux villages de Saint-Symphorien et de Sainte-Radegonde. La route royale puis nationale se résumait à une grande route au milieu des champs. Ce statut de zone de transit a duré deux siècles, jusqu'aux années 1960. On peut même dire que, jusqu'à la fin des travaux de réalisation de l'autoroute Paris-Bordeaux, au début des années 1980, l'avenue de la Tranchée à Tours constituait le passage obligé pour les Parisiens se rendant en vacances en Espagne, ou pour les camions étrangers faisant l'aller-retour entre le nord et le sud-ouest de l'Europe.

2.2 La base aérienne ou la formation d'un isolat

Au début de la Seconde Guerre mondiale, une deuxième décision prise au niveau national façonna durablement l'évolution du Nord de Tours. En 1915, le gouvernement français implanta une école d'aviation militaire à Tours, plus précisément dans les communes de Parçay-Meslay et de Saint-Symphorien (Fillet, 2015). Cette base aérienne a été implantée sur l'ancien champ de manœuvre d'un régiment d'infanterie au sommet du plateau surplombant la Loire et la ville de Tours. Elle est alors mitoyenne de la route Paris-Bordeaux créée au XVIIIe siècle. Entre les deux guerres mondiales, la base aérienne va doubler son emprise pour atteindre plus de 300 hectares (Dubant, 2014). À l'est, pour l'extension de ses pistes et de ses installations aéronautiques, elle va s'étendre sur de très bonnes terres agricoles. Vers l'ouest, la base enjambera la route Paris-Bordeaux, pour construire des casernes, les quartiers des officiers, l'infirmerie, un pénitencier, etc. Appelé quartier Tulasne, cet ensemble d'ampleur a une vocation strictement militaire. Loin de contribuer à l'urbanisation, il constitue un isolat à la périphérie urbaine du nord de Tours.

Pendant la Deuxième Guerre mondiale, la base a été occupée par plusieurs unités de la Luftwaffe et les installations militaires et les pistes ont été bombardées intensément par les Alliés. Les photographies aériennes montrent une infrastructure se situant toujours dans un environnement strictement rural. En 1953, l'aérodrome est affecté à titre principal à l'armée pour la formation des pilotes de chasse et, à titre secondaire, au transport aérien et à l'aviation de loisir et sportive. À partir de ce moment, le transport commercial de passagers va se développer. En 1959, un terminal est inauguré. Soixante ans plus tard, l'aéroport Tours Val de Loire dessert, grâce à des vols à bas coût, cinq destinations en France, Irlande, Royaume-Uni, le Portugal et le Maroc. Il est également utilisé pour les vols d'affaires et des vols sanitaires. Cependant, il ne constitue que le 35e aéroport français pour le trafic passager (180 000 passagers en 2018).

Au début des années 1980, l'augmentation régulière du trafic routier sur la route Paris-Bordeaux ont conduit les autorités à dévier la route nationale située à l'ouest de l'aéroport. Au sud, le pont Mirabeau, mis en service en 1972, traverse la Loire. Cette infrastructure comporte quatre voies de circulation et est prolongée au nord par une tranchée semi-couverte qui conduit au nord à un large boulevard desservant le nord de Tours avant de rejoindre la route Paris-Bordeaux. Plus à l'est, le long de la base aérienne, un tronçon de l'autoroute Paris-Bordeaux a été mis en place dans les années 1970. Cette infrastructure, l'une des plus fréquentées de France, contribue, à l'instar de l'aéroport, à contenir l'urbanisation à l'est, qu'elle isole du reste de Tours. Au total, le réseau routier de grande capacité a irrigué le nord de Tours, mais aussi créé de nombreuses coupures urbaines.

2.3 Quand l'urbanisation entoure l'aéroport : le legs des 1960 et 1970

Entre 1950 et 1980, la population de la commune de Tours a presque doublé, passant de 80 000 à 140000 habitants. Cette croissance s'est réalisée dans un contexte général d'exode rural dans l'Ouest français. Elle a aussi été intensément voulue par Jean Royer. De 1959 à 1995, « une inlassable (hyper)activité de production de l'espace a valu à cet homme sa réputation de bâtisseur ; le projet urbain est incontestablement la clef de voûte du royerisme » (Lussault et Thibault, 1994, p. 127). En 1964, Jean Royer négocie la fusion avec Tours de deux communes de la rive droite de la Loire, Sainte-Radegonde et Saint-Symphorien, qui comptent peu d'habitants mais offrent des réserves foncières considérables. À cette date, l'urbanisation du Nord de Tours reste très limitée. Sous l'impulsion du « maire-bâtisseur » (Lussault, 1993), en deux décennies, l'urbanisation presque complète de Tours Nord va être réalisée. De 1966 à 1972, un vaste quartier de logements sociaux, le quartier de l'Europe, est construit. Jean Royer veut aussi faciliter l'accès à la propriété des ménages modestes et il lance des « pavillons du maire », opération dans laquelle la ville cède des terrains à faible coût. Tours Nord va également servir le développement économique – industriel, notamment – de Tours. Créée à la fin des années 1960, la zone industrielle des Douets est rapidement devenue la plus grande zone industrielle du Centre-Val de Loire par la superficie et le nombre d'emplois. Aujourd'hui, elle abrite notamment le premier employeur privé de l'agglomération, STMicroelectronics (1 300 salariés). Renforçant la vocation économique de Tours Nord, de nombreuses autres zones industrielles, tertiaires ou logistiques ont été réalisées jusqu'à aujourd'hui. En 1969, le plus grand centre commercial de la région – à l'époque – a ouvert ses portes. Les développements successifs se produisent non seulement sur Tours mais aussi sur les communes de Parçay-Meslay et Notre-Dame-d'Oé, membres de la métropole mais qui ont leur propre plan local d'urbanisme. On constate une forte spécialisation de l'espace et une congestion récurrente du trafic routier, qu'il s'agisse de camions ou d'automobiles empruntés par les actifs et les résidents. Le trafic routier de transit est particulièrement élevé sur certains axes qui assurent la liaison entre l'ancienne route nationale, l'autoroute Paris-Bordeaux et le boulevard périphérique. La ligne de tramway reliant Tours Nord au centre-ville historique n'a été inaugurée qu'en 2013. Elle traverse le quartier de logements sociaux mais, en revanche, ne dessert ni les pôles de l'emploi ni l'aéroport.

Ainsi, Tours Nord a connu en quelques décennies une mutation totale, les maraîchages et les hameaux étant colonisés par les secteurs industriel, commercial et résidentiel. En matière d'urbanisme, sous l'influence du fonctionnalisme, une spécialisation intense de l'espace s'est produite. Une large place a été faite à la voirie, dans une optique de coupler l'automobile à l'urbanisation. Cette évolution fut similaire dans d'autres secteurs de grandes agglomérations françaises, comme Nantes, Marseille ou Orléans (Donzel 1998 ; Devisme, 2009 ; Grésillon, 1995). Mais trois spécificités du secteur Nord de Tours peuvent être mentionnées. Premièrement, l'essentiel du développement urbain s'est concentré dans la partie ouest, effaçant la vocation agricole antérieure. La base militaire, l'autoroute Paris-Bordeaux et les terres agricoles, ont agi comme des barrières à l'urbanisation. Deuxièmement, la zone urbaine est hétérogène au niveau du bâti : tours et barres, lotissements pavillonnaires, zones industrielles banales, architecture plus audacieuse de l'écoquartier, etc. Ce développement urbain contraste avec la partie orientale faite de terres agricoles et, plus loin, de communes périurbaines. Entre les deux, les infrastructures routières relient moins qu'elles ne créent des coupures. Enfin, la base militaire et l'aéroport civil constituent un isolat. Ainsi, l'aéroport n'est aujourd'hui relié par aucune ligne de transport en commun ; la ligne du tramway a son terminus à 800 mètres du terminal passager. Le plan d'exposition au bruit pose des contraintes à l'urbanisation autour de l'aéroport, tendant à transformer progressivement les terrains alentour en friches. De plus, nos enquêtes montrent que les activités industrielles et de bureau qui se sont développées au Nord de Tours ne suscitent que peu de trafic aérien, qu'il s'agisse de fret ou de voyages d'affaires. Les entreprises de transport-logistique présentes énoncent, comme principal facteur de localisation à Tours Nord, la forte accessibilité routière assurée par les grandes routes et l'autoroute, et jamais la présence de l'aéroport.

3 Quelle transition ? Trois scénarii possibles pour l'aéroport de Tours

3.1 Contexte de l'étude : de la rupture à la transition

En 2017, dans le cadre de la restructuration des sites de l'Armée de l'Air, le Gouvernement français a programmé la relocalisation de l'école de chasse à Cognac en juillet 2021. Toutefois, une partie du site de protection et de défense nationale resteront en place, complexifiant la donne spatiale. Le devenir de l'aéroport civil de Tours (TUF) s'est alors imposé comme un enjeu d'importance pour les réflexions à l'échelle de Tours Métropole Val de Loire. Peut-on renforcer l'attractivité de l'aéroport et comment ? Que faire de la friche à venir, une de plus après le site tout proche des abattoirs, en attente d'une nouvelle vocation depuis dix ans ? Doit-on concevoir Tours comme une desserte complémentaire ou concurrente à l'aéroport de Châteauroux, fortement soutenu par la Région Centre-Val de Loire ? Les acteurs tourangeaux, de la municipalité comme de la métropole, chargés de la planification urbaine et du développement économique ont alors commencé à imaginer la place de l'aéroport civil dans le contexte urbain de Tours. La fermeture du complexe militaire laissera un important foncier disponible (200 ha) pour le développement du Nord de Tours. Cette transition imposée par le départ partielle d'une activité militaire en place depuis 1915 offre la chance de penser, concevoir et fabriquer des formes de résilience pour des franges urbaines mal intégrées au reste du tissu urbain. Parallèlement, un groupe de travail constitué au sein du Conseil de développement de Tours métropole s'est constitué pour apporter la réflexion de la société civile. C'est à l'interface de ce double contexte que l'atelier pédagogique international d'urbanisme a produit son travail. Trois scénarios contrastés ont été développés pour créer la vision de la ville en transition à moyen terme (2040). Concernant la prospective, deux méthodes ont été conjointement valorisées : la méthode proactive de la préparation au changement (quelles mesures sont nécessaires pour aboutir à des scénarios reconnectant la ville et le territoire de l'aéroport ?) et la méthode préactive d'anticipation du changement (que souhaite-on à l'horizon 2040 pour ce quartier de ville intégrant l'aéroport ?). Notre parti d'aménagement a été d'illustrer une mutation urbaine sur le périmètre de l'aéroport sans présager de prime abord du maintien ou non de l'activité commerciale aéronautique. Sur cette base, un benchmarking national et international de vingt-quatre sites aéroportuaires a été réalisé pour illustrer différentes évolutions d'aéroports où la fonction militaire a quitté le territoire, mettant en péril le maintien de la partie civile. Cette variable nous a conduit à imaginer trois modes de transition urbaine très différentes autour de deux scénarii contrastés (vision optimiste de croissance et vision pessimiste de fermeture) et d'un scénario tendanciel (vision de diversification). Les livrables ont consisté en une série de six posters contenant la réalisation d'un Master Plan au 1/3000e accompagné d'illustrations graphiques, photographiques et documentaires.

3.2 Co-construction du diagnostic : une relation ville-aéroport quasi inexistante

Les trois fonctions présentes au Nord de Tours – travailler, habiter, se divertir – sont extrêmement dépendantes de la voiture qui fait peser une contrainte forte sur la mobilité (autoroute, péage intra-urbain et embouteillages). Dans le même temps, l'aéroport ne profite pas pleinement de cette connexion aux transports. Les parkings-relais ne sont pas mutualisés entre les zones de loisirs, les commerces et l'aéroport. Le tramway ne dessert pas l'aéroport et le cheminement piéton des derniers 500 m n'est ni identifié, ni sécurisé. Du foncier est disponible et des espaces verts sont présents, mais leur mise en valeur souffre de l'absence d'une réflexion intégrant la mutation des besoins et usages du territoire. Le paysage apparaît peu lisible et la zone peu agréable (omniprésence de la voiture et des dents creuses, absence de cohérence morphologique). En termes d'atouts, au-delà d'une réelle mixité fonctionnelle, on retiendra que l'aéroport constitue une porte d'entrée pour le marketing territorial de « Tours Loire Valley ». Les opportunités économiques sont plurielles. Des centres de formation liés à l'aéronautique (école de pilotage, BA 705) sont présents depuis 100 ans dans l'histoire locale et sont donc acceptés comme marque d'identité de ce territoire par la population. Il existe également un potentiel de développement dans les activités tertiaires (commerces, restauration…), l'industrie innovante (drone, hydrogène et pile à combustion, pôle de compétitivité aéronautique…) et les loisirs aériens (baptême de l'air…). Les deux principales menaces identifiées pour le maintien d'une activité commerciale de l'aéroport sont de continuer à ne dépendre que des vols à bas coût et d'être directement soumis à la concurrence des aéroports de proximité (Rennes, Nantes, Poitiers). Il faut aussi mentionner la concurrence des autres modes de transport qui relie Tours à des hubs mondiaux : Tours de situe à 2 heures de Roissy-CDG par TGV et à 3 heures d'Orly en voiture. L'enjeu de cette phase de transition est donc de reconnecter une infrastructure qui constitue actuellement une « île » non intégrée au reste du tissu urbain de Tours Nord en anticipant les stratégies d'occupation du sol quel que soit le devenir de l'aéroport civil. Les trois scénarii suivants éclairent donc des visions possibles de développement stratégique.

3.3 Trois modes de transition : zone verte, croissance exogène ou développement territorial local

- **Scénario 1 : disparition de l'aéroport et zone de mixité verte**

Nommé « Écomixcité », ce scénario est envisagé en cas de fermeture de l'aéroport. L'objectif sur le temps long est de créer un nouveau quartier basé sur les grands principes du développement urbain durable et du modèle de « ville verte » : la complémentarité ville-agriculture ; le zonage multifonctionnel et la réduction de la place de la voiture ; la sobriété énergétique et les valeurs d'autosuffisance et de partage. Au niveau métropolitain, cette continuité écologique s'inscrit non seulement dans la volonté d'une nouvelle zone récréative au Nord de Tours, de promotion des énergies décarbonées, mais aussi dans le cadre de la contribution au Plan Alimentaire Territorial (installation de maraîchages locaux). Dans une perspective de mutabilité de l'usage des bâtiments et d'économie circulaire, l'ancienne tour de contrôle serait reconvertie en pôle de loisir (restaurant et commerces de produits locaux et biologiques). Le préalable à la réalisation de ce scénario est bien entendu la dépollution des sols et la mise aux normes des hangars et hangarettes militaires pour pouvoir y accueillir du public. Les nouveaux bâtiments s'inscriront dans la réglementation thermique en vigueur et seront basse consommation. La question du réemploi possible des pistes est posée. Cette reconquête communautaire s'apparente à un projet très long à mettre en œuvre – sur 15 à 20 ans – qui de fait occasionne une perte de liens aux clusters et activités économiques existants. De plus, en termes de couture régionale et nationale, il nécessite de renforcer le lien aux aéroports parisiens *via* la liaison TGV pour ne pas enclaver le territoire tourangeau. La couture est ici environnementale et sociale et promeut un autre modèle de société sur une surface dédiée à la « décroissance » et aux modes de vie alternatifs. Une volonté politique ambitieuse, continue et de très long terme serait nécessaire à la réalisation de ce scénario pessimiste concernant les activités aéronautiques. L'outil réglementaire à privilégier serait certainement la Société coopérative d'intérêt collectif comme à Reims autour de la BA 212. Ce mode de transition risquerait de créer une friche difficilement gérable avec la proximité restante d'une partie des activités liées à la défense nationale.

- **Scénario 2 : croissance soutenue de l'aéroport liée à des stratégies essentiellement exogènes**

Ce scénario de croissance « Fu'Tours » prévoit un trafic d'un million de passager à l'horizon 2040 après avoir préalablement atteint les objectifs de 350 kPax puis 500 kPax. Dans cette optique, l'aéroport de Tours sert de délestage aux plateformes parisiennes saturées et, pour amener rapidement les voyageurs vers leur destination finale, il est raccordé par des navettes aux gares de Tours et de Saint-Pierre-des-Corps. Cette couture en termes de mobilités et transports nationaux (TGV), régionaux (cars et TER) et locaux (tramway, bus, navette) est un préalable essentiel pour la transition économique de la zone. En parallèle, l'aéroport est raccordé par des vols quasi quotidiens à un ou deux hubs européens tels que Nice ou Francfort. Par les économies d'agglomération en réseau qui sont générées (Brueckner, 2003), les secteurs dynamiques déjà présents à Tours – la microélectronique, l'informatique, les biotechnologies – accroissent leur compétitivité. L'accessibilité aérienne qu'assure l'aéroport permet donc un développement à Tours de secteurs créatifs et de clusters innovants dans des activités de pointe, y compris dans l'aéronautique (drones, hydrogène). Au total, la transformation de la friche de 200 hectares pourrait être dédiée à la construction de zones complémentaires : un grand terminal passager répondant aux impératifs de sécurité et offrant des espaces de loisir, commerce, restauration et travail collaboratif ; un parc de haute technologie (centre de R&D, salles blanches) ; des fonctions supports à l'acheminement des passagers, au fret aérien, à la logistique et à la maintenance aéroportuaire ; des zones de bureaux pour accueillir des entreprises de services ou des sièges sociaux. Les aspects paysagers et architecturaux des liaisons et des espaces seront particulièrement soignés afin de s'inscrire dans la démarche environnementale *Airport Carbon Accreditation*. Un autre aspect de ce scénario est de permettre à la mixité des fonctions de prendre place dans une zone qui fût très largement monofonctionnelle : ainsi l'urbanité quotidienne du commerce peut rencontrer l'expérience passager et les deux se fondre dans des zones partagées. Cependant, l'incertitude rendant difficilement réaliste ce scénario provient des coûts de la mise aux normes des pistes, aérogares et réseaux ainsi que du temps nécessaire à la réalisation des travaux. Dans ce scénario fictif, l'outil du Projet Urbain Partenarial serait envisagé et engagerait par exemple l'agglomération et Aéroports de Paris ou d'autres acteurs privés. De plus, optimiste du point de vue du trafic aérien, il est peu enviable car il revient à créer un aéroport Paris Sud dépendant du délestage et du déroutage des vols sur Paris plus que de destinations propres aux besoins de l'aire de chalandise de Tours qui n'est que de deux millions de passagers potentiels.

- **Scénario 3 : diversification des activités et continuité urbaine pour une stratégie de transition équilibrée**

Intitulé « Access 2040 », ce scénario tendanciel a pour ambition de réaliser un programme prévisionnel de développement économique et de loisirs s'articulant avec la promotion d'un aménagement urbain de haute qualité visuelle et environnementale. Par le biais de la zone aéroportuaire, la vision de cette diversification urbano-centrée est de favoriser la diversité des échanges économiques et de favoriser l'identité de la « métropole-jardin ». Trois axes stratégiques sont privilégiés : un pôle productif aéroportuaire ; un quartier d'affaire ; l'articulation à un Nord de Tours en pleine mutation. Tout d'abord, il s'agirait de garder le bénéfice de la présence d'un petit aéroport à l'identité forte et acceptée : lien au pôle greffe du CHRU de Trousseau ; accès direct à Tours de compagnies commerciales et de vols d'affaires ; avantage métropolitain pour les secteurs aéronautique, TIC et microélectronique ; porte d'entrée aérienne pour le tourisme des Châteaux du Val de Loire. Ensuite, rentabiliser rapidement les investissements de mise aux normes que l'aéroport nécessitera de renforcer l'attractivité de la plateforme aéroportuaire par l'accès direct des entreprises aux pistes ; de promouvoir des structures et des services autour de l'installation d'une nouvelle école de pilotage privée Airline Pilot Academy Training (à terme, 300 pilotes-stagiaires plus le personnel d'encadrement) et de valoriser toutes les innovations potentielles. En amont de ce scénario, l'accessibilité avec le tramway notamment est à repenser, ainsi qu'une plate-forme multimodale accessible et lisible. La liaison entre la ville et l'aéroport pourra privilégier des voies vertes pour des mobilités actives locales (sentier pédestre, pistes cyclables). Le renforcement de la liaison à Paris est également essentiel dans la réussite de ce scénario. La réalisation de l'ambition ne sera possible qu'au prix d'une stratégie cohérente rapidement mise en œuvre et d'un foncier maîtrisé, comme le montre le benchmarking réalisé. L'appel à projet innovants et le concours international d'urbanisme paraissent des outils adaptés à l'ambition de la diversification. Dans ce cas de figure, l'aéroport se maintient de manière optimale et par une croissance endogène. Dans le cadre d'une nouvelle couture urbaine, cette vision apparaît comme la plus souhaitable dans l'articulation cohérente qu'elle propose entre trame viaire apaisée, circulation aérienne, trame verte et trame urbaine.

Conclusion

En conclusion, on retiendra trois enseignements à partir de ce cas d'étude questionné au prisme des transitions. Tout d'abord, la lecture transversale des scénarios, au-delà de leurs spécificités et d'un choix qui appartient au politique, permet de mettre en avant que la couture entre la ville consolidée et l'aéroport ne se fera qu'à la condition préalable (i) d'un projet qui maîtrise son foncier, (ii) d'une planification qui fixe durablement le cap à atteindre et annonce une pré-programmation opérationnelle et enfin, (iii) d'un portage de projet qui laisse l'opportunité à des expérimentations nouvelles en matières de régulation urbaine (outils juridiques, participation des différentes parties prenantes dont les habitants, concours international d'urbanisme...). Ceci est en accord avec les nombreuses expériences étrangères de territorialisation d'un aéroport (Güller et Güller, 2003 ; Schubert, 2015 ; Vilenskii et Veretennikova, 2017).

Ensuite, il faut mentionner la portée et l'intérêt d'un travail incrémental et réflexif qui a permis de se pencher sur une question brûlante de l'actualité de la gouvernance métropolitaine à Tours. L'expérimentation de la commande d'un atelier d'aménagement-urbanisme par une instance de la société civile[4] a permis de montrer la richesse des échanges avec une grande variété d'acteurs réunis autour de la table pour mener une réflexion de démocratie participative de non-experts.

Enfin, dans notre pratique d'enseignement, comme de recherche, cet exercice collectif de réflexion prospective aura été l'occasion de percevoir une dernière transition : celle de l'atelier au sein d'une formation à l'urbanisme, du point de vue des modes de faire comme des résultats produits. Rappelons qu'il s'agissait de faire travailler ensemble trente étudiants français et étrangers, issus de deux cursus aux finalités bien différentes : un cursus d'ingénieur, un master recherche dispensé en

---

[4] Le CODEV, instance de la société civile s'est prononcé le 25 février 2019 en faveur du scénario de diversification en émettant quelques recommandations détaillées à destination des décideurs politiques [http://codev.tours-metropole.fr/wp-content/uploads/2019/02/avis-Aeroport.-s%C3%A9ance-pl%C3%A9ni%C3%A8re-du-25-f%C3%A9vrier-2019.pdf].

anglais. La connaissance du terrain tourangeau par les premiers a pris appui sur les compétences déjà affirmées des seconds en matière de conception d'un projet spatialisé. Les formations à l'urbanisme se caractérisent par la mise en pratique à travers des ateliers reposant sur une commande réelle. Ici, à travers les interactions entre étudiants et enseignants-chercheurs, l'atelier a surtout été le lieu de production de connaissances nouvelles sur un sujet toujours en redéfinition. Le travail a débouché autant sur des visions stratégiques – les scénarios spatialisés – que sur des réflexions théoriques sur les liens entre une ville et son aéroport. Ces pistes seront à approfondir ces prochaines années.

Bibliographie

Albrechts L., Balducci A., Hillier J. (eds.) (2017). *Situated Practices of Strategic Spatial Planning*, Londres, Routledge.

Arbellot G. (1973). « La grande mutation des routes de France au XVIIIe siècle », *Annales. Économies, Sociétés, Civilisations*, 28 (3), p. 765–791.

Audin P., 2002, *Tours à l'époque gallo-romaine*, Saint-Cyr-sur-Loire, Sutton.

Brueckner J. K. (2003). « Airline traffic and urban economic development »,*Urban Studies*,40 (8), p. 1455–1469.

Chevalier B. (dir.) (1985). *Histoire de Tours*, Toulouse, Privat.

Conventz S., Thierstein A. (eds.) (2015). *Airports, Cities and Regions*, Londres, Routledge.

CRCI – Chambre Régionale de Commerce et d'Industrie Centre, 2006, Enjeux d'Aménagement du territoire et d'Infrastructures en région Centre. [http://www.alfacentre.org/orfe/pdf/prospective/enjeux.pdf].

Demazière C. (2007). « Tours : construire une métropole interrégionale à l'ombre du Bassin Parisien », in A. Motte (dir.), *Les agglomérations françaises face aux défis métropolitains*, Paris, Economica, p. 57–72.

Demazière C. (2018). « Le sacre des métropoles ? L'institution d'un nouveau palier de gouvernement local dans trois pays européens », *Bulletin de la Société de Géographie de Liège*, 71 (2), p. 37–56.

Demazière C., Hasanen A., Kopec E. (2019). *Planning on the edge of a secondary city: the legacy of the past and the need for a prospective urban planning. The case of Tours (France)*, communication au *Workshop ECTP-CEU 'Planning on the edge'*, Plymouth, 11–12 septembre.

Devisme L. (dir.) (2009). *Nantes – Petite et grande fabrique urbaine*, Marseille, Parenthèses.

Deraëve S. (2014). *Stratégies territoriales d'innovation et mobilisation du capital humain dans les villes intermédiaires, les exemples d'Angers et de Reims*. Thèse en aménagement de l'espace, Université de Reims-Champagne-Ardenne.

Donzel A. (1998). *Marseille*, Paris, Anthropos.

Dubant D. (2014). « L'histoire du Second aviation Instruction Center, l'école d'aviation américaine à Tours (Indre-et-Loire) de 1917 à 1919 (première partie), *Bulletin de la Société Archéologique de Touraine*, 60, p. 395–423.

Dugua B., Trotta Brambilla G. (2012). « Les "lieux transactionnels" de la planification territoriale », *Géocarrefour*, 87 (2), p115–128.

Duthilleul J.-M. (2015). « La ville européenne du XXIe siècle : l'art de la mise en relation », in A. Masboungi (dir.), *Ville et voiture*, Marseille, Parenthèses, p. 74–78.

Fillet C. (2015). *Une grande histoire !* http://www.parcay-meslay.fr/sites/parcay-meslay/files/u120/histoire_de_la_ba_705.pdf.

FNAU 2019, *SCoT et Transitions, Chronique d'une nouvelle grammaire de l'action locale*, 11.

Freestone R., Baker D. (2011). « Spatial planning models of airport-driven urban development », *Journal of planning literature*, 26 (3), p. 263–279.

Fuenfschilling L., Frantzeskaki N., Coenen L. (2019). « Urban experimentation & sustainability transitions », *European Planning Studies*, 27 (2), p. 219–228.

Gay J.-C. (2004). *Les discontinuités spatiales*, Paris, Economica.

Grésillon M. (1995). *Orléans*, Paris, Anthropos.

Güller M., (2003). *From airport to airport city*, Barcelone, Gustavo Gilli.

Insee (2015). « Évolution de l'emploi en Centre-Val de Loire : une décennie marquée par la crise », *Insee Centre-Val de Loire Analyses*, 18.

Lussault M. (1993). *Tours : images de la ville et politiques urbaines*, Tours, Maison des sciences de la ville de l'Université de Tours.

Lussault M., Thibault S. (1994). « L'émergence de l'université sur la scène locale. L'exemple de Tours », *Annales de la recherche urbaine*, 62–63, p. 127–138.

Markard J., Raven J., Truffer B. (2012). « Sustainability transitions : An emerging field of research and its prospects », *Research Policy*, 41 (6), p. 955–967.

Masboungi A. (dir.) (2015). *Ville et voiture*, Marseille, Parenthèses.

Mirloup J. (1984). *Le Centre. Naissance d'une région aux portes de Paris*, Paris, Bréal.

Négrier E. (2001). « Conclusion – L'invention politique de l'agglomération », in F. Baraize, E. Négrier (dir.), *L'invention politique de l'agglomération*, Paris, L'Harmattan, p. 225–236.

Ollivier G., Plumecocq G. (2015). « La Transition Socio-Technique : un courant théorique dynamique », communication au colloque *Mobiliser les approches par les transitions dans la recherche sur les changements agricoles et alimentaires : pourquoi et comment ?*, Sète.

Pisman A., Allaert G., Lombaerde P. (2011). « Modes de vie urbains et suburbains et préférences résidentielles dans une société fortement urbanisée », *Belgeo – Revue belge de géographie* (1–2), p. 89–104.

Roncayolo M. (2002). *Lectures de villes, Formes et Temps*, Marseille, Parenthèses.

Salewski C., Boucsein B., Gasco A. (2015). « Towards an effect-based model for airports and cities », in S. Conventz et A. Thierstein (eds.), *Airports, Cities and Regions*, Londres, Routledge, p. 257–281.

Schubert J.A. (2015). « Driving factors of Airport City developments : An international comparison », in S. Conventz et A. Thierstein (eds.) *Airports, Cities and Regions*, Londres, Routledge, p. 242–256.

Steck J.-F. (2006). « Qu'est-ce que la transition urbaine ? Croissance urbaine, croissance des villes, croissance des besoins à travers l'exemple africain », *Revue d'économie financière*, 86 (1), p. 267–283.

Vilenskii M., Veretennikova K. (2017). « Airport environs – tasks of the integrated development (using the example of the Pulkovo airport) », *Architecture and Engineering*, 2 (3), p. 52–61.

Wolfram M. (2018). « Urban Planning and Transition Management : Rationalities, Instruments and Dialectics », in Frantzeskaki N. *et al.* (eds.), *Co-creating Sustainable Urban Futures*, New York, Springer, p. 133–154.

Les concepts de quartier de l'innovation et de projet urbain à Montréal : utopies d'un développement économique et urbain intégré ?

Priscilla Ananian[1]

Introduction

Le déclin des activités industrielles et la vacance de grands sites dans les métropoles occidentales ont mené promoteurs immobiliers et acteurs publics en charge du développement urbain à déployer de nouvelles stratégies de redynamisation du territoire. Les sites à proximité des centres-villes et des fronts d'eau présentent des opportunités de redéveloppement urbain conjuguant activités économiques et logement. (Fainstein, 2008).

La production du logement, surtout destinée aux classes moyennes et aisées, a souvent dominé la programmation urbaine (Birch, 2002) aux côtés des infrastructures récréotouristiques (Judd & Fainstein, 1999). Un mouvement parallèle de réinvestissement des activités économiques s'est également amorcé, lié à l'industrie légère et aux entreprises de technologies d'information et de communication, tels le multimédia, le jeu vidéo, et plus globalement le numérique (Hutton, 2008). Ces activités ont trouvé dans les quartiers en état de friche les conditions nécessaires pour s'installer, notamment la proximité relative au centre-ville, des loyers relativement abordables et des espaces généreux récupérés d'anciennes

---

1 Priscilla Ananian est architecte et urbaniste de formation. Professeure à l'Université du Québec à Montréal et directrice de l'Observatoire des milieux de vie urbains (OMV), ses recherches portent sur l'innovation dans les méthodes collaboratives d'urbanisme et de planification urbaine face aux nouvelles dynamiques des villes générées par la métropolisation des territoires.

bâtisses industrielles (Ananian, Paulhiac Scherrer, Lachapelle, & Parent-Frenette, 2019).

L'attrait des nouveaux projets immobiliers, souvent accompagnés d'une densification résidentielle exponentielle, a exigé des pouvoirs publics de déployer de nouveaux dispositifs d'urbanisme afin d'assurer une certaine cohérence du développement territorial. Ainsi, l'intervention par le projet, et plus particulièrement le concept de *projet urbain* (Ascher, 1991 ; Hubert, Lewis, & Max Raynaud, 2014 ; Ingallina, 2008a ; Pinson, 2000), a vu le jour, comblant les lacunes des instruments réglementaires insuffisants face aux enjeux complexes de redéveloppement urbain et la multiplication des parties prenantes.

La dimension collaborative et opérationnelle sous-jacente au projet urbain a permis de développer de grands territoires et de contribuer à l'émergence de nouvelles identités urbaines, loin de l'image du déclin social et économique et de la dégradation du cadre bâti propre aux anciens territoires industriels. Ces grandes opérations urbaines ont aussi généré leur lot d'externalités négatives, comme la spéculation foncière et immobilière et la gentrification (Lees, 2000, 2008 ; Smith, 2002 ; Van Criekingen, 2013). Cependant, le retour en ville (Bidou-Zachariasen, 2003) et l'engouement progressif des acteurs immobiliers pour construire de nouveaux logements, commerces et bureaux ne sont pas les seules dynamiques en place.

Le retour des activités économiques productives en ville est un phénomène en expansion depuis la fin des années 1980 avec l'avènement d'internet et de la nouvelle économie (Hutton, 2004 ; Pratt, 2000). Ces processus se sont traduits localement par des efforts de thématisation des territoires menant à l'émergence de nouveaux concepts urbains, tels que le *quartier de l'innovation* (Katz & Wagner, 2014). Chose certaine est que les concepts de projet urbain et de quartier de l'innovation se trouvent à la croisée du développement économique, de la promotion immobilière, du développement urbain et de l'architecture (Yigitcanlar, Velibeyoglu, & Martinez-Fernandez, 2008).

Le concept de quartier de l'innovation emprunte ainsi à l'urbanisme la notion de « quartier », défini comme un espace physique habité et approprié par une communauté (Authier, Bacqué, & Guérin-Pace, 2007), mais aussi comme un territoire d'intervention des politiques publiques (Lehman-Frisch & Capron, 2007 ; Tissot, 2007). La notion « d'innovation » se fonde quant à elle sur des théories organisationnelles et économiques, qui trouvent dans les « écosystèmes de l'innovation » les ressources urbaines, sociales et économiques nécessaires pour amorcer un développement territorial intégré (Ambrosino, Besson, Gwiazdzinski, Linossier, & Talandier, 2013 ; Vanolo, 2014). Alors que certains avancent la thèse de la fin des quartiers (Ascher, 1998 ; Chalas, 2000), la mobilisation de l'objet quartier en faveur de l'innovation mérite d'être interrogée. Le projet urbain génère lui aussi une certaine ambiguïté, puisque la notion de projet emprunte à l'architecture les processus techniques, alors que l'urbain renvoie aux processus de médiation et de collaboration d'une pluralité d'acteurs sur l'organisation spatiale et sociale de la ville (Ingallina, 2008b).

Quoi qu'il en soit, la capacité de l'urbanisme à prendre en compte les enjeux de la superposition de ces concepts – quartier de l'innovation et projet urbain – sur des territoires relativement restreints, mérite d'être interrogée afin de mieux orienter la prise de décision publique. C'est l'objet de ce chapitre organisé en quatre parties : la première fait état des concepts de quartier de l'innovation et de projet urbain ; la deuxième présente la méthodologie et le Quartier de l'innovation de Montréal comme étude de cas ; la troisième présente l'évolution de ces deux concepts à Montréal ; et la quatrième et dernière partie discute des limites de ces concepts pour favoriser un développement économique et urbain intégré.

1 Quartier de l'innovation et projet urbain : nouvelles utopies urbaines ?

1.1 Les utopies urbaines : un bref rappel

L'histoire des utopies urbaines en architecture et urbanisme aux XIXe et XXe siècles a joué un rôle prépondérant dans l'évolution de la société industrielle, remettant en cause la ville industrielle et de la dimension prospective des avant-gardes du XXe siècle. Les modèles de villes (La Cité jardin d'Ebenezer Howard, 1890 ; la *Broadacre City* de Frank Lloyd Wright, 1934 ; La Ville Radieuse de Le Corbusier, 1935), et par conséquent de l'organisation spatiale des sociétés, devaient orienter la révolution sociale : « These ideal cities are perhaps the most ambitious and complex statements of the beliefs that reforming the physical environment can revolutionize the total life of a society » (Fishman, 2012).

La peur de la ville héritée du XIXe siècle, et l'espérance que les technologies modernes (le chemin de fer, l'électricité, l'automobile, le téléphone) pourraient donner lieu à de nouvelles formes urbaines, activités économiques et rapports sociaux, expliquent la prégnance des modèles dans l'aménagement du territoire.

Cette brève référence à l'histoire des utopies urbaines nous permet de situer les nouveaux concepts territoriaux de quartier de l'innovation et de projet urbain. Il ne s'agit pas ici de faire une étude de la genèse de ces concepts – qui sont d'ailleurs bien documentés – mais d'interroger la façon dont ceux-ci alimentent de nouvelles utopies urbaines véhiculées par les pouvoirs publics et les grands joueurs du secteur privé.

Nouvelles technologies et nouveaux modèles urbains : les prétextes des utopies urbaines

Les nouvelles technologies ont favorisé la construction de modèles urbains mobilisant la thématisation du territoire à des fins économiques. Cette thématisation sert d'outil de planification urbaine visant à délimiter un territoire d'intervention des politiques publiques (Jones, 2017). Historiquement, les raisons de la thématisation étaient purement fonctionnelles, liées à la question du zonage des activités en ville. En ce qui concerne plus particulièrement les activités industrielles, il s'agissait, avec la Charte d'Athènes de 1933 et le mouvement moderniste, de séparer les fonctions – habiter, circuler, travailler et se divertir – et surtout de distancer les activités industrielles des autres fonctions urbaines afin de mitiger les nuisances sur la qualité des milieux de vie (Fishman, 2012).

Si le zonage a contribué à réguler la proximité entre les activités industrielles et les milieux de vie résidentiels, il a aussi participé à confiner les activités économiques à des secteurs exclusivement fonctionnels, où l'aménagement et la qualité du cadre bâti et des paysages ne sont pas forcément considérés. Dans les années 1960, il s'agissait d'aménager des « districts industriels » qui ont progressivement évolué, dans les années 1980–1990, vers des « technopôles », ces derniers conservant cependant des configurations monofonctionnelles et des localisations stratégiquement situées à proximité d'infrastructures telles que les ports, aéroports, autoroutes et voies de chemin de fer.

L'avènement d'une « nouvelle économie », caractérisée par des secteurs liés aux nouvelles technologies d'information et de communication ainsi qu'aux finances, a favorisé un retour de certaines activités économiques, incluant l'industrie légère, au sein du tissu urbain. Ce processus, qualifié de « reterritorialisation des activités économiques » (Hutton, 2004), consiste en un retour des activités productives au cœur des grandes villes. Ce processus n'est pas pour autant à même de freiner les dynamiques de délocalisation des activités économiques en périphérie des grandes villes ou à l'international.

Quoiqu'il en soit, ce processus de reterritorialisation des activités économiques, qui se produit bien souvent dans des quartiers postindustriels, ne doit pas être uniquement appréhendé sous l'angle des retombées économiques directes qu'il peut générer en termes d'emploi, de maintien de l'activité industrielle ou de l'innovation technologique. Bien souvent, ces processus initiés par les milieux technologiques, créatifs, scientifiques et culturels, font également l'objet d'une récupération par les politiques publiques pour amorcer un processus de régénération urbaine (Ananian, 2014 ; Ananian & Borde, 2019), puisqu'il s'agit de secteurs bien localisés, situés à proximité des centres-villes et disposant de terrains et de bâtiments vacants pouvant être reconvertis.

Par ailleurs, la concentration des processus de reterritorialisation des activités économiques dans ces quartiers, couplée à des programmes de régénération urbaine (Liefooghe, 2010), permettrait aux villes de se doter d'une vitrine attractive pour les investisseurs à l'échelle de toute la métropole, voire des échelles territoriales supra locales comme les régions, provinces et pays.

1.2 Quartiers de l'innovation et projet urbain

C'est dans ce contexte que les quartiers de l'innovation ont émergé en Europe et en Amérique du Nord. Unités géographiques relativement petites situées dans des quartiers postindustriels résultant d'un processus de thématisation technologique du territoire, les quartiers de l'innovation peuvent être portés par les pouvoirs publics, bien qu'ils soient en Amérique du Nord généralement l'apanage du secteur privé, et plus particulièrement des universités, des centres de recherche et des grandes entreprises des secteurs technologiques, dont les biotechnologies et les sciences médicales (Katz & Wagner, 2014). Le concept de quartier de l'innovation s'appuie sur la notion de proximité géographique et cognitive (Boschma, 2005) des entreprises, centres de recherche, établissements d'enseignement supérieur et communautés locales (artistes, travailleurs, résidents). S'ajoute à cela la notion de sérendipité (rencontres fortuites et éventuelles synergies), conférant aux espaces publics un statut particulier au-delà d'espace de socialisation (Katz & Wagner, 2014). De plus, les contacts avec l'environnement physico-spatial du quartier et avec les communautés d'usagers (anciennes et nouvelles) sont perçus comme un levier d'innovation dans la mesure où certaines expérimentations peuvent être testées *in situ* (Besson, 2014).

Néanmoins, de plus en plus de chercheurs font part de leurs scepticisme quant aux retombées économiques directes que la proximité géographique entre entreprises, centres de recherche et incubateurs peut générer (McCann, 2007 ; Shearmur, 2012), alors qu'un autre pan de la littérature interroge les enjeux d'ordre urbanistique et social que la présence et la participation des acteurs de la nouvelle économie soulève localement (Besson, 2017 ; Jamal, 2018 ; Leducq, Demazière, & Coquel, 2019 ; Liefooghe, 2018 ; Swyngedouw, Moulaert, & Rodriguez, 2002 ; Vivant, 2013). L'effet de « clusterisation » (Porter, 1998), soit la concentration géographique des activités de la nouvelle économie dans certains quartiers péricentraux ou dans des friches industrielles, suscite ainsi des préoccupations en matière d'intégration urbaine relatives à la cohabitation des usages et usagers, la mobilité et le stationnement, les aménités et structure commerciale pour répondre aux besoins et préférences des classes dites créatives (Jamal, 2018). Ce sont des enjeux de développement économique, mais aussi des enjeux de développement urbain, qui ont amené les acteurs de l'économie de la connaissance à développer une vision en faveur d'un ancrage territorial de ces activités (Liefooghe, 2010 ; Shearmur, 2012).

Malgré ces critiques, les quartiers de l'innovation se multiplient dans les grandes villes européennes et nord-américaines (Katz & Wagner, 2014), mobilisant le plus souvent le projet urbain, comme ce fut le cas du projet pionnier du 22@ à Barcelone (Battaglia & Tremblay, 2011). Cependant, le projet urbain n'accompagne pas forcément le projet de quartier de l'innovation présentant souvent des dynamiques parallèles qui peuvent générer des situations de conflits en termes d'aménagement et d'appropriation des espaces publics. Certains auteurs mettent ainsi de l'avant les risques de gentrification et de spéculation immobilière générés par une mainmise des acteurs privés sur le projet urbain (Charnock, Purcell, & Ribera-Fumaz, 2014 ; Evans, 2009 ; Swyngedouw, Moulaert, & Rodriguez, 2005), ainsi que la fabrication d'une identité relevant avant tout du marketing urbain, et limitant le développement d'un sentiment d'appartenance à la fois pour les travailleurs et les populations locales (Ananian & Borde, 2019 ; Shearmur, 2017 ; Tremblay, 2017).

Par conséquent, ces deux concepts – quartier de l'innovation et projet urbain – qui circulent librement sous l'égide de la ville créative, de la ville durable et plus récemment de la ville intelligente, interpellent d'autant plus qu'ils se superposent les uns aux autres sur des territoires relativement restreints. Sont-ils compatibles ? Et si oui, quelles sont les conditions de leur coprésence sur le territoire ? Nous apporterons quelques réflexions pour répondre à ces questions en étudiant les cas du Quartier de l'innovation de Montréal (QI) et du projet urbain de Griffintown.

2 Méthodologie

2.1 Présentation des études de cas

Montréal, métropole de près de 2 millions d'habitants (Statistique Canada, 2018), a subi, comme d'autres villes nord-américaines, les effets de la désindustrialisation, laissant plusieurs territoires en jachère à proximité du centre des affaires. Parmi eux se trouve le quartier de Griffintown, berceau de l'industrialisation canadienne, qui a connu un important déclin à la fin des années 1960 avec la fermeture du canal de Lachine au profit de la voie maritime du Saint-Laurent (Hanna, 2007). Contrairement à d'autres faubourgs voisins qui se sont vus redéveloppés dès les années 1990 sous l'impulsion d'un premier Plan d'urbanisme (Ville de Montréal, 1992), Griffintown est resté zoné industriel jusque dans les années 2000.

Les prémices de reconversion du secteur démarrent, lorsque l'École de technologie supérieure de Montréal (ÉTS) déménage du centre-ville vers Griffintown en 1994, en quête de plus d'espace pour son campus. L'autorisation de la mixité dans le secteur s'est accompagnée d'une rouée de projets immobiliers avant tout résidentiels, donnant lieu à un premier Projet particulier d'urbanisme (PPU) en 2008, puis à un deuxième en 2013 afin d'assurer un développement cohérent du territoire. D'ailleurs, Griffintown est désigné comme territoire de projet urbain depuis le Plan d'urbanisme de 2004 aux côtés d'autres secteurs.

Le Quartier de l'innovation (QI) s'est quant à lui développé autour du campus universitaire de l'ÉTS depuis 2009. Mobilisant le territoire pour les ressources qu'il offre en termes de main-d'œuvre et d'aménités urbaines, le QI réunit plusieurs quartiers, incluant Griffintown, dans un territoire particulièrement vaste pour ce type de projet, puisqu'il s'étend sur plus de 3 km^2 (Ananian, 2019).

2.2 Une approche qualitative : présentation des données étudiées

Dans cet article, nous explorons les caractéristiques partagées entre les concepts de quartier de l'innovation et de projet urbain à partir des cas du QI de Montréal et de Griffintown. Pour cela, nous avons interrogé une trentaine d'acteurs créatifs et technologiques et d'acteurs de l'urbanisme sur leurs perceptions respectives concernant ces deux concepts, à travers des entrevues semi-dirigées passées entre les mois d'août 2017 et d'octobre 2018. Celles-ci ont été complétées par une analyse documentaire des principaux plans de développement économique et urbain produits sur le territoire du QI depuis les années 1960 jusqu'à aujourd'hui (Ananian & Borde, 2019).

Les acteurs créatifs et technologiques – 19 répondants au total – sont des travailleurs ou directeurs d'entreprises des technologies de l'information, des artistes ainsi que des représentants des universités ou d'organismes à but non lucratif consacrés à l'innovation technologique ou sociale. Les acteurs de l'urbanisme – 16 répondants – sont quant à eux des élus et fonctionnaires de la Ville et de l'arrondissement, des promoteurs immobiliers, des architectes et des urbanistes, ainsi que des groupes communautaires et citoyens. Les répondants ont d'abord été identifiés à travers la revue documentaire et l'observation de terrain, puis par effet boule-de-neige.

3 Résultats : Griffintown, le projet urbain et le QI de Montréal

Bien que le projet du QI de Montréal et le projet urbain Griffintown (Breux & Bédard, 2014) aient des porteurs et des objectifs distincts, ils partagent plusieurs caractéristiques et ont trouvé des enjeux communs qui ont mené les acteurs de l'un et de l'autre à collaborer plus intensément à un moment donné. Pourtant, aujourd'hui, ces deux projets suivent leur cours de façon parallèle, et l'absence de dispositifs de collaboration plus formels empiète sur l'aménagement et le développement du quartier autour d'une identité partagée entre les parties prenantes et les communautés locales. Trois phases ont été identifiées dans le cadre de la recherche : la naissance de deux projets de relance territoriale, les débuts d'une collaboration, puis la perte de vitesse de cette coopération.

3.1 La naissance de deux projets de relance territoriale

Le projet urbain Griffintown est formalisé en 2004 avec le Plan d'urbanisme de Montréal, qui identifie le quartier comme l'un des 26 secteurs stratégiques d'intérêt pan montréalais dans un contexte de transformation de l'arrondissement du Sud-Ouest (DeVerteuil, 2004). Le quartier amorce alors une reconversion vers les activités résidentielles – avec notamment la transformation de l'ancienne usine de chocolat Lowney en tour de logements par le promoteur Prével – quand Devimco lance en 2008 le *Projet Griffintown*. Ce mégaprojet typique des complexes résidentiels de banlieue, comporte bureaux, logements, commerces, une salle de spectacles, hôtels et de nombreuses places de stationnement. Le *Projet Griffintown* est conforté par l'adoption d'un programme particulier d'urbanisme (PPU) en 2008 par l'arrondissement du Sud-Ouest (Ville de Montréal, 2008), vivement critiqué pour l'exercice de participation publique qu'il a promu à lui seul, et pour la démolition de nombreux bâtiments historiques que le PPU autorise.

L'École de technologie supérieure voit alors ce projet comme une menace contre la valorisation de ses actifs immobiliers et surtout contre l'expansion de ses installations. En effet, l'ÉTS planifie le développement d'un véritable campus dans le quartier, constitué de plusieurs bâtiments construits sur les nombreux terrains qu'elle a acquis au fil du temps (Fig. 2). Pour cela, elle favorise une approche proactive de *branding* territorial, visant à obtenir l'adhésion de la Ville, de l'arrondissement, des promoteurs immobiliers et des groupes communautaires. Après une démarche de *benchmarking* entamée au début des années 2000 autour du concept de *quartier de l'innovation*, l'ÉTS développe, en collaboration avec l'université McGill, son projet de « Quartier du génie ». Interpellée par d'autres écoles d'ingénierie qui y voient une tentative de monopolisation, l'École change l'appellation pour le « Quartier de l'innovation », dont le lancement officiel est entériné en 2013 par l'adoption d'un nouveau PPU pour Griffintown, qui propose d'appuyer le projet du QI et l'expansion de l'ÉTS (Ville de Montréal, 2013).

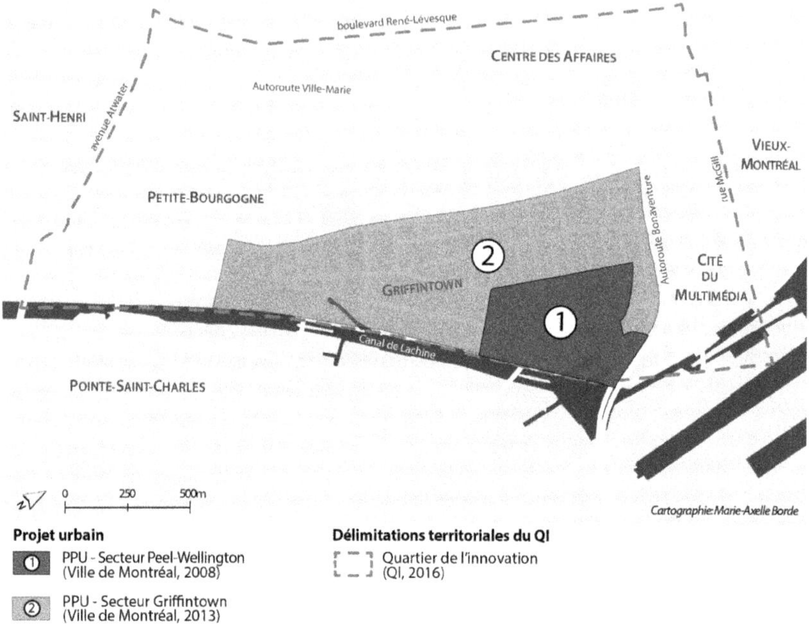

Fig. 1: Délimitation progressive des territoires du projet urbain « Griffintown ». *Sources : Quartier de l'innovation (*2019*) ; Ville de Montréal (*2008, 2013*)*

3.2 Les preuves d'un début de collaboration…

L'ÉTS a joué un rôle décisif, profitant de la réaction négative que le premier PPU avait suscitée auprès de la population et des communautés locales pour tenter de faire adhérer les parties prenantes autour d'une autre vision du projet urbain qui permettrait à son campus de prendre place dans le quartier. Grâce au lobbying de l'ÉTS et la tenue d'une conférence internationale sur les quartiers de l'innovation, le concept est devenu connu auprès des autorités municipales et des milieux des affaires. Malgré le nom de « quartier » de l'innovation, l'ÉTS ne prévoyait initialement pas de délimiter le territoire de QI, préférant l'idée d'un *hub* ou d'un carrefour de l'innovation.

L'émulation d'idées de cette époque, ainsi que la perte de vitesse du Projet Griffintown du promoteur Devimco en raison d'une mauvaise

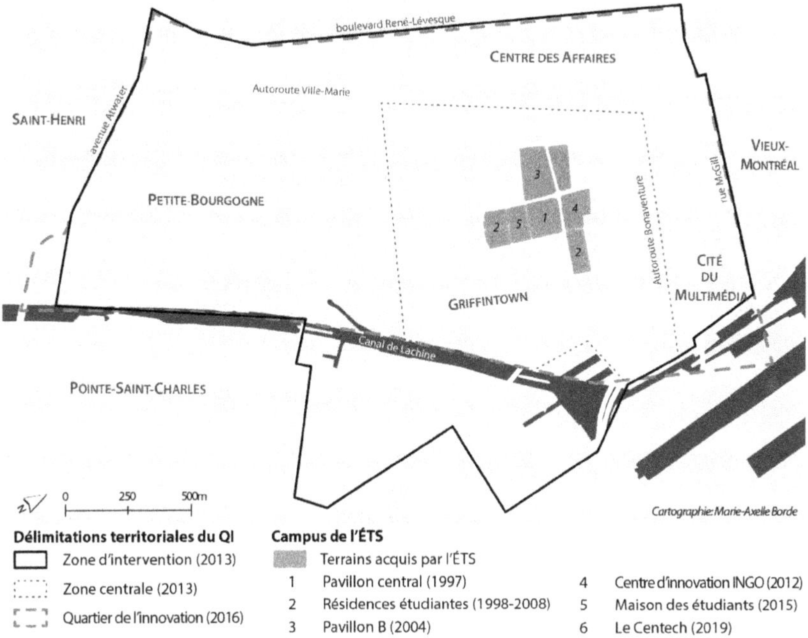

Fig. 2: Évolution des limites territoriales du Quartier de l'innovation de Montréal et localisation des installations de l'ÉTS. *Sources : Beauchamp* (2015) ; *Quartier de l'Innovation* (2012, 2019)

conjoncture économique, amène la Ville de Montréal à se pencher sur l'élaboration d'un deuxième PPU. Cette fois-ci, le PPU fera l'objet d'une consultation publique organisée par l'Office de consultation publique de Montréal (OCPM) en étroite collaboration avec l'ÉTS, qui met à disposition ses locaux. Le PPU n'étant pas un *masterplan*, la Ville de Montréal s'est contentée de donner des principes d'aménagement à suivre malgré l'état avancé de la consolidation du tissu urbain par les complexes immobiliers résidentiels. Le PPU a tout de même le mérite de mettre de l'avant la place de l'activité économique dans le quartier et de reconnaître l'importance de structurer un campus autour de l'ÉTS au même titre que l'économie résidentielle (logements, commerces et services). Il a aussi, bien que tardivement, annoncé des mesures en faveur du milieu de vie, comme l'apaisement de la circulation automobile ainsi que l'aménagement de parcs et de rues habitées.

3.3 Une collaboration en perte de vitesse par un manque de dispositifs et de culture de projet

À la même période, au courant de l'année 2013, le QI quitte les rangs universitaires pour s'établir en organisme à but non lucratif avec un financement partagé à moitié entre le secteur privé d'une part, et les instances municipales, provinciales et fédérales d'autre part. Si l'ÉTS et l'université McGill demeurent impliquées à titre de partenaires, rejointes plus tard par les universités de Concordia (2015) et de l'UQAM (2016), le conseil d'administration est désormais composé d'acteurs d'une variété de secteurs tels que la recherche, l'immobilier et les nouvelles technologies.

Avec la création de l'OBNL est venu également le souhait de délimiter un territoire d'appartenance. Le QI détermine ainsi un premier découpage territorial, incluant une zone centrale relativement restreinte autour de l'ÉTS et une zone d'intervention plus large (Fig. 2), qui lui permet d'intégrer des secteurs tels que le Nordelec (Pointe-Saint-Charles), la Cité du Multimédia (Faubourg des Recollets) et la Cité du commerce électronique, afin de mieux répondre à ses quatre volets stratégiques – industriels, scientifique et technologique, social et culturel, et urbain (ÉTS & McGill, 2011). Quelque temps plus tard, le QI reverra ses limites territoriales avec une zone unique s'arrêtant au nord du canal de Lachine et excluant de la sorte le Nordelec et Pointe-Saint-Charles, respectivement un *hub* d'emplois technologiques et un quartier ouvrier habité défavorisé sur le plan socio-économique.

L'élan de collaboration initié à l'époque du PPU va se fragiliser progressivement dans la mesure où il n'y a plus de dispositifs prévus à cet effet, à l'exception des comités de liaison animés par le QI – qui réunissent plusieurs fois par année les acteurs privés, publics et communautaires du quartier – ou encore certaines activités de co-design portées par la municipalité. Plusieurs acteurs technologiques et créatifs interrogés regrettent ainsi l'absence de compétence du QI en matière d'aménagement. Pour certains, le projet pourrait bénéficier de la création d'une « zone franche d'innovation », qui permettrait de tester sans contrainte les nouvelles technologies développées sur le territoire, dans le cadre notamment du LabVI – projet phare du QI consistant à offrir une plateforme aux chercheurs et entreprises technologiques pour l'élaboration de leurs projets d'application 5G.

Plusieurs acteurs du développement urbain déplorent de leur côté un manque de retombées tangibles du QI sur l'amélioration de la qualité du milieu de vie, malgré les subventions octroyées.

Par ailleurs, le marquage territorial par des banderoles attachées sur des lampadaires publics et des sculptures portant l'initiale « Q » du Quartier de l'innovation peine à générer une adhésion au sein des populations et communautés locales. Enfin, le projet urbain poursuit son cours avec des interventions à la pièce face au manque de maitrise foncière des pouvoirs publics, alors que le QI continue de développer son LabVI, en collaboration avec les entreprises de télécommunication Ericsson et Vidéotron. Chacun suit sa voie alors que les deux projets partagent plusieurs enjeux qui touchent au territoire, à l'identité et à l'appropriation par les communautés locales et externes.

Le tableau qui suit (Fig. 3) présente les caractéristiques de chaque concept appliqué au QI de Montréal et au projet urbain de Griffintown. Le tableau révèle que malgré plusieurs caractéristiques communes, leur traduction diverge et se prête à ce jour peu à la coopération, alors que le potentiel de collaborer existe.

4 Discussion

L'un des principaux résultats de l'analyse touche les imaginaires véhiculés par des modèles de développement urbain attachés aux nouveaux paradigmes urbains et au régime d'opportunités saisies par les concepts territoriaux, que ce soit le quartier de l'innovation ou le projet urbain. Par l'étude de cas de Montréal, on voit bien les caractéristiques communes aux deux concepts, mais aussi les conditions de la collaboration qui se font au gré des opportunités. Ainsi, malgré les discours portés par les élus, les administrations et les acteurs privés à propos d'un développement urbain intégré, cet objectif relève de l'utopie lorsque les parties prenantes ne s'accordent pas sur un territoire qui fasse du sens. Dans cette section, nous discuterons des principaux enjeux porteurs de cette intégration, des facteurs qui empêchent de la concrétiser et des conditions qui pourraient faire évoluer la situation positivement.

Concepts/ caractéristiques	QI de Montréal	Griffintown
Le territoire	Délimitation du territoire variable au fil des années en fonction des opportunités recoupant plusieurs quartiers ou portions de territoire.	Délimitation d'un territoire d'intervention qui a évolué entre le premier et le deuxième PPU.
L'échelle territoriale	3 km^2.	0,2 km^2 pour le premier PPU (2008) et 0,9 km^2 pour le deuxième PPU (2013).
La mixité des activités	La mixité des fonctions entre le campus de l'ÉTS, les incubateurs et centres de recherche, espaces de coworking (Salon 1861).	Prédominance de la fonction résidentielle avec problèmes de concurrence d'espaces pour des activités économiques, des espaces verts et des écoles.
La proximité géographique et cognitive	Concentration géographique d'entreprises technologiques en développement (La piscine, le Centech, Planétarium, INGO). LabVI.	Groupe Facebook des résidents, SDC du Canal, mais pas de gestion quotidienne coordonnée du secteur.
La planification collaborative	Comités de liaison (social, urbain, recherche et développement, culture), activités de réseautage, participation à des consultations publiques, et à l'élaboration du deuxième PPU.	Participation publique dans l'élaboration des PPU : premier PPU (arrondissement), deuxième PPU (OCPM).
Le rapport au milieu de vie et aux communautés locales	Interaction avec le Salon 1861 pour des projets sociaux, expérimentations du Lab VI (Ericsson et Videotron), participation financière pour des activités communautaires.	Projet Young (aménagement transitoire) , charrettes de co-design dans le cadre de l'aménagement de parcs
Le développement urbain	Généralement, il y a un potentiel latent de développement de certains clusters d'activités économiques qui est récupéré par la suite dans le processus de thématisation technologique par des acteurs privés et des gouvernements de différents niveaux.	Mobilisation des ressources existantes comme levier de développement urbain en amenant de nouveaux habitants, travailleurs, touristes et usagers en général.

Fig. 3: Caractéristiques partagées entre le QI de Montréal et le projet urbain Griffintown

4.1 Anticiper les potentiels de développement territorial alors que le pouvoir public n'a que très peu de leviers d'action

Dans le cas étudié, il y a eu un début d'anticipation des potentiels de développement territorial dans le cadre du second Plan d'urbanisme de 2004 – qui identifiait Griffintown comme un secteur de planification détaillé – sans que la Ville puisse disposer des moyens nécessaires pour guider ce développement. Ce potentiel avait été anticipé beaucoup plus tôt par les promoteurs immobiliers et l'ÉTS, qui ont réinvesti le quartier dès le milieu des années 1990. Les entrevues ont d'ailleurs fait émerger le mécontentement des employés et étudiants de l'ÉTS de se voir relocalisés à Griffintown compte tenu du sentiment d'insécurité perçu en raison de l'état de dégradation du cadre bâti ainsi que du faible nombre d'habitants et d'activités.

Bien que l'arrondissement du Sud-Ouest avait entamé des études sur le secteur afin de dresser un portrait socio-économique, le rachat des terrains par le promoteur Devimco et la proposition de son complexe immobilier à un moment où la Ville cherchait des investissements a complètement bousculé le processus de planification du secteur. Les pouvoirs publics n'ont ainsi pas adopté de stratégies particulières pour Griffintown, leurs investissements se concentrant à cette époque dans les faubourgs adjacents au quartier historique du Vieux-Montréal.

La même logique s'est opérée avec le projet de Quartier de l'innovation, né non pas de l'anticipation des potentiels de développement territorial, mais bien d'une stratégie défensive de la part de l'ÉTS vis-à-vis du développement immobilier. Cette stratégie s'est vue encouragée par les communautés locales désemparées face au développement immobilier, surtout celles des quartiers plus défavorisés et habités – Petite Bourgogne, Saint-Henri et Pointe-Saint-Charles – qui ont cherché auprès de l'École, un appui institutionnel pour leurs revendications. Le concept de quartier de l'innovation, emprunté aux expériences d'ailleurs, permettait alors de remettre en question le zonage et les hauteurs dans le quartier.

Ainsi une première condition au développement urbain intégré était l'anticipation des potentiels de développement territorial afin de coordonner les interventions sur le territoire et tirer profit de la complémentarité des fonctions, ce qui n'a pas été respecté dans le cas du projet de QI et du projet urbain.

4.2 Redonner du sens au territoire mobilisant d'anciennes figures urbaines intégrées à des nouveaux concepts

Le projet urbain et le quartier de l'innovation sont des outils créés pour redonner du sens à un territoire localement tout en répondant à des enjeux situés à des échelles territoriales supérieures. Or, la délimitation d'une zone d'intervention pour le projet urbain (surtout avec le deuxième

PPU) et la visibilité et le rayonnement pour le QI interrogent la pertinence sociale et la cohérence urbanistique, architecturale et paysagère dans la définition de ces découpages.

L'ambigüité et le flou entretenus dans ces multiples découpages ne contribuent pas à faire émerger une nouvelle identité urbaine. Alors que la zone d'intervention du premier PPU s'est agrandie avec le deuxième, elles ne correspondent ni l'une ni l'autre aux limites historiques de Griffintown (Shearmur, 2017). Les territoires adjacents ont fait également l'objet de divers plans (Ananian & Borde, 2019) comme le Quartier Bonaventure, les Bassins du nouveau Havre ou le PPU des Gares, rendant encore plus questionnables les délimitations du territoire pour des fins de développement urbain et économique. La notion de quartier se retrouve d'ailleurs instrumentalisée par les divers acteurs à l'origine du développement du territoire – notamment le promoteur Devimco, qui a renommé le *Projet Griffintown* en *District Griffin*, et par l'ÉTS qui a successivement qualifié son projet de campus de Quartier du Génie, puis de Quartier de l'innovation. À l'inverse, la Ville ne mobilise pas l'appellation de quartier pour se référer à son territoire d'intervention, alors qu'elle est la seule à agir concrètement sur l'espace public.

Redonner du sens au territoire à partir de ces concepts territoriaux est un défi qui concerne autant les résidents que les acteurs technologiques et créatifs. Les quelques projets d'innovation sociale incluant les populations locales demeurent fragiles dans le secteur, comme celui de la Tour d'aiguillage – tentative de reconversion d'un bâtiment patrimonial en lieu de rencontre entre résidents, artistes et travailleurs – aujourd'hui menacé par l'aménagement du Réseau express métropolitain[2]. La disparité des populations sur le plan socio-économique et l'arrivée de nouveaux ménages pose également question. Au niveau des acteurs technologiques et créatifs, plusieurs entrevues révèlent un manque d'adhésion certain au projet du QI, voire une méconnaissance totale de son existence ou de ses objectifs.

Ainsi, la thématisation technologique ne peut se faire au détriment des identités passées et présentes du territoire, au risque de ne pas suffire à faire adhérer les parties prenantes, la population et les communautés

---

2 Le Réseau express métropolitain (REM) est un projet de métro léger visant à relier l'île de Montréal et plusieurs municipalités situées dans la région métropolitaine, qui devrait voir le jour en 2021.

locales autour d'une nouvelle identité urbaine ou d'une identité urbaine renouvelée.

4.3 Créer un quartier d'innovation sans innovation urbanistique...

Comme plusieurs quartiers de l'innovation à travers le monde, le QI propose, à travers son projet de LabVI, de tester l'innovation technologique sur le territoire. La jeunesse du projet ne permet cependant pas encore d'évaluer les retombées locales de l'innovation dans la vie quotidienne des populations. D'ailleurs, les résidents connaissent très peu le QI et ses activités et quand ils le connaissent, c'est parce qu'ils participent à un groupe communautaire dont l'initiative a reçu de l'aide financière de leur part (Borde, 2019).

Plusieurs acteurs du développement urbain soulignent dans les entrevues la désuétude des outils d'urbanisme, à la fois pour le quartier de l'innovation et le projet urbain. Malgré ces concepts porteurs, peu d'efforts sont faits au niveau de l'innovation urbanistique pour accompagner le développement urbain, expérimenter de nouvelles technologies au niveau des réseaux et des infrastructures urbaines ou encore conforter la cohabitation entre de nouvelles industries légères et d'autres fonctions urbaines.

Les principaux outils mobilisés sont le changement de zonage et le PPU, considérés comme désuets par les deux catégories d'acteurs interviewés. Pour les acteurs du développement urbain, les critiques concernent avant tout le manque d'emprise des pouvoirs publics sur un territoire où le foncier revient quasi exclusivement au secteur privé et les temporalités de la planification urbaine, qui ne parviennent pas à répondre aux enjeux constamment changeants d'un quartier en effervescence. La révision de la densité et des hauteurs sont somme toute des outils limités face à l'ambition d'un quartier de l'innovation. Du côté des acteurs technologiques et créatifs, c'est avant tout le décalage entre la vision des acteurs publics et les besoins des acteurs privés qui est mis de l'avant. Certains répondants revendiquent ainsi la création d'une « zone franche d'innovation », compte tenu de l'inadéquation des règlements et de l'inertie des pouvoirs publics face au changement.

Enfin, l'innovation urbanistique dans un contexte de quartier de l'innovation est limitée par des structures administratives contraignantes de la Ville de Montréal. De la sorte, les acteurs technologiques tentent de s'affranchir des règlements existants, plutôt que collaborer avec les pouvoirs publics. Plusieurs projets portés par l'ÉTS et les promoteurs tentent également de compenser les manques que la planification n'a pas su combler, tels que l'absence d'espaces publics ou d'école, en les intégrant à leurs projets immobiliers. Ainsi, le concept de projet urbain ne facilite pas l'implémentation de l'innovation urbanistique alors que le concept de quartier de l'innovation n'a que très peu de prise sur le développement urbain.

Conclusion

Nous avions comme objectif d'interroger les concepts de quartier de l'innovation et de projet urbain comme leviers d'un développement économique et urbain intégré. Le cas de Montréal s'est montré paradigmatique à cet effet dans la mesure où le projet de quartier de l'innovation se base sur le milieu de vie pour construire son identité et sa légitimité. Différemment d'autres quartiers de l'innovation dans le monde qui se sont basés sur de grandes institutions technologiques comme Google, Amazon, Microsoft et des hôpitaux universitaires se consacrant surtout à la recherche et au développement dans les murs des institutions, le QI de Montréal ancre son rôle dans la mise en réseau des parties prenantes sur quatre volets : urbain, recherche et développement, social et culturel, et économique (Ananian, 2019).

Plusieurs facteurs corroborent cette orientation prise par le QI de Montréal. Le premier facteur est l'absence de grandes institutions technologiques, tributaire de la position de Montréal dans la hiérarchie urbaine internationale. Un deuxième facteur est la construction de ce concept emprunté par une école d'ingénieurs (ÉTS) en réaction à un développement urbain essentiellement immobilier et à l'incapacité des pouvoirs publics d'encadrer ce développement sans empiéter sur la qualité du milieu de vie.

Les concepts de quartier de l'innovation et de projet urbain mobilisent des notions qui nourrissent l'imaginaire des acteurs dans une approche déterministe du territoire et qui suivent les tendances des derniers modèles urbains en vogue : la ville créative (Ambrosino, 2008 ; Evans, 2009 ; Hall, 2000 ; Landry, 2000 ; Scott, 2006), la ville intelligente (Breux & Diaz, 2017) et la ville durable (Emelianoff, 2007).

Dans le cas du projet urbain, il s'agit de réinvestir une friche industrielle aux contours déterminés afin d'attirer des investissements du secteur privé. En ce qui concerne plus spécifiquement Griffintown, le promoteur Devimco a dans une certaine mesure, précédé l'exercice de planification façonnant le premier PPU selon ses intérêts. Par conséquent, ceci s'éloigne du concept de projet urbain et s'apparente plutôt à un exercice de rattrapage des erreurs des pouvoirs publics. Dans le cas du QI de Montréal, là encore, l'ancrage local de l'innovation technologique n'est pas intrinsèque au territoire. Toutefois, la mobilisation de la notion de quartier alors que le territoire du QI ne correspond à aucun quartier historique (Ananian & Borde, 2019 ; Shearmur, 2017), banalise la dimension sociale et urbaine du concept qui pourtant figure dans les discours des acteurs technologiques.

En somme, le projet urbain est un concept intéressant pour amorcer la revitalisation d'un territoire qui possède encore beaucoup de ressources foncières à développer et qui par une programmation de la mixité de fonctions, peut répondre à des demandes sociales et économiques en mobilisant les parties prenantes. Toutefois, arrivées à terme du développement du gisement foncier, peu d'initiatives demeurent en matière d'animation, d'activation et de gestion quotidienne du territoire. Le concept de quartier de l'innovation, quant à lui, présente aussi des lacunes quelque peu inversées par rapport à celui de projet urbain. Le quartier de l'innovation mise surtout sur la collaboration et les synergies entre acteurs économiques même si les acteurs sociaux sont plus ou moins impliqués dans les initiatives.

Ainsi les concepts de quartier de l'innovation et de projet urbain ne peuvent réunir les conditions d'un développement urbain intégré que si le territoire est mobilisé avec des approches complémentaires et des leviers communs. Pour l'instant, ces concepts nourrissent des utopies urbaines limitées par un décalage entre le discours de l'innovation et l'inertie de la machine administrative publique face à l'ubiquité des transformations urbaines et le caractère opportuniste des initiatives du secteur privé. Tant que l'approche déterministe du territoire n'est pas remise en question, le quartier de l'innovation et le projet urbain, parmi tant d'autres concepts à la mode, continueront d'alimenter principalement des imaginaires urbains au détriment d'un développement économique et urbain intégré.

Remerciements

Nous tenons à remercier le Conseil de recherches en sciences humaines du Canada (CRSH) pour le financement de la recherche « Approche critique du rôle de l'urbanisme dans la fabrication des lieux d'innovation » 2016–2019 dans laquelle s'inscrit cet article, ainsi que les assistants de recherche Jean-Philippe Dallaire et Marie-Axelle Borde, dont les projets de maîtrise et de doctorat participent à enrichir ce projet.

Bibliographie

Ambrosino C. (2008). « La ville créative, un nouveau paradigme ? Perspectives londoniennes », *Revue Urbanisme*, 362, p. 58–62.

Ambrosino C., Besson R., Gwiazdzinski L., Linossier R. & Talandier M. (2013). *Les ressorts territoriaux de l'économie de la connaissance. Le cas grenoblois*, Grenoble, Plate-forme d'observation des projets et stratégies urbaines (POPSU).

Ananian P. (2014). « Bruxelles, région de l'innovation : Urbanisme et intégration urbaine de l'économie de la connaissance », *Cahiers de géographie du Québec*, 58 (164), p. 193–212.

Ananian P. (2019). « Quartiers de l'innovation et espaces de coworking : évidences et enjeux de transformation de l'environnement urbain dans les villes nord-américaines », in G. Krauss & D.-G. Tremblay (eds.), *Tiers-lieux – travailler et entreprendre sur les territoires : Espaces de co-working, fab labs, hack labs* (Sous presse), Rennes, Québec : Presses universitaires de Rennes, Presses de l'Université du Québec.

Ananian P. & Borde M.-A. (2019). « Les enjeux de la thématisation technologique des friches industrielles montréalaises : de la Cité du Multimédia au Quartier de l'innovation », *Cahiers de géographie du Québec* (article accepté).

Ananian P., Paulhiac Scherrer F., Lachapelle U. & Parent-Frenette G. (2019). « Espaces de coworking, mobilité et insertion en milieu urbain à Montréal », *Cahiers de géographie du Québec* (article accepté).

Ascher F. (1991). « Projet public et réalisations privées, le renouveau de la planification des villes », *Les Annales de la Recherche Urbaine*, 51, p. 5–15.

Ascher F. (1998). « La fin des quartiers » in N. Haumont (ed.), *L'urbain dans tous ses états : faire, vivre, dire la ville*, Paris : L'Harmattan, p. 183–201.

Authier J.-Y., Bacqué M.-H. & Guérin-Pace F. (eds.) (2007). *Le quartier*, Paris, La Découverte.

Battaglia A. & Tremblay D.-G. (2011). *22@ and the Innovation District in Barcelona and Montreal: a Process of Clustering Development between Urban Regeneration and Economic Competitiveness*, Montréal, Canada Research Chair on the Socio-Organizational Challenges of the Knowledge Economy – Télé-université/Université du Québec à Montréal

Beauchamp Y. (2015). *L'ÉTS : le développement de son campus et ses structures organisationnelles afférentes*. Récupéré de https://de.slideshare.net/PMI-Montreal/lts-le-dveloppement-de-son-campus-et-ses-structures-organisationnelles-affrentes ?from_action=save

Besson R. (2014). « Capitalisme cognitif et modèles urbains en mutation », *Territoire en mouvement. Revue de géographie et aménagement*, 23–24. Récupéré de http://tem.revues.org/2601

Besson R. (2017). « Rôle et limites des tiers-lieux dans la fabrique des villes contemporaines », *Territoire en mouvement. Revue de géographie et aménagement*, 34. Récupéré de https://journals.openedition.org/tem/4184

Bidou-Zachariasen C. (ed.) (2003). *Retours en ville – des processus de « gentrification » urbaine aux politiques de « revitalisation » des centres*, Paris, Descartes et Cie.

Birch E. L. (2002). « Having a Longer View on Downtown Living », *Journal of the American Planning Association*, 68 (1), p. 5–21.

Borde M.-A. (2019). *Un quartier de l'innovation comme milieu de vie ? Une approche par l'habiter des résidents de Griffintown à Montréal*, Présentation lors des 21e Rencontres internationales en Urbanisme de l'APERAU, Strasbourg, 16–21 juin 2019.

Boschma R. A. (2005). « Proximity and Innovation: A Critical Assessment », *Regional Studies*, 39 (1), p. 61–74.

Breux S. & Bédard M. (2014). « Lecture géopolitique d'un projet en devenir : Griffintown », in M. M. Raynaud, M. Hubert & P. Lewis (eds.), *Les grands projets urbains. Territoires, acteurs et stratégies*, Montréal : Presses de l'Université de Montréal p. 69–98.

Breux S. & Diaz J. (2017). *La ville intelligente : Origine, définitions, forces et limites d'une expression polysémique*, Montréal, INRS – Centre Urbanisation Culture Société.

Chalas Y. (2000). *L'invention de la ville*, Paris, Anthropos.

Charnock G., Purcell T. F. & Ribera-Fumaz R. (2014). « City of Rents: The Limits to the Barcelona Model of Urban Competitiveness », *International Journal of Urban and Regional Research*, 38 (1), p. 198–217.

DeVerteuil G. (2004). « The Changing Landscapes of Southwest Montreal », *The Canadian Geographer*, 48 (1), p. 76–82.

Emelianoff C. (2007). « La ville durable : l'hypothèse d'un tournant urbanistique en Europe », *L'information géographique* 2007/3 (71), p. 48–65.

ÉTS & McGill. (2011). *Quartier de l'Innovation de Montréal. État de situation et orientations pour sa mise en œuvre*, Montréal, ÉTS/McGill.

Evans G. (2009). « Creative Cities, Creative Spaces and Urban Policy », *Urban Studies*, 46 (5–6), p. 1003–1040.

Fainstein S. S. (2008). « Mega-projects in New York, London and Amsterdam », *International Journal of Urban and Regional Research*, 32 (4), p. 768–785.

Fishman R. (2012). « Urban Utopias in the Twentieth Century: Ebenezer Howard, Frank Lloyd Wright and Le Corbusier », in S. S. Fainstein & S. Campbell (eds.), *Readings in Planning Theory*, Hoboken (NJ), Wiley-Blackwell, p. 23–50.

Hall P. (2000). « Creative Cities and Economic Development », *Urban Studies*, 38 (5), p. 639–649.

Hanna D. (2007). *Griffintown : Son histoire et son cadre bâti*, Montréal, Ville de Montréal, Service de la mise en valeur du territoire et du patrimoine.

Hubert M., Lewis P. & Max Raynaud M. (eds.). (2014). *Les grands projets urbains : Territoires, acteurs et stratégies*, Montréal, Presses de l'Université de Montréal.

Hutton T. A. (2004). « The New Economy of the Inner City », *Cities*, 21 (2), p. 89–108.

Hutton T. A. (2008). *The New Economy of the Inner City: Restructuring, Regeneration and Dislocation in the 21st Century Metropolis*, New York (NY), Routledge.

Ingallina P. (2008a). *Le projet urbain*, Paris, PUF.

Ingallina P. (2008b). « Le projet urbain, une notion floue », in P. Ingallina (ed.), *Le projet urbain*, Paris, PUF, p. 7–13.

Jamal A. (2018). « Coworking Spaces in Mid-Sized Cities: A Partner in Downtown Economic Development », *Environment & Planning A*, p. 1–16.

Jones A. L. (2017). « Regenerating Urban Waterfronts – Creating Better Futures – From Commercial and Leisure Market Places to Cultural Quarters and Innovation Districts », *Planning Practice & Research*, 32 (3), p. 333–334.

Judd D. R. & Fainstein S. S. (1999). *The Tourist City*, New Haven (CT), Yale University Press.

Katz B. & Wagner J. (2014). *The Rise of Innovation Districts: A New Geography of Innovation in America*, Washington (DC), Brookings.

Landry C. (2000). *The Creative City: A Toolkit for Urban Innovators*, Londres, Earthscan.

Leducq D., Demazière C. & Coquel A. (2019). « De la diffusion spatiale à l'insertion urbaine des espaces de coworking », *Géographie, économie, société*(article sous presse).

Lees L. (2000). « A Reappraisal of Gentrification: Towards a "Geography of Gentrification" », *Progress in Human Geography*, 4 (3), p. 389–408.

Lees L. (2008). « Gentrification and Social Mixing: Towards an Inclusive Urban Renaissance », *Urban Studies*, 45 (12), p. 2449–2470.

Lehman-Frisch S. & Capron G. (2007). « Le sentiment de quartier en milieu gentrifié : de San Francisco à Bogotá », in J.-Y. Authier, M.-H. Bacqué & F. Guérin-Pace (eds.), *Le quartier*, Paris, La Découverte, p. 116–126.

Liefooghe C. (2010). « Économie créative et développement des territoires : enjeux et perspectives de recherche », *Innovations*, 31 (1), p. 181.

Liefooghe C. (2018). « Les tiers-lieux à l'ère du numérique : diffusion spatiale d'une utopie socio-économique », *Géographie, économie, société*20 (1), p. 33–61.

McCann P. (2007). « Sketching out a model of innovation, face-to-face interactionand economic geography », *Spatial Economic Analysis* (2), p. 117–134.

Pinson D. (2000). « Projets de ville et projets de vies », in A. Hayot & A. Sauvage (eds.), *Le projet urbain, enjeux expérimentations et professions*, Paris, Éditions de la Villette, p. 78–95.

Porter M. E. (1998). « Clusters and the New Economics of Competition », *Harvard Business Review*, 76 (6), p. 77–90.

Pratt A. C. (2000). « New Media, the New Economy and New Spaces », *Geoforum*, 31 (4), p. 425–436.

Quartier de l'Innovation. (2012). *Projet de Programme Particulier d'Urbanisme (PPU) Secteur Griffintown. Mémoire du Groupe de liaison – Volet Urbain*. Récupéré de http://ocpm.qc.ca/sites/ocpm.qc.ca/files/pdf/P64/rapport-griffintown2.pdf

Quartier de l'innovation. (2019). Découvrez le Quartier de l'innovation. Récupéré de https://www.quartierinnovationmontreal.com/fr/le-quartier

Scott A. J. (2006). « Creative Cities: Conceptual Issues and Policy Questions », *Journal of Urban Affairs*, 28 (1), p. 1–17.

Shearmur R. (2012). « Are Cities the Font of Innovation ? A Critical Review of the Literature on Cities and Innovation » *Cities*, 29, p. 9–18.

Shearmur R. (2017). « Le QI de Montréal : Quartier de l'innovation ou Quartier imaginaire ? », in J.-L. Klein & R. Shearmur (eds.), *Montréal : La Cité des cités*, Québec, Presses de l'Université du Québec, p. 209–224.

Smith N. (2002). « New Globalism, New Urbanism: Gentrification as Global Urban Strategy », *Antipode*, 34 (3), p. 427–450.

Statistique Canada. (2018). *Profil du recensement. Recensement de 2016. Montréal, région économique*. Récupéré de http://www12.statcan.gc.ca/census-recensement/2016/dp-pd/prof/details/page.cfm ?Lang=F&Geo1=ER&Code1=2440&Geo2=PR&Code2=24&Data=Count&SearchText=Montreal&SearchType=Begins&SearchPR=01&B1=All&GeoLevel=PR&GeoCode=2440&TABID=1

Swyngedouw E., Moulaert F. & Rodriguez A. (2002). « Neoliberal Urbanization in Europe: Large-Scale Urban Development Projects and the New Urban Policy » *Antipode*, 34 (3), p. 542–577.

Swyngedouw E., Moulaert F. & Rodriguez A. (2005). « Urban Restructuring, Social-Political Polarizations and New Urban Policies », in F. Moulaert & E. Swyngedouw (eds.), *The Globalized City, Economic Restructuring and Social Polarization in European Cities*, Oxford, Oxford University Press, p. 29–46.

Tissot S. (2007). « Identifier ou décrire les "quartiers sensibles" ? Le recours aux indicateurs statistiques dans la politique de la ville », *Genèses*, 2004/1 (54), p. 90–111.

Tremblay D.-G. (2017). « La Cité du Multimédia : l'action publique pour développer le *branding* de la Cité », in J.-L. Klein & R. Shearmur (eds.), *Montréal : la cité des cités*, Québec : Presses de l'Université du Québec, p. 253–270.

Van Criekingen M. (2013). « La gentrification mise en politiques », *Métropoles*, 13 | *2013*. Récupéré de http://metropoles.revues.org/4753

Vanolo A. (2014). « Smartmentality: The Smart City as Disciplinary Strategy », *Urban Studies*, 50 (5), p. 883–898.

Ville de Montréal. (1992). « *Réussir Montréal* ». *Plan d'urbanisme.*

Ville de Montréal. (2008). *Programme particulier d'urbanisme – Griffintown secteur Peel Wellington.*

Ville de Montréal. (2013). *Programme particulier d'urbanisme – Secteur Griffintown.*

Vivant E. (2013). « Creatives in the City: Urban Contradictions of the Creative City », *City, Culture and Society*, 4 (2), p. 57–63.

Yigitcanlar T., Velibeyoglu K. & Martinez-Fernandez, C. (2008). « Rising Knowledge Cities: the Role of Urban Knowledge Precincts », *Journal of Knowledge Management*, 12 (5), p. 8–20.

Quand la ville durable se nourrit de la ville intelligente : que reste-il du projet ? Hanoï, métropole en transition

Helga-Jane Scarwell[1], Divya Leducq[2],
Do Lien Huong Dinh[3], Quòc Dat Nguyen[4]
et Ngoan Pham[5]

Introduction

Nous avons constaté qu'un grand nombre de villes s'inscrivent dans la course au projet à la « Smart City » confirmant ainsi la globalisation du phénomène urbain ainsi que la compétition entre les villes. Si la plupart des projets sont concentrés en Europe parce qu'appuyés par les États pour atteindre les objectifs face au changement climatique, l'Asie-Pacifique, concentrent un grand nombre de SC, réalisées ou en projets selon AT Kearney (2016). Qu'il s'agisse de la Chine (13e Plan quinquennal, 2016) ou de l'Inde (SC, 2015), d'ambitieux programmes, visent à inciter les villes à prendre en main leur « smart » développement et à mettre en œuvre des solutions de développement durable et inclusif.

Les villes vietnamiennes se sont engagées elles aussi dans des projets de SC pour tirer parti des possibilités offertes par l'ère numérique. Il nous semble, néanmoins, que ce soit Hà Nội qui en retire les plus

---

1 Professeure des Universités en aménagement et urbanisme, elle travaille sur le Vietnam et la ville durable

2 Maître de Conférences en aménagement et urbanisme, ses recherches interrogent les modèles mobilisés dans la fabrique de la ville contemporaine (circulation, hybridation, ancrage).

3 Doctorant en aménagement et urbanisme.

4 Doctorant en aménagement et urbanisme.

5 Doctorant en aménagement et urbanisme.

grandes opportunités de développement économique, sans pour autant que les inégalités socio-spatiales générées par la SC ne soit suffisamment questionnées et sans que l'on sache si les projets de SC rendront la ville intelligente et durable.

En août 2018, un plan de développement durable des villes intelligentes (2018–2025) a été approuvé par le gouvernement vietnamien et vise à développer les villes intelligentes au Viet Nam en vue de la croissance verte et du développement durable, en exploitant pleinement leur potentiel et leurs avantages. Il s'agit de s'attaquer notamment à divers problèmes socioéconomiques (embouteillages, pollution environnementale, gaspillage énergétique) liés à l'urbanisation grandissante et à la croissance démographique tout en créant les conditions permettant aux organisations et aux citoyens de participer pratiquement à la recherche, aux investissements en construction et à la gestion du développement des villes intelligentes.

Mais derrière cet engouement, la SC vietnamienne semble s'identifier simplement à la ville de demain, sans que l'on puisse dire à ce stade si l'expression « ville intelligente » fait référence à une ville durable socialement, environnementalement et économiquement. Aussi, cette difficulté ne résulterait pas tant de la diversité des domaines que recouvrent les SC que de l'absence de priorité dans les objectifs poursuivis en lien avec les besoins clés.

Ce chapitre analyse de manière conjecturale, avec toutes les précautions que l'exercice suppose, un choix national et des politiques urbaines en train de se concevoir et de se faire, ou de se défaire ou de s'ajuster (Taraporevala *et al.*, 2018).

L'objectif est de démontrer premièrement que si la majorité des territoires s'inscrit dans cette course à la SC, il semble néanmoins que ce soit Hà Nội qui en retire les plus grandes opportunités de développement économique. En effet, l'émergence de la SC s'apparenterait à la dernière inflexion donnée pour la réalisation du MP 2030–2050 visant à faire de la capitale une métropole compétitive durable en Asie. Deuxièmement, à traverse les SC vietnamiennes et notamment les projets de SC à Hà Nội, nous constatons la mise en œuvre de modèle ou de références urbaines qui prennent plusieurs formes : allant de la ville considérée comme un tout-englobant et synonyme d'intelligence à l'échelle de l'architecture-design conçue par des starchitectes à la renommée mondiale en passant par l'aménagement d'un nouveau quartier.

Méthodologiquement, cette étude qualitative est basée sur de l'observation participante à un moment où les auteures ont été mobilisées plusieurs fois en tant qu'expertes françaises sur les questions de durabilité urbaines, pour l'élaboration d'une grille d'indicateurs pour l'évaluation des stratégies de SC au Viêt Nam. Ce qui nous a permis un accès privilégié aux documents originaux – en vietnamien et en anglais – et à des acteurs de premier ordre. Dans ce cadre, nous avons pu mener dix entretiens semi-directifs, qui constituent des matériaux complémentaires à l'analyse des politiques urbaines de long terme au Viet Nam et plus particulièrement à Hà Nội. Ces interviews[6] ont été menées entre août et mars 2019 avec des urbanistes et des architectes de *l'institut de Développement Urbain* (ministère de la Construction) qui ont en charge l'élaboration d'un plan-guide pour les SC vietnamiennes, des membres de plusieurs comités populaires.

Notre réflexion s'articule autour de trois parties, qui visent à poser en premier lieu les jalons de la temporalité de déploiement et les objectifs poursuivis par la stratégie de SC depuis Hà Nội vers les autres territoires du Viêt Nam. Ensuite, nous identifierons les partenaires et modèles de référence qui influencent les projets de SC. Enfin, après avoir alternativement déplacer la focale entre les échelles nationales et hanoiennes, la dernière partie ambitionne de comprendre comment le Viet Nam s'approprie ces modèles et à travers quel projet et enfin qu'est-ce que cela nous apprend sur l'arrimage d'un modèle urbain qui se veut durable ?

---

6 Dix entretiens, anonymisés pour des raisons de confidentialité, ont été menés entre août et mars 2019 avec : [e1] une responsable de l'Agence de Développement Urbain (Ministère de la Construction) en charge l'élaboration d'un plan-guide pour les SC vietnamiennes ; [e2] un Président de l'Association des Architectes du Viêt Nam des urbanistes et architectes ; [e3] une urbaniste, Secrétaire générale de l'Association des Villes Vietnamiennes ; [e4] un membre du Comité populaire de Hà Nội ; [e5] un Parlementaire élu de l'Assemblée nationale ; [e6] un investisseur privé industriel dans la stratégie de SC. quatre entretiens ont été menés en mars 2019 avec : [e7] un responsable de de l'Agence de Développement Urbain (Ministère de la Construction) en charge l'élaboration du développement urbain côtier : [e8] un membre du Comité populaire de Haiphong et deux nouveaux entretiens avec [e1] et [e2].

1 La smart city comme méta-projet techno-urbain : un modèle mondialisé choisi par le Viêt Nam

1.1 Engouement mondial pour la SC

Il existe un paradoxe entre l'ampleur démesurée que prend le concept de la ville intelligente à travers le monde pour faire face aux défis de l'urbanisation planétaire et notre difficulté à le définir précisément en raison de son caractère polysémique. Cette difficulté est accentuée par le fait que la ville intelligente n'est pas statique, mais bel et bien systémique. De nombreuses études la caractérise par ses éléments et ses composantes (Nam et Pardo, 2011) alors que d'autres insistent sur ses objectifs (Giffinger *et al.*, 2007) ou encore par ses bonnes pratiques Dameri (2013) ou la définisse selon « l'éventail des possibles ». Elle apparait sous une variété d'étiquettes et de termes (Chourabi *et al.*, 2012). Toutefois, Albino *et al.* (2015, p. 11), en passant en revue la littérature abondante sur le sujet, ont identifié six éléments principaux caractérisant les scénarios de ville intelligente et qui peuvent être mis en relation avec des aspects de politiques et de programmations urbaines :

- *Smart economy* – la compétitivité économique : industrie et service
- *Smart people* – le capital humain, social, relationnel et culturel : enseignement et apprentissage
- *Smart governance* – la participation des citoyens à la prise de décisions politiques : démocratie numérique
- *Smart mobility* – le transport et les déplacements : logistique et infrastructures
- *Smart environment* – la gestion responsable des ressources naturelles : efficacité et soutenabilité
- *Smart living* – l'amélioration du cadre de vie : sécurité et qualité.

Au mieux, ces six caractéristiques sont intégrées et au plus la stratégie de SC sera élaborée et le résultat empreint d'un degré d'urbanité fort. Ainsi, le capital économique et social, l'éducation, l'environnement, la mobilité sont jugés tout aussi importants que les Technologies de l'Information et de la Communication (TIC) pour assurer le développement urbain durable et intelligent au-delà d'une simple gestion urbaine numérisée (Caragliu *et al.*, 2011). Si le concept de SC s'est diffusé rapidement à travers les continents (Albino *et al.*, 2015, p. 15–18) et a été adopté à différentes échelles de décision territoriale, c'est que les villes se livrent une compétition en faisant ressortir leurs avantages compétitifs dans certains domaines clés par rapport aux autres villes de même niveau (Giffinger *et al.*, 2007). Ainsi, de nombreuses villes, cités-États, Régions et Provinces d'Amérique du nord (Ottawa, Québec, San Diego, San Francisco…), d'Europe (Barcelone, Amsterdam, Berlin, Manchester, Édimbourg, Southampton, Bath…) et d'Asie (Beijing, Shanghai, Shenzhen, Delta des Perles ; Singapore, Taiwan, Hong Kong…) se déclarent désormais intelligentes. On dénombre ainsi de très nombreuses stratégies multisectorielles de SC, plus ou moins diversifiées et abouties mais qui offrent un spectre très étendu de SC, loin des très flamboyantes Songdo et Masdar.

Ainsi, à la lumière de ce cadre théorique, l'hypothèse documentée par ce chapitre est que les autorités vietnamiennes – locales, provinciales et nationales – déploieraient des approches de la SC axées avant tout sur les NTIC et sur le marché (Gibbs *et al.*, 2013, p. 2152), tout en s'appuyant sur des discours ambitieux de la croissance intelligente et des nouveaux imaginaires urbains durables, pour gérer les défis à venir permettant de lever de nouvelles sources de financement.

1.2 Engouement du Viêt Nam pour la ville intelligente

Dès 2011, le gouvernement central a défini des orientations générales pour la mise en place d'une première stratégie urbaine de SC dans la Région de Hà Nội autour d'Hoà Lạc, ville satellite d'Hanoi et technopole en périphérie de la capitale. Ainsi, l'émergence de la SC au Viêt Nam reposait sur l'idée qu'elle permettrait à Hà Nội d'affirmer son leadership technologique en devenant le laboratoire des solutions sélectionnées pour le pays » [e1]. En 2012, toujours à l'échelle de la Province, un premier programme d'application des TIC (2012–2015) a été adopté suivi d'un second programme (2020–2030). Sous l'impulsion des groupes de télécommunications AIC et Viettel et plus tard de VNPT, FPT et plus récemment de Nhat Cuong, Hà Nội s'est engagée en 2014 à mettre en œuvre un deuxième projet de SC à travers un E-gouvernement qui donnera lieu en 2017 à un partenariat avec Microsoft dans les domaines de l'administration publique, la santé, l'éducation, le transport et le tourisme. La même année, le Comité populaire de la ville conclut, un accord de coopération avec les groupes privés BRG et Sumitomo pour un troisième projet de SC, le long de la route Nhật Tân- Nội Bài, dans le district de Đông Anh. Ces trois projets de SC devaient intégrer des nouvelles solutions technologiques pour répondre à la vétusté et aux limites des infrastructures urbaines, à la gestion des eaux polluées et à une gestion urbaine défaillante. Progressivement, Hà Nội a mis en place un réseau étendu (réseau de télécommunications « WAN) » dans ses 584 localités réparties sur 30 arrondissements et districts et a intensifié l'application des technologies de l'information au service de sa réforme administrative. Mais l'un des objectifs de Hà Nội a été de prendre la tête de l'attraction des IDE à travers tout le pays en 2018 et la décision Décision 950/QD-TTg du 1er août 2018 a été une opportunité pour affirmer son leadership technologique en devenant le laboratoire des solutions mises en place pour le pays alors même que Danang, quatrième plus grande ville du Viêt Nam, fait figure de ville pionnière en matière de développement des TIC puisqu'elle s'est tournée vers leur développement après avoir concouru au Smarter Cities Challenge (2012) organisé par IBM et obtenu une subvention de 400000 USD pour créer un projet pilote de SC. La ville a toujours été en tête du classement du Vietnam ICT Index, qui classe les villes en fonction de leur aptitude à développer et à appliquer des technologies de l'information et de la communication. L'eau et le transport ont été les deux secteurs prioritaires que la ville a choisi pour l'utilisation de technologies de pointe, suivis ultérieurement par la mise en service d'une plateforme d'administration électronique « egov.Danang », en liaison avec l'Agence nationale de l'information coréenne (NIA). Forte de cette expérience, la ville de Đà Nẵng a adopté un programme de ville connectée et plusieurs programmes basés sur l'utilisation des TIC (2014–2020) pour l'amélioration intelligente des systèmes de trafic, d'eau, de drainage, d'hygiène et de sécurité alimentaire. En 2016, la ville a créé un comité de pilotage « smart city » visant à conseiller le Comité Populaire (CP) sur les politiques et solutions les plus efficaces. La ville collabore avec FPT, la plus grande société de services informatiques du Viêt Nam.

Par cette décision, le Premier ministre a approuvé le plan directeur pour la stratégie de développement de la ville intelligente et durable du Viêt Nam pour la période 2018–2025, dans la perspective de 2030[7]. Celui-ci vise à créer un cadre juridique sécurisé susceptible d'attirer davantage de ressources financières pour soutenir le développement des villes intelligentes vietnamiennes. Parmi les investisseurs-partenaires

---

7 Décision 950/QD-TTg du 1er août 2018.

attendus figurent en priorité des pays qui sont actuellement les plus gros investisseurs étrangers au Viêt Nam et qui possèdent une expertise que Hà Nội recherche pour réaliser son plan. À ce titre, le Japon possède une expertise dans « les solutions informatiques, les solutions environnementales, l'agriculture de haute technologie et l'efficacité énergétique, tandis que la Corée du Sud présente des avantages dans les domaines de l'électronique, de l'énergie et de l'industrie lourde ; Singapour possède des atouts dans les domaines de l'immobilier, de l'éducation, de la santé, de l'environnement et du commerce. D'autres investisseurs sont attendus comme les États-Unis, l'UE et le Royaume-Uni qui possèdent une expertise dans les services haut de gamme, les services financiers, les soins de santé, l'éducation, l'énergie et la protection de l'environnement » (Vietnam Investment review, 2018).

Conformément à cette décision, Hà Nội sera l'une des trois villes vietnamiennes à définir un plan directeur sur le développement de la ville intelligente qui devrait être approuvée d'ici 2020. À l'horizon 2025 ou 2030, Hà Nội, Hô Chi Minh-Ville, Da Nang et Can Tho seront les premières villes intelligentes du Viêt Nam. Parmi ces villes, Ha Noi et Ho Chi Minh sont classées comme villes spéciales, tandis que les deux autres sont classées comme villes de premier niveau. Dernièrement, Hà Nội, Ho Chi Minh-Ville et Da Nang ont rejoint le réseau de villes intelligentes de l'ANASE (ASCN)[8]. Ho Chi Minh, Da Nang et Can Tho entretiennent depuis plusieurs années des relations de coopération étroites notamment en matière d'innovation et de développement des technologies. Trilliant Networks, fournisseur de services Internet mondial, s'est associé à la Power Corporation de Hô Chi Minh-Ville (EVN HCMC) et a construit la première communication de ville intelligente au Viêt Nam. Pilote de plate-forme, au Saigon Hi-Tech Park, en mai 2017. En effet, la ville connaît une croissance démographique qui a dépassé de loin le rythme de développement de ses infrastructures, aussi la ville intelligente vise à développer en priorité les transports, les soins de santé, l'éducation, la sécurité et le gouvernement électronique [e6]. La ville a lancé plusieurs appels à l'investissement pour la mise en œuvre d'un centre des opérations de la ville intelligente et d'un centre de simulation et de prévisions socioéconomiques.

---

[8] The ASEAN Smart Cities Network.

Dans le même temps, plusieurs autres villes vietnamiennes confrontées à une urbanisation rapide et non maîtrisée, posant de grands défis aux infrastructures clés (transport, énergie, construction, santé, eau) et à la volonté de rendre leurs villes plus attrayantes, vivables et compétitives, se sont lancées elles aussi dans des projets de SC [e8]. Elles sont actuellement au nombre de 33. Les exigences pour chaque ville étant différentes, chacune a adopté un plan directeur très général qui reflète ses besoins prioritaires et le choix de ses partenaires innovants nationaux (BRG, AIC, VIETTEL, VNPT – Viet Nam Post and Telecommunications Group, etc.) et internationaux (Microsoft, Trilliant Networks, société financière internationale (IFC), etc. La plupart des villes vietnamiennes ont fait le choix d'une approche de SC dans laquelle les TIC et l'ingénierie technologique sont utilisées à un niveau élevé afin de résoudre les problèmes identifiés de gestion urbaine. De même que ces procédés modernes et « l'intelligence » sont présentés comme des outils permettant la prise en compte simultanée de plusieurs aspects de la durabilité urbaine. Les projets de SC vietnamiennes mettent aussi parfois l'accent sur les personnes, le capital humain, le savoir, l'inclusion, la participation, l'innovation sociale et l'équité.

1.3 Promouvoir le développement de la nouvelle économie et saisir les opportunités de la révolution industrielle 4.0pour faire face aux défis urbains

Plusieurs raisons justifient le choix de développer des villes intelligentes au Viêt-Nam. Il y a d'abord des raisons conjoncturelles liées à l'incapacité des deux plus grandes villes à répondre à la croissance réelle de leur population et à gérer l'expansion économique du pays. Selon le directeur adjoint du département du développement urbain du ministère de la Construction, « Des pressions énormes ont été exercées sur le système d'infrastructure et les espaces de vie de ces villes. Les investissements dans le développement urbain au Viêt Nam sont considérés comme étalés plutôt que concentrés sur ce qui est le plus nécessaire ou priorisé. De plus, la gestion urbaine est loin d'être efficace et sa capacité n'a pas été à la hauteur des exigences. La capacité de lutter contre le changement climatique dans les villes du Viêt Nam n'est pas suffisante à ce stade » [e7].

Par ailleurs, les plans d'urbanisme et notamment celui de Hà Nội se révèle incohérent sur le long terme en raison de son manque de fonds d'investissement et à son retard technologique [e3]. En effet, si la ville durable, promue par le Master Plan (2030–2050) décline des orientations éprouvées ailleurs et s'oriente vers une production urbaine stratégique et standardisée fondée sur un référencement international, sa mise en œuvre confirme un grand écart entre le Master Plan et les multiples facettes de sa réalisation (Leducq, Scarwell, 2018). Le récit urbanistique est perturbé au point qu'on se demande si le Master Plan ne serait pas qu'un exercice purement formel. À titre d'exemple, « une ceinture verte est prévue dans le périphérique 3, or, sa superficie est déjà amputée par des opérations d'aménagement mais aussi par le manque de fonds d'investissement » [e 6].

Comme l'a souligné Rob Kitchin (2015), la ville intelligente apporterait son lot de promesses pour répondre à plusieurs défis rencontrés par la ville contemporaine de Hà Nội. L'approche smart serait la solution miracle aux problèmes de gestion car elle est « censée éliminer progressivement les erreurs de gouvernance et les mauvais comportements humains, dus à l'insuffisance de données et de feedbacks sur les usages, afin d'atteindre un objectif de réduction des consommations d'énergie et donc d'économie à bas carbone » (Felli, 2015, p. 156).

Enfin, le Viêt Nam étant désormais un pays à revenu intermédiaire, il lui faut attirer de nouveaux investisseurs étrangers (IDE) pour perpétuer la croissance économique. À ce titre, l'intérêt des investisseurs s'est intensifié en août 2018, lorsque le Premier ministre a approuvé le plan directeur pour la stratégie de développement de la ville intelligente et durable du Viêt Nam pour la période 2018–2025, dans la perspective de 2030. Désormais, le Viêt Nam dispose d'un cadre standard spécifique pour la construction d'une ville intelligente, cadre qui était réclamé par les experts étrangers [e7]. À cela s'ajoute la définition de stratégies concrètes pour trois villes (Hà Nội, Danang et Hô Chi Minh-Ville) et la création d'un Comité national sur l'e-gouvernement en remplacement du Comité national pour l'application des technologies de l'information. Son rôle consistera à aider le Gouvernement à diriger les ministères, les agences et les autorités locales pour mettre en œuvre les stratégies d'e-gouvernement.

« Les gouvernements étrangers s'emploient désormais à commercialiser leurs savoir-faire Hi-Tech pour les SC du Viêt Nam » [e4] [e2]. À la charnière entre expertise et création de marché, les cabinets de consultants internationaux sont le premier ressort de la Quatrième Révolution Industrielle (Townsend, 2013) dont le développement florissant de l'internet des objets (IoT), du Cloud computing, des outils d'analyse de données et de l'IA ouvre les conditions favorables à la diffusion des SC. Ainsi, les classements et notations influencent la sélectivité urbaine des investissements privés. On peut citer l'indice JLL City Momentum, qui classe les villes du monde entier sur leur capacité à intégrer l'innovation technologique et où HCMV et Hà Nội se sont classées respectivement 2e et 8e. Le secrétaire au Commerce international de l'Ambassade des États-Unis n'aura pas manqué de souligner lors du séminaire américo-vietnamien sur la SC 2017 que « 13 entreprises américaines ont exprimé leur volonté de coopérer avec la ville de Đà Nẵng », qui figure, depuis 9 ans, à la tête du pays pour les usages de l'internet sans fil (Hang, 2018). Dernier exemple, Quang Trung Software City Ltd, basé à HCMV s'est associé à KPMG, leader de l'audit et du conseil, pour le programme de partage de vélos dans le cadre de sa SC.

De nombreuses villes ont ou sont en train de signer un Mémorandum ouvrant la voie aux IDE. Outre des sociétés comme Sumitomo Corporation déjà engagées sur le projet de SC Hà Nội dans le district de Dong Anh, plusieurs entreprises internationales veulent coopérer et investir dans des projets de villes intelligentes dans des villes vietnamiennes. Ainsi, des sociétés suédoises comme Roxte Axis Communications ou encore Volvo Buses recherchent des opportunités commerciales dans les projets de transport intelligent dans les villes de Hà Nội, HCMV et Danang. Des sociétés néerlandaises à l'instar de Philips NXP souhaitent installer des équipements d'éclairage intelligents pour la province de Binh Duong, et dans le sud du pays ; de même que FabMax et NXP, prévoient de construire des usines de puces frontales à Ho Chi Minh-Ville et des usines de puces dorsales à Binh Duong. L'Allemagne qui est déjà un investisseur important dans le secteur des énergies renouvelables au Viêt Nam (Stoffers et Fuchs, 2017), est présente également à travers son ingénierie technologique et sa plate-forme Mindsphere Siemens qui fournit des services individuels aux voyageurs. Le concept de SC déjà développé à Berlin, Hambourg et Francfort ainsi que dans un projet de ville autonome, Telekom City à Friedrichshafen, trouve un nouveau terrain d'expérimentation à HCMV. La Deutsches Haus, un immeuble « intelligent » de bureaux et la nouvelle résidence du consulat allemand a été conçue comme le point de rencontre des relations stratégiques et commerciales germano-vietnamiennes (Peyroux et Sanjuan, 2016).

Bosch Vietnam a manifesté également son intérêt pour tirer profit des ambitieux plans de développement des villes intelligentes des villes vietnamiennes et à ce titre, a investi 450000 USD dans un nouveau centre afin d'étudier de nouvelles solutions pour la construction de villes intelligentes et d'équipements compatibles avec Industrie 4.0 à Ho Chi Minh-Ville. D'autres groupes comme Cisco, NIT ou ABB projettent eux aussi récemment manifesté un vif intérêt pour la coopération avec le Viêt Nam. En définitive, le choix de développer des SC relève constitue une stratégie de marque rentable pour les IDE [e4].

2 Quelles implications pour le développement territorial du Viêt Nam et l'urbanisme à Hà Nội ?

2.1 Une structuration régionalisée et multipolaire

Dans un article publié en 2018, dans la revue L'espace Géographique (Leducq, Scarwell 2018), nous écrivions qu'il existait un projet pilote de suivi et d'évaluation des indicateurs de la SC vietnamienne voulu par le Premier ministre, et qui serait testé dans les villes de Đà Nẵng et Cần Thơ avant d'être généralisé à l'ensemble des projets d'urbanisme intelligent au Viêt Nam. Nous nous interrogions également sur les projets de SC des villes de Hà Nội et de HCMV. Notre conclusion tendait à montrer que ces dynamiques urbaines dans des villes moyennes en mutation rapide pourraient donner lieu à un rééquilibrage territorial atténuant les deux polarités métropolitaines formées par Hà Nội et par HCMV. Entre temps, le gouvernement a publié la Décision 950/QD-TTg du 1er août 2018 relative au plan directeur des villes intelligentes au Viêt Nam. Au bout du compte, il s'agirait de pôle d'équilibres plus qu'un renforcement métropolitain et en même temps, Hà Nội tend à vouloir être la figure de proue des projets « Smart Cities » au Viêt Nam » [e2] [e5].

Comme le montre **la Fig. 1**, 33 **villes et provinces** du Viêt Nam ont été labellisées SC, tandis qu'une dizaine supplémentaire déclare vouloir mettre en place une stratégie de SC et y sont encouragées par le Gouvernement central. Parmi ces projets de SC, on constate que 15%dépendent de l'autorité centrale. Il s'agit de la capitale politique Hà Nội, de la capitale économique Hồ Chí Minh (HCMV), du pôle portuaire majeur du pays, Hải Phòng, des métropoles de la seconde génération Đà Nẵng et Cần Thơ (Franck *et al.*, 2012) et d'une ville politique importante, Huế. Par ailleurs, 22%sont des provinces, c'est à dire des régions constituées de villes petites et moyennes ont mis en œuvre une stratégie de territoires intelligents. Enfin, les 63% restant sont des villes relevant de l'autorité de la province, parmi lesquelles des stations d'altitude comme Đà Lạt ou de piémont (Thái Nguyên), des stations balnéaires telles que Cà Mau, et enfin des villes insulaires (Phú Quốc). La diffusion de l'appropriation de la SC semblait contribuer à un maillage relativement équilibré des initiatives sur le territoire, puisque trois villes et provinces centrales – six en considérant Đà Lạt et alentours dans le Viêt Nam du Centre – et notamment Đà Nẵng, grâce à la valorisation de son avantage comparatif dans l'informatique et les TIC, sont en pointe du développement. Un argument allant dans le sens d'une meilleure répartition géographique des IDE au Viêt Nam. Toutefois, on constate une nette concentration de 17 projets (51 %) au Nord du pays à proximité de Hà Nội, et un essaimage continu au Sud de Bình Dương à Cà Mau en passant par HCMV et Cần Thơ.

Toutefois, si la Décision 950/QD-TTg énonce qu'il convient « de former des chaînes de villes intelligentes dans les régions du Nord, du centre, du Sud et du delta du mékong » et in fine d'équilibrer les projets entre les différentes régions du Viêt Nam, les têtes de réseaux seront formées par quatre villes noyaux : Hà Nội, HCMV, Da Nang et Can Tho. Ces villes vont pouvoir mettre en œuvre une économie numérique pour créer une ville intelligente opérationnelle [e1]. Par ailleurs, HCMV, Da Nang et Can Tho entretiennent depuis des années des relations partenariales privilégiées et forment déjà un réseau de liens des villes SC.

Hà Nội, confrontée à de nombreux défis, tels que le manque de ressources, la faiblesse des infrastructures ou encore la pénurie de ressources humaines qualifiées, tend-à conforter son image de ville moderne et innovante en multipliant les opportunités pour affirmer sa volonté de développer des zones urbaines intelligentes et ciblées et de capter à son avantage une part importante des investissements étrangers [e8]. Lors de nombreuses manifestations à l'instar du forum ASIA Digital Society 2018 organisé par Nikkei BP Intelligence Group, ou lors du sommet sur les villes intelligentes organisé par l'ASOCIO[9] et par et l'Association du logiciel du Vietnam (VINASA) (Smart City 18–21 septembre 2018), elle réaffirme son ambition d'être leader sur le développement des villes intelligentes au Viêt Nam. De plus, Hà Nội a également finalisé les plans de zonage urbain pour la région du nord de la rivière Rouge et les secteurs économiques, avec une liste de

[9] Organisation de l'industrie informatique Asie-Océanie (ASOCIO) réunissant en l'occurrence les 10 pays membres de l'ASOCIO, des experts internationaux et des centaines d'entreprises.

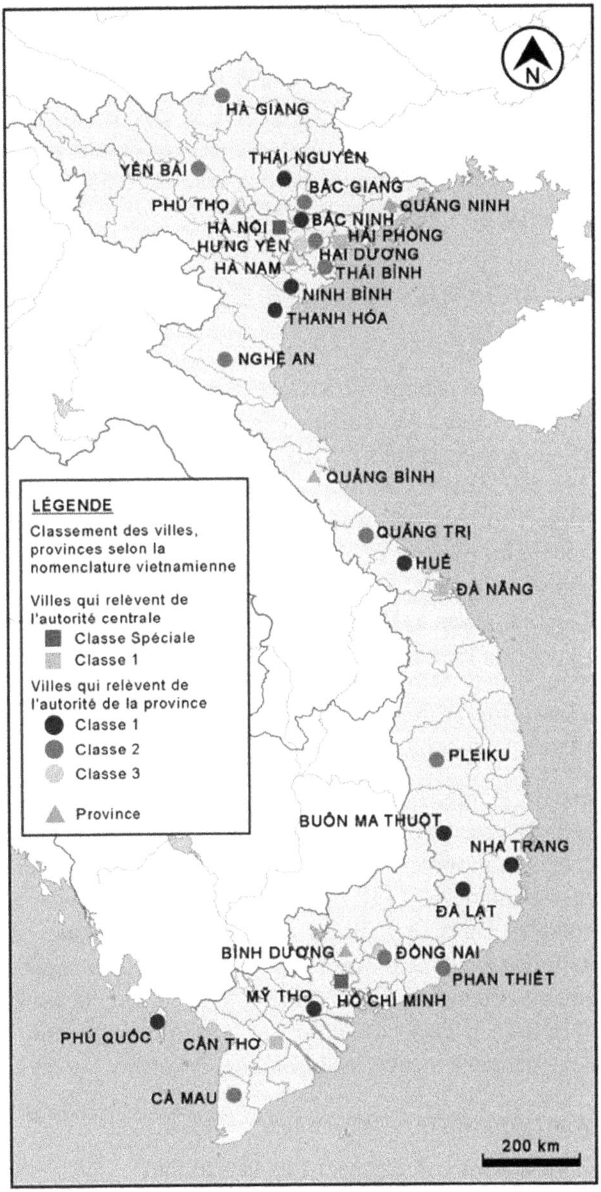

Fig. 1: Localisation des projets de villes intelligentes au Viêt Nam. Conception : H.-J. Scarwell, D. Leducq, 2019. Réalisation : Thi Ngoan Pham, 2019.

projets d'investissements prioritaires sélectionnés. Aussi, le nouveau cadre juridique de développement de la SC au Viêt Nam ne risque-t-il pas renforcer les capacités métropolitaines d'HCMV et d'Hà Nội en permettant le passage de la ville durable à la ville intelligente, dernier avatar du développement urbain soutenable et résilient et qui conduit les coalitions de croissance publiques-privées locales et transnationales à se saisir des opportunités offertes par la SC ?

2.2 Comment Hà Nội s'approprie des modèles et à travers quels projets ?

Selon les plans de zonage du Master Plan 2030–2050[10] de la Région de Hà Nội, seules deux SC étaient expressément prévues : il s'agit de Hoà Lạc Hi-tech Park (HHTP), technopole implantée à une trentaine de km de Hà Nội dans les deux districts de Thạch Thất et Quốc Oai et le projet Nhật Tân- Nội Bài qui concerne les plans de zonage N5, N7 et N8. En 2015, les prémices d'un troisième projet de SC émergent avec le développement des TIC dans l'administration hanoïenne à l'exemple de ce qui est en place à Đà Nẵng et qui constitue en matière d'E-gouvernement le modèle à suivre pour le Viêt Nam » [e1].

- **Hoà Lạc, une communauté intelligente basée sur l'économie de la connaissance ?**

À l'ouest de la métropole, le nouveau centre urbain de Hoà Lạc semble ouvrir la voie de la SC hanoïenne. Ville satellite de la capitale Hà Nội, cette technopôle en devenir abrite un parc scientifique dédié aux hautes technologies (TIC, biotechnologie, nouveaux matériaux, nanotechnologies, automatisation), l'Université Nationale de Hà Nội et une zone industrielle destinée à accueillir des géants spécialisés dans les TIC comme Viettel et FPT. Initié il y a 20 ans, le projet HHTP (Hoa Lac High-Tech Park) a connu une évolution très lente[11] et peine à attirer les investissements, notamment étrangers, nécessaires à la

---

[10] Approuvé par la décision n° 1259/QĐ-TTg du 26/07/2011.

[11] Décision No 198/1998/QĐ-TTg le 12/10/1998 sur l'approbation de projet de Hoà Lạc Hi-tech Park, l'échelle 1/5000 ; Décision No 621/QĐ-TTg le 23/05/2008 sur l'ajustement de projet de Hoà Lạc Hi-tech Park ; Décision No 201/QĐ-TTg le 24/01/2014 sur l'ajustement de projet de Hoà Lạc Hi-tech Park ; Décision Số : 899/QĐ-TTg le 27/05/2016 sur l'ajustement de projet de Hoà Lạc Hi-tech Park.

libération du foncier, au financement des technologies numériques et plus généralement à la réalisation des ambitions annoncées. L'environnement financier peu attrayant a été un obstacle financier. Lorsque le parc a été créé en 1998, la région appartenait à la province de Ha Tay. Au cours du processus de défrichement, Ha Tay a été annexé par Hà Nội et le prix du terrain a changé. Les ajustements apportés à la loi foncière et à d'autres documents connexes ont également eu une incidence sur le processus de défrichement. En 2000, un certain nombre de projets d'infrastructure ont été mis en chantier sur la base du budget de l'État. Cependant, en raison d'un financement limité, l'avancement et la qualité des projets étaient limités. De même, les différences entre les scénarios successifs de planification résident principalement dans le degré d'autonomie entre la ville projetée de Hoà Lạc et la ville-centre de Hà Nội (IMV, 2013). En 2015, le gouvernement vietnamien a décidé que la cité satellite Hoà Lạc aura deux secteurs majeurs : une zone de haute technologie et une ville de villégiature écologique à côté de Hà Nội. Dans certains rapports Hoà Lạc est appelée « Eco-City » ou « Smart-Community ».

Depuis la validation des plans de développement des villes intelligentes d'août 2018, Hoa Lac Tech Parc 2 attire de nouveaux investisseurs du monde entier. De nouveaux projets à participation étrangère ont été autorisés dans le HHTP grâce à l'octroi de licences d'investissement reposant sur une fiscalité incitative, sur la garantie de conditions plus favorables en matière de procédures administratives, d'acquisition de terrains et de développement des infrastructures. Enfin, à la suite de la publication d'un nouveau décret régissant les incitations spéciales en faveur du HHTP, le ministère des Finances a adopté le 30 mars 2018 la Circulaire 32/2018/TT-BTC guidant la mise en œuvre du décret 74 (74/2017/ND-CP), qui a permis à Hoa Lac d'accueillir encore plus d'investissements **dans le parc**. Ainsi, Vingroup s'est engagé à construire une usine de production de haute technologie et notamment des téléphones tandis que la Corée du Sud a investi dans une usine de pièces de moteurs d'avion. De même, la société japonaise Mitsubishi Chemical Holdings Corporation s'est engagée à développer une production de peinture utilisant les nanotechnologies. Le groupe japonais Nidec Techno Motor Corporation envisage cinq projets à HTTP pour le développement et la production de moteurs de climatiseurs et de moteurs industriels. D'autres sociétés ont annoncé vouloir investir dans le parc comme Kennametal, groupes américain, fournisseur d'outillage et de matériaux industriels.

Le parc s'attend à attirer des projets de qualité générant des retombées importantes pour la ville et les provinces environnantes [e3].

- **Nhật Tân- Nội Bài : de l'infrastructure autoroutière au marqueur territorial iconique**

Le second projet de SC (**Fig. 2**) fait l'objet de toutes les attentions du gouvernement comme du comité populaire de la ville et s'apparente à une nouvelle zone urbaine couvrant 272 ha et revêt une importance particulière car il est considéré comme une porte d'entrée dans la capitale, et à ce titre il doit impulser un élan pour le développement socio-économique des villages au nord du fleuve Rouge [e1][e4].

Dès 2011, le groupe BRG, l'Institut de planification urbaine de Hà Nội (HUPI) et l'Association pour l'urbanisme et le développement du Viêt Nam avaient élaboré un plan directeur détaillé au 1/500e pour 2080 hectares [e2]. Par manque de ressources financières, le projet a été révisé. Désormais, il s'agit d'utiliser efficacement les terres des deux bas-côtés de la route pour créer une SC à proximité de l'aéroport international de Nội Bài. Aussi, la planification du projet pour la zone de construction totale des deux côtés de la route Nhat Tan – Noi Bai réalisée initialement par le groupe BRG et le géant japonais Sumitomo devrait associée désormais plus de 20 autres sociétés et s'étend sur 2080 ha, comprenant 4 sections principales d'une longueur totale de 11,7 km. Jusqu'à présent, la planification détaillée des trois tronçons (tronçons 1, 2 et 3) d'une longueur totale de 11,1 km avait été approuvée début 2016. D'ici 2025, un nouveau quartier devrait voir le jour comprenant une cité centrale et des cités satellitaires, conçues pour fonctionner ensemble grâce aux nouvelles technologies, et, à proximité, s'implanterait un complexe commercial, financier et bancaire, des hôtels, des hôpitaux, des établissements culturels (centre d'exposition et palais des festivals) et des zones résidentielles, avec comme « point de repère » une tour de 108 étages.

- **L'e-gouvernance et la transition démocratique par les technologies numériques**

Le troisième projet de SC porte sur la mise en place de l'administration électronique à Hà Nội. Depuis 2015, la ville collabore avec des entreprises étrangères, dont Microsoft, pour construire de grands centres de big datas et un télécentre de surveillance et de gestion dans 6 grands domaines (transport et stationnement, éclairage public, économies d'énergie, lutte

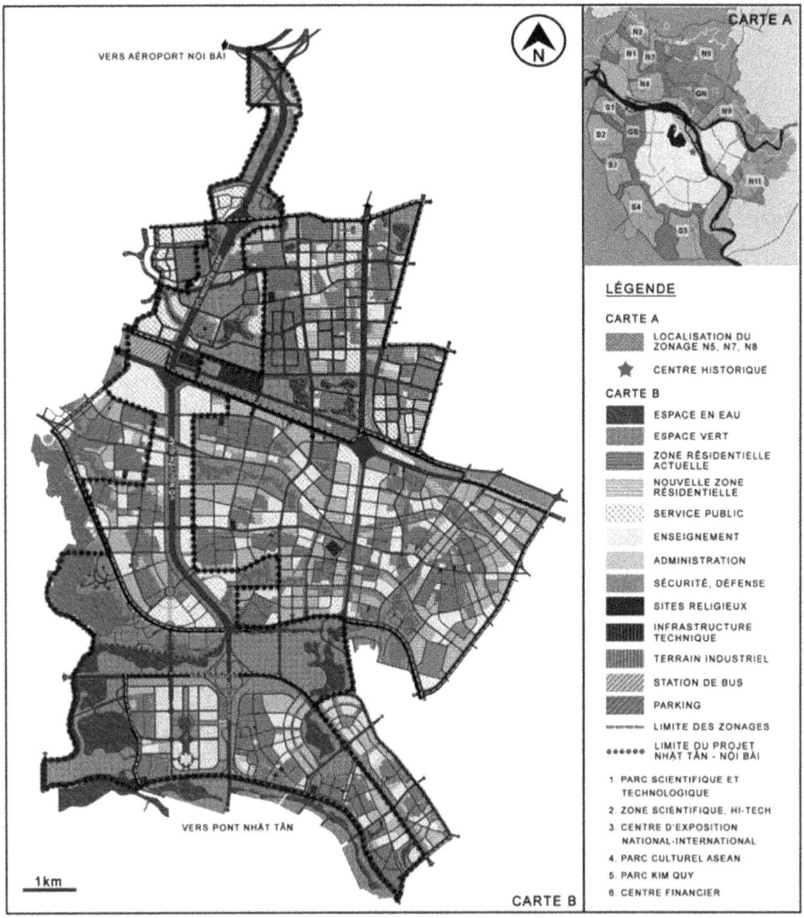

Fig. 2: le projet de SC Nhật Tân- Nội Bài. Conception : Helga-Jane Scarwell, Divya Leducq, 2019. Réalisation : Thi Ngoan Pham, 2019.

contre les incendies, santé, éducation). La modernisation complète du système informatique de la ville s'est traduite par un Plan directeur de développement numérique (2016–2020). Actuellement plusieurs micro-projets pilotes ont été mis en œuvre à l'instar d'une application facilitant le stationnement des véhicules[5] via l'utilisation d'un QR code sur les smartphones. Depuis le 31 décembre 2017, Hà Nội a déjà mis en place des systèmes intelligents pour surveiller le stationnement des voitures dans certains quartiers. Un déploiement anticipé de cette technologie dans toute la ville vise à fournir des informations sur l'état du trafic et à mieux gérer les transports publics, les consignes de sécurité, le péage automatique et l'état de lieux de la circulation. D'autres projets sont en cours, comme l'inscription scolaire en ligne (primaire, collège et lycée) ou la gestion numérique des dossiers de santé (900000 dossiers sont en ligne), et visent à favoriser une gouvernance municipale plus transparente.

Les autorités de Hà Nội considèrent que la SC est une ville où les TIC sont centrales. C'est pourquoi à ce jour, ce choix repose uniquement sur le déploiement d'applications intelligentes[12] dans le Plan directeur de développement socio-économique et dans le Plan directeur de développement numérique.

Sur les trois projets métropolitains de SC les plus avancés, les priorités ont été déterminées en octobre 2018 notamment en ce qui concerne Nhật Tân- Nội Bài. À cet effet, la co-entreprise BRG-Sumitomo et l'unité de conseil japonaise Nikken Sekkei ont ajusté le projet conformément à la demande du Comité populaire de Hanoi [e4]. En ce qui concerne HTTP, l'adoption du plan directeur pour la stratégie de développement de la ville intelligente et durable et l'octroi de garanties aux investisseurs étrangers tend à attirer davantage de ressources financières pour sa réalisation. La stratégie semble désormais plus lisible même si les entreprises étrangères doivent encore surmonter des obstacles liés au marché bureaucratique et à un système de réglementation peu clair [e1].

3 La SC hanoienne : dernier avatar de la ville durable ou nouveau projet de croissance économique et d'investissements ?

3.1 Une approche marketing de la planification à travers le spectre multiscalaire des références urbaines mobilisées

À travers la SC et dans le contexte de l'innovation verte, ce sont les liens entre des villes en train de se mondialiser qui se multiplient

[12] Cette application a commencé depuis le 1/5/2017 sur les 2 rues Trần Hưng Đạo và Lý Thường Kiệt (arrondissement Hoàn Kiếm) avec 17 points de stationnement pour garer 248 voitures.

et s'intensifient. Les modèles ou références urbaines prennent plusieurs formes, allant de la ville considérée comme un tout-englobant et synonyme d'intelligence à l'échelle de l'architecture-design conçu par des starchitectes à la renommée mondiale en passant par l'aménagement d'un nouveau quartier.

Première ville citée comme « Global Smart City » en 2016, Singapour se rêve comme le laboratoire mondial d'expérimentation des dernières avancées technologiques de SC pour ensuite mieux les exporter (Juniper Research, 2017). D'autres villes ayant fait face à des problèmes similaires de dégradation de la qualité de vie urbaine sont invoquées comme modèles à suivre (Shanghai, Auckland, Vienne, Paris, Barcelone) ou comme anti-modèles (Bangkok, Mexico, Sao Paulo, Beijing). L'assimilation à d'autres expériences de SC passe aussi par des visites urbaines internationales. En septembre 2017, une délégation de Hà Nội s'est, par exemple, rendue à Londres, Paris, Turin et Hanovre pour examiner les solutions mises en place et travailler avec des organisations et des entreprises européennes, telles que Level 39 auto-proclamé « plus grand accélérateur de start-up spécialisées dans la finance, la vente au détail et la SC », l'Association pour le numéro d'urgence européen 112, l'opérateur de transport public de Paris RAPT et la société allemande de radars Smartmicro. Ce voyage a conforté chez les décideurs politiques, la volonté de faire de la SC la « solution irréversible » pour soulager les systèmes d'infrastructures obsolètes du Viêt Nam (HanoiTimes, 2017).

Loin d'être totalement neuves, les stratégies de villes intelligentes à l'œuvre au Viêt-nam, et particulièrement à Hà Nội semblent raviver des modèles plus anciens de développement économique périurbain basé sur l'innovation et la réalisation d'ambitions qui peinent à se concrétiser. La dernière version du plan urbain Hoa Lac Hi-Tech Park traduit le rêve d'une Silicon Valley vietnamienne calqué sur l'original californien et où la référence aux bienfaits de la Triple Hélice (Etzkowitz, Leydesdorff, 1995) est clairement promue pour une croissance économique autour de start-ups créatives. La Mékong Business Initiative (MBI, 2017) et le Vietnam SC Demo Day (Hà Nội), soutenus par la Banque asiatique de développement et le Gouvernement australien, inscrivent la ville intelligente – non seulement au Viêt-nam mais dans l'ensemble des pays de l'ASEAN – dans une démarche partenariale pour l'entrepreneuriat, le développement et la commercialisation technologiques. Ainsi, XRVision, qui travaille avec le GAFA Microsoft, ayant produit un logiciel de reconnaissance faciale dans des environnements non contrôlés pour la sécurité d'Israël, soutient un réseau de business angels et l'incubateur d'entreprise de Danang ville intelligente. Parallèlement, l'émergence de ces arrangements de gouvernance urbaine entrepreneuriale (parc scientifique dédié à l'économie de la connaissance et aux élites intellectuelles et économiques) contribue à la diffusion du modèle de Business Improvement Disctricts (BID) et peut être lu comme l'avènement de politiques néolibérales dans une compétition économique mondiale plus vive que jamais entre les villes (Ward, 2011). Située au Sud, non loin de la ville Can Tho, Phu Quoc, qui vise à devenir la première île intelligente du pays en matière de télécommunications, grâce à sa transformation en zone économique spéciale (ZES) d'ici 2020, s'apparente à une stratégie classique de Business Improvement Disctricts – par l'informatisation de la gestion urbaine grâce à la ville intelligente – plus que de durabilité territoriale.

La SC apparaît dans certains discours comme une fin en soi au service d'une durabilité urbaine avant tout économique, en témoigne le développement des smart homes dans toute la région de Hà Nội, et notamment au sein des deux projets de SC. Si en théorie, la SC cherche à relever un double défi : celui de l'urbanisation croissante des modes de vie, et la nécessité de faire plus (accueillir plus de personnes, offrir plus de services, …) avec moins (espaces disponibles, ressources non renouvelables, changement climatique, moyens financiers, …) elle semble s'orienter à Hà Nội vers une approche marketing de la planification (Douay et Henriot, 2016) où le Master Plan fait déjà l'objet de « dérogations monnayées ». À cet effet, le ministre du Plan et de l'Investissement Nguyễn Chí Dũng a déclaré le 4 juin 2016 vouloir faire de Hà Nội une plaque tournante financière rivalisant avec Hong Kong et Singapour et reconnaît que les technologies urbaines sont avant tout essentielles pour soutenir la croissance économique et pour soutenir l'intégration de l'économie vietnamienne à l'économie mondiale (hanoi.gov.vn, 2016).

Parfois la ville intelligente se limite à une architecture iconique placée à un endroit remarquable. Ainsi, est-ce le cas de Cau Nhat Tan, pont à haubans à six travées d'une longueur de 1500 mètres, incontournable sur la route encore bordée de rizières reliant l'aéroport de Noi Bai au centre d'Hà Nội, et premier investissement labellisé ville intelligente de l'aide au développement japonais.

Depuis la crise financière de 2008 et par sa compétitivité face aux rivales chinoises et indiennes, le Viêt Nam attire l'attention des sociétés informatiques japonaises en tant que lieu de production offshore de services logiciels, aujourd'hui au cœur du déploiement de la SC. La gestion urbaine de la SC japonaise s'exporte quant à elle le long de l'autoroute Nhật Tân- Nội Bài et l'implication du grand groupe Sumitomo est révélatrice des stratégies aux enjeux complexes : expertise préalable de l'agence JICA, exportation d'un savoir-faire technologique aux risques financiers maîtrisés (Ha et Fujiwara, 2015) et retour sur expérience réimporté au Japon (Languillon-Aussel, 2017, Kono *et al.* 2016).

Certains secteurs jugés stratégiques et rentables sont davantage prisés par les investisseurs internationaux détournant l'attention des autres problèmes urbains urgents. En 2014, EVN Hồ Chí Minh Ville, une filiale d'Électricité du Viêt Nam (EVN), a signé un partenariat avec Trilliant, un spécialiste américain des smart grids. En 2016, l'Agence du commerce et du développement des États-Unis a offert une assistance technique à EVN et aux municipalités qui promeuvent la ville intelligente comme une utopie révolutionnaire pour déployer ses réseaux intelligents dans plusieurs villes. Ainsi, l'idéologie néolibérale de la SC influence la formulation des problèmes urbains en privilégiant les solutions technologiques financiarisées et dirigées par les entreprises plutôt qu'un urbanisme politique de long terme (Grossi et Pianezzi, 2017, p. 80–84).

3.2 L'urbanisme intelligent vietnamien révélateur d'une approche d'urbanisme par l'infrastructure

L'approche environnementale de l'urbanisme de la SC dans les métropoles vietnamiennes – et notamment à Hà Nội inscrit la fabrique urbaine actuelle dans la continuité des politiques d'aménagement antérieures, en donnant la priorité aux infrastructures lourdes « hard » de transport, de télécommunications et des services financiers (Franck *et al.*, 2015). Elle privilégie aussi des formes datées de la dynamique de métropolisation en zones périurbaines, emblématiques de la planification fonctionnelle : le type technopole à Hoà Lạc ou celui de l'urbanisation linéaire le long d'un axe routier et d'un équipement aéroportuaire (Nhật Tân- Nội Bài). En revanche, l'implication parmi les nouveaux acteurs des multinationales de l'économie numérique ouvre une nouvelle page de la mondialisation de la production urbaine libérale. La reconfiguration des réseaux de transport, la création d'équipements structurants à l'échelle de la région urbaine, le changement d'échelles des projets et des financements nationaux et internationaux mobilisés, la diversification des acteurs vont de pair avec la montée en puissance de la promotion immobilière et l'émergence de la société civile.

Les villes vietnamiennes engagées dans des projets de SC soulignent toutes la nécessité de développer des solutions intelligentes pour relever les défis de l'urbanisation future et lutter contre le changement climatique [e1]. Elles insistent de manière normative sur les bienfaits de la mise en réseau des données par des smart grids (Luque-Ayala et Marvin, 2015) pour simplifier la vie des citadins et des entreprises mettant ainsi les besoins des populations au centre de l'action. Il est trop tôt pour élaborer un cadre d'évaluation analysant si ces projets donnent étant donné le grand nombre et la dispersion des définitions sur les villes intelligentes (Albino *et al.*, 2015). Les autorités vietnamiennes font la promotion de la SC sans en donner une définition précise tout en soulignant son grand potentiel de développement économique. Les villes devaient être durables, elles seront désormais « intelligentes » sans que l'on sache si la ville sera intelligente et durable. De plus, si plusieurs grandes entreprises japonaises, dont Sumitomo, Mitsubishi, Panasonic et Tokyo Metro, se sont inscrites pour fournir divers services et contribuer au développement des villes intelligentes qui ne sont toujours pas opérationnelles à l'instar du projet de 310 hectares conçu par le groupe Nikken Sekkei sur Hà Nội, un autre obstacle demeure, les dirigeants municipaux ne savent pas comment ces nouveaux développements s'intégreront dans les normes d'urbanisme existantes [e1].

Nous pouvons toutefois nous demander si la rhétorique politique autour de la SC n'agirait pas au Viêt Nam comme la promesse d'un futur meilleur offrant un avantage généralisé à une ville et à ses résidents, tout en masquant les bénéfices sous-jacents de ces politiques (Wiig, 2015). En effet, il ressort de nos observations et de nos entretiens que la prospérité, l'efficacité et la compétitivité reposent sur le rôle des TIC (Angelidou, 2014) ou sur leur pouvoir thaumaturge. La SC semble exercer une attraction significative sur le Viêt Nam dont l'accès aux dons et aux prêts d'aide publique au développement (APD) diminue progressivement alors que ces besoins de financement sont encore importants. Les pressions d'emprunt sont fortes et la dette publique atteignait 62,2% du PIB en 2016. La SC semble résumer les problèmes urbains que connaissent les villes vietnamiennes à des solutions technologiques que l'investissement du secteur privé national et étranger doit résoudre via le modèle du partenariat public-privé (PPP).

Conclusion

Aujourd'hui, le Viêt Nam est confronté à une urbanisation majeure, qui pose de grands défis à l'infrastructure de base des villes comme Hà Nội, Hồ Chí Minh Ville ou Đà Nẵng. Les maires et les planificateurs des villes sont mis au défi de rendre leurs villes plus attrayantes, vivables et compétitives. À l'instar du reste de l'Asie (Neirotti *et al.*, 2014), le pays a opté pour une vision « hard » de la smart city, en faisant le choix des infrastructures urbaines durables (transport, eau, énergie, construction) davantage que du « soft », même si l'administration publique numérique, l'éducation et l'économie ne sont pas en reste.

En dressant un état des lieux trois ans après l'expression du soutien politique fort aux projets de SC, ce chapitre a montré que les villes « intelligentes » vietnamiennes en tant que recherche visionnaire et utopique d'un meilleur avenir urbain sont des lieux d'intersections complexes, de négociations évolutives et de collaborations variées. Cependant, comme l'affirme M.V. Huỳnh, vice-président du Comité populaire de Kiên Giàng « pour avoir une ville intelligente, il faut des citoyens intelligents et des fonctionnaires intelligents » (Vietnam Investment Review, 2017), rappelant ainsi que les technologies et l'hyperconnexion digital ne suffiront pas (Calzada, 2015) à mobiliser en profondeur des citoyens dans un pays où la gestion spatiale est encore trop technocratique et pas assez décentralisée. Or la SC serait attractive, car elle a pour principe directeur la démocratie participative (Caragliu *et al.*, 2011), et ce sont les acteurs qui développeront de nouvelles façons d'interagir « en intelligence » avec leur territoire. De même, qu'il faut veiller à la mise en œuvre intelligente des plans directeurs de développement des villes intelligentes. Si l'émergence de la SC au Viêt Nam permettrait à Hà Nội d'affirmer son leadership technologique en devenant le laboratoire des solutions mises en place pour le pays, la SC doit relever plusieurs défis, et ne pas s'orienter vers une approche marketing de la planification constituant une stratégie de marque rentable pour les investisseurs étrangers.

Pour un futur agenda de recherche, on peut ambitionner de questionner les réalités concrètes et diversifiées au plus près des terrains « émetteurs » et « récepteurs » des références urbaines smart. Au cours de cette recherche [e2], le besoin d'interroger la relation entre la rhétorique vietnamienne de la ville intelligente et les conséquences de ces politiques est apparu. Qu'il s'agisse de Hà Nội ou de HCMV, les SC ne risquent-ils pas d'accentuer les inégalités urbaines en fonctionnant comme une promotion économique de quartiers déjà bien dotés sans investir dans la transformation urbaine à plus long terme ? Les technologies et l'hyperconnexion digitale suffiront-elles à mobiliser en profondeur des citoyens dans un pays où la gestion spatiale est encore trop technocratique et pas assez décentralisée ?

Bibliographie

Angelidou M. (2014). « Smart city policies: A spatial approach », *Cities*, 41 (1), p. 3–11.

Albino V., Berardi U. & Dangelico R.M. (2015). « Smart cities: Definitions, dimensions, performance, and initiatives », *Journal of Urban Technology*, 22 (1), p. 3–21.

AT Kearney (2016). *Global cities 2016: Which global cities are performing best today, which have the best long-term potential and what make a "smart city" ?*, 16 p. [https://www.atkearney.com/documents/10192/8178456/Global+Cities+2016.pdf/8139cd44-c760-4a93-ad7d-11c5d347451a, consulté le 24 avril 2018]

Calzada I. (2015). « Unplugging: Deconstructing the Smart City », *Journal of Urban Technology*, 22 (1), p. 23–43.

Caragliu A., Del Bo C. & Nijkamp P. (2011). « Smart cities in Europe », *Journal of Urban Technology*, 18 (2), p. 65–72.

Chourabi H., Taewoo N., Walker S., Gil-Garcia J.R., Mellouli S., Nahon K., Pardo T.A. Scholl H.J. (2012). « Understanding Smart Cities: An Integrative Framework », *Proc. of HICSS, 45th Hawaii Conference*, p. 2289–2297.

Dameri R. P. (2013). « Searching for smart city definition: a comprehensive proposal », *International Journal of Computers & Technology*, 11 (5), p. 2544–2551.

Douay N., Henriot C. (2016). « La Chine à l'heure des villes intelligentes », *L'Information géographique*, 80 (3), p. 89–102.

Etzkowitz H., Leydesdorff L. (1995). « The Triple Helix – University-Industry-Government Relations: A Laboratory for Knowledge-Based Economic Development », *EASST Review*, 14 (1), p. 14–19.

Felli R. (2015). « La durabilité ou l'escamotage du développement durable », *Raisons politiques*, 4 (60), p. 149–160.

Franck M., Sanjuan T. (coord.) (2015). *Territoire de l'urbain en Asie. Une nouvelle modernité*, Paris, CNRS Editions Alpha, 404 p.

Gibbs D., Krueger R., MacLeod G. (2013). « Grappling with Smart City Politics in an Era of Market Triumphalism », *Urban studies*, 50 (11), p. 2151–2157.

Giffinger R., Fertner C., Kramar H., Kalasek R., Pichler-Milanovic N. & Meijers E. (2007). *Smart cities-Ranking of European medium-sized cities*. Vienna University of Technology.

Grossi G., Pianezzi G. (2017). « Smart cities: Utopia or neoliberal ideology? », *Cities*, 69, p. 79–85.

Ha N.T., Fujiwara T. (2015). « Real Option Approach on Infrastructure Investment in Viet Nam: Focused on Smart City Project » *Global Journal of Flexible Systems Management*, 16 (4), p. 331–345.

Nam T. & Pardo T. A. (2011, June). « Conceptualizing smart city with dimensions of technology, people, and institutions », in Proceedings of the 12th Annual International Digital Government Research Conference: Digital Government Innovation in Challenging Times, ACM, p. 282–291.

Hang N.H. (2018). « Da Nang City Development », in A. Hirose Nishihara, M. Matsunaga, I. Nonaka, K. Yokomichi (eds.), *Knowledge Creation in Community Development*, Palgrave Macmillan, Cham, p. 85–106.

Hanoi.gov.vn (2016). « Hà Nội 2016 – Hợp tác Đầu tư và Phát triển », 6 juin [http://cafebiz.vn/ha-noi-se-lam-gi-de-tro-thanh-sieu-thanh-pho-sanh-ngang-voi-hong-kong-singapore-trong-15-nam-toi-20160606102924792.chn, consulté le 28 décembre 2017]

Hanoi Times (2017). « Hanoi studied models of smart city in the world », 30 septembre. [http://www.hanoitimes.vn/hanoinews/2017/09/81e0b82f/hanoi-studied-models-of-smart- city-in-the-world/, consulté le 28 avril 2018]

IMV Institut des Métiers de la Ville (2013). « Expertise : la ville satellite de Hoa Lac (prévision du master plan) » [http://www.imv-hanoi.com/fr/activites/urbanisme/ville-de-hanoi/expertise-hoa-lac/ consulté le 28 décembre 2017]

Juniper Research (2017). *Smart cities – what's in it for citizens?*, 25 p. [https://newsroom.intel.com/wp-content/uploads/sites/11/2018/03/smart-cities-whats-in-it-for-citizens.pdf, consulté le 28 avril 2018]

Kitchin R. (2015). « The promise and peril of smart cities ». *Computers and law: the journal of the Society for Computers and Law*, 26 (2).

Kono N., Suwa A., Ahmad S. (2016). « Smart cities in Japan and its application in developing countries », in J. Jupesta, T. Wakiyama (eds.), *Low Carbon Urban Infrastructure Investment in Asian Cities. Cities and the Global Politics of the Environment*, London, Palgrave Macmillan, p. 95–122.

Languillon-Aussel R., Leprêtre N., Granier B. (2017). « La stratégie de la "smart city" au Japon : expérimentations nationales et circulations globales », *ÉchoGéo*, 36.

Leducq D., Scarwell H.-J. (2018). « The new Hanoi: Opportunities and challenges for future urban development », *Cities*, 72, p. 70–81.

Leducq D., Scarwell H.-J. (2018) « Les villes intelligentes au Vietnam : entre déploiement national et renforcement métropolitain de Hanoi », *L'Espace géographique*, 47 (3).

Luque-Ayala A., Marvin S. (2015). « Developing a critical understanding of smart urbanism? », *Urban Studies*, 52 (12), p. 2105–2116.

Neirotti P., De Marco A., Cagliano A.-C. *et al.* (2014). « Current trends in Smart City initiatives: Some stylised facts », *Cities*, 38, p. 25–36.

Peyroux E., Sanjuan T. (2016). « Stratégies de villes et "modèles" urbains : approche économique et géopolitique des relations entre villes », *EchoGéo*, 36.

Stoffers A., Fuchs B. (2017). « A Contribution to Sustainable Development in ASEAN: German FDI in Vietnam's Energy Sector », *AEI-Insights – An international journal of asia- europe relations*, 3 (1). [https://aei.um.edu.my/publications/aei-insights/aei-insights-vol-3-no-1---2017/a-contribution-to-sustainable-development-in-asean-german-fdi-in-vietnam's-energy-sector, consulté le 24 avril 2018]

Taraporevala P., Khan S., Zérah M.-H. (2018). « La nature des défis des futures villes intelligentes en Inde », *Flux*, 3–4 (113–114).

Townsend A. (2013). *Smart city: Big data, civic hackers, and the quest for a new utopia*, New York, W.W. Norton, 416 p.

Vietnam Investment Review (2018). « Phú Quốc to be 'smart city' by 2020 », 4 mai. [http://www.vir.com.vn/phu-quoc-to-be-smart-city-by-2020-49004.html, consulté le 4 janvier 2018]

Ward K. (2011). « Policies in motion and in place: The case of the Business Improvement Districts », in E. McCann and K. Ward (eds.), *Mobile Urbanism: Cities and policy-making in a global age*, Minneapolis, Minnesota University Press, p. 71–96.

Wiig A. (2015). « The empty rhetoric of the smart city: from digital inclusion to economic promotion in Philadelphia », *Urban geography*, 37 (4), p. 535–553.

Les transitions urbaines au Cameroun entre stratégies de survie et préservation de l'environnement

Lionel Prigent[1] et Christian Kalieu[2]

Introduction

De tous les continents, sans doute est-ce d'Afrique que viennent les plus grandes incertitudes. Son empreinte dans les échanges ne cesse de croître et ses transformations sont à la fois rapides, irréversibles et inégales. Mais les transformations sont encore incomplètes. L'Afrique subsaharienne est toujours en transition démographique bien après toutes les autres régions du monde (Cottet *et al.*, 2019). Son économie évolue de l'agriculture aux services tertiaires sans développer un secteur industriel exportateur ni renforcer les capacités de production alimentaire. De ce fait, malgré la croissance économique, l'augmentation de la population entretient un état d'extrême pauvreté et de fragilité.

Cette précarité, sans système protecteur, pèse déjà sur les ressources naturelles disponibles nécessaires à la vie quotidienne et à la production d'énergie. Mais elle fait aussi redouter les effets du dérèglement climatique global dont les impacts pourraient être dramatiques. En effet, la Banque mondiale estime qu'un réchauffement mondial de 2° C entraînerait des vagues de chaleur qui toucheraient 45% des terres pendant l'été austral (Banque mondiale, 2013). Mais c'est dans les villes particulièrement que

---

1 Lionel Prigent est Professeur à l'Institut de Géoarchitecture (Université de Bretagne occidentale) où il enseigne les dynamiques économiques et les politiques publiques.

2 Christian Kalieu est Docteur en urbanisme et aménagement. Il enseigne l'urbanisme opérationnel à l'université de Dshang (Cameroun). Il est aussi consultant pour l'aménagement et le développement territorial en Afrique.

les effets du changement climatique pourraient se faire ressentir le plus durement.

C'est pourquoi, dès à présent, les experts sont nombreux (Banque mondiale, FMI, Union européenne) à encourager les villes africaines à adopter une trajectoire de développement plus durable, c'est-à-dire plus économe en ressources, plus protectrice pour la biodiversité et pour les populations humaines, moins carbonée. Cet objectif passe par la mise en œuvre de politiques publiques fortes qui permettent à la fois de subvenir aux besoins de zones urbaines en croissance et d'en réduire les impacts. La tâche paraît difficile tant le contexte se révèle d'une complexité telle que les observateurs pourraient hésiter à qualifier les transformations africaines de transition, d'adaptation aux circonstances ou de résilience devant la crise. C'est pourquoi il s'agit, dans ce chapitre, de proposer une analyse des raisons des difficultés, en prenant les exemples au Cameroun de la gestion de l'eau, de l'énergie et des déchets. Nous posons alors l'hypothèse que la modification de la gouvernance de ces politiques est une condition nécessaire pour engager véritablement la transition.

1 Des mots pour décrire : adaptation, résilience, transition

Quels mots retenir parmi ceux qui expriment les mutations rapides des territoires et des pratiques pour qualifier la situation en Afrique subsaharienne ? Les villes, en particulier, doivent faire face simultanément à nombre de défis : selon une étude de la Banque mondiale, elles sont à la fois mal équipées et mal aménagées, ce qui les rend plus coûteuses (Lall *et al.*, 2017) ; leur croissance démographique provoque un surpeuplement mais aussi un étalement spatial qui ne paraissent guère maîtrisés à court terme ; leur développement change de nature sous l'effet des mutations technologiques mais reste ancré dans une production agricole très présente et dans l'informel (Fodouop, 2015). Enfin, leur environnement est fragilisé, en raison des caractéristiques géographiques, des conditions d'allocation du foncier, des formes de l'exploitation des ressources, enfin des pollutions de plus en plus perceptibles (Saha *et al.*, 2019). Et les perspectives d'amélioration sont de plus en plus compliquées, à mesure que se vérifient les effets du changement climatique. La plupart des pays africains ne disposent en effet pas des moyens financiers ni des capacités techniques pour surmonter les effets attendus des changements climatiques alors qu'ils ont en parallèle un besoin de développement (ENDA, 2009). Les difficultés touchent à la fois la gestion de l'eau et de l'assainissement, la production et la distribution de l'énergie, l'organisation des mobilités ou la gestion des déchets.

Même dans les pays potentiellement riches de leurs ressources naturelles, dont les revenus sont tirés de leurs exportations, les questions des villes, de l'amélioration de leur fonctionnement et de leur transition vers un modèle plus durable (soutenable) se posent avec force. Au Cameroun, les réserves minières et pétrolières font de ce pays l'un de ceux qui peuvent espérer une croissance forte. Les projections modérées estiment la population à près de 28 millions de personnes en 2030 dont près de deux tiers devront vivre en ville (Mosnier *et al.*, 2016). Alors que le PIB par tête moyen pourrait doubler par rapport à 2010, les difficultés liées aux questions environnementales vont s'accroître en raison de l'augmentation des surfaces cultivées et bâties[3], de l'augmentation des mobilités, etc.

Pourtant, comme ailleurs, apparaissent de nombreux indices d'une transformation des pratiques. Les initiatives en faveur d'une gestion plus économe des ressources se multiplient. Les technologies innovantes ont été déployées, notamment pour l'énergie. Mais quel processus est ainsi engagé ? S'agit-il de stratégies d'adaptation ou de résilience face au changement climatique (Vaucelle, 2016) ? S'agit-il plus résolument d'une transition coordonnée vers un modèle de développement plus respectueux des populations, du territoire, des ressources ? Si certaines conditions sont aujourd'hui réunies vers la transition, sans doute faut-il aussi recenser les difficultés nombreuses, les freins et les obstacles qui font que les villes de l'Afrique subsaharienne constituent à la fois les lieux des plus forts potentiels de transformation et des crises profondes à venir. Elles traduisent surtout une très grande diversité de situations car il est impossible de considérer l'Afrique subsaharienne comme un ensemble cohérent.

---

3 Un rapport du programme REDD-PAC modélise les changements d'utilisation des terres pour le Cameroun. Il montre une augmentation moyenne de la déforestation annuelle de 58 000 hectares entre 2010 et 2020 à 113 000 hectares entre 2020 et 2030, ce qui causerait l'émission de 1,3 gigatonnes de CO_2. Les deux tiers de la déforestation viennent de la culture du manioc, du maïs et de l'arachide et des jachères qui leur sont associées (Mosnier *et al.*, 2016).

C'est pourquoi nous allons concentrer notre propos sur le Cameroun. À travers cet exemple camerounais, nous allons tenter de décrire les difficultés observées, les nombreuses initiatives qui sont prises pour les réduire, avant d'analyser le cadre économique et institutionnel qui pourrait expliquer les raisons du retard accumulé. Nous nous intéresserons particulièrement aux conditions observées à Yaoundé, capitale administrative, Douala, principal port et capitale économique du pays, et Bafoussam, chef-lieu de la région de l'ouest.

2 Le jardin sacré de la débrouillardise

Le premier constat à dresser sur les villes africaines est leur forte croissance. La population urbaine africaine est aujourd'hui estimée à 472 millions d'habitants par la Banque mondiale (Lall *et al.*, 2017). Mais elle participe largement à la croissance urbaine mondiale. Elle pourrait augmenter de 187 millions supplémentaires d'ici 5 ans et avoir doublé en 2040. Cet impact démographique se mesure concrètement : en 1960, Yaoundé, capitale du Cameroun, comptait 100 000 habitants alors que sa population est estimée aujourd'hui à 3 millions ; Douala, la principale métropole économique compte, elle aussi, environ 3 millions d'habitants (Tenkap, 2015) répartis sur une surface de 300 km^2 (Hatcheu, 2006). Si la croissance démographique du pays est forte, celle de ses villes l'est plus encore. Toutes les villes connaissent désormais l'obligation d'organiser leur développement et de veiller à sa soutenabilité.

Cette croissance urbaine, tant démographique que spatiale a des effets sur les ressources. Les projections démographiques, même modérées, et les prévisions de croissance du pays font redouter, à l'inverse, la poursuite des impacts négatifs.

En premier lieu, elle provoque une crise du foncier qui conduit à l'artificialisation non contrôlée et difficilement évaluée de terres agricoles, la déforestation et la perte de biodiversité qui va en découler (Mosnier *et al.*, 2016). Mais au delà, les populations, tant urbaines que rurales, doivent ainsi faire face à une triple crise : une difficulté d'accès à l'eau, une insuffisance de la quantité d'énergie disponible et une contrainte à la gestion des déchets. Pour y faire face, s'est engagée une quête de solutions tous azimuts : initiatives nationales, pratiques plus locales, collectives mais aussi individuelles à mesure de l'expression des difficultés. Cette émergence de solutions conduit Kengne Fodouop (2015) à qualifier le Cameroun de « jardin sacré de la débrouillardise ». En effet, la population fait preuve d'une inventivité continue pour garantir sa survie. Ces diverses « solutions » traduisent un réel dynamisme de la part de toute une partie de la société. Certaines tentent de mettre en œuvre de « bonnes pratiques » portées par de plus en plus d'acteurs (communautés locales, ONG, État...), mais d'autres constituent des actions de plus en plus contestables socialement, juridiquement, économiquement, environnementalement. Malgré l'absence de cohérence, ces pratiques permettent-elles d'envisager les conditions d'un réel développement ? *A fortiori*, engagent-elles le pays dans une transition vers une économie et des pratiques plus « responsables » ? L'exemple de la gestion de l'eau permet d'expliquer les incertitudes.

2.1 La crise de l'eau : un approvisionnement sous de multiples formes

En effet, l'une des caractéristiques du développement est l'accès à l'eau courante et potable. La corvée de l'eau pouvait ne devait plus concerner que les populations paysannes qui n'avaient pas encore accès aux réseaux. Mais cette contrainte est redevenue progressivement une pratique quotidienne pour les classes pauvres, moyennes et finalement nanties des zones urbaines, périurbaines. Le phénomène touche désormais les quartiers jusqu'alors considérés comme bourgeois et protégés. À l'exception de Douala et Yaoundé, les deux grandes villes métropolitaines, dans lesquelles 80% de la population a accès à une source d'eau améliorée, le problème demeure dans le reste du pays. Moins de 40% des habitants en zones rurales et 65 % dans les villes moyennes ont accès à l'eau de boisson saine (Fonteh, 2003). Malgré la présence de nombreuses rivières, l'accès à l'eau potable reste un problème au Cameroun. Mais même à Douala, la situation est préoccupante : le long de l'estuaire du fleuve Wouri, l'approvisionnement des populations des iles à l'embouchure du Wouri – Djéballé (1000 habitants), Manoka (20000 habitants) et Cap Cameroun (3000 habitants) – est devenu préoccupant.

L'urbanisation rapide et incontrôlée et l'explosion démographique n'ont pas été anticipées par les entreprises nationales en charge de la distribution de l'eau. En conséquence, une grande partie des ménages s'approvisionne en utilisant les bornes fontaines publiques, quand elles sont disponibles mais aussi en puisant une eau « non conventionnelle » captée directement dans les cours d'eau, dans les sources ou en creusant des puits (MINEE, 2009). À Bonewonda, quartier de Douala, l'approvisionnement est gratuit grâce à la source aménagée (Tenkap, 2015). Mais dans la plupart des quartiers de Douala, Yaoundé et Bafoussam, le recours à un approvisionnement alternatif est nécessaire.

Pour une part, ce constat rappelle les contextes locaux. Douala est en effet bâtie sur un bassin sédimentaire de formation sablo-argileuses très peu perméable. Le relief est faible (5 à 40 mètres) et la nappe phréatique est superficielle. Comme la ville connaît une forte poussée démographique à l'exception des grands quartiers tels que *Akwa, Bonanjo, Bonapriso* et comme l'urbanisation n'est pas contrôlée, l'assainissement collectif est devenu très difficile, tandis que l'assainissement individuel n'est guère pratiqué. En saison pluvieuse, les inondations sont fréquentes, envahissant la plupart des sources. Les sources sont donc constamment polluées et ne peuvent constituer des approvisionnements sans un contrôle permanent de qualité.

La ville de Bafoussam, quant à elle, est située sur les Hautes-Terres de l'Ouest à une altitude moyenne de 1450 m. Les pluies sont abondantes (1 800 mm en moyenne annuelle). Les ressources en eau sont abondantes et disponibles à travers les nappes, les cours d'eau et les précipitations. Mais seules les nappes superficielles sont accessibles par les populations qui peuvent y accéder en utilisant les sources ou en creusant des puits. Le relief est assez marqué et présente une succession de collines séparées par des bas-fonds drainés pour la plupart par des cours d'eau intermittents (Tchindjang, 1996). Le principal cours d'eau, la Mifi-sud, dont les affluents découpent les interfluves en digitation.

Yaoundé, enfin, est posée sur un ensemble de collines entre 700 et 1 000 mètres d'altitude. La température moyenne est de 23,5° (soit trois degrés de moins qu'à Douala) ; les précipitations y sont deux fois moins abondantes, et il existe une vraie saison sèche (de décembre à février), alors que Douala est pris presque constamment dans des masses d'air hyperhumides. Ce relief vallonné pousse les populations à revenu limité à s'installer dans les espaces dépourvus de tout accès.

Les points d'eau informels sont alimentés par les eaux saumâtres et non potables du fleuve car ils sont creusés à de faibles profondeurs, insuffisantes pour atteindre la nappe phréatique. Ces pratiques autonomes des habitants forment une multitude désordonnée de dispositifs de captation des ressources et de déversement des eaux usées dont il faut désormais tenter de contenir les effets. Car les conséquences sont à la fois une précarité de l'approvisionnement et de sa qualité, une inégalité car l'accès à la ressource est conditionné par le budget des familles, une insoutenabilité de son utilisation et une fragilité sanitaire avérée. En effet, le Cameroun connaît une augmentation du cas des maladies, surtout dans les zones dépourvues des sources d'eaux potables. En l'absence des traitements adaptés, la population est exposée aux maladies d'origine microbienne telles que les fièvres typhoïdes, dysenteries bacillaires, diarrhées et gastro-entérites, hépatite A et E, dysenteries amibiennes (Nanfack *et al.*, 2014).

Les forages privés sont des équipements relativement récents dans les espaces urbains. Les populations se sont d'abord contentées d'un puits pour les tâches courantes et des bornes-fontaines publiques pour l'eau de consommation. Mais ces dernières se sont peu à peu dégradées, faute d'une organisation pour leur gestion et d'un modèle économique stabilisé pour en maintenir le service. Comme les charges de fonctionnement, comme le salaire du fontainier, la consommation d'électricité, l'entretien et la réparation des pannes n'étaient pas financées (Tenkap, 2015), la disparition des équipements était inéluctable.

2.2 La crise de l'énergie

L'Afrique vit une double fracture spatiale : les campagnes restent dans l'obscurité, tandis que la situation urbaine s'améliore rapidement. Mais même dans les agglomérations, des disparités existent. Les centres-villes sont équipés, alors que les quartiers péri-urbains le sont très peu (Zinsou, 2019). Pour leur éclairage, les écoles dépourvues d'électricité utilisent essentiellement des lampes à pétrole, très polluantes et coûteuses. La lumière de ces lampes est médiocre, le gaz qu'elles émettent présente un risque sanitaire, et leur présence augmente le risque d'incendie. Malgré son important potentiel en ressources naturelles son exploitation des ressources hydrauliques depuis plusieurs décennies, le Cameroun peine à se construire une véritable capacité de production électrique et reste très loin de l'autonomie. Une étude, réalisée en 2013 par le Groupement inter-patronal du Cameroun (GICAM), le plus grand regroupement de chefs d'entreprises du Cameroun, montrait que le pays ne pouvait fournir en électricité que trois millions de personnes alors que sa population est de 20 millions. Selon les données du Plan directeur de l'électrification rurale (Pader), il est estimé à 65% (40% en milieu rural et 85% en milieu urbain). Cette situation entraine une pénurie d'énergie puisque l'offre disponible ne parvient pas à satisfaire une demande croissante, notamment dans les grandes villes. Cela conduit à des phénomènes de délestage, à la réduction de la qualité de l'énergie car la tension peut devenir irrégulière, enfin à la non-électrification de certains espaces.

Comme d'autres pays, le Cameroun doit poursuivre ses efforts pour l'électrification (53,70% de la population actuellement[4]) et pour atteindre une indépendance énergétique. En dépit du potentiel de son énergie hydroélectrique – grâce au fleuve Tanaga, le pays continue d'utiliser et d'importer des combustibles. C'est pourquoi les pouvoirs publics ont entrepris de mieux répartir le mix énergétique national en valorisant les autres sources renouvelables disponibles, particulièrement le solaire. Plusieurs programmes ont été lancés, avec l'appui des partenaires pour les réaliser. Cette source d'énergie devait contribuer à la fois à lutter contre le changement climatique et à stimuler le développement économique car elle paraît en mesure d'améliorer les conditions de vie des communautés, en proposant une solution durable, rentable, et adaptée aux petites entités, dans les quartiers urbains ou dans les communautés rurales.

Devant la difficulté du système centralisé, les dispositifs de production solaire photovoltaïque semblent donc constituer une alternative crédible, y compris pour des équipements publics, comme des lampadaires solaires le long des routes, des systèmes d'électrification pour des institutions hospitalières ou universitaires, grâce au concours de partenaires industriels, d'ONG ou de start-up comme Solafrica[5]. Le plus souvent, il s'agit d'une source secondaire d'énergie. Les initiatives tendent à se multiplier depuis le début des années 2010. Ainsi, Aéroports du Cameroun (ADC), l'entreprise publique camerounaise qui gère l'aéroport international de Douala a-t-elle engagé un programme d'installation de 3840 panneaux solaires sur une superficie de plus de 14000 mètres carrés[6]. Le projet bénéficie d'une dotation de l'Organisation de l'aviation civile internationale. La ville universitaire de Soa, dans le centre du pays, s'est équipée de lampadaires fonctionnant à l'énergie solaire : 75 ont été installés dans le campus et 334 autres jalonnent les rues de la ville et la route reliant Soa à Yaoundé. Le programme a été mis en œuvre

---

4 11e place sur les 24 pays africains étudiés par l'indice mondial de la performance de l'architecture énergétique.

5 Solafrica, 2019, www.solafrica.com

6 https://www.mediaterre.org/actu,20190131101046,6.html. Consulté le 17 janvier 2020.

par Huawei Technologies et financé grâce à un don de la République populaire de Chine[7].

D'autres initiatives peuvent être signalées. Ainsi, un programme d'électrification solaire rurale permet-il de doter 350 localités camerounaises de panneaux solaires photovoltaïques pour constituer un système d'électrification à un coût accessible pour les revenus de la population. En effet, le kilo watt/heure doit coûter 100 F CFA.

La société d'énergie électrique du Cameroun s'est engagée dans la production d'énergie solaire grâce à la mise en service de la centrale thermique-solaire de Djoum (avec 600 panneaux solaires disposés sur environ 3500 mètres carrés de superficie)[8]. L'intérêt du concept de centrale hybride solaire-thermique réside dans la possibilité de moduler les puissances et dans le stockage de l'électricité à toute heure de la journée, indépendamment des conditions d'ensoleillement du site.

La centrale de Djoum s'inscrit dans le plus vaste « Programme solaire » annoncé par l'entreprise nationale Eneo, qui entend installer des parcs photovoltaïques chargés de prendre le relais aux heures diurnes de centrales diesel existantes. Six sites sont-ils déjà à l'étude pour la poursuite du projet : il s'agit de de Lagdo, Garoua, Lomié, Bertoua, Yokadouma et Ngaoundal. Eneo s'apprête aussi à installer 35 MW d'énergie solaire d'ici 2019 dans le Nord du pays, à savoir dans les trois villes de Ngaoundéré (pour une capacité de 10 MW), Maroua (15 MW) et Guider (10 MW). Ces trois centrales solaires devraient être opérationnelles dès le premier semestre de l'an prochain. Toutefois, si les mairies et les écoles commencent à bénéficier des retombées du programme gouvernemental d'énergies renouvelables, le solaire reste encore inaccessible pour la majorité des ménages camerounais.

La construction du parc photovoltaïque de Garoua, capitale de la région du Nord du Cameroun, a été confiée à la compagnie italienne Enerray, qui envisage de raccorder sa future centrale au réseau local et d'y produire 30 MW d'électricité. À travers EB Solaire, société créée dans le cadre d'un partenariat avec une importante entreprise camerounaise,

---

7 http://ct2015.cameroon-tribune.cm/index.php?option=com_content&view=article&id=76380:energie-solaire-soa-connectee-&catid=2:economie&Itemid=3. Consulté le 17 janvier 2020.

8 « Cameroun : 75 mégawatts de projets de centrales solaires "en cours de maturation " (gouvernement) ». 7 décembre 2018. Consulté le 15 octobre 2019 sur https://energies-media.com/cameroun-75-mw-proj-centrales-solaires-maturation/.

Encadré 1
Quelques exemples d'initiatives

L'hôpital du district de Bangangté, va être alimenté en énergie grâce à une centrale solaire de 20,16 kilowatts crête. Ce sont 237 lampes et tubes LED qui vont assurer l'éclairage de de cette formation sanitaire, d'une ville qui compte près de 100000 habitants. Dotée de 20,16 kilowatts la centrale solaire qui va les alimenter devrait permettre, à terme, à l'hôpital d'être autonome en énergie à 80%. Le dispositif rentre dans le cadre d'un projet d'environ 415000 euros, « Femmes et énergies renouvelables dans la commune de Bangangté » (ENERBA), mis en place par l'Association internationale des maires francophones, l'Ademe et la Fondation Veolia.

Le projet ENERBA regroupe un réseau de femmes élues locales engagées dans un projet d'électrification à l'aide d'énergies renouvelables. Il a été lancé à l'initiative du Réseau des femmes élues locales d'Afrique, antenne du Cameroun (REFELA-Cam), une structure à but non lucratif qui compte, lui-même une trentaine de femmes maires de communes réparties dans les dix régions du Cameroun. Bangangté est désormais la première ville verte du pays depuis l'installation de son réseau de 81 lampadaires solaires.

L'association Jeunesse Verte du Cameroun (AJVC), un des partenaires locaux, ONG camerounaise engagée dans le développement durable et la protection forestière, apporte des contributions financières pour aider à l'installation de panneaux photovoltaïques dans trois écoles et dans deux centres de santé du Sud du Cameroun (à Bédoumo, Ngola Bantou et Mengang). Ce projet fait partie du projet *La Caravane du Climat.*

Enerray développera son site sur 70 hectares de terrain, non loin de l'aéroport international de Garoua. La centrale remédiera non seulement à une absence totale d'électricité dans certaines aires de la région mais suppléera aussi, ailleurs, aux fréquentes coupures de courant.

2.3 Recyclage et valorisation des déchets

Enfin, depuis les années 1990, les principales villes du Cameroun traversent une crise multiforme de gestion de leurs déchets solides. Elle se manifeste par une crise financière puisque les recettes générées par la taxe d'enlèvement des ordures ménagères représentent à peine 10 % des besoins. Or, l'État n'est plus en mesure de combler le déficit par l'apport de subventions. Une deuxième crise relève de la gouvernance et du mécanisme institutionnel car il existe une multitude d'intervenants sans que les compétences et les responsabilités ne soient clairement précisées. Les nombreuses tentatives du gouvernement de mieux organiser la filière s'est heurtée à l'absence de données pour mesurer l'ampleur de la tâche.

Dans 90 % des villes secondaires du Cameroun (moins de 300000 habitants) il n'existe pas de décharges autorisées. Les chauffeurs déversent les déchets dans la zone de dépression la plus proche du lieu de collecte. À Douala et à Yaoundé, la situation était presque normale en 1992. Le ramassage était effectué en régie par la communauté urbaine jusqu'en 1968. La couverture de la ville concernait essentiellement les quartiers desservis en voirie. (Ngnikam *et al.* 1997). Mais là aussi, la croissance urbaine a eu raison de la bonne organisation et la gestion des déchets est redevenue un sujet de préoccupation, d'autant plus vif que s'est développée en même temps l'utilisation généralisée du plastique pour toutes sortes d'utilisation. Selon les statistiques du ministère de l'Environnement et de la Protection de la nature, le Cameroun produit environ 600 000 tonnes de déchets en plastique chaque année. Généralement abandonnés et non recyclés, ils polluent les sols des grandes villes, principalement dans la partie septentrionale du pays (Essome, 2019). Depuis octobre 2012, une réglementation impose que « chaque fabricant ou distributeur des emballages non biodégradables mette en place un système de consigne pour faciliter la récupération desdits emballages, en vue de leur recyclage, valorisation ou élimination ». Mais il n'existe que peu de moyen de faire appliquer cette loi.

Cependant, le recyclage et la valorisation des déchets plastiques, qui étaient des pratiques très marginales il y a quelques années, se sont rapidement développés au point d'offrir aujourd'hui des revenus et des emplois stables à une petite partie de la population (source). Les initiatives, là aussi, ont été nombreuses pour apporter des solutions ponctuelles. Ainsi, l'ONG Eco Collect (source) a lancé depuis 2015 une opération pour collecter près de 10 000 tonnes de déchets en plastique dans les villes de Yaoundé et de Douala. Les déchets ainsi collectés sont triés une usine dans le quartier Yassa, en banlieue de Douala puis traités et vendus aux entreprises locales pour être recyclés. Les promoteurs ont estimé que la filière pouvait créer à terme 100 emplois directs et 10 000 emplois indirects, ce qui est bien sûr invérifiable (Mamadou, 2019).

Une autre initiative est portée par les Brasseries du Cameroun (SABC) et la société Hygiène et salubrité du Cameroun (Hysacam) qui ont engagé une action « *Plastic Récup* » pour récupérer et recycler les emballages en plastique, principalement issus des usines de la SABC et de sa filiale, la société des eaux minérales du Cameroun (SEMC). Ce partenariat a permis de collecter, en 2013, plus de 2 millions de bouteilles et 4 millions en 2014. L'objectif est une fois encore de fournir les entreprises spécialisées en recyclage pour qu'elles transforment les plastiques en nouveaux produits (montres, sacs, pulls, arrosoirs, cartes à puces, etc.).

Encadré 2
Quelques initiatives

ESED Engineering Group Sarl, a présenté son projet de montage d'une usine de transformation des déchets plastiques. Cette entreprise se propose de transformer 30000 tonnes de déchets plastiques par an, lesquels vont permettre de produire des vases et des bacs à ordures, mais surtout des modules en plastiques qui peuvent remplacer le sable et le goudron dans la construction des routes. Les routes ainsi construites, ne peuvent être sujettes à des nids de poules du fait des caractéristiques du matériau utilisé, ainsi qu'on a pu le constater en Inde et en Italie, deux pays où cette technologie a déjà été utilisée.

Namé Recycling, a créé une usine de recyclage des déchets plastiques. Cette entreprise va ainsi collecter les bouteilles plastiques des entreprises situées dans la ville. Elle va ensuite faire le tri, les traiter et enfin les transformer pour en faire des produits réutilisables.

Red Plast doit construire une unité de recyclage des déchets en plastique à Yassa, dans la banlieue de Douala. Cette unité doit recycler 10000 tonnes de déchets chaque année. Le recours à l'expertise de l'entreprise suisse *Echo Polistirolo*, environ 70% des équipements de l'usine sont montés localement. Le projet doit permettre de créer 300 emplois directs et environ 2000 emplois indirects, sur l'ensemble des 200 points de collecte qui sont envisagés.

Fabrication des pavés pour la construction... L'idée d'un entrepreneur de Yaoundé est de recycler le plastique pour fabriquer des pavés recyclés, qui pourraient être utilisés à la place du ciment. Son projet envisage d'embaucher des jeunes en réinsertion.

Que ce soit pour la gestion de l'eau, pour la production d'électricité ou pour la gestion des déchets, les solutions générées directement par les habitants ou par des entreprises et des ONG ont transformé le paysage urbain, dans lequel on peut apercevoir les équipements de forage, les panneaux solaires sur les toits des logements et des bâtiments. Mais les processus en cours ont également produit une réorganisation des mécanismes économiques et sociaux… En effet, ces dispositifs ont permis de créer des emplois occupés par les jeunes actifs et par les femmes.

3 Les raisons des résistances

D'où vient finalement la difficulté à maîtriser les ressources et à anticiper la croissance de la population ? L'inefficience des services d'approvisionnement en eau et d'assainissement dans les quartiers précaires peut être mise en relation avec l'absence de planification préalable à l'occupation du territoire. Ce constat permet de relever une conséquence à la fois de l'extrême pauvreté et de l'insuffisance des moyens financiers apportés par les pouvoirs publics (UN-Habitat, 2001). L'implantation des réseaux, approvisionnement en eau et en électricité, ramassage des déchets ménagers, suit généralement la trame viaire dont elle s'accommode. Et chaque client potentiel doit payer le coût de raccordement en fonction de la distance aux réseaux.

De fait, dans les quartiers d'occupation précaire, souvent densément peuplés, se concentrent des populations dont les revenus sont trop bas pour pouvoir prétendre à un branchement au réseau d'adduction d'eau potable (Satterthwaite, 1996). En 2010, 67% des Camerounais n'étaient pas connectés au réseau d'adduction d'eau. Dans la ville de Bafoussam, très peu de ménages bénéficient d'un branchement à domicile alors que c'est la seule ville qui a bénéficié d'une campagne promotionnelle avec une réduction de 50% du coût de raccordement (source).

De plus, il ne suffit pas d'une connexion au réseau pour être assuré d'un accès à l'eau potable. *À Yaoundé, par exemple, en 2011, l'approvisionnement disponible était de 10 000 m^3 d'eau alors que le besoin total était estimé à 250 000 m^3 (source).* Les équipements restent fragiles en raison des fortes précipitations et de l'érosion des terres qui affectent les canalisations C'est pourquoi d'autres stratégies sont développées.

3.1 Un problème de gestion

Il semble bien sur les problèmes trouvent leur origine à la fois dans les modes de gestion technique et financière. Sur le plan technique, il faut en effet pouvoir ajuster les capacités aux besoins, que ce soit pour le réseau d'eau, pour la production d'énergie ou pour le système de collecte des déchets. Mais sur le plan économique, se pose un problème permanent d'apport de fond, empêchant une couverture financière suffisante, tant de l'investissement que du fonctionnement courant. Et cette préoccupation est ancienne (Ngnikam *et al.* 1997).

L'histoire de la Société Nationale des Eaux du Cameroun (SNEC) apporte une bonne illustration. Créée en 1967, cette société publique a connu de nombreuses difficultés pour remplir sa mission dès sa création. La SNEC détenait le monopole dans la fourniture en eau et bénéficiait d'une concession pour l'exploitation, l'entretien et les investissements dans les infrastructures. Mais les manques récurrents dans le recouvrement des abonnements, l'entretien du réseau, les investissements ont régulièrement dégradé le service et sa capacité à répondre à la demande. En faillite, l'entreprise a été placée une première fois sous un régime d'administration provisoire en 2002, avant d'être privatisée en 2008. De fait, la SNEC ne disposait plus alors d'aucune capacité de renouvellement des infrastructures de production de l'eau potable. Même le financement des équipements d'exploitation était d'autant plus compromis que l'État, lui-même, ne respectait pas ses engagements de contribution.

Deux entités distinctes ont alors été créées : la CAMWATER et la Camerounaise Des Eaux (CDE). Tout comme la SNEC, la CDE occupait une position monopolistique dans le service de distribution de l'eau. Il lui était demandé d'exploiter le service de sorte à assurer à la fois sa rentabilité et le financement des infrastructures, mais sans que la société ne dispose de la liberté de fixer le prix de son service. La CAMWATER quant à elle, devait mettre à disposition les infrastructures nécessaires pour la production, le transport et la distribution de l'eau potable par la CDE. Cette situation n'a pas manqué de reproduire les difficultés déjà rencontrées et même d'en créer de nouvelles : établir les responsabilités des partenaires que sont l'État, la CAMWATER et la CDE, n'a jamais été simple. La séparation fonctionnelle ne résolvait en rien la question de financement, en particulier de la contribution des usages. En 2009, le Cameroun ne comptait que 282 000 abonnés dans 105 centres de production, chiffre inchangé depuis 1995. Le service après-vente ne fonctionnait pas ou manquait de réactivité pour mener les opérations de terrain, laissant se poursuivre des pertes énormes dans le circuit de distribution (*Oumarou. S.B, Libre Afrique*, 14 février 2014).

Tenkap (2015) rappelle que la production journalière atteignait seulement 66 000 m^3 pour alimenter une population estimée à 4 millions d'habitants. Le spectre de la pénurie d'eau reste donc présent au Cameroun : « Les opérateurs publics ont échoué à assurer la continuité du service [… et ont même] instauré une ségrégation spatiale de l'accès au réseau public d'approvisionnement ». Autant que la hausse de la demande, c'est bien le déficit d'investissements dans les infrastructures depuis les années 1960 qui est en cause, en excluant des quartiers entiers en plein développement. Les fuites et les pannes se multiplient sur un réseau très vétuste. À Douala, le complexe de Japoma date de 1954, celui de Massoumbou a été mis en service en 1983.

Une autre cause des difficultés provient de l'absence de prolongement des politiques de coopération. L'exemple est donné par les expériences des stations scanwater développées par la coopération danoise entre 1980 et 1991. Durant cette période, ont été installées 335 stations d'adduction d'eau potable en milieu rural. Jusqu'en 1990, ces stations ont fait l'objet d'un suivi et d'un entretien financé par le gouvernement camerounais avec l'appui de la Coopération Danoise. Les populations n'avaient aucune responsabilité au niveau des charges. Au cours des années 1990, les difficultés financières de l'État le conduisent à suspendre l'entretien des stations, qui pour la plupart d'entre elles, tombent en panne puis sont abandonnées. L'ambitieux projet échoue finalement.

En 1996, le gouvernement camerounais a entrepris de réhabiliter une partie des stations et d'organiser une dynamique autonome de gestion. Le travail de réhabilitation technique des installations était accompagné d'un volet animation-formation. L'objectif était d'impliquer les bénéficiaires à travers la mise en place de Comités de gestion. Une partie des équipements a donc recommencé à fonctionner grâce à l'implication des bénéficiaires (Dayang, 1999). Mais on a également observé des situations d'échec lorsque certaines stations, fraîchement réhabilitées, ont été pillées.

Mais cette inefficacité observée ne constitue pas une explication suffisante. Elle révèle plutôt un symptôme d'une urbanisation fragilisée par le manque de ressources.

3.2 Une urbanisation dans la précarité

Relativement à leurs homologues des autres régions du monde, les villes de l'Afrique subsaharienne ont de faibles ressources (Lall *et al.*, 2017). Quand les régions de l'Afrique du Nord, du Moyen-Orient, de l'Asie de l'Est et du Pacifique ont atteint le taux d'urbanisation actuel en Afrique (40 %), leur PIB par habitant (mesuré en dollars constants de 2005) s'élevait respectivement à 1 800 dollars (en 1968) et 3 600 dollars (en 1994), alors qu'il n'est que de 1 000 dollars actuellement en Afrique. Il en ressort à la fois un manque d'argent public investi dans ces villes mais aussi la faiblesse des ressources dont disposent les habitants.

Martin Luther Djatcheu (2018) en montre les conséquences à travers les stratégies de construction de l'habitat précaire par les populations à Yaoundé. Comme l'offre de logements planifiée par la puissance publique est insuffisante pour soutenir une demande de 100 000 logements par an (MINHDU, 2010) et comme les circuits bancaires sont inaccessibles, les populations pauvres des villes fabriquent elles-mêmes leur habitat avec les moyens du bord, malgré de nombreux risques liés aux sites d'implantation. Le financement de la construction doit donc passer par des tontines, seul système d'épargne à la portée de leurs moyens.

4 La diversité des solutions : une autre forme de la débrouillardise

Dans un contexte social difficile sur l'ensemble du territoire national, la continuité et l'efficacité des services restent un objectif pour l'État camerounais. Pour ce faire, il s'appuie notamment sur Fonds spécial d'équipement et d'intervention intercommunale (FEICOM) structure publique chargée d'accompagner le développement des communes via la collecte et la redistribution des centimes additionnels communaux, soutient de nombreuses initiatives en faveur du développement local. La création du FEICOM en 1974, dans le sillage d'autres organismes, participe de cette démarche et de la volonté des pouvoirs publics d'assurer le développement harmonieux de toutes les collectivités. Créé au milieu des années 1970, ce fonds apporte une double assistance financière et technique aux communes dans l'optique de favoriser le développement et l'amélioration du cadre de vie des populations. Les projets retenus concernent notamment : les infrastructures hydrauliques, les infrastructures énergétiques, les voiries et les travaux routiers, les ouvrages de franchissement ou d'art, les aménagements urbains, les écoles, les centres de santé. Mais ces interventions restent insuffisantes au regard de l'engagement qui serait nécessaire.

En réalité, le gouvernement n'a cessé de poursuivre son désengagement dans les secteurs de l'éducation, de la santé, de la construction et de l'entretien des infrastructures. La traduction de cette tendance est l'expression d'une profonde méfiance, quels que soient les efforts réalisés. Ainsi, en février 2019, les abonnés aux tranches sociales devaient payer moins cher leur consommation d'eau et d'électricité[9]. Mais cet effort n'a pas suffi pour freiner le renoncement de nombreux habitants, moins aisés comme aisés, vis-à-vis des entreprises étatiques en charge de la production et de la distribution. « Le contrat de confiance est rompu » si tant est qu'il n'ait jamais existé.

Pour compenser la moindre présence de l'État, les habitants, les villages, mais aussi des ONG ou des institutions internationales ont développé un esprit d'entraide et d'autonomie (Ngefor, 2011). Ainsi, en milieu rural, des villages ont saisi le processus de décentralisation en cours pour réaliser des forages et des adductions d'eau potable. Des initiatives semblables ont été menées dans plusieurs villes.

4.1 La coopération internationale

Parmi les initiatives, la coopération internationale occupe une place à part. La France et l'Union européenne restent présentes. Ainsi PIGEDEA (Programme Intercommunal pour la Gestion Durable de l'Eau et de l'Assainissement) a-t-il été financé par l'Union Européenne afin de réaliser, durant trois années, un diagnostic du service de l'eau et de l'assainissement de base dans chaque commune bénéficiaire. Mais de nouveaux partenaires, en particulier originaire d'Asie, sont également apparus.

Ainsi, la coopération chinoise a-t-elle accordé un prêt de 81,30 milliards de FCFA, pour financer trois projets. Le premier concerne la réalisation de la deuxième phase du projet d'alimentation en eau potable

---

9 « Cameroun : baisse des tarifs de l'eau et de l'électricité dès février 2019 ». In : *La Tribune Afrique* [En ligne]. Paris : [s.n.], 2019. Disponible sur : < https://afrique.latribune.fr/afrique-centrale/cameroun/2019-01-17/cameroun-baisse-des-tarifs-de-l-eau-et-de-l-electricite-des-fevrier-2019-804228.html > (consulté le 12 octobre 2019).

dans cinq villes secondaires du Cameroun : Maroua, Garoua, Dschang, Garoua-Boulai, et Yabassi. Ce projet porte sur un investissement de 53,5 milliards de FCFA financé par Eximbank China, pour réhabiliter ou construire des réservoirs de stockage d'eau, pour étendre les installations de production et densifier le réseau de distribution. Une première phase de ce projet d'adduction en eau potable, réalisée en 2013, avait été financée à hauteur de 85 milliards de FCFA par la coopération chinoise. Cette opération avait alors permis de répondre aux besoins en eau des populations des villes de Bafoussam, Bamenda, Kribi et de Sangmélima. Plus largement, Eximbank China et l'entreprise Sinomach sont ainsi les principaux partenaires du Cameroun pour réaliser couvrir tous les besoins en eau potable de la ville de Yaoundé et de ses environs à partir du fleuve Sanaga (PAEPYS). Destiné à garantir la production de 300 000 m^3 d'eau par jour, extensible à 400000 m^3/j, le programme gouvernemental, estimé à 399 milliards de FCFA, est cofinancé par la République populaire de Chine (85%) et la République du Cameroun (15%).

Mais le Cameroun bénéficie également de l'expérience. Des investisseurs israéliens sont encouragés à vendre leur expérience des territoires quasi désertiques et leur maîtrise d'avancées technologiques dans la gestion de l'eau. Après avoir travaillé dans les régions du Sahel, ces entrepreneurs, soutenus par leur État, s'intéressent aux régions dans lesquels l'approvisionnement en eau est limité.

4.2 *Les entreprises et les ONG, actrices devenues incontournables*

Les fondations d'entreprises et les organisations non gouvernementales sont très présentes. Elles se présentent en partenaires des initiatives gouvernementales qu'elles prolongeraient sans la supplanter. Mais elles bénéficient également, dans leur action, des ressources de la coopération, notamment de la France et de l'Europe.

Ainsi, la Fondation Veolia est arrivée au Cameroun, afin de proposer au Gouvernement des mesures alternatives de réhabilitation et d'extension d'une partie des 350 réseaux d'alimentation en eau potable, réalisés dans les années 1980, dans huit régions du pays, pour alimenter les villages et les petits centres urbains, non desservis alors, par l'ancienne Société Nationale des Eaux du Cameroun (SNEC). Veolia prenait de la sorte la suite des actions menées par l'entreprise SCANWATER.

L'élaboration de la stratégie concertée d'accès à l'eau potable et l'assainissement de la ville de Dschang a ainsi été confiée à l'ONG ERA-Cameroun. Mais elle a été financée entre 2005 et 2006 par le ministère français des Affaires étrangères pour donner à la ville de Dschang les moyens d'assurer à sa population, notamment dans les quartiers périphériques denses, un accès durable à l'eau potable et à l'assainissement de base. La même ONG a également travaillé dans les 15 quartiers populaires de Yaoundé et dans les sept communes du département du Mbam et Inoubou pour l'amélioration de l'adduction en eau. Cette fois, les partenaires européens étaient l'Agence Catalane de Développement, IRCOD Alsace, l'Union européenne, l'Agence française du développement (AFD).

Les associations ANI International et ASOMOCAM suivent les mêmes ambitions. ANI International a entrepris à Sa'a et à Yaoundé la construction de six forages d'eau potable, en impliquant les habitants alentour dans le processus. À Yaoundé, la réalisation du projet a conduit à réaliser des travaux mais aussi à créer des Comité de Gestion des Points d'Eau (CGPE) et à former des artisans réparateurs des pompes à motricités humaines. ASOMOCAM a doté le Centre culturel francophone Victor Hugo d'une adduction en eau. L'association a réalisé un forage et installé une pompe de refoulement alimentée par des panneaux solaires. Cette fois encore, le soutien de la fondation Veolia a été précieux. À terme, 320 élèves bénéficieront de ce nouvel accès à l'eau. En effet le forage entrepris en Septembre 2015 par la société Camerounaise Firming a trouvé une nappe aquifère abondante à une profondeur de 84 m après plus de trois années de prospection.

Plus récemment, la CODATU a été missionnée par l'Agence Française du Développement pour adapter les plans de mobilité urbaine soutenable des villes de Yaoundé et Douala (Codatu, 2019).

Ce que traduisent ces exemples, c'est bien la multitude des initiatives, les progrès réalisés à chaque fois, de manière concrète et vérifiée sur le terrain. Mais dans le même temps, ces actions tendent à se juxtaposer, à favoriser des solutions partielles, qui ne permettent pas de proposer une démarche coordonnée. Dès lors, les difficultés se font jour : d'une part les effets sur les ressources ne sont guère mesurés ni maîtrisés ; d'autre part les solutions induisent une dépendance aux actions menées par les structures d'aide, sans véritablement maîtrise locale de la technique.

4.3 L'implication croissante des villes dans leur propre transformation

Pourtant, les villes tendent à occuper une responsabilité de plus en plus importante dans l'entrée en transition de leur territoire. Le Cameroun s'est engagé dès les années 1990 dans des politiques de démocratisation et de décentralisation (Rangé, 2016) qui ont affecté davantage de responsabilités formelles aux maires. Mais c'est bien encore le ministère de l'Habitat et du Développement urbain qui élabore les stratégies d'aménagement et de restructuration des villes, qui rédige et qui met en œuvre les documents d'urbanisme, les schémas Directeurs d'Aménagement et d'Urbanisme, pour les villes de Yaoundé et de Douala (MINHDU[10]).

Pour Yaoundé, le dernier schéma directeur « Yaoundé horizon 2020 » a été actualisé… en 2003. Réalisé par un groupement franco-camerounais AUGEA International – IRIS Conseil – ARCAUPLAN, il visait à faire de Yaoundé une ville rayonnante, accueillante et plus agréable à vivre en promettant un accroissement et une plus grande diversité de l'offre de logements, la réalisation de parcs urbains et le nettoyage des rivières, la protection du milieu naturel et la confirmation de la destination rurale de la périphérie de la ville. Malgré les intentions et en raison de l'absence de coordination avec les acteurs locaux, la réalité est aujourd'hui bien différente.

Cela n'empêche nullement les autorités municipales de vouloir se saisir de certains sujets. La Municipalité de Douala a décidé d'agir pour assurer l'amélioration durable de l'accès à l'eau dans ces 3 îles. Mais elle s'est appuyée sur des partenaires tels que l'Association internationale des maires francophones (AIMF), l'agence de l'eau Loire-Bretagne. À Bangangté, ce sont les efforts coordonnés de l'AIMF, la Fondation Veolia, le Syndicat interdépartemental de l'Assainissement de l'Agglomération parisienne (SIAAP), l'Agence de l'eau Seine Normandie (AESN) qui ont permis la remise en service de stations de traitement pour la filtration et la désinfection de l'eau, la réfection des châteaux d'eau, la réhabilitation des réseaux, des bornes fontaines et de branchements particuliers et la sécurisation de l'ensemble des équipements.

10 http://www.minhdu.gov.cm/index.php ?option=com_content&task=view&id=28 &Itemid=100028&catid=14

Ce sont encore les maires de quelques villes, Dschang, Douala 5, Kye-Ossi, Nkong-Zem et Fongo-Tongo, qui ont permis de mettre en œuvre le Programme Intercommunal pour la Gestion Durable de l'Eau et de l'Assainissement (PIGEDEA) destiné à améliorer les services de l'eau et de l'assainissement dans leurs localités respectives grâce au financement de l'Union européenne.

Conclusion

En quelques mots, Christophe Cottet, Gaël Giraud et Laëtitia Tremel (2019) explique l'importance à se préoccuper aujourd'hui de la transition en Afrique : « L'Afrique est aujourd'hui le continent dont l'avenir déterminera pour une grande part celui du reste de la planète : c'est le seul continent qui connaîtra une forte poussée démographique au cours des trois prochaines décennies au moins ; la dernière réserve de main-d'œuvre disponible et bon marché vers laquelle les capitaux pourraient s'orienter en quête d'une ultime industrialisation ; l'un des deux poumons forestiers du globe dont la préservation est essentielle à la neutralité carbone que la planète doit viser pour 2050 si nous voulons conserver quelque chance de respecter l'Accord de Paris ; mais aussi la région du monde la plus vulnérable aux dérèglements écologiques déjà en cours ; un continent où les résultats scolaires restent dramatiquement faibles ; et qui concentre d'importantes poches d'inégalités : l'Afrique australe est, avec l'Amérique latine, la zone exhibant les inégalités de revenu les plus élevées de la planète… » Par conséquent, chaque unité d'argent public investi dans les villes doit l'être dans un souci d'efficacité maximum, tandis qu'il faut également mobiliser autant que possible d'autres sources de financement, auprès du secteur privé comme des partenaires internationaux et de la population.

Les villes du Cameroun sont-elles entrées en transition ? La réponse commune est sans doute possible négative. Croissance urbaine, augmentation de la consommation, désorganisation de l'accès aux ressources… Les constats sont encore sévères. Ils traduisent la très grande difficulté à simultanément accompagner la croissance et à engager les transformations.

Mais la conclusion est plus favorable s'il s'agit d'identifier des expériences qui réduisent les impacts, qui protègent la biodiversité et permettent de réduire les conséquences du changement climatique…

La multiplication des dispositifs autonomes traduit moins en réalité l'incapacité d'une gestion collective et l'expression d'une tragédie des communs, selon l'expression d'Hardin (1968), que la conséquence d'une insuffisance simultanée d'une absence d'investissements et de moyens des collectivités, d'une part, d'une absence de régulation et de gouvernance aux différentes échelles d'autre part : alors que le pouvoir central n'a pas encore organisé une véritable décentralisation vers les acteurs locaux et qu'il ne parvient plus à réguler les dynamiques démographiques, économiques et sociales de son territoire, il n'a pas su déconcentrer les responsabilités et les moyens.

Les solutions soutenues par les associations et la société civile fleurissent. Au-delà des modèles, apparaissent ainsi une pluralité d'innovations locales (Baron et Tidjani, 2011), qui mettent en valeur les possibilités d'une organisation plus horizontale et plus agile. Les efforts menés par les collectivités pour réguler les situations semblent, quant à eux, émerger progressivement. Mais ce fleurissement d'acteurs, dont les actions ne sont guère coordonnées, participe à l'impossibilité de dégager des actions communes axées sur des principes clairement reconnus de tous. Les questions de gouvernance, de transition démocratique, sont donc régulièrement posées. Elles sont incontournables dès lors qu'il s'agit de trouver très rapidement des solutions et des modes de gestion qui permettent de gérer au mieux les ressources, dans une forme patrimoniale (Vivien, 2009).

Bibliographie

Baron C., Tidjani Alou M. (2011). « L'accès à l'eau en Afrique subsaharienne : au-delà des modèles, une pluralité d'innovations locales », *Mondes en développement* [En ligne] 155 (3), p. 7–17. Disponible sur : < http://dx.doi.org/10.3917/med.155.0007 >

CODATU, http://www.codatu.org/actualites/retour-sur-les-premiers-sumps-en-afrique-retours-croises-sur-les-premieres-initiatives-dans-le-cadre-de-mobiliseyoucity/

Dayang R. (1999). « L'appropriation d'un projet par les bénéficiaires. L'installation des stations Scanwater d'adduction d'eau au Cameroun, ou les conditions de survie de l'équipement collectif », in *Dialogues, propositions, histoires pour une citoyenneté mondiale* [En ligne]. [s.l.] : [s.n.],

1999. Disponible sur : < http://base.d-p-h.info/fr/fiches/premierdph/fiche-premierdph-5005.html > (consulté le 10 octobre 2019).

Djatcheu M. L. (2018). « Fabriquer la ville avec les moyens du bord : l'habitat précaire à Yaoundé (Cameroun) », in *Géoconfluences* [En ligne]. Lyon : [s.n.], 2018. Disponible sur : < http://geoconfluences.ens-lyon.fr/informations-scientifiques/dossiers-thematiques/de-villes-en-metropoles/articles-scientifiques/habitat-precaire-yaounde > (consulté le 15 septembre 2019).

ENDA (2009). « Programme Énergie Environnement et Développement », *Étude préliminaire d'adaptation aux changements climatiques en Afrique*. [s.l.] : Organisation internationale de la francophonie, 60 p.

Essome M. (2019). « JMH 2019 – Gestion des déchets plastiques : 600000 tonnes de menaces – Villes et Communes », in *villesetcommunes.info* [En ligne]. [s.l.] : [s.n.], Disponible sur : < https://www.villesetcommunes.info/actu/jmh-2019-gestion-dechets-plastiques-600-000-tonnes-de-menaces/ > (consulté le 19 janvier 2020).

Fodouop K. (2015). *Le Cameroun, jardin sacré de la débrouillardise*, Paris, L'Harmattan, 484 p.

Fonteh M.F. (2003). *Water for People and Environment: The United Nations Cameroon water development Report*, Addis Abeba, Ethiopia: United Nations Economic Commission for Africa, 158 p.

Hardin G. (1968) « The Tragedy of the Commons ». *Science*, 162, p. 1243–1248.

Harcheu Tchawe E. (2006). *Marchés et marchands de vivre à Douala*, Paris, L'Harmattan, 190 p.

Lall S. V., Vernon Henderson J., Vanables A. J. (2017). *Africa's Cities*. Wasington: Banque Mondiale, 165 p.

Mamadou A. W. (2019). « Protection de l'environnement : Douala se lance dans le combat contre les déchets plastiques », in *mediaterre.org* [En ligne]. [s.l.] : [s.n.], Disponible sur : < https://www.mediaterre.org/actu,20190131100744,6.html > (consulté le 7 novembre 2019).

Ministère du Développement urbain et de l'Habitat (2010). *Stratégie nationale de financement du logement social au Cameroun, état des lieux et diagnostic du financement du logement social au Cameroun*, Yaoundé, 41 p.

Mosnier A., Makoudjou A., Awono E., Mant R., Pirker J., Tonga P., Havlik P., Bodin B., Maukonen P., M O., Kapos V., Tadoum M. (2016).

Modélisation des changements d'utilisation des terres pour le Cameroun, Yaoundé, REDD-PAC, 88 p.

Nanfack C.N.A., Anyangwe F. F., Payne V. K., Bridget K., Muafor F. J. (2014). «Eaux non conventionnelles : un risque ou une solution aux problèmes d'eau pour les classes pauvres », *Larhyss Journal*, 17, p. 47–64.

Ndoumbe N. (2018). « Cameroun – Énergie : La Centrale solaire et thermique de Djoum désormais fonctionnelle »., in *ActuCameroun* [En ligne]. Yaoundé : [s.n.], Disponible sur : < https://actucameroun.com/2018/01/30/cameroun-energie-centrale-solaire-thermique-de-djoum-desormais-fonctionnelle/ > (consulté le 14 décembre 2019)

Ngefor G. S. (2011). « Les projets d'approvisionnement communautaire en eau : une arène d'expression des mécontentements politiques. Le cas de Kumbo, au Cameroun », *Mondes en développement* [En ligne], 2011, 155 (3), p. 59–19. Disponible sur : < http://dx.doi.org/10.3917/med.155.0059 >

Rangé C. (2016). « Gouvernance foncière et intensification du multi-usage de l'espace. Le cas de la fenêtre camerounaise du lac Tchad », *Économie rurale* [En ligne], 28 juin 2016. n° 353–354, p. 45–63. Disponible sur : < http://dx.doi.org/10.4000/economierurale.4919 >

Saha F., Tchio Nkemta D., Tchindjang M., Voundi É., Mbevo Fendoung P. (2019). « Production des risques dits "naturels" dans les grands centres urbains du Cameroun », *Natures Sciences Sociétés* [En ligne], 15 février 2019. 26 (4), p. 418–433. Disponible sur : < http://dx.doi.org/10.1051/nss/2019003 >

Tenkap V. L. N. (2015). « Public-sector urban initiatives and reform of the water supply service at Douala (Cameroon) », *Géocarrefour* [En ligne], 20 novembre 2015, 90 (90/1), p. 61–71. Disponible sur : < http://dx.doi.org/10.4000/geocarrefour.9686 >

Tchindjang M. (1996). *Le bamileke central et ses bordures : morphologie régionale et dynamique des versants. Étude géomorphologique*. Thèse de doctorat, Paris, Université de Paris 7.

Vaucelle S. (2016). « Le fleuve Niger et son bassin : aménagements, gouvernance et stratégies d'adaptation au changement climatique ». *com* [En ligne], 23 août 2016, 68 (270), p. 243–270. Disponible sur : < http://dx.doi.org/10.4000/com.7458 >

Vivien F.-D. (2009). « Pour une économie patrimoniale des ressources naturelles et de l'environnement ». *Mondes en développement* [En ligne], 145 (1), p. 17–28. Disponible sur : < http://dx.doi.org/10.3917/med.145.0017 >

Zinsou L. (2019). « L'électrification de l'Afrique : une politique technique ou sociale ? », *Annales des Mines – Réalités industrielles*, 1er août 2019, 2019 (3), p. 43–45.

Partie 2

Adaptation

La nature en ville : Comment les pratiques aménagistes s'adaptent en continu à l'impératif écologique. Étude à partir de cinq projets du Grand Ouest français

Sabine El Moualy[1], Guy Baudelle[2] et
Laurence Le Du-Blayo[3]

Introduction

La dimension environnementale des programmes d'urbanisme s'affiche et se présente comme une garantie de la qualité des projets. La « Nature », comprise ici simplement au sens d'éléments de végétation anthropique ou spontanée, fait partie de ces arguments, encore davantage avec la reconnaissance de l'intérêt des « Trames vertes urbaines » (Clergeau, Blanc, 2013). Nous savons que l'intégration d'espaces à caractère naturel dans le tissu citadin apporte des aménités urbaines aujourd'hui (Lepage, 2013) comme hier (Noury, 1997). De plus, la règlementation a évolué : la loi Paysage de 1993 a introduit l'obligation de prise en compte du paysage existant dans la demande de permis de construire à l'échelle de la construction tandis que la loi sur la Solidarité et le Renouvellement Urbain de 2000 impose le respect de l'insertion des projets dans l'environnement (article L 121–1 du Code de l'Urbanisme). Il reste cependant des interrogations sur la manière

---

1 Docteure, laboratoire ESO-Rennes, UMR CNRS 6590, Université Rennes 2, (France) & Agence Aubépine (Rennes).

2 Professeur d'aménagement de l'espace-Urbanisme, laboratoire ESO-Rennes, UMR CNRS 6590, Université Rennes 2 (France) & Président de l'Institut d'aménagement et urbanisme de Rennes (IAUR).

3 Maître de conférences en géographie, Habilitée à Diriger des Recherches, Laboratoire ESO-Rennes, UMR CNRS 6590, Université Rennes 2 (France).

de mettre en œuvre ces dispositions, en particulier sur la façon dont on passe des ambitions énoncées dans un projet à leur concrétisation effective. Cette mise en œuvre semble emprunter plusieurs voies dans les processus d'aménagement. Une part de la réponse réside dans les modalités d'appropriation des exigences relatives aux espaces urbains à caractère naturel par les acteurs et dans l'organisation qui en découle. Si « "la ville-nature" (Aggeri, 2010) est un modèle urbain » et que ce dernier « convoque de nouvelles compétences connues ou en construction pour mettre en œuvre ce projet » (Donadieu, 2013), leur intégration reste encore aléatoire.

Les éléments de réponse que nous présentons ici sont issus d'une thèse CIFRE dont l'objectif était d'éclairer la problématique suivante :

> « Comment la prise en compte des éléments naturels interagit-elle avec le projet d'urbanisation par l'intermédiaire de ses différents acteurs, pour quelles matérialités et quelles spatialisations ? » (El Moualy-Terrade, 2019).

Cette problématique est née de nombreux questionnements de la part d'écologues quant à leur place dans le jeu des acteurs d'une opération d'aménagement, l'objectif étant de mieux comprendre en quoi leur discipline améliore la qualité de la nature urbaine. La recherche a permis de montrer les changements à l'œuvre dans les pratiques des aménageurs. Ces modifications s'opèrent progressivement dans un cadre hérité des années 1960 et montrent des engagements variables vis-à-vis des milieux naturels existants. Nous préciserons ainsi sur quels volets il est aujourd'hui possible d'observer ces évolutions de pratiques et quelles en sont les limites.

Au préalable, nous revenons sur la méthode utilisée pour appréhender le processus d'aménagement et nous justifions le choix de travailler à l'échelle du quartier urbain, avec des opérations ciblées pour leur périodicité et leur contexte dans le Grand Ouest de la France. Ensuite, nous résumons les principales évolutions intervenues dans la composition des jeux d'acteurs et la manière d'envisager la nature dans les opérations. Enfin, l'analyse des discours des aménageurs permettra une lecture plus approfondie des enjeux liés à la ressource humaine dans la fabrique des villes de demain.

Cas	**Aire Urbaine**	**Surface en hectares**	**Densité (logts/ha)**	**Élément de contexte paysager**
Le Blosne Bréquigny (ZUP Sud-1959)	Rennes	269 et 263	Extension sur des espaces agricoles Densité moyenne (30 à 50 logt/ha)	
Les Perrières (1998-)	Nantes	53		
Le Plateau des Capucins (1998-)	Anger	104		
Les Rives du Blosne (2001-)	Rennes	76		
La Courrouze (2001-)	Rennes	115	Friche militaro-industrielle et boisements Densité élevée (60 à 240 logt/ha)	

Fig. 1: Les cinq quartiers étudiés – Source : El Moualy, 2018

1 Histoire, Langage et Matérialité : un triptyque heuristique

La construction de la méthode avait pour objectif d'appréhender des processus complexes et pluriels. Le souhait était d'obtenir à la fois une vision d'ensemble pour saisir l'esprit du projet et une analyse détaillée qui permette d'envisager le cheminement des idées jusqu'à leur spatialisation sur l'opération d'aménagement. Comme il s'agissait d'identifier les multiples changements intervenus dans la prise de conscience des enjeux environnementaux et de saisir les modalités d'adaptation des pratiques visant à introduire la nature en ville consécutivement à ces évolutions incessantes des enjeux globaux et locaux à prendre en compte, une étude transversale en longue durée est apparue nécessaire.

C'est pourquoi le travail est fondé sur l'examen approfondi de cinq quartiers aménagés des années 1950 aux années 2010, de manière à saisir comment l'impératif écologique a été introduit puis progressivement pris en compte par les pratiques de l'urbanisme. Ces cinq projets d'aménagement sont localisés dans trois villes de l'Ouest français, pour des raisons de commodité et d'unité (Antoine, 2002). Ils ont été sélectionnés car considérés comme illustratifs des transformations à cerner. Ces quartiers résidentiels sont les suivants :

Les opérations les plus récentes sont labellisées « écoquartier » ou engagées dans la démarche. Elles se déroulent dans un cadre juridique d'aménagement qui permet de retrouver des sources documentaires similaires et des formes contractuelles entre acteurs récurrentes. Le dossier projet pour la Zone d'Urbanisation Prioritaire et les dossiers de réalisation pour les Zones d'Aménagement Concerté ont été utilisés comme point de départ pour une première synthèse des ambitions posées au moment de l'officialisation du projet. La partie documentaire a ensuite été approfondie par un audit des fonds d'archives disponibles (courriers, études diverse, articles de presse, documents de présentation, etc.). La méthode inclut ensuite une série d'entretiens avec les personnes ayant participé au projet. Il s'agit de professionnels de la maîtrise d'œuvre, d'élus, d'agents de la collectivité concernée et de quelques représentants des habitants, afin d'interroger un large panorama d'acteurs, avec chacun leur vision propre de la prise en compte de la nature. Enfin, des cartographies diachroniques à partir de photos aériennes, d'ortho photos et des plans masses, avec reportages photos sur les terrains, ont complété la base de données générale sur les cas.

L'objectif était de mieux appréhender un processus permanent auquel participent une multitude d'acteurs (Zepf, 2004). Pour analyser ce corpus de données foisonnant, la méthode associe alternativement outils numériques et analyse compréhensive au fil de l'eau. Elle est menée selon trois axes : l'histoire du projet, le langage employé à son propos et l'apparence des matérialités qu'il a déjà produites.

L'approche chronologique est donc une première étape qui vise une sociologie plus réaliste (Businno, 2003) et opte pour une reconstitution historico-événementielle du projet à plusieurs échelles. En reportant chaque date et en catégorisant les évènements dans un tableur de données, les premiers facteurs d'influence apparaissent, ainsi qu'une rythmique de l'opération observée sur 20 à 30 années. En complément, la méthode du récit de vie (Chaxel, Fiorelli, Moity-Maïzi, 2014) est ici adaptée pour obtenir ce que l'on pourrait nommer « récit de projet » ou « récit de chantier ». Les entretiens semi-directifs ont été orientés vers l'opération d'aménagement et le parcours professionnel des acteurs. L'objectif est de retracer les évolutions du projet en creusant le lien avec une partie des trajectoires de vie des acteurs et les transformations de leur métier selon eux.

La démarche linguistique utilise les documents et les témoignages. Dans un premier temps, les phrases, concernant la nature, inscrites dans les dossiers projets ont été reportées dans un tableur de données et classées en thématiques. Ensuite, les entretiens enregistrés ont été dactylographiés et reportés dans un tableur de verbatim (une phrase par ligne, soit 2374 verbatim). La lexicométrie (Reinert, 1993) via le logiciel libre IramuteQ[4] autorise une approche exploratoire de la base linguistique conséquente ainsi constituée. Cependant la part la plus importante de l'audit a été réalisée via un tableur de verbatim, organisé selon plusieurs entrées : les contraintes et les leviers rencontrés, les objets à caractère naturel pris en référence, le positionnement selon la théorie des économies de la grandeur (Boltanski, Thévenot, 1991), les indices de la qualité de la collaboration entre les acteurs d'après la théorie du dialogue authentique (Innes, Booher, 2010), accompagnée de l'observation de différentes théories, guides sur le travail collaboratif et les rapports d'influences entre acteurs (Godet, 2004). Chacun de ces cadres a été testé et adapté aux projets d'aménagement. Par exemple, le modèle des économies de la grandeur a permis d'examiner les justifications de la prise en compte de la nature au regard des espaces et des éléments à caractère naturel rencontrés par les aménageurs. Pourquoi ont-ils préservé tel espace et modifié tel autre ? Comment l'ont-ils requalifié pour répondre au double objectif de l'écologie et de l'installation urbaine ? Comment se positionnent-ils par rapport aux injonctions écologiques normatives et politiques ? Le modèle s'est révélé fructueux au regard de la question de la construction des compromis appliquée à des actions d'aménagement paysager. Il répond à l'objectif de mieux comprendre la fabrication des compromis liés à la nature au cours du processus d'aménagement, là où, comme dans d'autres contextes, « les conflits de rôles vont en se multipliant. Or, la seule issue demeure le compromis » (Ricœur, cité par (Nachi, 2006). L'apport de ce modèle à notre démarche compréhensive est important et en constitue, avec la démarche historique, le second pilier.

Enfin, la cartographie diachronique et les observations sur les sites ont permis de confronter d'une part, la morphologie du projet avec les ambitions relatives à la nature, d'autre part, les caractéristiques des espaces livrés avec les facteurs décrits, les positionnements des acteurs et les exigences primaires que portent les écologues et la littérature

4 Marty, Marchand, Ratinaud. (2016). Diaporama de stage pour l'utilisation du logiciel IRAMUTEQ.

des trames vertes urbaines. À l'aide de l'outil Qgis, la première étape a été de repositionner les vues aériennes ou ortho photos disponibles sur une période de quelques années précédant le début des opérations d'aménagement. À partir de ces données, les éléments structurants repérables ont été saisis et codifiés (haies, cultures, ruisseaux, prairies, etc.) lorsqu'il n'existait pas de couche cartographique. Ensuite, l'orthophoto la plus récente comportant les opérations urbaines a remplacé la précédente pour comparer la présence ou non des entités à caractère naturel repérées. Dans le même temps, le plan masse de chaque projet a été repositionné sur les visuels aériens. Ces superpositions successives de visuels apportent déjà des éléments sur la manière d'envisager l'urbanisation d'un périmètre. Pour finir, l'observation d'objets récurrents indiqués dans les entretiens par les acteurs, comme par exemple les haies bocagères ou les noues, a permis de montrer que, pour une même volonté de préserver ou de prendre en compte, les résultats spatiaux sont très divers. Ainsi, les signes de la durabilité ou de la remise en question sont visibles dès la livraison.

La méthode employée s'est donc construite au regard des besoins de la problématique et s'avère particulièrement probante pour mieux comprendre le processus d'aménagement. Son intérêt est d'analyser les sources avec plusieurs approches qui se complètent entre elles et vont permettre une meilleure compréhension des données. Elle avait aussi pour vocation de satisfaire à la demande de plusieurs disciplines (écologie, sociologie et géographie urbaine). Une partie des résultats montre une évolution permanente des pratiques des aménageurs face à l'injonction de la prise en compte de la nature, et ce, quels que soient le corps de métier et les modes d'organisation.

2 Les acteurs et leurs pratiques sur une nature en perpétuelle renouvellement

En replaçant les cinq quartiers aménagés ou en cours d'aménagement dans leur contexte historique, il apparait une forme de multiplication des acteurs et de leurs interactions portées à la fois par l'injonction au développement durable et des modifications économique et politiques profondes dans le domaine de l'aménagement du territoire. Le passage d'une culture issue de la Charte d'Athènes à celle d'Aalborg (Emelianoff, 2004) s'insère progressivement dans la pratique dont les objectifs changent ou plutôt s'hybrident pour améliorer la qualité environnementale. La nature fait partie de ces composantes, à travers des récits d'acteurs qui mêlent des vocabulaires paysagers et techniques. Des formes d'aménagement s'imposent progressivement dans les opérations urbaines du grand Ouest français. Cependant, si la ville semble gagner en perméabilité via les attentions portées aux espaces à caractère naturel, il faut prévenir des limites observées pour aider à la construction d'une ville-nature plus pérenne.

2.1 Diversification des acteurs et segmentation des compétences : l'exigence environnementale n'est qu'un facteur parmi d'autres

Suite au rapport Bruntland en 1987, la législation a mis une dizaine d'années à formuler des obligations relatives au paysage et à la nature qui vont pouvoir intégrer les cadres administratifs de l'opération d'aménagement. S'il existe déjà des professionnels engagés ou conscients que la dynamique apparue autour du développement durable va modifier leur façon d'exercer, l'obligation légale va venir accentuer le mouvement et entrainer des acteurs moins concernés. Les notions de « paysage » et de « biodiversité » s'imposent avec la convention sur la diversité biologique de Rio en 1992. Avec la directive européenne « habitat » (1992), puis la directive cadre sur l'eau (2000) et la convention de Florence (2000), le besoin s'accentue progressivement de connaître les lieux et leurs caractéristiques écologiques, alors qu'auparavant les urbanistes vendaient davantage leur esthétique et les usages sociaux potentiels.

Face aux obligations nouvelles pour obtenir les autorisations d'aménager et aux exigences des collectivités, architectes et maîtres d'ouvrage (collectivités, promoteurs, etc.) font appel aux compétences de l'écologie et du paysage pour rédiger le volet nature de la demande de permis de construire (pour un bâtiment) ou de la demande de validation de l'opération d'aménagement (Z.A.C., lotissement, infrastructures, etc.). Nous avons observé que deux mouvements s'accentuent pour répondre à cette demande.

D'abord des professionnels qui travaillaient déjà sur les projets, comme par exemple des ingénieurs hydrauliciens, vont envisager leur métier d'une façon nouvelle et inventer un sens nouveau à leur métier. Pour le cas de l'eau, l'objectif est toujours de gérer les écoulements pour éviter les inondations et l'insalubrité sur l'espace public, mais à la différence des années 60 où la méthode de la canalisation des eaux par voie souterraine vers les ouvrages de rétention domine, il s'agit désormais de redonner de la perméabilité au sol pour adoucir les cheminements des eaux pluviales et participer à la composition de milieux d'intérêt écologique en cœur urbain. Noues à ciel ouvert, fossés, prairies, boisement récepteurs, revêtements : les ingénieurs de la voirie et des réseaux réinventent des techniques anciennes et expérimentent des ouvrages artisanaux pour répondre à la prise en compte de la nature, lorsque le maître d'ouvrage donne son accord.

Le second constat réside dans l'apparition de nouveaux métiers, issus de disciplines existantes, qui vont se composer au fil de la demande. L'agronomie et l'horticulture restent des savoirs clefs pour la mise en place de ces espaces à caractère naturel urbain d'un genre nouveau. Des écologues se rapprochent ainsi des villes et adaptent leurs connaissances au milieu urbain dense, quand d'autres, déjà praticiens de la végétation d'ornement en milieu urbain, cherchent des alternatives végétales entre esthétique et écologie. En parallèle, les formations universitaires évoluent de sorte que les capacités d'inventaires des éléments à caractère naturel semblent aujourd'hui conséquentes.

Cependant, il convient de rappeler que la diversification des acteurs sur la prise en compte de la nature n'est pas seulement due à cette injonction de prise en compte. En effet, parallèlement à la diffusion mondiale du développement durable, en France, sur la même période, l'État décentralise ses pouvoirs et le libéralisme influence le système économique et la gouvernance des territoires. Rappelons que trois métiers sont d'abord reconnus officiellement : ingénieur (1934), architecte (1940) et géomètre (1944–46). Avec les élus et l'État, ils sont les acteurs professionnels principaux de la fabrication d'un quartier urbain depuis la fin de la Seconde Guerre mondiale. Dans les années 1980, le processus de décentralisation des pouvoirs en France commence par transférer des compétences de l'aménagement, de l'urbanisme et du logement, mais aussi de la formation professionnelle de l'État vers les collectivités territoriales (Loi n° 83–663 du 22 juillet 1983 complétant la loi n° 83–8 du 7 janvier 1983 relative à la répartition de compétences entre les communes, les départements, les régions et l'État). Les Communes possèdent alors la compétence en matière d'urbanisme et les Directions Départementales de l'Équipement, qui participaient activement aux projets d'aménagement, voient peu à peu leur présence se restreindre et leur mission se réduire sur la conception pour se limiter au contrôle de la conformité des quartiers avec les exigences nationales. Progressivement, la maîtrise d'ouvrage locale dispose donc du choix de la composition des équipes de maîtrise d'œuvre et peut ainsi imposer des exigences particulières sur le projet d'aménagement. Des équipes pluridisciplinaires émergent alors, avec un potentiel croissant d'expertises au niveau local, qui répondent à la demande des collectivités. Mais, en contrepartie de cette indépendance, l'État demande une formulation plus rigoureuse des intentions d'aménagement dans les documents administratifs (dossiers de création, dossiers de réalisation, etc.). C'est par l'intermédiaire de ces documents que les exigences environnementales commencent à se formaliser avec par exemple une étude d'impact et le contenu du rapport de présentation qui intègre aussi la nature ordinaire dans l'état des lieux paysager. En réponse à ces besoins naissants, les compétences nécessaires à cette nouvelle configuration se développent, en particulier sur des missions d'assistance à maîtrise d'ouvrage et d'assistance à maîtrise d'œuvre dans le cadre de projet d'aménagement à l'échelle du quartier urbain. D'autant que l'économie se dirige alors vers la libéralisation des marchés et la privatisation, dont celle de missions auparavant emblématiques de l'État, comme l'assainissement ou la voirie (Acte Unique Européen de 1986). L'ouverture progressive à la concurrence et ce transfert des compétences sur l'occupation des sols et l'aménagement aux collectivités locales entrainent la réduction de l'influence des ingénieurs d'État, au profit de ceux qui exercent dans des structures de statut privé. Ce nouveau système d'acteurs complexe est régi dès 1985 par la loi M.O.P. (Loi n° 85–704 du 12 juillet 1985 relative à la maîtrise d'ouvrage publique et à ses rapports avec la maîtrise d'œuvre privée) pour établir des bases communes.

C'est aussi dans ce contexte que les métiers commencent à se différencier. La segmentation des compétences s'explique par deux facteurs dont les issues sont radicalement différentes. Son premier visage, moins glorieux au regard des partisans de la ville durable, est celui de la spécialisation par tâche pour des raisons de rentabilité économique. La fabrique de la ville n'a en effet pas échappé à l'industrialisation, et la numérisation de la conception est venue compléter les procédés de préfabrication des bâtiments. Elle impacte aujourd'hui les décisions d'aménagement (de Coninck et Deroubaix, 2012). Des diplômés de l'école d'architecture témoignent d'une carrière de dessinateur assisté par ordinateur où la priorité n'est pas la créativité mais l'usage de matériaux, d'éléments qui permettront des économies d'échelle et plus de rentabilité. C'est peut-être un des facteurs les plus intenses de la « ville aux quatre étages carrés ». La situation est similaire pour les écologues qui peinent parfois à donner du sens aux inventaires naturalistes. À revers, la segmentation, c'est aussi la spécialisation par domaine d'expertise. Plus les études de sites et les innovations techniques seront fines, et plus le projet nécessitera des acteurs experts. C'est par exemple le cas des spécialistes des insectes, des oiseaux, ou encore de l'éclairage urbain, de matériaux spécifiques, etc. Ainsi, l'ingénieur plus généraliste va faire appel à des sous-traitants sur des questions précises. Mais ces nouveaux métiers restent fragiles dans la mesure où la demande n'est pas à la hauteur de leur viabilité. Ces acteurs exercent très souvent une double activité entre enseignement et étude, ou bien ils ont tendance à généraliser leurs prestations intellectuelles.

Il y a donc bien une évolution des jeux d'acteurs sur les projets d'aménagement avec, à différent degrés, la disparition progressive du trio entre le maire, la direction de l'équipement et l'État. Elle laisse place à des équipes pluridisciplinaires plus ou moins étoffées, dont nous avons observé la capacité à collaborer. Tous ces acteurs, qui vont participer à la prise en compte de la nature, semblent produire des espaces urbains qui ont en commun, par rapport aux opérations des années 1960, de préserver ce que nous avons finalement nommé une « matrice paysagère ».

2.2 De la quasi-table rase à la matrice paysagère, quelques clefs de lecture des plans-projets

Les fonctions urbaines, quel que soit le projet, restent les mêmes. Assurer un cadre de vie agréable, évacuer les eaux pluviales, assurer des activités de loisirs, sont toujours d'actualité. C'est la façon de les mettre en œuvre et l'adjonction d'objectifs écologiques qui modifient le projet et la façon de le conduire. Nous usons de l'expression « quasi-table rase » pour l'opération des années 1960 parce que les archives du projet de la Z.U.P. Sud de Rennes montrent que, malgré la canalisation souterraine des eaux de ruissellement et la difficulté à retrouver la structure du paysage agricole passé, les acteurs avaient de l'intérêt pour les arbres existants. Il s'agissait d'un intérêt esthétique pour l'âge et donc la taille imposante de ces arbres. Dans un courrier d'août 1972, lorsque la mise en place d'un chemin de grue par les services de l'équipement entraine l'abattage d'une rangée de 7 chênes :

> « Les arbres en question figuraient très précisément sur tous les plans de ce quartier, ils avaient été relevés par nous-mêmes individuellement, ils étaient protégés par une clôture. Il était possible de sauver ces arbres dont le plus mal placé était à 8 mètres de la façade du bâtiment situé à l'ouest […]. Si j'insiste sur ce point c'est qu'il ne me semble pas évident que vos services soient aussi respectueux que moi-même des arbres existants. » (Courrier du 26 septembre 1972, adressé par M. Marty à la direction de l'équipement de Rennes.)

Dans les dossiers les plus récents, les urbanistes projettent « d'utiliser les sols existants », « d'utiliser les zones humides existantes », « de s'appuyer sur le patrimoine », « de limiter les impacts de l'imperméabilisation », etc. Le langage tend à systématiser l'idée que pour viabiliser le périmètre, l'aménagement va faire avec les éléments à caractère naturel plutôt que de faire contre. Concrètement, le végétal, en particulier les boisements et les chemins de l'eau sont répertoriés pour mieux positionner le bâti et adapter les plans masses avec plus ou moins de subtilité. Les opérations de terrassements sont réduites et davantage contrôlées, ainsi que l'installation des chantiers de construction.

L'exemple de La ZAC des Perrières illustre cet urbanisme qui a le souci de dessiner la ville sans bousculer le paysage. La carte suivante propose une superposition de l'ortho photo de 2018 et des éléments de paysage qui ont été préservés.

Il est ainsi possible de visualiser les linéaires de haies paysannes et les bois conservés après les aménagements ainsi qu'une mare au centre du plan. Le verger à l'ouest n'a pas pu être pérennisé dans la mesure où il s'agissait de cultures intensives, inadaptées à la proximité des futurs habitants. Les cheminements des eaux ont été étudiés de façon très détaillée en amont et les eaux de ruissellement sont aujourd'hui dirigées vers les boisements et la mare centrale ce qui a permis de réduire, malgré les constructions nouvelles, le débit vers le ruisseau du Rupt au nord, en bas du versant où se situe l'opération.

Les Z.A.C. étudiées montrent la récurrence de plans d'aménagement qui visent à s'insérer dans un maillage bocager existant et à gérer les eaux pluviales en surface, sur le périmètre pour limiter son impact. Pour les acteurs interrogés, c'est le résultat d'une législation plus exigeante sur le traitement des eaux et d'inondations passées qui ont été causées par l'imperméabilisation massive des sols. La matrice paysagère aurait donc pour objectif de perméabiliser la ville en utilisant les composantes naturelles existantes mais aussi de permettre la continuité de lecture

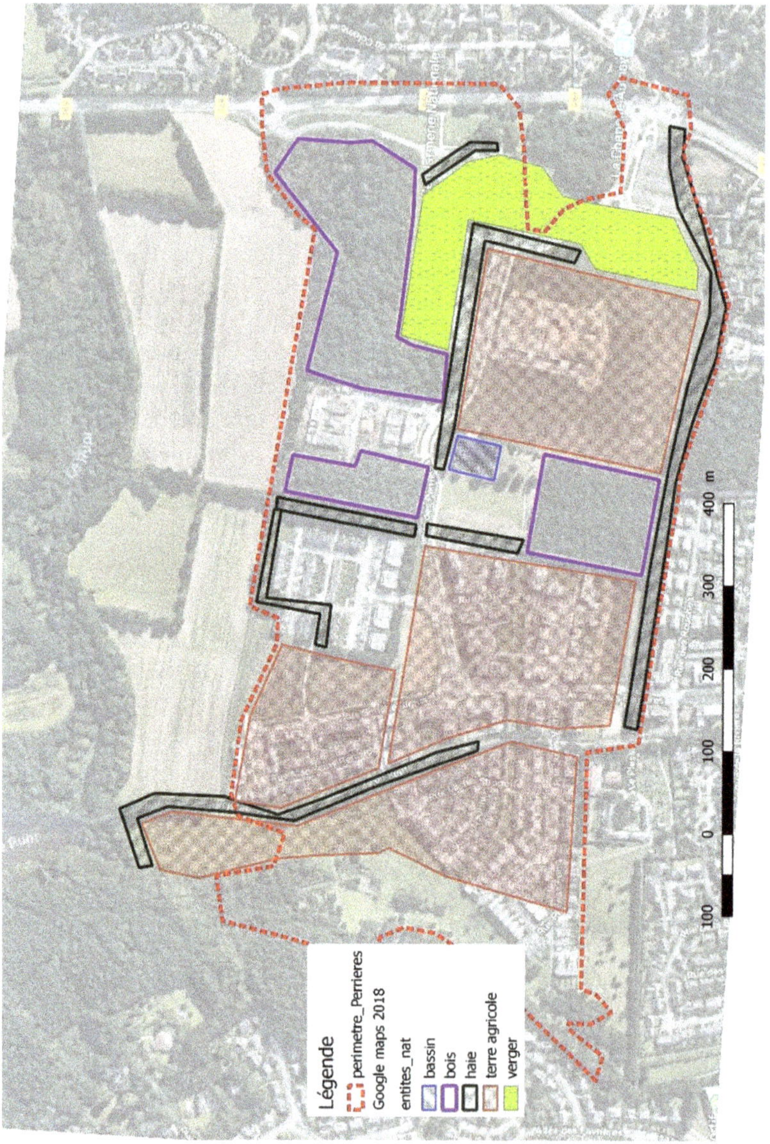

Fig. 2: Carte des composantes à caractère naturel préservées dans la ZAC des Perrières (Nantes). Source : El Moualy 2018

du site. Pour le cas de Perrières, les promeneurs locaux sont satisfaits et rassurés de ne pas avoir perdu les cheminements vers la vallée du Rupt. À La Courrouze, davantage soumise à la pression foncière, les acteurs estiment que cette fonction urbaine d'absorption des eaux de pluie est un gage de pérennité pour ces espaces verts sous le joug perpétuel de la densification. *A contrario*, dans toutes les opérations étudiées, nous constatons une urbanisation systématique sur les terres agricoles, ce qui semble inquiéter les observateurs des sols fertiles. Aussi, certains paysagistes avouent se lasser de « construire des parcs en forme de trous » et sont nostalgiques de plus de floraisons. Des ingénieurs estiment qu'il faudrait freiner un peu le « dogme de la noue » et équilibrer la typologie des espaces urbains à caractère naturel pour assurer une variété plus riche de milieux.

À l'image du « landscape urbanism » (Waldheim, 2006), ces nouveaux modes d'appréhension de l'urbanisation, basés sur la volonté d'utiliser le paysage existant pour mieux y insérer ces morceaux de ville, vont pousser les professionnels des différentes disciplines à mettre en commun leurs connaissances. Avant de revenir sur leurs positionnements, il convient de rappeler que la perméabilisation de la ville, pour la rendre plus durable, n'est cependant pas un processus linéaire et qu'il est aussi primordial d'en évaluer les qualités concrètes sur le terrain.

2.3 Une évolution des pratiques non linéaires : « la place de la nature avance puis recule »

La pérennité des espaces urbains à caractère naturel est fragile. Que reste-t-il des ambitions quelques années après le dépôt du dossier projet ? Les modes de fabrication sont-ils toujours compatibles avec les enjeux liés à la nature ? Alors que d'un côté des conceptions nouvelles laissent plus de marge au développement des espaces à caractère naturel et que des opérations de requalification permettent aux secteurs des années 1960 de renouer avec la notion de milieu, d'un autre côté, des espaces verts disparaissent ou sont appauvris sur le plan de leur intérêt écologique.

Par exemple, la Z.U.P. Sud est aujourd'hui le support d'une requalification avec la réintroduction de strates arbustives sur quelques vestiges des haies bocagères qui sont ainsi enrichies et mises en valeur par des panneaux destinés aux habitants. Inversement, à la suite d'incivilités, des massifs arbustifs se voient convertis en gazon puis en enrobé. La sécurité est également un enjeu fort, en particulier pour le cas des arbres soumis aux maladies et aux fortes tempêtes, mais aussi pour celui des fauches tardives, avec des habitants qui ne savent plus gérer les morsures de tiques. Ombrages, sols glissants, retour de petits et moyens mammifères non désirés, les espaces urbains à caractère naturel plus perméables imposent des adaptations qui ne pourront être efficientes qu'à la condition que la collectivité ou ses chargés d'opérations en assument les quelques aléas qu'il est possible de maîtriser plus en douceur. Et la tâche est complexe, dans la mesure où ces objets suscitent beaucoup de conflits.

Ensuite, s'appuyer sur le paysage par principe, sur un plan masse, ne garantit pas la qualité des espaces à caractère naturel livrés. Il existe aujourd'hui des lacunes évidentes, en particulier pendant la phase de travaux, où les écologues ne sont pas toujours amenés à participer suite aux inventaires qu'ils ont pu mener en amont. Leur place est en effet très variable. Soit ils sont présents en début de projet et effectuent les études qui permettront de mieux connaître l'existant sur le site (avec de grands écarts de précision selon les budgets alloués à ce volet) mais ne savent pas comment leurs rapports ont été utilisés. Soit ils sont appelés en cas de difficulté à obtenir les autorisations d'aménager et se voient un peu impuissants face à des bâtiments et des infrastructures déjà dessinés. Soit, dans la situation idéale selon eux, ils peuvent intervenir à la fois en amont puis tout au long des chantiers en conseil pour bien préserver ce qui avait été décidé au début du projet. Pour le cas des Perrières, un ingénieur hydraulicien se souvient :

> « On apprécie des projets comme Les Perrières parce que l'on n'est pas là pour faire de la figuration. Notre compétence sur les sols, le végétal, influence vraiment l'implantation des bâtiments, des voiries, pour assurer la pérennité de la préservation. C'est vrai que parfois, on nous commande un inventaire d'arbres pour l'annexer à la demande de permis de construire alors que le projet est déjà dessiné… »

Cette qualité de partage entre les disciplines se voit presque systématiquement sur les espaces à caractère naturel. Par exemple, dans la Z.A.C. des Rives du Blosne, il existe une mise en scène et un traitement des eaux de ruissellement très efficient et esthétique, alors que dans d'autres opérations, les noues se voient doublées par des tuyaux. En revanche, sur les deux premiers secteurs de l'aménagement, les élus rencontrent aujourd'hui de nombreuses difficultés avec les haies bocagères préservées. Ci-après un extrait de diaporama qui avait pour

Fig. 3: extrait d'un diaporama – comparaison entre deux haies préservées dans l'aménagement – Source : El Moualy, 2019

objet de comparer les matérialités des ambitions annoncées dans les projets, en l'occurrence des haies :

Sur les photos de gauche, les opérations de terrassement et la proximité aux bâtiments sont visibles et seuls les arbres, aujourd'hui en péril, témoignent du paysage passé. À droite, les entités ont systématiquement été conservées dans leur totalité (strates végétales, fossés, chemins creux, etc.) et ont été mises à l'abri des opérations de terrassement par des ganivelles (clôtures provisoires). Aussi, les haies sont à en moyenne 15 mètres de distance des bâtiments ; elles ne gênent donc pas les habitations qui, quant à elles, ne remettent pas en question l'état sanitaire des arbres.

Il est donc bien question, au-delà de la capacité purement technique à concevoir et maintenir des espaces à caractère naturel urbain de qualité, de relations humaines et d'organisation autour du projet. La méthode suivie, entre histoire, langage et matérialité, nous a donc conduit vers l'analyse du positionnement des personnes qui participent au quotidien, par leur profession, à la fabrique de la ville.

3 Redonner du sens aux métiers et un peu d'inspiration à l'urbanisme ?

Les économies de la grandeur (Boltanski, Thévenot, 1991) permettent de mieux comprendre les facteurs invoqués par les acteurs pour justifier les aménagements. Ce qui apparaît dans nos analyses, c'est la difficulté à retrouver des marques d'inspiration sur des métiers dont les disciplines, entre architecture et nature, nous paraissaient a priori plutôt porteuses. Dans les discours, il y a des récits d'idéaux mais qui semblent avortés par des successions d'expériences décevantes. Alors que les témoignages orientent la réflexion sur la prise en compte de la nature vers les sphères discursives de l'opinion et marchande, l'ensemble des témoignages indiquent des solutions dans la sphère du projet, au sens des méthodes de collaboration entre les métiers.

3.1 Travailler les espaces urbains à caractère naturel, c'est être exposé à l'opinion publique

De façon générale les habitants rejettent la « ville dense », la « ville haute ». Pourtant, en creusant les récits et en visitant les lieux les plus décriés, il semble que ce soit davantage un ressenti lié à l'esthétique générale des lieux. Cette question se posait déjà dans les années 1960, mais le besoin en termes de logements, face aux bidonvilles, n'impliquait pas les mêmes rapports de force. Alors qu'à la Courrouze, les bâtiments sont plus imposants qu'aux Rives du Blosne, ils suscitent moins de rejet et les témoins le justifient par les formes architecturales et par la taille imposante des boisements qui viendrait relativiser les lignes bâties. Dans le second cas, nous avons visité un secteur particulièrement mal vécu (« les neufs journaux »). Il s'agit d'un alignement de « quatre étages carrés », monocolores, qui, en effet, vu depuis le boulevard, peuvent être mal perçus. Pourtant, si les usagers s'aventurent à l'arrière de ces bâtiments, ils se rendent compte que les logements sont exposés plein sud avec des terrasses le long du ruisseau aménagé à l'arrière des bâtiments, face à la campagne environnante.

Mais l'apport esthétique ne résorbe pas les pressions (régulation de l'eau, luminosité, richesses des sols, opérations de nivellement, etc.) sur ces espaces à caractère naturel. Et même un espace conservé dans le projet de départ peut être remis en question à mesure que l'aménagement se matérialise. Par exemple, à la Courrouze, malgré les moyens engagés et la forte identité du quartier au regard des boisements, ces derniers semblent perpétuellement mis en concurrence avec les parkings et les logements. Ainsi, malgré une forme de succès en ce qui concerne l'acceptation de cette nature à proximité et de diminution d'espaces perméabilisés, la maîtrise d'ouvrage doit continuer ses démarches de sensibilisation. Sans attachement à ces espaces de la part des habitants, sans volonté politique de préservation, ce foncier sera difficilement épargné par l'imperméabilisation. Nous pourrions conclure que le végétal opère une forme de transition esthétique plus douce vers l'urbain qui aide à construire un compromis provisoire entre besoins en termes de logements, souci d'économiser l'espace et degré d'acceptabilité pour les habitants.

Les élus, en particulier les élus locaux, ont été observés par deux entrées. Nous les avons d'abord interviewés, comme les autres acteurs, puis en tant que maîtres d'ouvrage, les verbatim à leur sujet étant très présents dans les discours des autres acteurs. Plusieurs positionnements sont remarqués vis-à-vis des espaces urbains à caractère naturel et des projets étudiés. La majorité d'entre eux ont une attitude plutôt humble et défensive à l'évocation de la préservation de la nature dans les projets d'aménagement. Très peu d'entre eux nous ont semblé véritablement prendre possession du sujet, quel que soit leur place dans les conseils municipaux. Le cloisonnement est aussi de rigueur entre les domaines de compétences politiques. Par exemple, un élu à l'environnement interrogé sur la prise en compte de la nature dans les aménagements vous répond : « C'est plus un sujet pour l'élu à l'aménagement, mais bon. » Il existe un discours très généraliste sur la nature et les projets d'amélioration de la biodiversité urbaine mais le rattachement à de l'opérationnel aménagiste est très difficile pour les individus qui témoignent. Pourtant, les autres acteurs évoquent beaucoup d'attentes vis-à-vis du politique. Il reste le commanditaire, même en cas de délégation de maîtrise d'ouvrage. Son importance a été citée en continu dans les discours.

Le sujet des incivilités sur les espaces à caractère naturel et du rapport à l'habitant-électeur est aussi largement évoqué. Dégradations volontaires ou par ignorance, les acteurs pointent la faiblesse de la communication et de l'accompagnement politique sur ce sujet. Plus que les pressions économiques sur le travail des acteurs, les incivilités non prises en charge par l'action politique affectent fortement la dynamique de maintien de la nature. Certaines demandes habitantes peuvent remettre en cause la qualité d'espaces à caractère naturel et les acteurs observent parfois des formes d'attitude individualiste. C'est le cas par exemple pour des haies entre parking et parcelles individuelles privées où des habitants refusent l'accès aux jardiniers lors des tailles, puis demandent ensuite aux services de revenir pour ramasser les quelques branches qui sont finalement tombées sur leur jardin pendant l'entretien. Certaines personnes déplorent des comportements qui sortent de l'intérêt général avec l'expression « l'habitant est roi » et racontent des politiques qui ne vont pas dans le sens de la pérennité des objets à caractère naturel. Également dans les témoignages directs des élus, le discours peut vite devenir une liste de « les gens veulent », effaçant peu à peu le sens politique et exprimant des formes d'amertume. A contrario, des élus ont témoigné de leurs démarches sur le terrain pour trouver des compromis. Réunions devant des arbres faisant de l'ombre aux logements pour trouver la juste coupe, présence tous les 15 jours dans un square pour échanger in situ avec les habitants, balades urbaines, en font partie. Nous avons observé de nombreuses actions menées par des élus locaux qui favorisent la préservation d'espaces à caractère naturel et la construction de compromis collectifs. Ces leviers demandent du temps et une force de caractère pour faire face aux paradoxes des nombreuses demandes.

Élus carriéristes, élus en retrait, élus porteurs d'idées, élus épuisés, nous avons rencontré des attitudes très variées qui font prendre conscience du fragile équilibre entre l'intérêt de préserver des espaces à caractère naturel et les contraintes qu'ils génèrent et qui se répercutent sur l'opinion publique. D'autant que l'envers du décor de la fabrique de la ville est peu connu et que la situation économique tend à réduire les budgets, sans pour autant réduire les exigences de qualité des espaces verts, souvent loin derrière la liste des priorités politiques.

3.2 Adapter les pratiques c'est aussi réinventer les modèles économiques et techniques

La prise en compte de la nature impose des changements de paradigme économique dans les opérations d'aménagement. Elle peut être vue comme une opportunité certains budgets dans la mesure où les aménagements vont être limités (moins de terrassements, moins d'import de terres végétal, moins de tuyaux, etc.) ou, à l'inverse, comme une dépense supplémentaire malvenue en période de restriction budgétaire (plus d'études, des ouvrages moins garantis, etc.). Du dessin à la livraison des espaces, la prise en compte de la nature peut être un facteur de modification dans l'appréhension des budgets.

Depuis les années 1980, la gestion différenciée, portée par un groupe d'ingénieurs des collectivités (Aggeri, 2004), s'est développée sur tout le territoire national. Parmi les différents codes de gestion, du plus horticole au plus naturaliste, le dernier s'impose peu à peu et la conception des espaces à caractère naturel s'adapte parallèlement à ce nouveau mode d'entretien. L'objectif initial était de laisser un peu plus de marge de croissance aux végétaux en espaçant les interventions des services d'entretien et de réduire les produits phytosanitaires pour retrouver des milieux écologiques plus riches. Des expérimentations sont également menées pour observer les effets sur le retour de la faune et des insectes, comme l'abeille et la libellule par exemple. Aujourd'hui, les acteurs alertent sur la limite d'une gestion naturaliste portée uniquement par l'intérêt économique, c'est-à-dire dont l'objectif est uniquement de réduire la ressource humaine dédiée aux espaces à caractère naturel. Les gestionnaires affirment « nous arrivons à la limite de la gestion différenciée » en ce qu'elle peut économiser sur les budgets annuels d'entretien. Aussi, les acteurs constatent la faiblesse des actions de sensibilisation des habitants et le besoin de surveillance, d'observation, sur de nouveaux milieux, pour lesquels il faut porter la culture de l'imprévu et de l'alternative, mais aussi éduquer nos rapports à la diversité des échelles temporelles et spatiales qu'implique la nature.

Cette nature urbaine, qui se veut plus perméable, plus écologique, appelle également des adaptations en termes de compétences. D'abord parce qu'il va falloir adapter les savoir-faire, voire en inventer, pour protéger, réaliser et gérer cette nature citadine. Les concepteurs vont devoir utiliser de nouveaux matériaux, envisager des ouvrages artisanaux, revoir leurs rapports aux distances et aller chercher de nouvelles références esthétiques. Les solutions sont parfois importées d'autres contextes, en particulier agricole (on fait appel à des agriculteurs pour effectuer les fauches tardives par exemple), ou bien sylvicole et dans des espaces naturels protégés (usage des ganivelles en ville, traditionnellement utilisées sur le littoral). Il s'agit en outre de modifier des habitudes de travail très ancrées. Les ingénieurs VRD, qui ont mis plus d'un demi-siècle à enterrer les réseaux (Frioux, 2013), se voit priés aujourd'hui de raisonner à ciel ouvert pour les eaux pluviales, de redécouvrir rivières et ruisseaux, ce qui appelle un renversement culturel, y compris pour l'ensemble des acteurs d'un aménagement. Les terrassiers chevronnés s'exercent à sentir les racines des arbres pour contenir leur machine et s'efforcent de ne pas se garer sous les arbres, les jardiniers tentent de ne pas finir les tontes au pied des arbres pour ne pas les blesser, les conducteurs de travaux continuent d'implanter leurs baraquements au pied des haies paysannes, etc. Les acteurs partagent volontiers une multitude de petits détails pratico-pratiques qui freinent ou aident aujourd'hui la matérialisation des ambitions de prise en compte. Ensuite, la prise en compte de la nature nécessite des compétences spécialisées dont la pérennité n'est pas toujours assurée parce que la demande n'est pas suffisante pour en faire des activités viables. Ces experts se partagent souvent entre spécialités et demandes plus généralistes

Cette adaptation fait l'objet d'une pluralité de perceptions par les acteurs mais certains en font une véritable opportunité de redonner du sens à leur métier et voient dans la prise en compte de la nature une occasion de sortir de l'industrialisation urbaine. Cette modification concerne aussi les modes de management du projet et les relations entre les acteurs qui représentent chacun des disciplines qui se croisent, se chevauchent, s'affrontent, dans le continuum des échanges menés au cours de l'opération d'aménagement.

3.3 Les collaborations transparentes, clefs d'une ville plus durable

L'idée de processus plus collaboratifs s'installe mais la mise en œuvre reste éclectique (Chapuis, 2014). Des formes d'incompréhension persistent entre habitants, concepteurs et élus (de Coninck et Deroubaix, 2012). La transparence est demandée car un climat de confiance et la circulation fluide des informations sont nécessaires pour des acteurs audacieux et enclins à faire de la qualité, à innover. Quels que soient le type de contrainte rencontré, le type d'acteur interrogé, la multidisciplinarité est présentée comme un élément indispensable pour une meilleure prise en compte de la nature dans les opérations d'aménagement. En revanche, les modalités de mise en pratique semblent encore fragiles.

Les 5 projets observés nous ont permis de dégager une typologie d'organisations en fonction de la qualité de l'hybridation des compétences et les règles d'échanges implicites décrites par les témoins. Par exemple, le degré d'échange peut s'évaluer dans les discours de 0 à 3, c'est-à-dire l'absence d'échanges, des échanges à sens unique (demande d'informations sans retour), des échanges multidirectionnels mais ponctuels et partiels et des relations fortes, régulières entre les acteurs.

Ci-après, nous illustrons par le récit d'un hydraulicien qui raconte la qualité d'un jeu d'acteurs :

> Et là on s'est trouvé dans des configurations d'équipes où les paysagistes, [...] prenaient l'affaire en main et donc s'emparaient du sujet de l'eau. C'est important, quel que soit ce que peut apporter un hydraulicien, un hydrologue, à un moment donné, le concepteur de l'espace doit vraiment prendre le crayon. C'est-à-dire pas seulement prendre la question à part mais bien s'en emparer parce que le chemin de l'eau peut devenir un élément fort de la conception. De quoi on parle quand on parle d'interdisciplinaire ? Concrètement on parle de moments où on va être plusieurs autour d'une table avec un sujet partagé, un objet pour visualiser les choses, et des personnes aptes à retraduire, souvent les paysagistes, ce que cela donne.

Mais la typologie de l'organisation n'explique pas à elle seule la morphologie des espaces à caractère naturel. Les dynamiques d'équipes sont résilientes, quel que soit le cadre, plus ou moins propice à la collaboration. En effet, la proximité grandissante entre les bâtiments, les infrastructures et la nature appelle de véritables réflexions techniques. Dans le cadre de ces défis grandissants apparaissent des petits groupes d'acteurs, au sein des systèmes, qui se mobilisent sur des aménagements précis dans le projet. Ces binômes ou trinômes sont des porteurs d'expérimentation pour perméabiliser la ville et assurer le fonctionnement de ces micro-milieux écologico-urbains. Ces sous-systèmes nous ont amené dans le registre de l'expérimentation (Dumont, 2013), parce qu'il s'agit bien ici de situations particulières de rencontres, de configuration de travail, de collaborations, qui conduisent ensuite à des productions d'aménagement très spécifiques pour prendre en compte la nature. De cette manière, les acteurs sortent d'une routine professionnelle ou politique (selon le type d'acteurs), redonnent du sens à leur métier, à leur action. Ces micro-partenariats sont en fait révélateurs de dualité de compétences à résoudre pour mieux prendre en compte la nature dans une opération d'aménagement urbain.

Concepteurs/gestionnaires

Les gestionnaires sont associés de plus en plus tôt au du projet d'aménagement. Cela permet de mesurer les possibilités d'entretien des espaces qui seront livrés dans le futur. Grâce aux archives de Rennes, nous constatons dès les années 1960 les réticences du gestionnaire sur la nouvelle forme d'espaces publics que propose l'urbaniste. Aujourd'hui, les témoignages rendent compte de situations similaires dont il faut chercher les traces dans les boites mails. Cet échange est complexe car il faut à la fois pouvoir faire évoluer les espaces verts urbains vers des milieux écologiques plus riches, tout en maintenant leurs fonctions urbaines et en assimilant les contraintes d'entretien. Quand ce binôme ne fonctionne pas, on constate plusieurs conséquences :

- La collectivité refuse de faire la réception des espaces et la délégation de maîtrise d'ouvrage se retrouve gestionnaire tant qu'un accord n'est pas trouvé.
- Les espaces à peine livrés entrent dans un processus de requalification.
- La collectivité confie ces espaces à des entreprises qui se sont spécialisées dans ce type d'entretien.

Le défi est complexe pour plusieurs raisons. D'une part, les gestionnaires n'ont pas toujours tous les éléments pour juger de leur capacité de gestion de ces futurs espaces dans la mesure où le matériel comme la ressource humaine seront dépendants de la décision politique. D'autre part, si certaines villes ont des correspondants pour la maîtrise d'œuvre urbaine au sein des services d'entretien, ceux-ci ne peuvent y consacrer suffisamment de temps pour s'intégrer à la dynamique de conception.

Architecte paysagiste/architecte bâtiment

La prise en compte de la nature amène quasi systématiquement, dans les marchés, l'exigence de ce binôme. Soit plusieurs agences s'associent, soit des agences intègrent la compétence paysage en interne. La cohabitation de ces deux compétences est plurielle. Pour les espaces les plus naturels, nous constatons que plus le paysagiste peut intégrer ses travaux au projet, plus la réalisation sera effective. La relation d'égal à égal avec un échange permanent porte ses fruits avec souvent des binômes qui se représentent ensemble sur d'autres projets. Mais ce n'est pas systématiquement le cas. Nous avons perçu une place encore prédominante pour l'architecte bâtiment qui n'accepte pas toujours de laisser une position de « co-urbaniste » à son confrère du paysage. Dans les situations les plus extrêmes, la paysagiste peut même s'effacer de la dynamique une fois l'avant-projet acté. Ces différences de relations sont visibles dans les dossiers de réalisation avec des descriptions des lieux plus ou moins riches et dans les discours avec des individus qui racontent et d'autres qui s'autocensurent un peu. Le versant économique vient ajouter à la complexité puisque l'architecte bâtiment doit répartir le budget, déjà contraint, avec d'autres compétences.

Architectes/écologues

La place de l'écologue varie selon sa position. Les écologues qui répondent à une injonction réglementaire (étude d'impact, compensation, etc.) sont de mieux en mieux intégrés aux systèmes puisque leurs travaux conditionnent la faisabilité du projet. Nous avons plutôt ciblé des écologues qui ont été intégrés au projet pour répondre à des ambitions pour la nature, non pour valider une réglementation. Le fossé de départ est plus conséquent que dans le binôme précédent. L'écologue est celui qui va devoir faire modifier le dessin pour que les éléments à caractère naturel soient mieux préservés. Réduire les voiries au profit des noues ou reculer les bâtiments pour garder un arbre : les frustrations du dessinateur peuvent s'avérer nombreuses et coûteuses en temps. À l'inverse, des architectes considèrent que l'échange avec l'écologue est une garantie de fonctionnement des aménagements, tout comme un ingénieur structure assure la stabilité d'une œuvre architecturale. Mais ce positionnement est encore peu répandu. La difficulté réside également dans les outils que chaque compétence utilise pour expliquer à l'autre. Le premier utilise des logiciels de dessin, le second les systèmes d'information géographique. Les formats sont difficilement compatibles, bien que le second ouvre en partie les fichiers du premier.

Ingénierie du végétal, hydrologie/Ingénierie des réseaux et des structures

Ces disciplines sont à la fois proches et opposées. Le traitement des eaux de pluies à ciel ouvert remet en lumière les relations entre ces deux compétences. Aussi, l'espace étant limité, et les règlementations sur l'eau opposables, la trame verte urbaine suit rigoureusement la bleue. C'est pourquoi, à mesure que cette enquête avançait, les acteurs ont expliqué que les structures/services dont la compétence est de gérer les eaux pluviales, les voiries, fusionnent avec les services dédiés à la nature. Mais c'est une relation encore fragile et cette nouvelle façon de voir le métier de V.R.D. (celui qui s'occupe des voiries et réseaux divers) s'installe très progressivement et dépend du choix de chacun dans la manière de pratiquer sa profession.

A contrario, lorsque les duels se transforment en binôme, les bricolages pour échanger entre les compétences deviennent des satisfactions individuelles et des performances techniques et plus ils collaborent, plus la proximité du bâti à la nature devient réalisable et audacieuse, jusqu'à intégrer complètement l'un à l'autre, bien que ce soit encore techniquement très complexe. Ce défi peut néanmoins, en développant les intérêts communs, rapprocher les disciplines et favoriser la poursuite des innovations en ce sens.

Conclusion

L'étude de ces cinq opérations, avec les trois approches complémentaires (historique, linguistique et technique) montre que les praticiens n'ont pas opéré une rupture brutale avec l'urbanisme fonctionnel de l'après-guerre mais intègrent progressivement les injonctions aux développements durables avec plus ou moins de conviction. Ces modifications interviennent également dans un contexte marqué par la décentralisation des pouvoirs et la libéralisation de l'économie qui vont conduire à une diversification des acteurs engagés sur les opérations d'aménagement. Les métiers sont également segmentés par deux facteurs : la taylorisation des processus et les besoins en expertises approfondis.

Ces nouvelles façons de penser l'urbanisme amènent à des modèles d'extension urbaine qui s'insèrent dans une sorte de « matrice paysagère » pour essayer de préserver des objets emblématiques du paysage existant. Avec l'injonction à prendre en compte la nature, les métiers de l'écologie et du paysage se retrouvent bien au cœur des rapports de force que comporte le projet urbain. Alors que l'hygiénisme utilisait ces disciplines pour viabiliser des espaces en vue d'installer la ville, elles peuvent désormais opposer des exigences naturalistes qui amèneront à une urbanisation plus perméable, moins « table rase ». Mais cette place de la nature dans le processus d'aménagement ne peut exister pleinement que par le portage politique des ambitions pour les espaces urbains à caractère naturel, et la volonté des acteurs, chacun à leur niveau, de maintenir les exigences. La législation peut impulser la prise en compte de la nature, mais la matérialisation dépendra fortement de la dynamique collaborative sur le chantier. Une dynamique qui doit être authentique : il ne suffit pas d'écrire la multidisciplinarité dans les cahiers des charges, il faut la souhaiter pleinement, la construire, la manager avec bienveillance.

Alors que ce travail s'achevait fin 2018, il apparait que cette problématique du dialogue authentique entre les acteurs s'invite dans de nombreux domaines (politique, éducation, journalisme, etc.), y compris la recherche : « pour avoir une science plus fiable et plus intègre, il faut une science plus ouverte, plus transparente, plus collaborative, "plus aimable", selon l'expression d'Andrée Gunthert » (Serres, 2019). Avec des modèles alternatifs d'organisation et de méthode pour mener les projets d'aménagement au regard de la nature, c'est peut-être la culture de l'urbanisme qui connaît secrètement de fortes mutations.

Bibliographie

Aggeri G. (2004). *La nature sauvage et champêtre dans les villes : origine et construction de la gestion différenciée des espaces verts publics et urbains. Le cas de la ville de Montpellier.* Thèse dirigée par P. Donadieu, Sciences de l'environnement, ENSP-ENGREF.

Aggeri G. (2010). *Inventer les villes natures de demain*, Dijon, Educagri éditions.

Antoine A. (2002). *Le paysage de l'historien, archéologie des bocages de l'Ouest de la France à l'époque moderne.* Presses Universitaires de Rennes.

Boltanski L., Thévenot T. (1991). *De la justification, les économies de la grandeur* (ed. 2008), Paris, Gallimard.

Bourdeau-Lepage L. (2013). « Nature(s) en ville », *Métropolitiques.* https://www.metropolitiques.eu/Nature-s-en-ville.html.

Businno G. (2003). « Sciences sociales et histoire », *Revue européenne des sciences sociales [En ligne], XLI–127* p. mis en ligne le 30 novembre 2009, consulté le 12 juillet 2017. URL : http ://ress.revues.org/515 ; DOI : 10.4000/ress.515.

Chapuis J.-Y. (2014). *Profession : urbaniste,* La Tour d'Aigues, L'Aube.

Chaxel S., Fiorelli C., Moity-Maïzi P. (2014). Les récits de vie : outils pour la compréhension et catalyseurs pour l'action. *¿Interrogations?,* 17, L'approche biographique, janvier 2014 [en ligne], http://www.revue-interrogations.org/Les-recits-de-vie-outils-pour-la.

Clergeau P., Blanc N. (2013). *Trames vertes urbaines, de la recherche scientifique au projet urbain*, Paris, Éditions du Moniteur.

De Coninck F. et Deroubaix J.-F. (dir.) (2012). *Transformation des horizons* urbains, Paris, L'œil d'or, 374 p.

Donadieu P. (2013, février 11). « Faire place à la nature en ville. La nécessité de nouveaux métiers », *Métropolitiques*, p.URL : http://www.metropolitiques.eu/Faire-place-a-la-nature-en-ville.html.

Dumont M. (2013). *L'aménagement urbain face à l'expérimentation, actions publiques, dynamique sociales.* Habilitation à Diriger des recherches, Rennes, Université de Rennes 2, vol. 2.

Emelianoff C. (2004). « Les villes européennes face au développement durable : une floraison d'initiatives sur fond de désengagement politique », *Cahiers du* Proses, 8, Sciences Po.

Frioux S. (2013). *Les batailles de l'hygiène. Ville et environnement de Pasteur aux Trente Glorieuses*, Paris, PUF.

Godet M. (2004). « Laboratoire d'Investigation en Prospective, Stratégie et Organisation », *Cahiers du LIPSOR,* 5.

Innes J. E., Booher D. E. (2010). *Planning with complexity, an introduction to collaborative rationality for public policy*, New York, Routledge.

Menozzi M.-J. (dir.) (2014). *Les jardins dans la ville entre nature et culture*, Rennes, Presses Universitaires de Rennes.

Nachi M. (2006). *Justice et Compromis. Éléments de sociologie morale et* politique, Liège, Presses universitaires de Liège.

Noury L.-M. (1997). *Les jardins publics en province, Espace et politique au XIX*[e] *siècle*, Rennes, Presses Universitaires de Rennes.

Reinert M. (1993). « Les mondes lexicaux et leur logique à travers l'analyse statistique d'un corpus de récits de cauchemars », *Langage et Société*, 66, p. 5–39.

Serres (2019). « L'intégrité scientifiques et la "mal-science", *Palimpseste, archives de la recherche à l'université Rennes* 2 (1).

Waldheim C. (dir.) (2006). *The Landscape Urbanism Reader*, Princeton, Princeton Architectural Press.

Zepf M. (2004). *Éléments de définition de la raison pratique de l'aménagement urbain : vers un continuum entre agrégation d'acteurs et processus permanent.* Habilitation à Diriger des Recherches, Lyon, Université Lumière Lyon 2, 128p).

L'improbable ceinture verte : aménagements et dynamiques socio-territoriales des espaces végétalisés des pourtours de l'agglomération parisienne

Morgane Flégeau[1] et Fabien Roussel[2]

Introduction

Le Conseil régional d'Île-de-France adopte le principe d'une ceinture verte pour l'agglomération parisienne en octobre 1982 dans une délibération concernant « les actions pour l'aménagement et le développement rural » puis en février 1983 dans une autre délibération concernant la « politique régionale de l'environnement ». À cet instant, le concept de ceinture verte a déjà essaimé à travers le monde occidental au cours du XXe siècle avec un certain succès, alternant les formes strictes, c'est-à-dire accompagnées de mesures limitant l'étalement urbain, et d'autres plus lâches, fondées sur des affirmations de principe (Kühn, 2003 ; Amati, 2008), mais sans référence à la dimension environnementale.

La couleur verte a en effet aujourd'hui une signification écologique. Cela n'a pas toujours été le cas. Au début du XXe siècle, les espaces végétalisés – forêts, espaces agricoles, zones naturelles ou délaissée – ne sont pas bien plus que ces « petits coins vert épinard » de l'Albertine de Proust (1919)[3]. Le principe de ceinture verte a de fait émergé dès la fin du XIXe siècle lorsque l'industrialisation a entraîné un étalement incontrôlé des marges des villes. Il s'agissait de poser des règles empêchant la construction en ménageant des espaces libres de toute urbanisation.

---

1 Docteure en géographie et aménagement.

2 Maître de conférences en géographie.

3 Extrait de « À la recherche du temps perdu, tome 4 : Sodome et Gomorrhe ».

Parallèlement et de façon indépendante, l'insertion des espaces végétalisés dans les villes n'ont retenu l'attention que dans une logique d'abord hygiéniste puis esthétique et patrimoniale. Il y a donc en Île-de-France un paradoxe à investir au début des années 1980 la ceinture verte d'une fonction qui n'est pas la vocation première de cet outil d'aménagement. Ce paradoxe s'est trouvé renforcé par la curieuse position choisie, non aux limites de l'espace urbanisé, comme ce fut le cas par exemple à Londres dès les années 1940, mais à cheval entre l'espace urbain et l'espace rural. Comment empêcher l'étalement urbain dès lors ? La ceinture verte est ainsi conçue dès le départ comme un espace hybride dans lequel la proportion d'espaces ouverts est la variable discriminante (Barbieri, 2002). Le projet de ceinture verte invite alors à une approche globale et territoriale de ces espaces aux marges de l'agglomération, où bois, champs et espaces naturels ou délaissés occupent des surfaces importantes mais de manière fragmentée. L'éventail des fonctions auxquelles la ceinture verte devait répondre s'est étendu avec le temps. À côté des fonctions récréatives et des injonctions à la durabilité, les espaces végétalisés proches des grandes agglomérations se doivent désormais de contribuer à la transition écologique : préservation de la biodiversité, contribution à la lutte contre le changement climatique et plus généralement offre de services écosystémiques variés (Kabisch, Qureshi et Haase, 2015). Le souhait des institutions régionales a été de donner une unité et un sens à un espace flou et mouvant tout en conservant une logique de l'entre-deux (Laruelle et Legenne, 2005).

Ce projet ne s'est jamais véritablement concrétisé. Il est resté, en ce sens, une vision d'aménageur davantage qu'une réalité. Faute d'une coordination d'ensemble, les espaces végétalisés des pourtours de l'agglomération parisienne ont suivi des trajectoires diverses au gré des dynamiques socio-politiques locales, ce que s'attache à montrer ce chapitre. Par-delà les enjeux écologiques, se sont toujours bien des attentes liées à une certaine vision champêtre de la nature qui prédomine, avec pour corollaire un entre-soi social. Ces réflexions sont le résultat de travaux de deux thèses complémentaires soutenues en 2017 et 2018, l'une centrée sur les dynamiques écologiques et l'aménagement de la végétation (Roussel, 2017) et l'autre sur les projets d'aménagements des espaces de la ceinture verte et les représentations des acteurs et habitants (Flégeau, 2018). Les propositions ici présentées sont le fruit d'une analyse des documents et publications institutionnelles, d'entretiens avec des acteurs locaux et régionaux ainsi que d'enquêtes paysagères de terrain.

Ce chapitre est dans un premier temps l'occasion de remettre le projet de ceinture verte pour l'agglomération parisienne en perspective de la connotation verte des ceintures telle qu'elle s'est exprimée au cours du XXe siècle (1.1.) et de présenter la réinterprétation territoriale et environnementale qu'en a fait la Région Île-de-France (1.2.). Dans un second temps, il s'agit de voir comment l'absence de projet d'ensemble a laissé la place à une multitude d'initiatives locales déterminées par des attentes socio-environnementales mêlées (2.1.) et donnant à voir des aménagements écologiques et paysagers très marqués par les contextes socio-politiques (2.2.).

1 La ceinture verte francilienne n'a pas eu lieu

1.1 Un élargissement des principes et objectifs des ceintures vertes au fil du temps

1.1.1 L'émergence d'un concept d'aménagement

Le concept de ceinture verte, anneau composé d'espaces non bâtis et végétalisés, a été appliqué dans de nombreuses agglomérations européennes et même mondiales (Amati, 2008). C'est d'abord en raison d'un phénomène nouveau de croissance urbaine que les décideurs s'interrogent sur la nécessité de donner une forme et des limites à la ville. Suivant des rythmes variés au cours du XIXe siècle, les grandes agglomérations européennes se sont étendues de manière considérable et ont connu un changement d'échelle d'une envergure encore inédite. Par exemple, Berlin connaît une explosion démographique entre 1870 et 1913 passant de 932000 à 3700000 habitants[4]. Ce phénomène a alerté les pouvoirs publics de l'époque et influé sur les discours portés sur l'urbain, les espaces libres en général et la végétation en particulier jouant dès lors un rôle déterminant dans l'émergence de nouveaux concepts d'aménagement. C'est le cas de la cité-jardin proposée par Ebenezer Howard en 1898, ayant pour ambition de maîtriser le développement urbain tout en offrant un cadre de vie plus agréable pour des populations,

---

4 Faute de mieux, les données sont issues du site https://en.wikipedia.org/wiki/Berlin_population_statistics que l'auteur a repris du site internet du Land de Berlin-Brandebourg https://www.statistik-berlin-brandenburg.de/ sans que nous ayons pu remettre la main sur les données originales.

notamment ouvrières, exposés à l'insalubrité et la congestion urbaine (Alexandre, 2013). La végétation est aussi progressivement intégrée à l'urbain à partir de cette époque. Ainsi, l'utilisation des parcs et jardins dans l'urbanisme est largement mise en avant dans les travaux de l'américain Frederick Law Olmsted sur les « systèmes de parcs » et les « avenues-promenades », repris ensuite par le paysagiste français Jean Claude Nicolas Forestier (Le Dantec, 1996). La consolidation d'une conception urbaine, dans laquelle le parc serait au centre de la vie sociale, inspire notamment les travaux d'E. Howard (Da Cunha, 2009).

Le concept de ceinture verte découle de ces principes et émerge à la même époque. La première évocation d'une ceinture verte pour Paris remonte ainsi à 1880 avec la question de la reconversion de l'ancien secteur des fortifications (Alexandre, 2013 ; Alexandre et Génin, 2014), renforcées par Adolphe Thiers au moment du siège de Paris (1870–1871), et sa zone *non-aedificandi* de 250 mètres, alors gagnée par l'habitat précaire et les populations non désirées (Moret, 2009). Ce moment de l'histoire urbaine de Paris montre comment la végétation s'est trouvée investie d'autres enjeux que ceux liés à l'environnement. Dans son ouvrage sur le sort des fortifications de Paris entre 1880 et 1919 et les débats qu'il suscite, Marie Charvet (2005) rapporte ainsi les propos d'Ernest Hamel, élu au conseil municipal de Paris, tenus en 1885. Les fonctions attendues de ces espaces libres sont avant tout esthétiques et hygiénistes :

> [Il] y aurait un moyen bien simple [...] de transformer en oasis ce désert continu de plusieurs kilomètres ; ce serait de planter et de dessiner en jardins les talus [des] fortifications. Nous donnerions ainsi à la ville de Paris des abords dignes d'elle. Il y a là non seulement une question d'embellissement mais encore une question d'hygiène ; et la santé publique, aussi bien que la beauté de la capitale, aurait tout à gagner à cette ceinture verdoyante.

Marie Charvet fait de cette réflexion autour du devenir des fortifications de Paris un moment fondateur pour la pensée urbaniste de la capitale. Le principe de ceinture verte est lui-même considéré comme une des premières formes prises par la planification et l'aménagement du territoire par le géographe Marco Amati (*op. cit.*), leur mise en place ayant selon lui participé à la constitution de l'urbanisme et à l'aménagement comme une discipline à part entière :

> [...] the question was less about the effect of the policy on land-use and more about its impact on planning as a discipline. In both Japan and the UK it seemed that the outcome of the green belt had been dictated by and

contributed to the status of questions about planning and the agency of planners.

1.1.2 L'avènement d'une figure de l'aménagement

Les ceintures vertes connaissent ainsi un grand succès dès le début du XXe siècle, lorsqu'elles sont envisagées comme solution à l'expansion urbaine et à la consommation de terres à la lisière de la ville (Frey, 2000 ; Amati, *op. cit.*). L'engouement pour les ceintures vertes s'explique en fait par la grande diversité des objectifs poursuivis par les aménageurs. Derrière l'objectif commun de limiter l'éclatement urbain, ce sont en fait d'autres enjeux, politiques et sociétaux qui se font jour. Partout se pose la question du contexte politique dans laquelle la ceinture verte a été proposée. À Berlin, une double ceinture d'espaces libres est mise en place en 1929, en réponse à des enjeux sociaux et hygiéniste, la ville ayant connu une expansion non contrôlée de baraquements ouvriers (appelées *Mietskasernen* « casernes locatives » ; Sanson, 2014). Elle est une des premières ceintures vertes à être imaginée et apparaît aujourd'hui comme un exemple abouti (Kühn, 2003). C'est aussi la solution de la ceinture verte qui a été retenue dans le cas londonien, cas le plus connu (Amati et Yokohari, 2006). Le principe de *Green Belt* a été mise en place dans l'entre-deux-guerres, à Londres, comme dans toute l'Angleterre. La ceinture verte y a été un outil important d'aménagement et contraignant pour l'urbanisation. Le vert qui est recherché pour la *Green belt* n'est pas non plus celui de l'écologie. Dès 1909, l'urbaniste britannique Raymond Unwin nous en livre la vision esthétique et patrimoniale quand il désigne les espaces aux périphéries des villes : « that irregular fringe of half-developed suburb, and half-spoiled country which forms such a hideous and depressing girdle around modern growing towns » (cité par Amati, *op. cit.*). Les réflexions engagées au début du XXe siècle par Raymond Unwin se matérialisent finalement en 1938 au travers du *Green Belt (London and Home Countie) Act* puis au sein du plan pour le Grand Londres de Patrick Abercrombie (1944–1946) au sortir de la Seconde Guerre mondiale. La société britannique reste attachée, encore aujourd'hui, au *countryside*, véritable fierté nationale dont l'ouvrage d'Emmanuel Roudaut (2003) développe les mécanismes et les enjeux. Dans le sillage des Britanniques, le concept a essaimé dans de nombreuses villes comme à Vienne, à Milan ou à Barcelone.

D'abord utilisée dans une optique de planification de l'extension de la ville, la ceinture verte est ensuite mise en avant par les politiques publiques pour servir de support à des usages récréatifs et à la protection de la biodiversité. Progressivement, les espaces boisés, agricoles et naturels ont donc été sollicités pour répondre à une palette de fonctions de plus en plus étendue, ce dont atteste le projet francilien.

1.2 Le projet francilien : à contre temps et à contre-emploi ?

Après la tentative abandonnée de la fin du XIXe siècle, le projet de ceinture verte pour l'agglomération parisienne ne refait surface que très tardivement par rapport aux autres expériences. Du reste, le recours au principe de ceinture verte en Île-de-France au début des années 1980 soulève de nombreux paradoxes.

1.2.1 Un paradoxe géographique, fonctionnel et idéologique

Le paradoxe est d'abord géographique et fonctionnel, le choix ayant été fait de disposer la ceinture verte à cheval entre la couronne rurale et le cœur urbain, entre 10 et 30 km de Paris (Carte 1). Ce faisant, mais aussi en lui conférant avant tout une fonction environnementale, le Conseil régional a, d'une certaine manière, rompu avec le principe originel. Le caractère hétérogène de l'espace concerné est perçu, comme en témoigne l'article paru en 1986 dans la revue de l'institut d'aménagement et d'urbanisme de la Région Île-de-France (IAURIF) : « Il faut donc se garder de l'image a priori d'une "ceinture verte" régulière et homogène entourant l'agglomération » (Dubois, 1986).

En 1995, est proposé un « Plan vert » qui met en avant l'idée d'un espace de transition entre le rural et le cœur d'agglomération. Le projet est porté comme une politique transversale, se voulant aussi sociale. Ainsi le plan vert annonce un ensemble d'objectifs précis de la ceinture verte : non seulement limiter l'extension en tache d'huile de l'agglomération parisienne mais également favoriser l'ouverture au public d'un certain nombre d'espaces non bâtis permettant la fréquentation pour les loisirs de fin de semaine et enfin assurer la pérennisation de l'agriculture à proximité de Paris. La ceinture verte devait également être le moyen de donner du sens, une identité à cette mosaïque spatiale, d'en

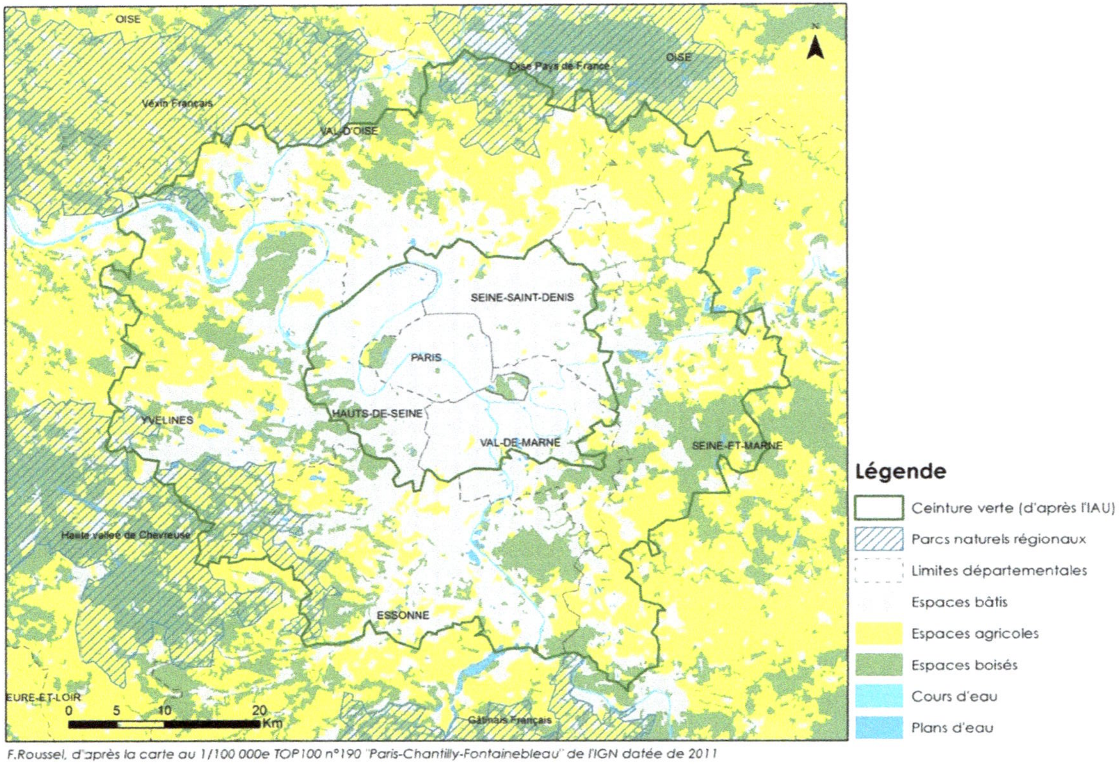

Carte 1: Occupation du sol en ceinture verte d'Île-de-France et situation des PNR (Roussel, d'après IGN 2011)

faire un territoire par le biais de l'intégration des espaces de nature aux modes de vie des habitants de la métropole.

Le SDAURIF de 1976 avait été le premier à intégrer les nouvelles aspirations des habitants et des élus en faveur d'un cadre de vie de qualité, voire d'une labélisation. Les années 1960 et 1970 sont en effet marquées par une poussée considérable de l'urbanisation en Île-de-France. Durant cette période émergent villes nouvelles, grands ensembles, centres commerciaux, gares RER, ensembles pavillonnaires, etc. Des fonctions environnementales, nouvelles à l'époque, sont ainsi attendues du « réseau de zones d'intérêts récréatifs et/ou paysager et/ou écologique et de zones agricoles » : « production agricole et forestière, identité et qualité paysagères, conservation et valorisation des ressources naturelles, offre de loisirs et d'activités de plein air ». Au départ centrés sur les enjeux récréatifs, les documents successifs tendent à reconnaître de plus en plus de multifonctionnalité aux espaces composant la ceinture verte. Lorsque Conseil régional se voit confier la compétence de gestion des espaces verts – l'État conservant la main sur le schéma directeur – il s'agit de donner corps à ce « réseau de zones d'intérêts récréatifs et/ou paysager et/ou écologique et de zones agricoles ».

Sur le plan du contexte politique et idéologique pourtant, la Grande-Bretagne assouplit au même moment sa politique de planification, avec l'émergence d'une idéologie libérale de l'aménagement à partir de l'arrivée des conservateurs au pouvoir en 1979, sous la houlette de Margareth Thatcher (Greed, 2014). Ailleurs, d'autres ceintures vertes pensées sur le modèle londonien connaissent le même type d'assouplissement en réponse à une évolution idéologique similaire, comme à Melbourne en Australie (Buxton et Goodman, 2003). C'est donc à contretemps que les aménageurs franciliens se saisissent du principe de ceinture verte. L'époque est aux débuts de la décentralisation mais la compétence d'aménagement de la Région parisienne reste entre les mains de l'État, en particulier le schéma directeur. Les moyens dont dispose le Conseil régional pour imposer la ceinture verte sont donc limités. Le principe de ceinture verte a permis aux aménageurs de tenir une posture experte vis à vis des enjeux urbains de l'agglomération, alors même que la tendance n'est plus à la planification. Amati concède ainsi (*op. cit.*) :

> Planners are no longer the all-powerfull experts that they once were, nor can they rely on a consensus politics that will support such bold measures. The impact that green belts have on market processes sits uncomfortably

> with the neo-liberal strategies to deregulate government invoked in many countries during the latter part of the twentieth century.

Le principe de ceinture verte s'accommode mal des règles libérales du marché et, dans ce contexte, elle apparaît en effet comme bien trop « audacieuse » (*bold* en anglais).

1.2.2 Un projet sans assise réglementaire

Proposé en 1995, le « Plan vert » a constitué le point d'orgue de la politique régionale de ceinture verte mais il n'a jamais été adopté, la nouvelle majorité du Conseil régional issue de la gauche plurielle en 1998 ne le retenant pas dans ses priorités d'aménagement. S'engage dès lors une longue phase de mise en sommeil du projet qui s'explique aussi par l'évidement du principe originel de ceinture verte que ne parviennent pas à combler les nouvelles fonctions environnementales. Au cours des années 2000, force est de constater les difficultés rencontrées. Ainsi l'IAURIF, note :

> Le projet de ceinture verte, en Île-de-France, ne vise pas à réaliser une ceinture verte "à l'anglaise" excluant l'urbanisation. Dès lors, le développement de grands pôles pose la question de la structuration de cet espace ceinture verte".

La notion d'espace de vie est alors assumée :

> Aujourd'hui, la loi offre à la Région l'opportunité historique d'envisager dans un même geste la dynamisation des espaces urbains et la préservation des espaces ouverts et de réinventer ainsi, en s'appuyant sur l'expérience acquise, un véritable espace de vie, mieux reconnu et mieux valorisé, pour les 4,1 millions de Franciliens résidant et/ou travaillant, quelque part entre « Paris » et « la Campagne », dans le « périurbain dense ».

L'idée de la ceinture verte revient dans le SDRIF de 2013 mais dans un sens inverse à l'ambition d'origine – celle de la lutte contre l'étalement urbain – puisque le SDRIF de 2013 se propose d'identifier des espaces où l'urbanisation est possible au sein même du périmètre. Le dispositif n'apparaît d'ailleurs pas dans la carte de destination générale des sols accompagnant le SDRIF de 2013. La ceinture verte est alors un espace de conciliation entre le développement urbain et la préservation des espaces ouverts :

> La ceinture verte régionale est constituée de près de 60 % d'espaces ouverts, pour moitié espaces agricoles et pour moitié espaces verts et boisés, ce qui représente une proportion exceptionnelle pour une métropole mondiale. Elle offrira une grande diversité d'interactions entre espaces naturels, boisés et agricoles et espaces construits, étant donné la présence des principaux pôles d'extension urbaine de la région (polarités du cœur de métropole, villes nouvelles, aéroports de Roissy et d'Orly, etc.) conciliant ainsi à la fois le développement urbain et la préservation des espaces ouverts.

En d'autres endroits, l'obsolescence du concept est franchement soupçonnée :

> Le modèle de développement doit prendre en compte l'héritage des planifications antérieures et faire évoluer les notions (polycentrisme, ceinture verte, etc.) comme les réalisations (RER, "villes nouvelles", etc.), parfois perçues comme désuètes ou désenchantées, pour en redéfinir le rôle, en expliciter les évolutions et en garantir l'inscription dans le temps long qui est le sien.

Malgré le tracé de « pénétrantes vertes », on peut voir ici les contradictions entre la volonté de conforter des espaces libres d'urbanisation et les nouveaux impératifs de développements économiques et urbains en particulier dans le cadre d'une métropolisation relancée autour de la figure du Grand Paris.

Il faut noter cependant le rôle de l'Agence des Espaces Verts (AEV), dédiée à la protection des espaces « naturels » d'Île de France et créée dès 1976. Elle s'est dotée dès le départ d'un outil foncier, le Périmètre Régional d'Intervention Foncière (PRIF), qui lui permet d'acquérir des terrains non urbanisés, en particulier les espaces boisés et agricoles, afin de constituer une ceinture d'espaces non urbanisés autour de Paris, notamment dans le but de les ouvrir au public. L'AEV conduit ses acquisitions foncières au cas par cas, localement et sans lien avec une décision politique ou réglementaire à l'échelle de la région. Elle possède des terrains à l'échelle de l'ensemble de la Région, mais la plupart de ses acquisitions sont réalisées dans l'espace de la ceinture verte et donne à voir des projets dispersés, de tailles très variables et sous forme de confettis (Agence des Espaces Verts de la Région Île-de-France, 2014).

L'absence d'un projet d'ensemble et la mise en œuvre tardive de la ceinture verte a donc laissé la place à une multiplicité de projets locaux mêlant enjeux écologiques et paysagers, liés à des aspects sociaux et politiques.

2 Des projets locaux aux enjeux écologiques et socio-politiques mêlés

2.1 Un idéal écologique mâtiné de « campagne »

Dans les secteurs urbanisés, les espaces végétalisés focalisent l'attention quant aux bénéfices que la société tire des écosystèmes (Kabisch, Qureshi et Haase, *op. cit.*). Dans le contexte de l'espace de la ceinture verte, l'intérêt pour la biodiversité par exemple, sa recherche, sa préservation, sa valorisation, guident ainsi les interventions des gestionnaires dans le cadre de l'aménagement des espaces végétalisés (voir les exemples qui seront développés plus loin).

Ici, s'opèrent cependant des choix déterminés selon les enjeux locaux mais aussi selon le type de « nature » que les acteurs désirent. C'est ainsi que les modes de gestion encouragent tantôt certaines espèces, communautés végétales, ou formations végétales (les forêts, les zones humides, les prairies de fauche), tantôt se désintéressent d'autres types (friches à la flore rudérale, zones de grandes culture), empêchant du même coup des milieux, des espaces même, d'accéder à une reconnaissance écologique (voir Roussel, 2019b ; et pour le cas plus précis de la Plaine de Pierrelaye-Bessancourt : Flegeau et Roussel, *à paraitre*[5]).

Ces enjeux et notions finissent par s'intriquer comme l'illustre une synthèse de l'Institut d'Aménagement et d'Urbanisme de la Région Île-de-France (IAU Île-de-France) publiée en 2011 à l'attention des décideurs et portant sur la multifonctionnalité de la trame verte et bleue en secteurs urbains et périurbains dans laquelle la notion de service écologique est mobilisée pour appuyer la préservation de la biodiversité, notamment végétale (David, 2011). Le tout constitue un « package » conceptuel et opérationnel pour mener des politiques locales en faveur de l'environnement. En ceinture verte, ces initiatives croisent les volontés habitantes, comme nous le verrons plus loin.

Dans nos sociétés occidentales urbaines, la végétation est au cœur de processus sociaux (Leong, Dunn et Trautwein, 2018 ; Clergeau et Blanc, 2013). La végétation constitue même «un nœud de communication entre différentes dimensions de l'espace urbain du social au morphologique,

[5] Flegeau M., et Roussel F. À paraitre. « Jardiner les espaces délaissés : autour du projet de forêt périurbaine en plaine de Pierrelaye ». In *Jardin de demain*, Presses universitaires de Valenciennes.

de l'économique à l'écologique, ainsi qu'entre différentes échelles, du micro au macro» (Blanc, Glatron et Cohen, 2007). Elle se veut en outre l'expression la plus palpable de la nature, considérée comme une « anti-ville » (George et Verger, 2013).

Aux yeux des citadins, la campagne rentre dans ce champ sémantique de l'anti-ville, quand bien même d'ailleurs les modes de vie y sont parfois parfaitement urbains (Marié et Viard, 1988). Cette idéalisation de la campagne conduit l'anthropologue Jean-Didier Urbain (2008) à la qualifier non sans ironie de « paradis vert », soit un « autre univers sensoriel » de « soustraction sociale » aux vertus thérapeutiques qui trouverait ses origines, en Europe tout au moins, dans un mythe de la « pastorale », idéal de la vie aux champs, selon Berque, Bonnin et Ghorra-Gobin (2006). Sensorialité et ressourcement conduisent à rapprocher campagne et nature, les deux ayant en commun le végétal comme garantie paysagère. Ce désir d'une nature-campagne est l'un des moteurs des parcours résidentiels que suivent bon nombre d'habitants de la région parisienne qui souhaitent un cadre de vie agréable (Poulot 2013).

Face à cette intrication des enjeux et des représentations, la mise en valeur des espaces végétalisés dépend souvent des caractéristiques socio-politiques des territoires d'échelon local.

2.2 Des déterminants socio-politiques

2.2.1 Un paysage jardiné : le cas de la vallée de Chevreuse

En ceinture verte, les quatre Parcs naturels régionaux (PNR), les communes et les intercommunalités s'appuient sur les caractéristiques des espaces végétalisés pour promouvoir des paysages préservés et ainsi renforcer une identité locale voulue comme « rurale ». Au sud-est de la ceinture verte, le secteur de la vallée de Chevreuse fait partie du périmètre originel du PNR de la Haute Vallée de Chevreuse, créé en 1985. Depuis ses débuts, cette instance s'est fixée comme objectif, sur demande des habitants, de lutter contre l'urbanisation, de protéger la nature et les paysages, et de préserver le patrimoine bâti et culturel. Le Parc trouve son origine dans la réaction locale face à l'urbanisation rapide à partir de la fin des années 1970, avec la mise en place de la ville nouvelle de Saint-Quentin-en-Yvelines. Ainsi peut-on lire dans le premier journal d'information édité par le Parc que le choix de créer cette structure a été fait alors que la vallée de Chevreuse aurait pu être « étouffée par les tentacules du béton parisien et urbanisée à l'image de sa voisine Saint-Quentin-en-Yvelines [...] ». Cette volonté de lutter contre l'expansion de la ville a pour corollaire la volonté de protéger l'identité rurale du territoire. Anne Le Lagadec, directrice du Parc[6], affirme ainsi que cet outil a pour objectif premier la défense du paysage et du patrimoine du territoire. La préservation du paysage se fait notamment par le biais de l'urbanisme réglementaire. Le Parc a mis en place une charte – obligatoire pour tous les PNR –, dont la dernière version date de 2011. La publication de cette charte associée à un plan de parc constitue l'originalité du PNR de la Haute Vallée de Chevreuse. Ce document graphique fait état du périmètre des enveloppes délimitant l'extension maximale autour de chaque village à une échelle fine. L'ensemble des enveloppes a été négocié lors de la révision de la charte, en 2013, avec chaque commune, à l'échelle de la parcelle. À l'intérieur de chaque enveloppe, ont été fixés des seuils de densité minimale. L'utilisation d'enveloppes d'urbanisation et la contrainte forte qui en découle, illustrent un dispositif d'urbanisme réglementaire qui permet la préservation d'un paysage en évitant les nouvelles constructions. Les gestionnaires constatent ainsi un ralentissement très fort du rythme d'urbanisation au sein de la vallée de Chevreuse dans les dernières années[7].

L'impératif de prise en compte de la biodiversité a été intégré relativement tôt en vallée de Chevreuse. Ainsi, le Parc a inclus la Trame verte et bleue (TVB) au moment de la révision de sa Charte en 2007. Elle est ensuite intégrée dans les PLU à partir de 2009. Le parti pris du Parc consiste à annoncer que le paysage constitue « une porte d'entrée supplémentaire sur la TVB et la biodiversité, pour un public élargi ». Une analyse écologique et paysagère des espaces montre plutôt une logique inverse : l'enjeu de la biodiversité aurait plutôt tendance à légitimer le paysage (Roussel, 2019b). Par ailleurs, une des orientations du plan est consacrée à la « Forêt jardinée » ce qui se vérifie bien dans la composition floristique et la structure des boisements (Roussel, 2019a). Ce terme est révélateur du rapport entretenu par les gestionnaires au paysage en vallée de Chevreuse. Une part des actions proposées par le Parc sont liées à

---

6 Intervention d'Anne Le Lagadec, directrice du Parc naturel régional de la Haute Vallée de Chevreuse, dans un séminaire de l'IAU Île-de-France en partenariat avec l'ENS le vendredi 10 mars 2017.

7 Entretien avec une chargée de mission paysage au PNR de la Haute Vallée de Chevreuse, juin 2016.

Fig. 1: Un champ pâturé par des chevaux en vallée de la Mérantaise (Roussel 2015).

l'aspect paysager, y compris dans les mesures d'ordre écologique, par exemple en « renaturant » les fonds de vallées. L'exemple du cours d'eau de la Mérantaise est à ce titre intéressant. Le Syndicat Intercommunal pour l'Aménagement Hydraulique de la Vallée de l'Yvette (SIAHVY) a effectué des travaux sur ce cours d'eau pour la restauration des continuités écologiques. Dans la charte élaborée par le Parc, la vallée de la Mérantaise est partiellement couverte par des zonages de protection des milieux naturels. Or, cette vallée est le support d'une activité d'élevage et de pâturage de chevaux dans un paysage aux allures rurales, l'animal participant du décor champêtre fantasmé. Au-delà de préoccupations écologiques, ce cours d'eau doit surtout répondre aux attentes de la population en matière de pratiques et de cadre de vie. En effet, les relevés botaniques effectués (Roussel, 2017) signalent le surpâturage des chevaux et l'intensité de l'exploitation des prairies.

L'intensité du pâturage met à nu les sols (second plan à gauche de la photo) et contribue par ricochet à privilégier les espèces que les bêtes ne consomment pas, telle que la Renoncule âcre (*Ranunculus acris*) dont les bouquets sont ici bien visibles au premier plan.

Ailleurs, le plan de gestion de la réserve naturelle régionale Val et coteau de St-Rémy, gérée par le Parc, agit lui aussi en faveur d'une

Fig. 2: Prairie pâturée par des vaches dans le secteur de la réserve naturelle régionale au lieu-dit le Pré des Vosgiens (Roussel, 2015). *Le RER B passe en fond de vallée, derrière les arbres en arrière-plan.*

forme de jardinage. À l'objectif « Maintenir, réimplanter et favoriser des activités humaines durables : outil de gestion et d'entretien des milieux », il est question de passer des conventions entre le PNR, les communes concernées et les éleveurs bovins. Le plan de gestion en fait ainsi la proposition pour la zone dite du Pré des Vosgiens. La liste est ici longue des exigences à l'égard de l'éleveur potentiel (Bak, 2004). Nous n'en citons que quelques-unes relatives à l'entretien du paysage et pour lesquelles ce dernier s'engage :

- à entretenir les clôtures de la prairie à l'aide d'un broyage mécanique trois fois par an (dernière semaine de mai, dernière semaine de juillet dernière semaine d'août) ;
- à entretenir le fossé à l'aide d'un broyage bisannuel de la végétation (ronces, arbustes) ;
- à ne réaliser aucune fauche de la végétation ;
- à n'y déposer ou stocker aucun objet ou matériau de quelque nature que ce soit ;

- à n'y introduire aucun végétal ou animal notamment dans les mares (poissons, tortues, grenouilles, plantes ornementales) ;
- à n'y effectuer aucune intervention de quelque nature que ce soit susceptible d'entraîner une modification majeure du biotope ou de la biocénose : labour, brûlage, défrichement, plantation, coupe, drainage, creusement de fossés...
- à ne procéder à aucun travail forestier sans l'accord préalable des deux autres parties

Pour reprendre une formule de Marc Mormont (2009), « la ruralité, ce sont désormais des "qualités" et non plus des hommes ». Ce n'est pas de l'agriculture dont on veut ici, pas plus que de dynamiques naturelles (il faut broyer les ronces dont la propagation se fait de manière tout à fait spontanée et donc « naturelle » en pareil contexte), c'est d'un jardin d'allure champêtre, d'un tableau pastoral (Fig. 2), qui fait écho, à quelques dizaines de mètres du RER B, à l'hypothèse de l'imaginaire pastoral européen avancée par Berque, Bonnin, et Ghorra-Gobin (*op. cit.*). Par-delà la prise en compte de l'écologie dans le projet de territoire de la vallée de Chevreuse, c'est bien un cadre de vie paysagé qui constitue le fondement de l'identité recherchée.

2.2.3 *La fabrique d'une campagne urbaine à Marne-et-Gondoire*

Comme en vallée de Chevreuse, la construction territoriale de l'intercommunalité de Marne-et-Gondoire, dans un espace bien moins favorisé[8], se fonde sur la préservation d'un paysage rural. Les terres non bâties sont utilisées comme levier d'un projet de territoire. L'intercommunalité a fondé son projet sur un modèle qui se définit en opposition à l'urbanisation de Marne-la-Vallée, dont elle constitue pourtant le secteur III d'urbanisation. Au contact direct avec le secteur II de la ville nouvelle, le territoire de l'intercommunalité constitue aujourd'hui une zone de transition entre la partie dense de l'agglomération parisienne et une partie plus rurale en allant vers l'est. Si un Périmètre de protection des espaces agricoles et naturels périurbains (PPEANP) a été créé au début des années 2000 en partenariat avec le Département de

---

[8] Cette analyse se fonde sur un travail de synthèse d'un ensemble d'indicateurs socio-économiques fournis par l'Institut National de la Statistique et des Études Économiques (INSEE) disponibles à l'échelon communal pour l'année 2013 (Flégeau, 2018).

Fig. 3: Vue sur le village de Bussy-Saint-Martin depuis une parcelle agricole (Flégeau, 2015)

Seine-et-Marne, l'opposition à l'urbanisation de la ville nouvelle est en fait ancienne. La fronde des élus de Lagny, centre historique du territoire, ainsi que des communes rurales alentours appartenant au même canton, a été forte au moment de l'annonce de l'intégration à la ville nouvelle. Cette opposition locale à la construction de logements et d'équipements sur la commune explique pour partie que l'urbanisation se soit reportée sur la commune de Bussy-Saint-Georges, créant une ville *ex nihilo*. La continuité de cette opposition se retrouve au travers du dispositif PPEANP qui a ensuite permis de faire perdurer la lutte contre le modèle d'aménagement des villes nouvelles. Le PPEANP, décidé à l'échelle intercommunale, permet de fixer l'usage des sols par une réglementation forte et ainsi de pérenniser les espaces agricoles et naturels. Ces espaces agricoles permettent aux élus locaux de revendiquer une identité rurale, à deux pas de Marne-la-Vallée. Leurs discours véhiculent l'idée d'une amélioration du cadre de vie des habitants et les études de satisfaction conduites sur le territoire mettent en avant le bien-être des résidents, en raison notamment de la présence d'espaces non urbanisés, synonymes pour eux d'espaces de respiration[9]. La communication autour de l'image d'un espace préservé, et de surcroît rural, est très forte. La collectivité s'emploie par exemple au travers de son office du tourisme, à proposer des circuits de randonnée et des balades sur ce thème et à éditer des plaquettes de communication sur la biodiversité et les paysages ruraux de son territoire.

La politique de protection des espaces agricoles s'appuie à l'origine sur une demande des agriculteurs davantage que sur une demande de la part des habitants, le monde agricole faisant état d'inquiétudes face à l'extension de la ville. L'argumentaire sert de fait à s'opposer au développement urbain et à l'installation de nouvelles populations sur le territoire. La préservation des terres agricoles et boisées à Marne et Gondoire est aussi bénéfique pour le Département de Seine-et-Marne qui y voit l'intérêt de formaliser un « croissant vert » autour de Paris[10]. Tout en bénéficiant des équipements et aménagements de la ville nouvelle, Marne-et-Gondoire cherche à protéger une forme d'identité locale. On trouve ainsi associés à ce périmètre de protection, une agriculture biologique et un tourisme « vert ». Le principal objectif des élus est de préserver le cadre de vie des habitants, en étant assimilé le plus possible à un territoire rural, alors même que le PPEANP constitue une forme d'urbanisation du territoire[11].

L'analyse des données sociodémographiques et socio-économiques confirme partiellement le discours des élus. Elle montre l'appartenance à plusieurs types socio-économiques, celui du périurbain classique dans la partie nord et des parties plus intégrées notamment dans le cas de Bussy-Saint-Georges. Marne-et-Gondoire est un espace périurbain, composé de classes moyennes et de classes moyennes supérieures, avec une population relativement jeune. Les populations aisées sont très largement représentées dans les communes étudiées. Ce territoire ne constitue pas un pôle d'emploi important et les actifs travaillent dans une très large majorité à l'extérieur de leur commune de résidence, ce qui indique bien son caractère périurbain.

---

9 Entretien avec une chargée de mission à l'intercommunalité de Marne-et-Gondoire, juin 2016.

10 Entretien avec une chargée de mission au Conseil Départemental de Seine-et-Marne, juin 2015.

11 Entretien avec le maire de Jossigny, juin 2016.

2.2.3 Cadre de vie de nature et entre-soi social

Ces deux exemples, aux temporalités différentes, mettent en lumière un phénomène plus général en ceinture verte, celui d'un renversement de la perception des espaces non urbanisés par les municipalités (Flégeau, 2018). Ces espaces passent de réserves foncières ou de zones de vide à des zones valorisées auxquelles on attribue des fonctions. Ils sont surtout reconnus comme constitutifs voire fondateurs de l'identité territoriale. Les projets portés par la communauté d'agglomération de Marne-et-Gondoire et le PNR de la Haute Vallée de Chevreuse sont des projets qui visent à conserver un paysage présenté comme typique et, de façon corolaire, en danger face à l'urbanisation. Ce paysage imaginé offre une caractéristique bien identifiée : il est rural. Certains élus cherchent à conserver l'aspect « village » de leur commune. Cette identité repose sur la morphologie des espaces agricoles, forestiers et naturels, même si ces derniers sont entièrement urbains par les usages et aménagements qu'ils accueillent. En vallée de Chevreuse, l'enjeu est bien de conserver un paysage, sa préservation étant acquise depuis les débuts du Parc. Pour les instances du Parc et de l'intercommunalité, le paysage rural est aussi un paysage naturel. Cette même volonté de proposer un paysage naturel qui gomme toutes les artificialités se retrouve dans le cas du PNR du Vexin, paysage qui reste pourtant, paradoxalement, artificiel (Raymond, 2004).

Ces logiques locales de préservation du paysage vont de pair avec un entre-soi social. La limitation de l'ouverture à l'urbanisation, par la protection des terres agricoles et naturelles dans les PLU communaux et intercommunaux, a pour effet d'augmenter les prix de l'immobilier et donc, de n'y donner accès qu'aux classes les plus favorisées. La préservation du paysage peut ainsi être instrumentalisée dans l'optique d'un tri social. Protéger un paysage peut ainsi n'être « qu'un paravent présentable pour des motivations moins avouables » (Charmes, 2011). En vallée de Chevreuse, on peut aussi voir le mécanisme d'instrumentalisation des aspects environnementaux et surtout paysagers en faveur des populations qui ont les moyens d'y résider. Didier Desponds (2007) a identifié le même processus pour le PNR du Vexin, en réaction à la ville nouvelle de Cergy-Pontoise.

L'intégration du développement durable dans les politiques publiques tout comme l'affichage d'une prise en main des thèmes liés à l'écologie appuie l'argumentaire de préservation des paysages ruraux des territoires de ceinture verte. La protection de la biodiversité, notamment au travers des TVB, apparait comme un argument supplémentaire pour renforcer celui du paysage, dans le cas de Marne-et-Gondoire. Cette justification est d'autant plus moralement acceptable qu'elle est prônée par les pouvoirs publics. On constate ainsi le renforcement d'un processus d'entre-soi autour de la préservation de paysages revendiqués comme remarquables ou typiques. C'est ainsi à une échelle très locale que le concept de ceinture verte prend véritablement son sens. Les cas de la vallée de Chevreuse et de Marne-et-Gondoire montrent des espaces à différents stades de territorialisation, au sein desquels le paysage est contrôlé et maîtrisé. En vallée de Chevreuse, les élus revendiquent leur appartenance à la ceinture verte. De nombreux visiteurs venant de l'aire centrale parisienne s'y rendent régulièrement. Marne-et-Gondoire tente, elle, d'accéder au même statut.

Conclusion

Le projet de la Région Île-de-France de ceinture verte n'a finalement pas eu lieu et la montée en puissance des questions écologiques ne lui a pas non plus permis de prendre son essor. Sa mise en place décalée dans le temps, dans l'espace et dans l'esprit par rapport aux autres outils d'aménagement similaires mais aussi le manque d'assise réglementaire l'a empêché de jouer son rôle de limitation de l'extension urbaine. Est-ce à dire que cet outil d'aménagement a fait son temps ? Aujourd'hui encore, des projets de ceinture verte continuent à être au cœur de politiques d'aménagement métropolitain, par exemple au Canada, de façon très formalisée à Toronto, ou en émergence à Montréal. En parallèle, d'autres manières de concevoir la préservation des espaces verts en périphérie des villes ont vu le jour tels les « coins verts » (*green wedges*), logique spatiale bien visible à Copenhague par exemple, ou encore des logiques de cœurs verts comme dans la Randstad Holland aux Pays-Bas.

Aux abords de l'agglomération parisienne, les fonctions environnementales et sociales attendues des espaces végétalisés par les pouvoirs publics et les populations ont été investies localement et en ordre dispersé. Leur valorisation participe de la construction territoriale dans le champ élargi de la métropolisation. Derrière la préservation de paysages revendiqués comme ruraux et écologiques se jouent des enjeux sociaux et politiques, où les logiques identitaires soulèvent la question des inégalités territoriales.

Bibliographie

Agence des Espaces Verts de la Région Île-de-France (2014). *Atlas des Périmètres Régionaux d'Intervention Foncière, Édition 2015.*

Alexandre F. (2013). « The Role of Vegetation in the Urban Policies of European Cities in the Age of the Sustainable City », *European Spatial Research and Policy* 20 (2), p. 11-27.

Alexandre F. et Génin A. (2014). « Ceintures vertes autour des grandes métropoles européennes », in *Formes et Échelles des compositions urbaines*, éd. électronique du Comité des travaux historiques et scientifiques (Actes des congrès nationaux des sociétés historiques et scientifiques), Paris, p. 75-87.

Amati M. (2008). *Urban green belts in the twenty-first century.* Urban Planning and Environment. New York: Ashgate.

Amati M. et Yokohari M. (2006). « Temporal changes and local variations in the functions of London's green belt », *Landscape and Urban Planning* 75 (1–2), p. 125-42.

Bak A. (2004). *Projet de création d'une réserve naturelle régionale « Val et coteau de St-Rémy » – Plan de gestion.* Parc naturel régional de la Haute Vallée de Chevreuse.

Barbieri N. (2002). *La Ceinture Verte d'Île-de-France, quelle réalité ?* Institut d'Aménagement et d'Urbanisme de la Région Île-de-France (Note rapide sur le bilan du SDRIF, n° 10).

Berque A., Bonnin P. et Ghorra-Gobin C. (2006). *La ville insoutenable : Les trois sources du mythe de la ville-campagne*, Belin.

Buxton M. et Goodman R. (2003). « Protecting Melbourne's Green Belt », *Urban Policy and Research* 21 (2) : 205-9.

Charmes E. (2011). *La ville émiettée. Essai sur la clubbisation de la vie urbaine*, Paris, PUF, 288 p.

Charvet M. (2005). *Les fortifications de Paris. De l'hygiénisme à l'urbanisme, 1880–1919*, Rennes, Presses universitaires de Rennes.

Clergeau P. et Blanc N. (2013). *Trames vertes urbaines : de la recherche scientifique au projet urbain*, Paris, Le Moniteur.

Da Cunha A. (2009). « Introduction : urbanisme végétal et agriurbanisme. La ville entre artifice et nature », in *Urbanisme végétal et agriurbanisme*, Urbia : Les Cahiers du développement urbain durable, 8, 142 p.

David A. (2011). *La multifonctionnalité des trames verte et bleue en zones urbaines et périurbaines – synthèse bibliographique*, Paris, Institut d'Aménagement et d'Urbanisme de la Région Île-de-France.

Desponds D. (2007). « Les impacts d'un parc naturel régional (PNR) sur les évolutions socio-démographiques de son espace rural : le cas du Vexin français », *Norois. Environnement, aménagement, société*, 202 (mars), p. 47-60.

Dubois J.-L. (1986). « Une ceinture verte pour la métropole parisienne », *Cahiers de l'IAURIF*, 79, p. 41-56.

Flégeau M. (2018). *La Ceinture verte d'Île-de-France à l'épreuve du Grand Paris : effacement ou renouveau ? Reconfigurations spatiales, territoriales et paysagères dans les marges de l'aire urbaine métropolitaine*, Villetaneuse, Université Paris 13 – Sorbonne Paris Cité.

Frey H. (2000). « Not green belts but green wedges: the precarious relationship between city and country », *URBAN DESIGN International*, 5 (1), p. 13–25

George P. et Verger F. (2013). *Dictionnaire de la géographie*, Paris, PUF – Quadrige.

Greed C. (2014). *Planning in the UK: An Introduction*, London, Palgrave Macmillan.

Kabisch N., Qureshi S. et Haase D. (2015). « Human-environment interactions in urban green spaces – A systematic review of contemporary issues and prospects for future research », *Environmental Impact Assessment Review* 50 (janvier), p. 25-34.

Kühn M. (2003). « Greenbelt and Green Heart: separating and integrating landscapes in European city regions », *Landscape and Urban Planning* 64 (1–2), p. 19-27.

Laruelle N. et Legenne C. (2005). *La ceinture verte d'Île-de-France, un espace de vie à réinventer. Éléments pour un nouveau partage de l'espace périurbain dense*, Institut d'Aménagement et d'Urbanisme de la Région Île-de-France (Étude).

Le Dantec J.-P. (1996). Jardins et paysages. Textes critiques de l'Antiquité à nos jours, Paris, Larousse, 634 p.

Leong M., Dunn R. R. et Trautwein M. D. (2018). « Biodiversity and Socioeconomics in the City: A Review of the Luxury Effect », *Biology Letters* 14 (5) : 20180082.

Marié M. et Viard J. (1988). *La campagne inventée*, Arles, Actes sud.

Moret F. (2009). « Définir la ville par ses marges. La construction des fortifications de Paris », *Histoire urbaine*, 24, p. 97-118.

Mormont M. (2009). « Globalisations et écologisations des campagnes ». *Études rurales*, 183 (septembre), p. 143-60.

Poulot M. (2013). « Du vert dans le périurbain », *Espace temps.net*, mai. http://www.espacestemps.net/articles/du-vert-dans-le-periurbain/.

Raymond R. (2004). « La nature à la campagne : identification sociale et argument pour la gestion d'un territoire rural partagé : l'exemple du Vexin français », Paris, Université Paris 1 Panthéon-Sorbonne.

Roudaut E. (2003). *Villes et campagnes britanniques. Confrontation ou (con) fusion ?* Valenciennes, Presses universitaires de Valenciennes. Recherche valenciennoise 15.

Roussel F. (2017). *Géographie de la végétation aux environs de Paris : le cas de la Ceinture verte d'Île-de-France Fragmentation paysagère, enjeux socio-environnementaux, (dé)constructions territoriales*, Villetaneuse, Université Paris 13 – Sorbonne Paris Cité.

Roussel F. (2019a). « La forêt en Ceinture verte d'Île-de-France : un patrimoine paysager métropolitain à la flore peu diversifiée », *Bulletin de l'Association de Géographes Français, Forêts menacées, Forêts protégées*, 96 (1).

Roussel F. (2019b). « Valoriser l'écologie pour légitimer le paysage ? Regards croisés sur l'aménagement des espaces de "nature" en ceinture verte d'Île-de-France ». *EchoGéo* janvier/mars (47).

Sanson D. (2014). Berlin : Histoire, promenades, anthologie et dictionnaire, Paris, Robert Laffont, coll. « Bouquins ».

Urbain J.-D. (2008). *Paradis verts. Désirs de campagne et passions résidentielles*, Paris, Petite bibliothèque Payot.

L'avènement des services écosystémiques et ses conséquences sur la gestion des espaces verts urbains en France

Amélie Robert[1] et Jean Louis Yengué[2]

Introduction

Prendre en compte les « bienfaits de la nature » n'est pas chose nouvelle ; selon G. Serpantié, P. Méral et C. Bidaud (2012), cet intérêt porté à la nature remonterait à l'Antiquité. En ce sens, la genèse des services écosystémiques est ancienne, même si le concept est intimement lié à celui d'écosystème qui n'est introduit qu'en 1935 par A. G. Tansley. Il faudra en fait attendre les années 1970 pour que la notion de services écosystémiques apparaisse, d'abord en filigrane dans un rapport du *Massachusetts Institute of Technology* (MIT, 1970), puis en 1977 sous la plume de W. E. Westman (1977) qui parle de *nature's services* et finalement en 1983 dans l'article de P.R. Ehrlich et H. A. Mooney (1983), intitulé « Extinction, substitution and the ecosystem services » (Boisvert et Vivien, 2010). En 1997, G. C. Daily *et al.* (1997) en proposent une définition communément admise : « benefits supplied to human societies by natural ecosystems », selon le titre de leur article. Cette année-là marque un tournant admis, une des deux « dates charnières » en matière de services écosystémiques (Robert, 2018), en raison de la publication de cet article mais surtout de celui de R. Costanza *et al.* (1997), en ce qu'il représente

1 Amélie Robert est Géographe, ATER à l'université de Tours/UMR CITERES. Ses recherches portent sur les interrelations nature-sociétés, analysées au prisme des concepts de paysages et de services écosystémiques, dans différents milieux, ruraux et urbains, sur des terrains variés (France, Viêt Nam, Burkina Faso).

2 Géographe, Professeur des universités, il s'intéresse aux relations entre l'Homme et Végétal. Ses derniers travaux interrogent plus spécifiquement les services écosystémiques culturels.

le « paroxysme de la monétarisation et de la marchandisation » (*ibid.*). Il s'agit là d'une manière d'appréhender les services écosystémiques, qui vaut au concept certaines critiques et qui s'oppose à un autre courant, porté par des écologues notamment. Malgré les divergences et les oppositions, le concept connaît un réel succès, au point de constituer un véritable « front de recherche » (*ibid.*) : « La notion est devenue à la mode, comme en témoigne l'analyse bibliométrique (Jeanneaux, Aznar et de Mareschal, 2012) » (*ibid.*) et les écosystèmes urbains sont loin d'être épargnés : les services qu'ils rendent sont particulièrement étudiés (Yengué, 2017). L'essor des recherches date de 2005 ; c'est là la seconde des « dates charnières » (Robert, 2018) et elle est à mettre en lien avec la publication de la synthèse du *Millenium Ecosystem Assessment* (MEA, 2005). Si cette date importe, c'est aussi que cet événement initie « un glissement progressif qui s'est opéré en l'espace d'une vingtaine d'années du statut de métaphore (à vocation principalement pédagogique) à celui de dispositif (avec une volonté opérationnelle plus affirmée) (Norgaard, 2010 ; Arnauld de Sartre *et al.*, 2014b) » (Dufour *et al.*, 2016). Cette date marque donc le début de l'opérationnalisation des services écosystémiques. Quelles en sont les conséquences en milieu urbain, en l'occurrence pour les espaces verts et leur gestion en France ? Les acteurs locaux de l'aménagement des territoires se sont-ils approprié ce concept encore récent et cela a-t-il une incidence sur leurs pratiques, la manière dont les espaces verts sont considérés dans les politiques publiques ? Ces questions sont celles que nous nous sommes posés dans le cadre de deux programmes de recherche menés dans la région Centre Val de Loire – SERVEUR (Services rendus par les espaces verts urbains, 2014–2017) et POLLEN (Impact de l'urbanisation sur les abeilles et le service de pollinisation en région Centre-Val de Loire, 2016–2019), tous deux financés par la région. Dans ce cadre, ont ainsi été interrogés, de manière semi-directive, 52 acteurs locaux en charge de questions liées à la nature (gestion, animation, valorisation) : des techniciens, des chefs de service ou autres responsables, des élus, dans des collectivités territoriales (communes, communautés de communes, agglomérations/métropoles, départements, région), des services de l'État (Direction départementale des territoires) autant que des territoires de projet (PNR, réserve naturelle, etc.) (Lamare, 2013 ; Richard, 2013 ; Boyer, 2018-a et b). L'étude s'est focalisée sur les six principales villes de la région, chefs-lieux de département (Blois, Bourges, Chartres, Châteauroux, Orléans et Tours) et leurs espaces verts. Pour compléter les entretiens, des observations ont été réalisées *in situ*, dans ces derniers et les quartiers environnants, afin de caractériser l'offre de nature (Guérin, 2013) et d'en comprendre la demande (fréquentation et usages ; Callard, 2013 ; Cosquer, 2014 ; Galet, 2014 ; Hemon, 2014 ; Launay, 2014 ; Ollivon, 2014 ; Robert et Yengué, 2018-a et b). Des médias municipaux et intercommunaux (presse, brochures, sites internet) ont aussi été analysés, dans le but de connaître les discours et d'identifier les thèmes principaux des politiques publiques, mis en avant et développés sur ces territoires quant aux espaces de nature en ville (Richard, 2013). Ces recherches nous ont permis d'aboutir à un certain nombre de résultats, notamment quant aux implications de l'opérationnalisation des services écosystémiques. La première partie sera l'occasion de revenir sur le contexte de cet événement, de manière générale dans les villes françaises. Nous verrons ensuite les implications à l'échelle locale, en analysant d'abord la manière dont les concepts – de services écosystémiques mais aussi de biodiversité – sont appréhendés par les acteurs interrogés (2e partie), puis les implications sur les pratiques, politiques et projets liés aux espaces verts dans les villes étudiées (3e partie).

1 Opérationnalisation des services écosystémiques, dans un contexte d'essor de l'« urbanisme écologique »

Comme souligné, ce n'est qu'en 2005 que le concept de services écosystémiques entame une phase d'opérationnalisation. Il quitte alors la sphère académique pour atteindre celle des praticiens, des décideurs et des gestionnaires. Le mouvement trouve en fait son impulsion dans le rapport « Nous, les peuples : le rôle des Nations Unies au XXIe siècle » publié par K. Annnan en 2000. En effet :

> Parmi ses préconisations, « *À l'attention des participants au Sommet* », figure « *l'évaluation des écosystèmes* ». À sa demande est ainsi créé dès 2001 le *Millennium Ecosystem Assessment*, un groupe de travail réunissant plus de 1 360 experts du monde entier, avec pour objectif :
>
> « *d'évaluer les conséquences des changements écosystémiques sur le bien-être humain ;* [...] [et d']*établir la base scientifique pour mettre en œuvre les actions nécessaires à l'amélioration de la conservation et de l'utilisation durable de ces systèmes, ainsi que de leur contribution au bien-être humain* ».

> Les résultats sont diffusés en 2005, entre autres dans une synthèse générale, intitulée *Ecosystems and Human Well-being : Synthesis* (MEA, 2005). (Robert, 2018).

Même si des limites peuvent être pointées – on note là l'importance accordée à l'évaluation, qui n'est pourtant pas la seule approche en matière de services écosystémqiues (*ibid.*) –, ce travail fait aujourd'hui référence, notamment quant à la classification des services qui y a été proposée et qui inclut :

> les services d'approvisionnement (produits agricoles, bois, eau potable, fibres et combustible, poissons…), les services de régulation (régulation du climat, des inondations, des maladies, épuration de l'eau…), les services culturels (esthétiques, religieux, récréatifs et éducatifs) et les services de soutien, qui constituent la base des 3 autres types de service (grands cycles géochimiques, formation des sols et production primaire). (Yengué, 2017).

Surtout, la publication de cette synthèse a véritablement donné une impulsion. En ont en effet découlé des programmes à différentes échelles. À l'échelle internationale d'abord, une plateforme intergouvernementale – l'*Intergovernmental science-policy platform on biodiversity and ecosystem services* (IPBES) – a vu le jour en 2012, composée d'experts chargés de conseiller les gouvernements, sous l'égide de l'ONU. À l'échelle européenne, c'est le programme *Mapping and assessment of ecosystems and their services* (MAES) qui, décidé par l'Union européenne, a donné lui à une déclinaison à l'échelle de la France : l'EFESE, l'évaluation française des écosystèmes et des services écosystémiques, programme lancé dès 2012 par le ministère en charge de l'environnement. Selon son intitulé, l'objectif est l'évaluation mais, à travers cela, il s'agit de sensibiliser à la nécessité de préserver la nature et d'agir aussi en ce sens, grâce à une meilleure intégration de cette nécessité dans les politiques publiques. Très vite, les services écosystémiques ont ainsi fait leur apparition aussi dans la législation : « la Loi pour la reconquête de la nature, de la biodiversité et des paysages (2016) […] intègre "explicitement la nécessité de prendre en compte les services écosystémiques dans la gestion de la nature" (Lavorel, Bierry et Crouzat, 2016) » (Robert, 2018).

L'EFESE se décline en six parties, fonction des grands types d'écosystèmes identifiés. L'un des volets de ce programme concerne donc spécifiquement les « écosystèmes urbains ». La dénomination n'est pas anodine ; le concept de services écosystémiques est en effet intimement lié à celui d'écosystèmes. Mais ce n'est pas lui qui introduit cette nouvelle perception de la nature en ville. Cela participe plus généralement d'un mouvement, à l'origine de « transformations[,] profondes », qui sont à l'origine du « passage de l'urbanisme fonctionnel à l'urbanisme écologique » (Mehdi *et al.*, 2012), mais qui affectent aussi plus généralement la société. Ces transformations sont en fait à mettre en lien avec un autre concept, qui lui aussi, avant le concept de services écosystémiques, a connu un grand succès, suite à la parution d'un rapport : c'est le concept de développement durable, explicité dans le rapport Brundtland (1987). S'en suivra le sommet de Rio, en 1992, qui met sur le devant de la scène internationale un autre concept lié, celui de biodiversité, puisque c'est à cette occasion qu'est signée la convention internationale sur la diversité biologique. La notion avait été imaginée en 1985 par Walter G. Rosen, physiologiste végétal américain : il y consacra le *Forum on BioDiversity* qui s'est tenu aux États-Unis en 1986 (Micoud, 2005) et le succès fut immédiat, au point que le « mot [...] se développe [alors] de manière foudroyante » (Blanc, 2009). Ces concepts gagnent en particulier la ville, où ils initient des transformations. Ainsi :

> une révolution est silencieusement en train de s'opérer ; la ville va connaître et reconnaître sa nature. Des politiques de biodiversité urbaine se mettent en place ; l'on recrée de la nature en ville et l'idée de la mauvaise herbe en prend un coup ; l'on invente les jardins naturels, la gestion différenciée... L'on repense les liens à la nature et les bénéfices que le citadin en tire. Une ingénierie écologique naît (*ibid.*).

Et c'est ainsi que l'on se dirige « *vers un urbanisme écologique* » (*ibid.*). La nature en ville ne se borne plus aux « parcs et jardins », considérés comme des équipements urbains appréciés pour leur seule qualité esthétique. Après un premier tournant lié à la construction des grands ensembles dans les années 1960–1970, un second s'engage avec « l'avènement du développement durable dans les années 1990 (Cormier *et al.*, 2009) » (Mehdi *et al.*, 2012). Les trames vertes constituent « une illustration concrète de [s]a prise en compte [...] dans l'aménagement de la ville » (Cormier et Carcaud, 2009) ; elles vont voir leur importance grandir sous l'impulsion du Grenelle de l'environnement (2007 ; Clergeau, 2008), autre événement clé. Ce sont des « espaces de naturalité [qui] doivent permettre les flux d'espèces animales et végétales » et, pour T. Arrif *et al.* (2011) :

> Cette définition d'ordre écologique est une nouvelle conception de l'aménagement du territoire qui correspond à une prise en considération

des attentes d'une société civile en matière écologique et de développement durable ; il s'agit notamment de sauvegarder et de favoriser la biodiversité, d'améliorer la qualité environnementale et sociale de ces lieux (Cormier, Carcaud, 2009 ; Cormier, De Lajartre, Carcaud, 2010).

Même si « l'intérêt de ces infrastructures vertes en ville sur le plan biologique ou d'offre en termes de services écosystémiques ou sociaux n'est pas validé sur le plan scientifique » (Blanc, 2009), même si « le corridor écologique n'est pas le remède miracle pour renaturaliser la ville », il n'en constitue pas moins « certainement une possibilité offerte pour la repenser » (Arnould *et al.*, 2011). Surtout, la politique des trames vertes et bleues témoigne d'une nouvelle manière de penser les espaces de nature en ville, davantage en termes d'écosystèmes qui sont en interaction et les répercussions sont perceptibles : « Les notions de connectivité, de corridor écologique, de réservoir de biodiversité, de multifonctionnalité, etc., occupent de plus en plus une place prépondérante dans les discours et les approches d'aménagement » (Mehdi *et al.*, 2012).

Les trames vertes et bleues ne sont pas les seuls changements perceptibles. Un autre, significatif, est la gestion différenciée, déjà évoquée ; elle constitue une « révolution des valeurs culturelles et des pratiques culturales » qui a d'abord été portée « par des pionniers », « un tournant radical dans le mode de gestion économe des ressources naturelles » (Aggéri, 2010). Ce changement renvoie pleinement aux préoccupations de développement durable et de préservation de la biodiversité. Plus qu'une évolution des pratiques, c'est aussi une nouvelle manière de penser les espaces verts : « La mise en œuvre de la gestion différenciée, a contribué à la construction de nouveaux territoires urbains publics aux références champêtres et sauvages pensés selon des intentions écologiques et esthétiques » (Aggéri, 2016) ; elle est l'œuvre de responsables de services chargés de l'entretien des espaces verts « animés par la volonté d'engager des démarches plus respectueuses de l'environnement et soucieux d'offrir aux citadins une variété d'espaces de nature allant du jardin sophistiqué à l'espace d'aspect sauvage » (*ibid.*). La gestion différenciée procède ainsi du même mouvement ; elle en est une expression. Plus récemment, c'est la politique du « Zéro phyto » qui s'est imposée, suite à la loi de transition énergétique du 18 août 2015, non sans difficulté pour les municipalités, qui ont alors conduit des campagnes de sensibilisation à destination de leurs administrés, en faveur des « herbes folles » (Robert et Yengué, 2018-a). Surtout, en lien avec la trame verte, outre la « mise en continuité et en connectivité des espaces végétalisés urbains », un autre enjeu s'impose, l'évaluation des services écosystémiques. Celle-ci connaît une « attention grandissante » que L. Mehdi *et al.* (2012) explique par « le changement de perception des espaces verts considérés non plus uniquement comme un décor urbain » et « le progrès technique qui permet une évaluation plus fine de ces interactions ». Il s'agit là d'un concept qui s'est donc imposé plus récemment mais qui entre dans le cadre d'une dynamique déjà en cours, que nous venons de décrire. Comment les gestionnaires et les décideurs prennent-ils en compte ce nouveau concept ?

2 Prise en compte des concepts par les gestionnaires et décideurs

Dans le cadre des entretiens que nous avons conduits auprès des gestionnaires et décideurs, nous nous sommes intéressés à la manière dont ils percevaient les concepts de services écosystémiques et de biodiversité.

Concernant les services écosystémiques, le MEA (2005), à l'origine de la popularisation du concept, en a donné une définition « souvent reprise » (Robert, 2018), en apparence « simple », faisant la synthèse de précédentes définitions (Yengué, 2017) : « benefits people obtain from ecosystems ». En fait, la notion est complexe mais, plus qu'une simplification, nos travaux pointent une méconnaissance, voire une ignorance chez les praticiens. En effet, à la question « Qu'est-ce qu'un service écosystémique ? », les personnes interrogées ne peuvent répondre : marquant souvent un temps d'arrêt, voire retournant la question à l'enquêteur, elles ne peuvent donner une définition. Mais, en poursuivant les entretiens, on perçoit que ce à quoi ce terme renvoie n'est pas inconnu, les acteurs étant conscients que les espaces verts rendent des services et présentent des avantages : amélioration de la qualité de vie en ville, contribution au bien-être, selon les techniciens et chefs de service, des services – au sens large – auxquels ils disent même concourir. Ils nous renseignent alors sur ces deniers. Ainsi perçoivent-ils les espaces verts comme des lieux de rencontre, propices à la création de liens sociaux – ce qui est d'abord souligné pour les jardins familiaux, les enquêtés souhaitant mettre en exergue le fait que ce ne sont pas que des lieux de production agricole. Les espaces de nature urbaine leur apparaissent aussi comme des lieux de repos, de détente, un avantage surtout mentionné par les élus pour les parcs d'agrément. Parallèlement, moins fréquemment, les personnes interrogées parlent aussi de lieux de promenade, surtout pour les parcs d'agrément ; de lieux de loisirs, propices aux jeux, notamment pour les enfants ; de lieux pédagogiques, favorables à la sensibilisation des citoyens à la protection de l'environnement et, sur ce point, les acteurs insistent sur le fait qu'ils œuvrent au renforcement de ce service. Le service de production n'est, lui, évoqué que pour les jardins familiaux mais tout en en soulignant aussi les apports esthétiques. Les apports sur le plan environnemental ne sont mentionnés que dans un second temps, après les avantages liés aux usages que font citadins de ces espaces. Pour autant, pour tous les acteurs, les services de régulation et de support (ou de soutien) importent et sont générés pour tous les espaces verts, bien que mentionnés en premier lieu pour les bois et espaces semi-naturels. Ces espaces sont alors décrits comme des lieux de biodiversité, jouant le rôle de « poumon vert », perçus comme des « espace[s] de respiration » au milieu des habitations, participant à la lutte contre la pollution et à la régulation des températures. Ajoutons le fait que les apports de la nature pour la ville, tels que mentionnés par les personnes interrogées, ne se rapportent pas seulement aux usagers. En effet, les retombées sont aussi perceptibles pour la ville, en termes d'images, dans un contexte de « verdissement de la société » (Bourdeau-Lepage, 2013), où la nature jouit d'une image positive. Ce point est mentionné par les techniciens, qui soulignent qu'il s'agit aussi là d'un argument électoral, mais c'est surtout un élu qui insiste dessus : les espaces verts sont un bon support de communication, de marketing territorial, pour attirer de nouveaux habitants et des entreprises. On peut toutefois y voir là une instrumentalisation de la nature, éloignée de toute préoccupation de la nature pour elle-même, loin donc des ambitions premières du concept de services écosystémiques mais se rapprochant plus de la conception utilitariste souvent dénoncée, la nature devenant, comme à Lyon, « une opportunité et exceptionnalité », « un support événementiel » mais aussi un « alibi », une « marchandise » (Méliani et Arnould, 2012).

En rapport avec les programmes dans le cadre desquels les entretiens ont été réalisés, les acteurs ont été plus spécifiquement interrogés sur deux catégories de services écosystémiques identifiés dans le MEA (2005), à savoir les services d'approvisionnement et les services culturels. Les premiers renvoient à une notion inconnue et même dans les dires et les faits, dans les travaux et décisions, ils apparaissant limités et plutôt indirects. Dans la mesure où ils ne renvoient pas à des actions du personnel municipal, ces services sont peu perçus. La seule action liée à ce service, mentionnée par le personnel de deux villes, est la mise en place de « ruches municipales », qui sont utilisées comme outil de mise en valeur et de marketing territorial dans un des deux cas : le miel est offert aux habitants lors d'opérations de communication et de sensibilisation à l'environnement organisées par la ville. Mais ce fait n'est mentionné que par un seul acteur comme exemple, en réponse à la question sur ce que sont les services d'approvisionnement. Pour celle-ci, l'absence totale de réponse domine, même si les acteurs évoquent par ailleurs de tels services, ne serait-ce qu'en lien avec les jardins familiaux, dont la fonction première est la production agricole. L'expression « services écosystémiques culturels » semble être moins problématique pour les acteurs enquêtés. Certes, ils l'ignorent tout autant mais le lien entre « espaces verts » et « culturel » est plus aisé et il se fait plus rapidement. Très vite, les personnes interrogées l'associent au travail de sensibilisation à la protection de l'environnement qu'ils réalisent à destination des citoyens. Ce travail passe par des actions à visée pédagogique ou des événements culturels ayant comme support les espaces verts urbains. Les services culturels rendus par ces espaces sont ainsi plus développés – même si on peut y voir là une vision réductrice de ces services écosystémiques – : ils renvoient à des actions des services en charge des espaces verts et leurs avantages sont donc plus aisément perçus, d'autant plus que l'aspect culturel a déjà un poids important dans les actions et politiques communales.

Les concepts sont ignorés : les acteurs locaux ne peuvent donner de définition des services écosystémiques. Pour autant, ils ont conscience des services rendus par les espaces verts urbains et concourent même à leur renforcement, surtout à celui des services écosystémiques culturels. Dans la pratique, dans leurs travaux et décisions, le personnel en charge des espaces verts urbains prend ainsi en compte ces services, tout en essayant de les concilier avec les éventuels *disservices* pointés par les citadins (Robert et Yengué, 2018-a). Les travaux conduits par M. Maillefert et C. Merlin-Brogniart (2016) dans l'ancienne région Nord-Pas de Calais confirment nos résultats : la notion est « méconnue et ambiguë », même si, par la suite, « toutes les personnes interrogées ont été capables de citer des exemples de services rendus ». Les auteurs ajoutent que « la notion de "service" bien que peu évidente à définir, est admise par la majorité des répondants comme étant utile surtout pour les acteurs ayant besoin d'appuis argumentés dans leur fonction » et ce même si elle fait débat ; ce constat, nous avons aussi pu le faire dans la région Centre Val de Loire, les acteurs en charge de l'entretien des espaces verts voyant dans l'évaluation des services rendus une aubaine, face à un besoin de reconnaissance de leur fonction et des espaces qu'ils gèrent, notant même le moindre poids de leurs élus. M. Maillefert et C. Merlin-Brogniart (2016) ont par ailleurs investigué l'acception d'autres notions par les acteurs. Nous nous sommes aussi livrés à ce travail, pour le concept de biodiversité, en ce qu'il sous-tend plusieurs politiques et semble être ainsi une notion qui s'impose, dans le cadre des trames vertes et bleues autant que des services écosystémiques – M. Maillefert et C. Merlin-Brogniart (2016) évoquent ainsi les « services rendus par la biodiversité » mais cette dernière constitue en fait surtout un des services de support.

La biodiversité renvoie littéralement à la diversité biologique mais elle est en fait variée, comme le rappelle N. Blanc (2009) :

> Les scientifiques considèrent qu'il existe une triple diversité : génétique, soit la diversité de l'information génétique portée par les êtres vivants ; spécifique, soit l'ensemble des espèces ou entités du monde vivant reconnaissables, et écosystémique, soit la diversité des écosystèmes qui est celle des communautés végétales et animales vivants sous différentes conditions climatiques et géographiques.

Les acteurs locaux que nous avons interrogés en ont eu une représentation assez éclectique allant, d'un substitut de la nature menacée et sacralisée à une source de nuisance. Elle peut être perçue comme un ensemble d'entités et notamment d'espèces animales et végétales – renvoyant donc à la diversité spécifique. Mais elle peut aussi être associée de manière plus vague à la « nature », voire à la « vie » ou plus simplement à l'« existant ». Certains en ont une vision plus dynamique, systémique, mettant en avant les interrelations : derrière cela transparaît l'image de la biodiversité associée aux trames vertes et bleues. L'un évoque ainsi un « puzzle géant avec des blocs qui s'imbriquent les uns dans les autres et qui sont interconnectés les uns avec les autres » – renvoyant donc à la diversité des écosystèmes. La grande majorité des enquêtés abordent la notion par rapport à leur travail, conscients que leur tâche est d'œuvre à cette diversité : « En tant que gestionnaire d'espaces verts, la biodiversité, c'est favoriser la nature ». Les propos sont généraux et certains l'admettent : « C'est un grand mot. C'est une colle. Pour moi, c'est plus la gestion des espaces verts différenciée par rapport à ce qu'on a fait il y a 15 ans ». Pourtant, la définition de la biodiversité scientifique peut être connue, ce de manière plus technique : « c'est la diversité des espèces qui s'expriment ou non sur un espace ». « Je ne vais pas vous balancer la biodiversité génétique, la diversité tout ça », se défendait l'un des acteurs interrogés. La raison est alors à chercher, notamment pour les élus, dans la nécessité de diffuser, dans le cadre de leur travail, des discours plus accessibles. La notion n'est donc pas ignorée, contrairement à celle de services écosystémiques, mais elle est simplifiée. Notons aussi que, précisant cette biodiversité, c'est souvent celle ordinaire qui est mentionnée ; les acteurs évoquent alors les pissenlits, chardons, ronces, coccinelles, pucerons, etc.

Ayant été diffusé préalablement, le concept de biodiversité est davantage connu. Pour autant, on perçoit que ces concepts, celui-ci et plus encore celui de services écosystémiques, ne sont pas maîtrisés dans toute leur complexité par les acteurs locaux de la gestion, de l'animation et de la valorisation des espaces verts urbains, alors même qu'ils sous-tendent toutes les politiques publiques de maintien de la nature dans les territoires urbanisés. L'arsenal juridique et réglementaire est en effet de plus en plus nourri en France, d'autant plus depuis le Grenelle de l'environnement, en 2007, et il repose, nous l'avons vu, sur ces concepts à la mode. Dès lors, ces derniers peuvent-ils être pleinement révélateurs de nouvelles pratiques et, à travers cela, d'une nouvelle manière de concevoir les espaces verts urbains ? Dans notre cas, nous nous focalisons surtout sur les services écosystémiques, concept inconnu mais qui renvoie tout de même à une réalité perçue ; quelles sont alors les incidences sur la gestion des espaces verts urbains ? Y a-t-il des évolutions notables ?

3 Incidences sur la gestion des espaces verts urbains

La gestion des espaces varie d'une ville à l'autre, dans la manière dont elle est conçue et mise en place, ce qui a une incidence sur les services écosystémiques rendus, certains étant plus mis en avant que d'autres, même si nous verrons que des tendances se dégagent bien vite. Ainsi, plusieurs villes ont adopté un plan de gestion différenciée mais celui-ci ne revêt pas partout les mêmes caractéristiques. Le plus abouti est celui d'Orléans et il autorise une grande souplesse : plusieurs modes de gestion sont adoptés pour un même espace vert, en fonction de la situation, de la végétation et des équipements présents en chaque endroit. À Châteauroux, en revanche, c'est la fonction principale de l'espace vert qui guide le mode de gestion qui y est adopté : sont distingués les espaces naturels sensibles, les espaces d'accompagnement de voirie ou de bâti, les espaces ludiques et récréatifs, les jardins d'exception de centre-ville et les terrains de sport et chacun sera géré distinctement, de manière uniforme sur l'ensemble de sa superficie. Blois, Chartres et Bourges n'avaient pas encore formalisé leur plan de gestion au moment de notre étude mais s'engageaient dans la même voie que Châteauroux. En fait, la mise en place de ce plan est plus largement révélatrice de la manière dont les espaces verts sont gérés et, là, Orléans ne fait pas exception : la gestion est fonction de la fonction principale attribuée à l'espace vert, ce qui va à l'encontre de l'idée de « multifonctionnalité » des espaces verts – étant entendu qu'il ne faut pas confondre « multiservices » avec « multifonctions » (Selmi *et al.*, 2013).

Parmi les espaces verts que nous avons particulièrement étudiés figure le parc Pasteur à Orléans, exemple emblématique des parcs d'agrément situés en centre-ville : fréquenté par des familles, surtout le week-end, il a une fonction récréative et se structure autour d'équipements récréatifs, de parterres fleuris et d'étendues enherbées. D'autres espaces verts tendant à évoluer vers cette même fonction. À Blois, par exemple, le parc de l'Arrou, initialement pensé comme un espace naturel, géré de manière extensive, sans équipement, voit sa fonction évoluer vers le récréatif, avec la mise en place d'aires de jeux, de parcours sportifs et de mobilier urbain. Sans véritable vocation initiale, le parc central à Chartres tend vers la même dynamique comme en témoignent l'ouverture de l'espace, la création de parterres fleuris et l'aménagement d'aires de jeux. Ces exemples révèlent une dynamique qui profite avant tout à la fonction récréative, attribuée aux espaces verts urbains. Un espace vert fait toutefois exception, à contrecourant : c'est la prairie Saint-Gildas à Châteauroux, qui a évolué d'un espace dédié aux loisirs vers un site de préservation de l'environnement. Son inscription au réseau Natura 2000 et le partenariat établi avec Indre Nature devraient concrétiser cette conception naturaliste, même si les marges de manœuvre restent minces. Il faut dire que les espaces de nature n'ont pas forcément la cote et peuvent poser problème aux municipalités qui les ont mis en place. Un cas emblématique est celui du jardin de Lazenay à Bourges. Conçu vingt ans plus tôt comme un « jardin en mouvement » par G. Clément, il est aujourd'hui peu fréquenté (Robert et Yengué, 2018-a) et la ville de Bourges tente aujourd'hui de le désenclaver, de lui donner une vocation qui fasse sens pour les habitants. Les marges de manœuvre restent là aussi limitées. Notons que la fonction effective peut aussi parfois dépasser celle qui est donné à un espace vert. C'est le cas pour les jardins familiaux, comme ceux de la Bergeonnerie à Tours : gérés par trois associations d'usagers, ils ont été pensés comme espace dédié à l'agriculture, assez fermé, mais il se révèle être fréquenté par d'autres citadins, qui viennent aussi s'y promener comme dans tout autre espace vert (Robert et Yengué, 2017), ce que notaient d'ailleurs les gestionnaires et usagers interrogés (voir *supra*). Il n'en demeure pas moins que, de manière générale, prédomine la fonction récréative, malgré la diversité des sites étudiés. La tendance semble se renforcer et les représentations des usagers à l'égard des espaces verts n'y sont pas étrangères : elles confortent la dynamique.

Revenons sur ces six espaces verts pris en exemple, pour s'attarder sur les attentes des usagers. Les demandes d'animations sont grandes, perceptibles notamment au parc Pasteur à Orléans ; elles le sont aussi à un moindre degré pour le parc central à Bourges, qui voit sa fonction récréative se renforcer. La même tendance se perçoit au parc de l'Arrou à Blois : ici cela permet de répondre incontestablement à une demande des citadins. En effet, l'augmentation de la fréquentation a été concomitante du développement des aménagements, promenades et aires de jeux. Il s'agissait là en fait d'une demande du comité de quartier, qui a dès lors rendu caduque la conception initiale, plus « naturelle » de cet espace vert. À Châteauroux, la dynamique est inverse et ce n'est pas sans poser de problème : les promenades cyclables et pédestres ont été maintenues mais elles deviennent difficilement conciliables avec la volonté de préserver cet espace naturel et, surtout, d'en limiter l'accès. Bourges se heurte, elle, à une problématique inverse, celle d'une quasi-absence de fréquentation du jardin de Lazenay et la raison est là aussi à rechercher dans les représentations des citadins : l'espace est considéré comme une friche, un espace fermé et non entretenu, à l'opposé de la situation que connaissent les jardins de la Bergeonnerie, fréquentés, nous l'avons vu, en quelque sorte malgré eux. De cela, il ressort une forte demande émanant des usagers en espaces récréatifs, ce qui est significatif de la manière dont ils se représentent les espaces verts, ce dans les différentes villes étudiées. Lorsqu'il devient un espace « naturel », géré de manière extensive, l'espace public ne rencontre pas l'adhésion des riverains. Le citadin réclame la proximité avec la nature mais, dans le même temps, le sentiment de nature ne doit pas inquiéter (Robert et Yengué, 2018-a). Celle-ci doit donner l'impression d'être accessible et confortable pour l'usager. Il importe dès lors, pour les municipalités, de trouver un équilibre entre le tout récréatif et le tout « naturel », sauvage. Ceci suppose, pour les acteurs urbains, d'imaginer de nouvelles dynamiques de projet et des modes de gouvernance novateurs, attribuant aux espaces verts des fonctions multiples, ce qui va plutôt à l'encontre de la tendance relevée. Cette équation est d'autant plus difficile à trouver que les enveloppes budgétaires allouées aux espaces verts diminuent, qu'elles que soient les villes étudiées, alors que toutes s'engagent, à différentes vitesses, vers une gestion responsable de leurs espaces verts qui, par ailleurs, augmentent aussi, dans le même temps, en surface, année après année. Quels sont dès lors les projets envisagés ?

À Châteauroux, le service espace vert, à titre d'intervenant quasi exclusif, se contente d'entretenir *a minima* la coulée verte le long de la vallée de l'Indre, en appliquant son plan de gestion différenciée. En matière de projet, la ville ne s'emploie qu'à l'aménagement d'une peupleraie, présenté comme l'ultime phase dans la réalisation de la coulée verte. La finalisation de la restauration du Parc Balsan constitue l'autre élément clé de politique d'espaces verts mais il n'est pas question de relier cet espace à la praire Saint-Gildas, située sur la rive opposée de l'Indre, pour des raisons de préservation de l'environnement. À l'avenir, seule l'inscription de cet espace naturel sensible au réseau Natura 2000 pourra induire une dynamique, confortant la nouvelle vocation de cet espace vert. Parmi les autres espaces verts étudiés, peu font l'objet de projet. Orléans se contente de gérer la popularité du parc Central et de canaliser les demandes d'animations : l'afflux d'usagers se heurte à la petite taille du site. Les jardins de la Bergeonnerie, à Tours, et le jardin de Lazenay, à Bourges, font également l'objet de faibles interventions, en dépit d'importants enjeux de gestion et de valorisation. La perspective peut être le développement des mobilités douces, dans l'objectif, dans les deux cas, de relier l'espace vert au réseau de pistes piétonnes et cyclables développé dans les villes : là pourrait être une solution de désenclavement, surtout pour le jardin de Lazenay. À Blois, les projets pour le parc de l'Arrou peuvent aussi être connexes. Cet espace vert est en effet associé au schéma de gestion des eaux pluviales à travers le développement d'un premier bassin d'orage, dévolu aux pluies décennales, appelant la création d'un second dispositif à moyen terme. Par ailleurs, le service Parcs et Jardins travaille avec le service solidarité de la ville pour guider des travaux de débroussaillage entrepris par des personnes aidées ; des contrats sont aussi signés avec des exploitants agricoles locaux pour entretenir de manière douce et extensive le parc : l'éco-pâturage se développe. Ces différents exemples présentent de plus en plus les espaces verts comme des cadres d'expérimentation en matière de mesures de gestion et de valorisation qui, en plus, rencontrent l'adhésion d'un grand nombre de citadins. Ils révèlent aussi que les espaces verts ne sont plus pensés comme des espaces enclavés mais entrent plus globalement dans une réflexion conduite à l'échelle de la ville. L'exemple du parc central à Chartres vient conforter cette idée. Il est en effet associé à un vaste projet urbain. Sa reconfiguration vers des fonctions de loisirs est un processus indépendant, à court terme ; mais, à moyen, voire long terme, le parc Central sera amené à constituer un élément clé de l'entrée nord-est de l'agglomération. Le traitement de cette partie de la ville est animé par la suppression du parc d'exposition, le déménagement et la revalorisation d'une grande surface commerciale et la migration des bâtiments de l'aérodrome. La ville, qui gère les transactions foncières et coordonne l'ensemble des aménagements, envisage l'aménagement paysager de cet espace, avec une volonté d'ouvrir la perspective sur la cathédrale, par un mail planté devant déboucher sur le parc central. Le projet quant à cet espace vert s'inscrit donc dans une logique de recomposition urbaine, en lien avec la question des entrées de ville et le marketing territorial.

La conception de l'espace vert relève ainsi davantage de préoccupations liées au cadre de vie, où cet espace n'est plus qu'un élément et le service en charge de l'entretien des espaces verts n'est plus seul sollicité : les potentialités sont importantes et les enjeux transversaux, mobilisant un nombre croissant de services communaux et intercommunaux ainsi que des partenariats dépassant les seules questions environnementales. Ceci renvoie surtout aux logiques des trames vertes et bleues qui ont amené les villes à déplacer leur regard de l'échelle de l'espace vert à celle de la ville. Mais les services écosystémiques amènent – ou plutôt révèlent – aussi un déplacement de ce regard, qui est déjà apparu en substance dans l'analyse portant sur la manière dont la gestion est conçue et mise en place. Il ne profite pas tant aux écosystèmes urbains qu'aux bénéficiaires des services que ceux-ci rendent, à savoir les usagers, étant entendu que ceux-ci font aussi partie de ces écosystèmes urbains. En effet, même si les recherches tendent à négliger les bénéficiaires (Robert, 2018), ceux-ci apparaissent centraux dans le concept de services écosystémiques : il n'y a pas de services sans bénéficiaires, d'où le reproche d'ailleurs porté contre ce concept, jugé anthropocentré. Finalement, bien que méconnaissant le concept, par leurs pratiques, les gestionnaires et décideurs témoignent de la pertinence, de ce point de vue, de ce concept, incitant dès lors les chercheurs à prendre davantage en compte ces bénéficiaires. Même si les espaces verts sont de plus en plus considérés comme des écosystèmes et non plus seulement comme un « équipement urbain essentiellement à vocation sociale » (Lotfi *et al.*, 2012), nos travaux montrent que les politiques de gestion sont avant tout téléguidées par les usagés, leurs attentes, leur sécurité. Les techniciens et chefs de service souhaitent que les espaces qu'ils gèrent soient fréquentés et les élus ont tout intérêt à satisfaire la demande de leurs électeurs. Pourtant, dans leurs pratiques quotidiennes, cette prise en compte n'est pas dénuée d'une grande complexité. En effet, le désir de nature des citadins est parfois ambivalent (Robert et Yengué, 2018-a) et les gestionnaires des espaces verts doivent alors prendre en compte les plaintes des citadins, tenter de leur offrir les avantages de la nature sans ses inconvénients, en fait une nature entretenue, maîtrisée, « fleurie et propre » (*ibid.*). Ils n'ont d'ailleurs parfois d'autres choix, au risque sinon que les administrés agissent eux-mêmes : « certains vont jusqu'à couper eux-mêmes l'arbre ». Les gestionnaires œuvrent alors en ce sens, celui d'une nature entretenue, et surtout pour que cet entretien soit visible. Pour autant, ils s'orientent aujourd'hui vers des pratiques plus écologiques ; il faut dire qu'ils y sont fortement encouragés par les politiques publiques, nous l'avons vu. Ce n'est pas tant qu'ils ne soient pas convaincus du bien-fondé de ces mesures mais, là aussi, ils doivent faire avec les désirs contradictoires des citadins qui veulent un cadre de vie plus sain mais accepte difficilement l'« apparence négligée » de la nature. Aucun espace vert n'est alors laissé sans entretien. Les plaintes des citadins apparaissent alors comme l'un des obstacles notables face aux évolutions en cours, allant vers des espaces verts plus « naturels ». « Les espaces verts urbains s'imposent de plus en plus comme écosystèmes mais le chemin à parcourir est encore long » (*ibid.*), même si les campagnes de sensibilisation suscitées par le « zéro phyto » ont permis de premières évolutions, un changement de regard porté par le citadin sur les « herbes folles ».

Conclusion

Désormais à la mode, le concept de services écosystémiques n'a été popularisé qu'en 2005 mais il entre plus largement dans un dynamique qui a entraîné un changement de regard porté sur l'espace vert urbain. Avec les concepts de développement durable, de biodiversité, surtout les politiques de trames vertes et bleues, celui-ci n'est plus seulement un « décor urbain » (Mehdi *et al.*, 2012), il devient un espace de nature, pensé selon une approche systémique à l'échelle de la ville. Le concept de services écosystémiques vient conforter cette conception des espaces verts, considérés comme des écosystèmes en interrelation. Récemment diffusée, la notion est encore ignorée par les gestionnaires et décideurs locaux.

Ceux-ci ne peuvent la définir mais les services rendus par les espaces verts n'en sont pas moins une réalité qui se perçoit dans les propos même que ces acteurs tiennent quant à la nature en ville, pointant ses avantages et ses inconvénients, pour les usagers d'abord, pour la ville aussi. Notons d'ailleurs que le concept de biodiversité, popularisé préalablement, est certes davantage connu mais sa complexité échappe bien souvent aux acteurs interrogés. L'analyse de la gestion des espaces verts, dans sa conception et sa mise en application, témoigne des évolutions pointées par ailleurs. Ces espaces sont désormais pensés à l'échelle de la ville, du fait de leur contribution au cadre de vie du citadin. C'est en fait celui-ci qui importe, qui dicte la gestion des espaces verts et, dans les faits, celle-ci ne s'oriente pas tant que cela vers le développement des espaces de nature, des écosystèmes. En effet, une fonction principale est attribuée aux espaces verts ; elle en guide, sauf exception, la gestion et elle consiste bien souvent, même de plus en plus au regard des exemples considérés, en une fonction récréative. L'espace vert « naturel », sauvage est l'exception et, quand les municipalités tentent de l'imposer, elles se heurtent à la résistance des riverains, qui soit réclament des aménagements – cas du parc de l'Arrou –, soit évitent l'espace vert en question – cas du jardin de Lazenay. Les gestionnaires et décideurs sont ainsi pris en étau entre les politiques publiques sensées œuvrer à une conception plus « naturelle » des espaces verts et les demandes des administrés mais dont le désir de nature est en fait ambigu, contradictoire (Robert et Yengué, 2018-a). Mais il ne faut pas s'y tromper ; pour les municipalités non plus, les espaces verts ne sont pas tant que cela des espaces verts : la nature est instrumentalisée, pour servir l'image de la ville (Méliani et Arnould, 2012). Elle devient une « marchandise », renvoyant pleinement à la vision utilitariste qui peut être liée aux services écosystémiques. Finalement, plus que d'initier un changement, ceux-ci traduisent une réalité sur la manière dont la nature en ville est appréhendée, conçue et gérée par les acteurs locaux. Pour eux, il importe que les espaces verts soient fréquentés et, dès lors, le désir des citadins prime : il ressort ainsi une prédominance du bénéficiaire, que l'on retrouve dans le concept de services écosystémiques, anthropocentré, même si les recherches sur le sujet tendent à ignorer ce bénéficiaire (Robert, 2018). Finalement, les travaux, nombreux, sur le lien entre nature et bien-être citadin, nature et la qualité de vie en ville, vont aussi dans ce sens : le désir citadin se place au centre de la réflexion dans l'analyse des relations nature et ville, comme dans sa réalité ; et pour cause, comme le souligne N. Blanc (2009), « la qualité des milieux de vie contraint à réfléchir au public concerné par ces questions : pour qui doit-on imaginer la ville du futur ? ». La nature dans la ville de demain sera dès lors peut-être une nature avant tout récréative, « fleurie et propre », contenue dans ses dynamiques spontanées, offrant des services sans *disservices*…

Bibliographie

Aggéri G. (2010). *Inventer les villes-natures de demain : gestion différenciée, gestion durable des espaces verts*, Paris, Educagri, 199 p.

Aggéri G. (2016). « Le Parc Méric à Montpellier : représentations sociales d'un parc public entre campagne, jardin et nature sauvage », *Développement durable et territoires*, 7 (1) | Avril 2016, http://journals.openedition.org/developpementdurable/11191.

Arnauld de Sartre, X., Oszwald J., Castro M., Dufour S. (dir.) (2014). *Political ecology des services écosystémiques*, Bruxelles, P.I.E. Peter Lang S.A., coll. « EcoPolis », n° 21, 288 p.

Arnould P., Le Lay Y.-F., Dodanec C., Meliani I. (2011). « La nature en ville : l'improbable biodiversité », *Géographie, économie, société*, 2011/1, 13, p. 45–68.

Arrif T., Blanc N. et Clergeau P. (2011). « Trame verte urbaine, un rapport Nature – Urbain entre géographie et écologie », *Cybergeo: European Journal of Geography* [En ligne], *Environnement, Nature, Paysage*, document 574, http://cybergeo.revues.org/24862.

Blanc N. (2009). « Vers un urbanisme écologique », *Urbia : urbanisme végétal et agriurbanisme*, p. 39–59.

Boisvert V. et Vivien F.-D. (2010). « Gestion et appropriation de la nature entre le nord et le sud. Trente ans de politiques internationales relatives à la biodiversité », *Revue Tiers Monde*, 202 (2010/2), p. 15–32.

Bourdeau-Lepage L. (2013). « Nature(s) en ville », *Métropolitiques*, 21 février, http://www.metropolitiques.eu/Nature-s-en-ville.html.

Boyer H. (2018a). *Gestion des espaces verts publics le long de la Loire selon un gradient d'urbanisation, Orléans, Blois, Tours – Projet POLLEN*. Rapport de stage à l'UMR CITERES, 91 p.

Boyer H. (2018b). *Modes de gestion et perception de la biodiversité. Enquête auprès des gestionnaires des espaces verts publics le long de la Loire*, Mémoire de Master, INSA Strasbourg et école d'architecture de Strasbourg, 74 p.

Callard X. (2013). *Les services écosystémiques produits par les jardins familiaux. Le cas des jardins familiaux de la Bergeonnerie à Tours*, Projet de fin d'études, sous la direction de D. Boutet et J. L. Yengué, Polytech Tours – Département Aménagement, 77 p.

Clergeau P. (2008). « Préserver la nature dans la ville », *Annales des Mines – Responsabilité & environnement*, 52 (2008/4), p. 55–59.

Constanza R. *et al.* (1997). « The value of the world's ecosystem services and natural capital », *Nature*, 387, p. 253–260.

Cormier L. et Carcaud N. (2009). « Les trames vertes : discours et/ ou matérialité, quelles réalités ? », *Projets de Paysage*, https://www. projetsdepaysage.fr/fr/les_trames_vertes_ discours_et_ou_materialite_ quelles_realites_.

Cormier L., De Lajartre A.-B., Carcaud N. (2010). « La planification des trames vertes, du global au local : réalités et limites », *Cybergeo*, Aménagement, Urbanisme, document 504, http //cybergeo.revues.org/ index23187.html.

Cosquer M. (2014). *Dimensions sociales des services écosystémiques culturels, appliquées aux écosystèmes « espaces verts » en milieu urbain. Pratiques, discours et représentations des usagers*, Master 2 Environnement, Paysages, Milieux et Société, Université Paris Diderot, stage sous la direction de M. Amalric, Tours, UMR CITERES, 99 p.

Daily G. C., Alexander S., Ehrlich PR (1997). « Ecosystem services: benefits supplied to human societies by natural ecosystems », *Issues in Ecology*, 1, p. 1–18.

Dufour S., Arnauld de Sartre X., Castro M., Oszwald J. et Rollet A.-J. (2016). « Origine et usages de la notion de services écosystémiques : éclairages sur son apport à la gestion des hydrosystèmes », *VertigO*, Hors-série n° 25 | août, http://vertigo.revues.org/17435.

Ehrlich P. R. et Mooney H. A. (1983). « Extinction, substitution and the ecosystem services », *Bioscience*, 33, p. 248–254.

Galet H. (2014). *Les espaces verts urbains contribuent-ils au développement d'une sensibilité écologique des citadins ?*, Projet de fin d'études, sous la direction de J. L. Yengué, Polytech Tours – Département Aménagement, 57 p.

Guérin M. (2013). *Établissement d'une typologie pour la sélection des espaces verts de la région Centre du programme SERVEUR*, stage de Licence professionnelle (Université d'Orléans) sous la direction de J. L. Yengué, UMR CITERES, Tours, 44 p.

Hemon C. (2014). *Le parc urbain : appropriations et pratiques au cœur d'un paysage de « nature ». Le cas du Parc de l'Arrou à Blois, Loir-et-Cher*, Mémoire de Master 1 de géographie, sous la direction de J.L. Yengué, Université de Tours, 108 p.

Jeanneaux P., Aznar O. et de Mareschal S. (2012). « Une analyse bibliométrique pour éclairer la mise à l'agenda scientifique des "services environnementaux" », *VertigO*, 12 (3) | décembre 2012, https://journals.openedition.org/vertigo/12908.

Lamare, J., (2013), *La perception par les acteurs et décideurs locaux des services écosystémiques*, Projet de fin d'études, sous la direction de D. Boutet et J. L. Yengué, Polytech Tours – Département Aménagement, 77 p.

Launay M. (2014). *La valeur des espaces verts urbains à travers la perception des usagers. Une autre approche des services écosystémiques culturels*, stage sous la direction de M. Amalric, Tours, UMR CITERES, 140 p.

Lavorel S., Bierry A. et Crouzat É. (2016). « Gestion intégrée des territoires par une approche par les réseaux de services », *Sciences Eaux & Territoires* 21 (4), p. 10–17, http://www.cairn.info/revue-sciences-eaux-et-territoires-2016-4-page-10.htm.

Maillefert M. et Merlin-Brogniart C. (2016). « Les modes de perception de la biodiversité par les acteurs et la régulation des usages de l'environnement. Une lecture par les représentations », *Développement durable et territoires*, 7 (1) | Avril 2016, http://journals.openedition.org/developpementdurable/11228.

Mehdi L., Weber C., Di Pietro F., Selmi W. (2012). « Évolution de la place du végétal dans la ville, de l'espace vert à la trame verte », *VertigO*, 12 (2), http://vertigo.revues.org/12670.

Méliani I. et Arnould P. (2012). « "Marchands de nature" : 20 ans de communication institutionnelle dans la métropole lyonnaise de 1989 à 2009 », *VertigO*, 12 (2) | septembre 2012, http://journals.openedition.org/vertigo/12960.

MIT (Massachusetts Institute of Technology) (1970). *Report of the Study of Critical Environmental Problems (SCEP): Man's Impact on the Global Environment. Assessment and Recommendations for Action.*

Micoud A. (2005). « La biodiversité est-elle encore naturelle ? », *Écologie & politique*, 30 (2005/1), p. 17–25, https://www.cairn.info/revue-ecologie-et-politique1-2005-1-page-17.htm ?ref=doi&contenu=article.

MEA (Millenium Ecosystem Assessment). (2005). *Ecosystems and Human Well-being: Synthesis*, Washington DC, Island Press, 155 p.

Norgaard R. B. (2010). « Ecosystem services: From eye-opening metaphor to complexity blinder », *Ecological Economics*, 69, p. 1219–1227.

Ollivon F. (2014). *Comment les pratiques sociales impactent-elles et expliquent-elles l'utilisation des espaces verts urbains au sein de nos villes en Région Centre ?*, Projet de fin d'études, sous la direction de J. L. Yengué, Polytech Tours – Département Aménagement, 86 p.

Richard S. (2013). *La politique et la place des espaces verts en milieu urbain. Cas d'étude : les six préfectures départementales de la région Centre*, Mémoire de Master 1 de Géographie, sous la direction de J. L. Yengué, Université de Tours, 119 p.

Robert A. (2018). « Paysages et services écosystémiques : les apports d'une approche croisée pour la connaissance des interrelations nature-sociétés », *Cybergeo*, Environnement, Nature, Paysage, document 869, http://journals.openedition.org/cybergeo/29597.

Robert A. et Yengué J. L. (2018a). « Les citadins, un désir de nature "sous contrôle", "fleurie et propre" », *Métropoles*, 22 | 2018, http://journals.openedition.org/metropoles/5619.

Robert A. et Yengué J. L., (2018b), « Nature des villes, un intérêt social et écologique à questionner », in N. Rouget et G. Schmitt (dir.), *Nature des villes, nature des champs*, Valenciennes, Presses universitaires de Valenciennes, p. 325–353.

Robert A. et Yengué J. L. (2017). « When Allotment Gardens Become Urban Green Spaces Like Others, Providing Cultural Ecosystem Services », *Environment and Ecology Research*, 5 (6), p. 453–460, http://www.hrpub.org/journals/article_info.php ?aid=6330.

Selmi W., Weber C. et Mehdi L. (2013). « Multifonctionnalité des espaces végétalisés urbains », *VertigO*, 13 (2) | septembre 2013, http://journals.openedition.org/vertigo/14133.

Serpantié G., Méral P. et Bidaud C. (2012). « Des bienfaits de la nature aux services écosystémiques », *VertigO*, 12 (3), http://journals.openedition.org/vertigo/12924.

Westman W. E. (1977). « How much are nature's services worth? », *Science*, 197, p. 960–964.

Yengué J. L. (2017). « Introduction to the special issue 'Urban green spaces: insights into cultural ecosystem services' », *Environnement Urbain/Urban Environment*, 11 | 2017, http://journals.openedition.org/eue/2067.

Identifier les continuités écologiques : une cohérence interterritoriale délicate sous forme de « patate chaude »

Julie Chaurand[1], Magalie Franchomme[2],
Jacques Baudry[3] et Jean-Philippe Tonneau[4]

Introduction

La politique française Trame verte et bleue (TVB), issue du Grenelle environnement, est un outil d'aménagement « durable » des territoires. Elle a pour objectif la préservation et la remise en « bon état » des continuités écologiques pour permettre aux espèces de se déplacer d'un habitat à un autre afin de répondre à leurs besoins vitaux de repos, de nourriture et de reproduction.

L'originalité de la TVB est d'être inscrite à la fois dans le code de l'environnement et dans le code de l'urbanisme. Ainsi, elle s'impose dans les choix d'urbanisme et d'aménagement des territoires. Ces choix sont

---

1 Responsable de l'appui aux politiques publiques environnementales dans une société coopérative et participative (La TeleScop). Julie Chaurand a soutenu sa thèse en 2017 sur la cohérence interterritoriale des projets ayant trait aux continuités écologiques (entre écologie du paysage et géographie sociale).

2 Maitre de Conférences en géographie à l'Université de Lille, laboratoire TVES, Magalie Franchomme s'intéresse à l'appropriation des enjeux et la mise en œuvre des projets de territoires urbains, liés à la préservation de la biodiversité et l'aménagement de continuités écologiques (trame verte et bleue, trame noire).

3 Directeur de recherche à l'INRA, chercheur en écologie du paysage. Il a été parmi les pionniers de la mise en évidence de l'importance des continuités écologiques. A animé pendant 30 ans des programmes de recherches pour le ministère chargé de l'environnement, en particulier pour faire le lien entre chercheurs et gestionnaires.

4 Chercheur au CIRAD. Agronome et géographe. Étudie les conditions d'utilisation de l'information spatiale dans les projets d'aménagement et de développement territorial.

à faire aux différents niveaux de gouvernance puisque la TVB se décline du niveau national au local avec :

- des orientations nationales,
- une stratégie régionale via les Schémas régionaux de cohérence écologique (SRCE) qui doivent être intégrés en métropole (hors Corse et Île de France) aux Schémas régionaux d'aménagement, de développement durable et d'égalité des territoires (SRADDET – ordonnance n° 2016–1028 du 27 juillet 2016),
- et une mise en œuvre locale, en particulier dans les collectivités territoriales en s'appuyant sur les documents d'aménagement du territoire et d'urbanisme de type Schéma de cohérence territoriale (SCoT) et Plan local d'urbanisme (PLU).

Ces choix doivent traduire la cohérence voire la synergie entre les enjeux et les fonctions liés à la TVB et l'ensemble des autres enjeux et fonctions présents sur les territoires.

Cette cohérence – entre les projets, entre les activités, entre les normes et les pratiques, etc. – est centrale pour un aménagement « durable ». Pour que la cohérence soit possible, les acteurs agissant à des niveaux différents doivent partager une vision du futur des territoires, une vision des contributions des différents projets et une vision des moyens à mettre en œuvre. Cette vision partagée des territoires est à construire car, d'une part les objectifs des différents porteurs d'enjeux peuvent être antagonistes et, d'autre part, une importante marge d'interprétation pour la mise en œuvre de la politique est laissée aux territoires. Cette liberté découle à la fois de l'incomplétude de la connaissance sur les continuités écologiques, de la diversité des projets ciblés par la TVB et de la variété des acteurs concernés. La souplesse du cadre national se traduit par (i) une multiplicité des objectifs de la politique, (ii) une liberté de méthode pour identifier les continuités écologiques, (iii) un niveau initial d'opposabilité juridique peu contraignant – *i.e.*, la « prise en compte », c'est-à-dire la non-contrariété de la norme supérieure, avec la possibilité de déroger si cela est justifié – pour organiser les relations entre les niveaux de gouvernance. Cette souplesse est paradoxalement à la fois source de cohérence ou d'incohérence entre les projets territoriaux ayant trait aux continuités écologiques.

La loi permet des interprétations et des adaptations de la TVB, mais encore faut-il que les territoires se saisissent de l'enjeu des continuités écologiques pour co-construire leurs projets. Les territoires doivent innover pour dépasser la logique de protection, vécue comme une contrainte, pour aller vers une logique de projet de territoire qui permette de mobiliser et d'engager les acteurs dans des démarches favorables aux continuités.

Constatons que le plus souvent les territoires se « refilent une patate chaude », plus ou moins chaude. Elle est « brûlante » lorsqu'aucun porteur de projet ne se saisit pas du sujet et se décharge sur les autres territoires ; elle est « tiède » lorsque chaque porteur de projet essaye de faire sa part en laissant aux autres niveaux une marge de manœuvre ; elle est « froide » lorsqu'un porteur de projet prend le sujet et estime répondre à la question sans avoir besoin de l'apport des autres territoires.

C'est cette grille de lecture, que nous avons utilisée pour présenter l'analyse des stratégies déployées, entre 2014 et 2017, pour décliner la TVB sur quatre territoires d'étude « emboités » du national au local, en Bretagne et en Occitanie Pyrénées-Méditerranée.

1 L'enjeu des continuités écologiques pour les projets des territoires

1.1 *Vouloir et pouvoir se saisir de l'enjeu des continuités*

La marge d'adaptation de la TVB n'est une opportunité que si les territoires veulent s'en saisir et si le projet est soutenu politiquement. Une sensibilité aux questions environnementales ou la volonté de répondre, voire d'anticiper, les obligations réglementaires motivent ce soutien. La volonté politique doit pouvoir se maintenir dans le temps, alors que la durée des mandats politiques ne permet que difficilement de répondre aux enjeux liés aux « temps écologiques » de l'évolution de la biodiversité.

En tout état de cause, vouloir s'engager sur les continuités écologiques est essentiel pour dépasser l'exercice réglementaire et se donner la possibilité de s'appuyer sur l'existant et de développer les capacités pour répondre sérieusement (autant que possible) à l'exercice. Il s'agit de favoriser les capabilités des acteurs des territoires (Sen, 1985). Il faut donc « vouloir » saisir l'opportunité des continuités mais également « pouvoir » s'en saisir, pour faire triompher cette volonté. Par exemple, disposer d'une base de données détaillée d'occupation du sol ne présume pas de la capacité à pouvoir la valoriser pour discuter des continuités. Identifier les continuités implique de multiples compétences et l'absence de moyens dédiés à la politique est une limite forte à la possibilité d'adaptation, tout comme le manque de culture de l'intercommunalité ou l'absence de sensibilisation des acteurs à la préservation des continuités (Chaurand, 2017). Un défaut dans les ressources (financières, organisationnelles, humaines, scientifiques, techniques, etc.) mène à un défaut dans les réalisations et donc à un report de la responsabilité sur d'autres acteurs et d'autres territoires. Nous parlons alors de « patate chaude » au sens d'un sujet embarrassant que l'on repasse aux autres territoires.

Pour éviter cela, le *leadership*, incarné par un individu ou par un groupe d'individus, est essentiel « for developing and communicating a vision of ecosystem management for the area that can frame and give direction to the cross-scale or cross-level process » (Cash *et al.*, 2006). Cette vision ne peut trouver un écho que si les acteurs du territoire portent ou du moins sont sensibilisés au sujet dans le temps (en lien avec le contexte politique, économique, etc.). La concrétisation de cette vision au travers notamment d'outils permet le dialogue, le transfert de connaissances entre les niveaux et les acteurs et, favorise les apprentissages collectifs.

1.2 L'enjeu des continuités : une « patate chaude » entre les territoires

L'équilibre entre « vouloir » et « pouvoir » se saisir de l'enjeu des continuités écologiques pour construire un projet de territoire est délicat, d'autant que le principe de subsidiarité détermine la compétence de l'autorité la plus proche des acteurs directement concernés par l'action. Nous parlons de « patate plus ou moins chaude » car dépendante de la capacité des maitres d'œuvre et d'ouvrage (« pouvoir ») à conforter et à guider les acteurs, en particulier les décideurs (« vouloir ») sur une vision partagée et à long terme de l'aménagement des territoires (précision des objectifs, responsabilisation de chaque niveau de décision, etc.).

Dès le lancement de la TVB, le « politique » semble avoir été plus rapide que le « scientifique » et avoir accepté que le socle scientifique sur les continuités soit évolutif. La conséquence en est que le niveau national repasse au niveau régional une « patate brûlante » pour l'identification des continuités et la précision des objectifs. De leur côté, les régions soulignent le rôle d'alerte des SRCE pour l'aménagement du territoire mais ne proposent pas une stratégie fine et peinent à préciser les objectifs des continuités. Le passage de la « patate plus ou moins chaude » aboutit aux niveaux communaux et intercommunaux.

Le niveau intercommunal tend à prendre de plus en plus d'importance dans l'action publique, en tant que niveau intermédiaire entre le local et le global (Demazière et Hernandez, 2013). La réforme territoriale, continuellement en chantier, se poursuit et conforte les compétences pour une coopération intercommunale en particulier pour la planification territoriale. Ainsi, le niveau intercommunal est bien reconnu, en particulier aux niveaux national et régional, comme le niveau pertinent pour traiter des continuités (Bertrand et Peyrache-Gadeau, 2009). Toutefois, l'intercommunalité fait parfois face à diverses difficultés pour « s'imposer » et partager une vision de l'aménagement du territoire. Elle est souvent encore jeune sur les territoires et reste fortement dépendante de l'avis des maires. Depuis mars 2014, les citoyens élisent leurs conseillers municipaux et communautaires, mais le vote ne s'appuie ni sur un projet intercommunal distinct, ni sur un programme politique explicite pour le développement territorial. Ce fait limite le lien entre élus intercommunaux et citoyens. Les logiques communales peuvent persister, d'autant que les intercommunalités ne disposent pas de compétence générale (à l'inverse des communes) et n'exercent ainsi que les compétences qui leur sont explicitement transférées par la loi ou par les communes membres (spécialité dite « fonctionnelle »).

Nous illustrons le gradient de ce passage d'une « patate plus ou moins chaude » sur trois territoires d'étude « emboités ». Nous montrons, de façon chronologique entre 2014 et 2017, les liens entre les différents projets ayant trait aux continuités, à savoir entre les orientations nationales TVB, les SRCE, les SCoT, les PLU et, lorsqu'ils existent, les schémas intercommunaux volontaires sur les continuités. Pour chaque territoire, nous discutons (i) du *leadership* des acteurs sur les continuités et du rôle de « relais » de certains, (ii) des outils mobilisés et des compétences disponibles aux différents niveaux de gouvernance puis (iii) de l'équilibre « vouloir/pouvoir » pour construire la cohérence interterritoriale.

Ces analyses sont issues d'un travail de thèse mené entre les automnes 2014 et 2017 (Chaurand, 2017). Les analyses ont été réalisées sur la base de (i) documents écrits, images ou vidéos ; (ii) l'observation et la participation à des temps d'échanges avec et entre les acteurs des territoires ; et (iii) d'entretiens semi-directifs auprès de divers acteurs des territoires d'étude.

2 Exemple d'une « patate brûlante » sur la région de Nîmes : une volonté politique vacillante et des capacités émergentes

La région de Nîmes se situe dans le département du Gard, dans la Région Occitanie, en zone méditerranéenne reconnue pour la richesse de son patrimoine naturel. L'analyse concerne les interactions entre les territoires (i) régional avec le SRCE de l'ancienne Région Languedoc-Roussillon adopté en 2015, (ii) du syndicat mixte du SCoT Sud-Gard en cours de révision, (iii) de la Communauté d'agglomération de Nîmes Métropole (CANM) avec une étude de préfiguration de la TVB finalisée en 2013, mais non validée par les élus et (iv) de la commune de Nîmes avec le PLU en cours de révision.

2.1 Du leadership : une agglomération motrice, une agence d'urbanisme « relais »

La CANM s'est rapidement saisie des continuités, de façon volontaire, suite aux lois Grenelle, en s'appuyant sur le dynamisme de son service développement durable qui a lancé une étude TVB sur son territoire. La CANM a souhaité être force de proposition sur un sujet encore pionnier sur la région de Nîmes, « pour monter en compétences ». La CANM a ainsi acquis une visibilité et une légitimité lui permettant d'émettre r un avis sur le SRCE-Languedoc-Roussillon et de participer aux ateliers du SCoT Sud-Gard. Toutefois, l'étude TVB n'a pas été validée politiquement *in fine* par les élus de la CANM : aucun programme d'actions n'a vu le jour et l'étude n'a pas été valorisée. Elle est aujourd'hui oubliée.

Autre acteur majeur, l'agence d'urbanisme de la région nîmoise et alésienne (A'U) s'est fortement mobilisée sur les continuités, tant au niveau national que régional et local. L'A'U s'est positionnée comme un acteur « relais » pour appuyer les porteurs de projets ayant trait aux continuités. Plus largement, l'A'U est identifiée sur les continuités dans le département du Gard où elle intervient à de multiples niveaux (commune, communauté de communes, communautés d'agglomération, SCoT, Pôle métropolitain Nîmes-Alès). L'A'U croise des compétences en urbanisme et en environnement. L'approche multifonctionnelle des continuités, qu'elle propose aux maîtres d'ouvrage, permet de relier les continuités aux objectifs premiers d'un document d'urbanisme, cœur de métier de l'agence (com. pers. technicien, automne 2016). Mais la position de l'A'U peut être ambigüe sur les continuités, entre :

- un rôle d'« expert », qu'aucune autre structure n'a souhaité endosser, qui certes lui donne un poids et une visibilité sur le territoire, mais qui est aussi difficile à tenir du fait des incertitudes scientifiques,
- un rôle d'« appui technique » aux décideurs pour les réalisations cartographiques et la capitalisation des données,
- et un rôle plus « militant » sur les « bonnes pratiques » avec une prise de parti qui pourrait se révéler préjudiciable dans sa relation avec certains acteurs, en particulier les élus.

Par ailleurs, le président du SCoT Sud Gard a affirmé vouloir « un SCoT qui serve » aux collectivités, « un SCoT facilitateur », c'est-à-dire qui puisse anticiper les ambiguïtés sur les continuités : « plus ces questions auront été traitées de façon approfondies, concrètes, précises et justifiées dans le SCoT, plus il sera facile dans les PLU et divers outils opérationnels de mettre en œuvre des politiques de développement [...] dès lors évidemment qu'elles seront cohérentes avec les orientations qui auront été définies dans le SCoT » (com. pers. élu, automne 2016). La volonté était que les continuités soient intégrées de façon transversale au document.

Enfin, la commune de Nîmes, volontaire sur les continuités en particulier en milieu urbain, s'est lancée dans la rédaction d'une Orientation d'Aménagement et de Programmation (OAP) thématique « Nature en ville ».

2.2 Des outils en faveur des continuités

Le syndicat mixte du SCoT Sud Gard s'est doté d'une base d'occupation du sol détaillée permettant de préciser la planification, notamment pour le volet continuités. Mais cette base n'a pas été pleinement valorisée pour les continuités du SCoT (couvrant largement les milieux non urbanisés) faute de méthodes. Cette base d'occupation du sol est à disposition des collectivités en faisant la demande, en appui notamment aux PLU.

La commune de Nîmes a financé une étude faune-flore-paysages sur les garrigues habitées, au nord du centre urbain. Cette étude permet de justifier, auprès des propriétaires fonciers, les choix de zonage, plus ou moins exigeants en fonction des intérêts écologiques mis en avant.

Enfin, l'ancienne région Languedoc-Roussillon (LR) a eu à cœur de mettre à disposition des territoires infra un outil cartographique 3D d'aide à la décision pour la planification, qui accompagne le SRCE-LR. Cet outil original permet de valoriser l'analyse des enjeux présentés dans le diagnostic. L'utilisateur peut afficher l'information par maille hexagonale (21,7 ha) pour prendre connaissance des indicateurs (d'importance écologique et d'empreinte humaine) et mieux comprendre les enjeux régionaux sur un territoire donné. L'utilisateur peut également exporter les informations cartographiques sur les mailles qu'il sélectionne, lui permettant d'exploiter ces informations avec ses propres outils. L'outil reste difficile d'utilisation et nécessite une formation. Prévue par le Conseil régional LR, la formation n'a pu être menée en raison de la fusion avec la région Midi Pyrénées. Néanmoins, le Conseil régional Occitanie a souhaité étendre cet outil 3D à la grande région. Au-delà de cet outil 3D, le SRCE-LR donne un cadre méthodologique par grands ensembles fonctionnels, dans lequel se retrouvent les territoires infra.

2.3 Une cohérence interterritoriale des projets difficile en forme de « patate brûlante »

De fait, la cohérence interterritoriale des projets ayant trait aux continuités est rendue difficile sur la région de Nîmes et ce pour plusieurs raisons.

Premièrement, les fragilités scientifiques et techniques liées à l'identification des continuités sur un territoire, fragilités inhérentes aux continuités, limitent les appuis et les prises de décisions. Ces décisions concernent notamment la hiérarchisation des enjeux, hiérarchisation quasi absente dans la TVB CANM et le SCoT Sud-Gard, avec pour le SCoT 85% des espaces terrestres et 100% des cours d'eau retenus en continuités dans le diagnostic.

Deuxièmement, le sujet des continuités est récent sur la région de Nîmes (malgré la diagonale verte de Nîmes apparue en 1992 avec le Plan municipal d'environnement). L'étude TVB de la CANM, pionnière sur les continuités, date de 2013 ; le SRCE-LR date de 2015 ; et les SCoT et PLU étaient en cours de réalisation ou de révision en 2017. Le passage à une préservation des réseaux écologiques est loin d'être simple, sur un territoire où la biodiversité « remarquable » est vécue comme un frein quotidien aux projets d'aménagement. La formation des acteurs est en cours sur le sujet (le SCoT Sud Gard de 2007 n'abordait pas la question des continuités par exemple).

Troisièmement, le projet environnemental reste à construire sur la région de Nîmes, notamment pour la CANM qui ne portait pas encore de projet de territoire.

Quatrièmement, le niveau intercommunal a des difficultés à s'imposer sans bloquer le niveau communal. Il peine à affirmer un rôle de *leader* sur le thème des continuités et plus globalement sur la préservation de la biodiversité, thème qui peut être clivant pour la planification. L'intercommunalité est encore « jeune » sur la région de Nîmes. La CANM a été créée en 2001 et le syndicat du SCoT Sud-Gard en 2002. Le « partage du pouvoir » entre les niveaux communal et intercommunal est délicat et les élus communaux peuvent avoir le sentiment d'être dépossédés de leur rôle sur leur territoire : que reste-t-il à décider sur les communes, une fois considérés le poids de l'État et de l'Europe (notamment zonages de protection, espèces, habitats), du SCoT Sud-Gard puis de la CANM ? « L'entité communale est une réalité forte du territoire », « nous n'en sommes pas encore au stade où il manque de l'argent pour dire qu'on va mutualiser » (com. pers. élu, automne 2016). Par exemple, avec la loi n° 2014–58 MAPTAM (modernisation de l'action publique territoriale et d'affirmation des métropoles), la CANM a pris la compétence GEMAPI (gestion des milieux aquatiques et la prévention des inondations), auparavant compétence de la commune. Ce changement de responsabilité s'annonce complexe à mettre en place et illustre la difficulté de l'inter-niveaux, vécue *a priori* comme une limitation des libertés locales et non comme l'occasion d'une mutualisation.

En conséquence, la volonté politique a du mal à être relayée par des capacités techniques et scientifiques timides et mal assurées. La volonté politique est donc d'autant plus fragile (que traduit la non-validation de l'étude TVB CANM) face aux fortes réticences d'acteurs qui craignent l'injonction réglementaire.

L'organisation des débats sur les continuités (groupes de travail dédiés, etc.) devrait permettre de partager les projets de continuités. Les porteurs du SCoT et du PLU ont l'obligation de traiter du sujet des continuités et se donnent les moyens d'organiser ces débats. Mais ces débats devront donner l'assurance et le soutien aux acteurs (en particulier les décideurs) pour faire des choix ambitieux dans les documents opposables sur l'intégration des continuités dans l'aménagement. Ces choix étaient encore peu éclairés par les diagnostics et les projets d'aménagement et de développement durable (PADD), qui restaient globaux en 2017.

Début 2017, au moment de l'analyse, les continuités étaient bien une « patate brûlante » : le niveau régional renvoyait aux niveaux infra, la CANM repassait au niveau du SCoT, qui la repassait lui-même au niveau de la CANM et du PLU.

Le niveau du SCoT Sud-Gard était perçu comme le niveau pertinent d'intégration des continuités : (i) le SRCE-LR le soulignait ; (ii) le porteur du SCoT lui-même en était convaincu (com. pers. élu, technicien) ; (iii) la CANM l'affirmait et souhaitait faire remonter dans le SCoT Sud-Gard tout ou partie des recommandations et préconisations de son étude TVB non validée.

La méthode utilisée dans la TVB CANM a été reprise dans le SCoT Sud Gard (les infrastructures vertes et bleues). La CANM, interrogée sur son étude TVB (espèces ciblées, objectifs des corridors, etc.), a fait remonter au SCoT la nécessité de travailler sur les besoins des espèces pour démontrer les continuités. Inversement, le SCoT a renvoyé aux EPCI l'approfondissement des connaissances sur le fonctionnement écologique du territoire et l'engagement d'actions de préservation et restauration des continuités : c'est « le serpent qui se mord la queue » (com. pers. technicien).

Mais, contre toute attente, en avril 2017, la CANM transmettait un avis sur le SCoT Sud-Gard demandant de « ne pas ajouter de corridors à ceux du SRCE » et de « ne pas étendre les réservoirs de biodiversité du SRCE » en considérant que « la méthodologie ne permet pas selon nous de justifier la modification ni l'ajout de corridors ou réservoirs de biodiversité au SRCE ». La CANM, initialement motrice sur les continuités, reculait, par crainte des « conséquences » de nouvelles continuités.

Par ailleurs, les porteurs du PLU Nîmes ne semblent pas avoir d'attente particulière quant à une stratégie sur les continuités au niveau intercommunal. Il est vrai que les divergences politiques n'ont pas facilité les relations, alors que les calendriers SCoT et PLU étaient concomitants. Les porteurs du PLU Nîmes se sont saisis du sujet en milieu urbain et les autres niveaux de gouvernance n'en parlent que peu. La commune n'a pas pris la main ou peu sur les continuités dans les autres milieux (agricoles notamment), excepté pour les milieux de garrigues, au nord de la ville.

Le projet environnemental partagé est à construire entre les niveaux de gouvernance avec (i) un territoire de SCoT qui se « veut » rassembleur

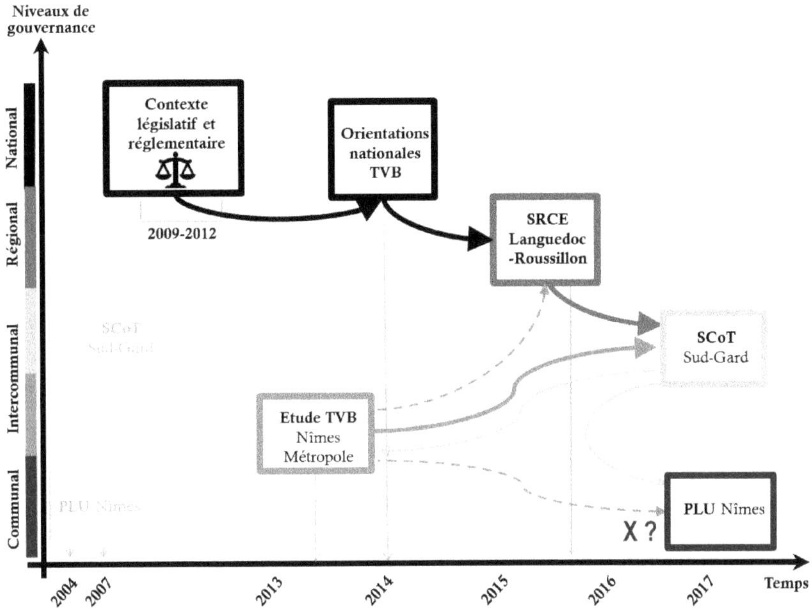

Fig. 1: Schéma simplifié illustrant la « patate brûlante » sur la région de Nîmes. (NB : Les flèches représentent le renvoi d'un projet ayant trait aux continuités vers un autre. Le niveau d'épaisseur du trait (en gras, normal, en pointillé) illustre le degré plus ou moins fort du renvoi). Source : Adapté de Chaurand, 2017.

et utile sur les continuités mais qui se heurte à la capacité à l'être ; (ii) la CANM qui a des difficultés à maintenir une volonté politique sur les continuités et qui a un discours parfois contradictoire et (iii) une commune qui est motrice sur les milieux urbains mais qui s'appuie peu sur les réflexions des niveaux supra.

Pour le volet « trame bleue », la question se pose différemment avec une connaissance et des outils sur les continuités « aquatiques et humides » qui sont davantage cernés et bien pris en main par la Commission Locale de l'Eau. L'établissement public territorial de bassin Vistre suit le SCoT Sud-Gard, l'étude TVB CANM et le PLU Nîmes, permettant de faire des propositions en aller-retour avec ces projets de continuités. La « patate tiède » n'est pas « repassée » mais « partagée » de niveau entre niveau, sur propositions issues du Schéma Directeur d'Aménagement et de Gestion des Eaux (SDAGE) Rhône-Méditerranée (pour le SRCE-LR qui y prend totalement appui) et du Schéma d'Aménagement et de Gestion des Eaux (SAGE) Vistre-Vistrenque (qui s'impose au SCoT et au PLU).

2.4 L'enjeu : rester présent sur la TVB en saisissant l'opportunité sur la séquence « ERC »

L'extension de l'outil web régional 3D à la grande région Occitanie devrait faciliter l'accompagnement à la prise en compte des continuités, accompagnement qui pour le moment est quasi absent. Les co-pilotes du SRCE comptent davantage sur les échanges directs avec les porteurs de projets locaux, échanges facilités suite aux nombreuses réunions du SRCE-LR. De même, l'accompagnement aux collectivités assuré par l'agence régionale pour l'environnement (ARPE) est étendu à l'ensemble de la région Occitanie. Par ailleurs, suite à réponse à l'appel à manifestation national d'intérêt TVB lancé en 2016, l'Union régionale des Conseils d'architecture, d'urbanisme et d'environnement en Occitanie, lauréate, accompagne cinq territoires pour former leurs élus sur les enjeux de continuités. En outre, la mise en place de l'Agence régionale pour la biodiversité, du Comité régional biodiversité (absorbant le comité régional TVB) et la révision de la stratégie régionale sur la biodiversité pourront assoir la position du Conseil régional en tant que chef de file sur la biodiversité (cf. article 3 de la loi MAPTAM de 2014) et donc sur les continuités.

L'absence de validation de l'étude TVB de la CANM a empêché la CANM de se positionner en *leader* sur la biodiversité. La CANM a saisi une nouvelle opportunité, celle de s'imposer comme « guichet unique sur la biodiversité » en développant les réflexions sur la séquence « Éviter Réduire Compenser » (ERC) *via* une « approche exploratoire pour la définition d'une stratégie d'anticipation et de planification des mesures compensatoires » (com. pers. technicien).

Le sujet « ERC » bénéficie de l'attention du niveau régional et national, étant de nouveau souligné dans la loi n° 2016–1087 Biodiversité (pour la reconquête de la biodiversité, de la nature et des paysages). Les services de l'État en Languedoc-Roussillon ont animé des groupes de travail sur la compensation environnementale, avec des bureaux d'études, des chercheurs et des maîtres d'ouvrages. S'en est suivi la mise en place fin 2013 d'un groupe régional « ERC » co-piloté État-Région, en étroite coopération avec les travaux du SRCE-LR, également co-piloté par le couple État-Région. Cette démarche originale liant SRCE-LR et stratégie « ERC » s'est formalisée *via* la signature du Protocole régional pour l'élaboration d'un cadre régional pour la compensation environnementale. Cette démarche s'étend au niveau de la grande région Occitanie.

Forte de ces dynamiques nationale et régionale, en lien avec le groupe « ERC » régional, la CANM a mis en place un comité technique en juillet 2016 afin de définir des méthodes et outils d'aide à la décision sur les mesures compensatoires.

Au niveau régional, mais également intercommunal, les démarches « ERC/TVB » permettent de resserrer les échanges entre l'État et les collectivités, avec le sentiment d'un apport mutuel : la déclinaison d'une politique TVB porté par l'État, sur laquelle s'impliquent les collectivités, *versus* la précision des attendus sur ERC et, en particulier la compensation écologique, pour faciliter les projets des collectivités (com. pers. technicien). Les chercheurs sont en appui aux démarches et donnent une légitimité aux débats.

3 Exemple d'une « patate tiède » sur la région de Thau : une volonté politique obligée et des capacités à consolider

La région de Thau se situe dans le département de l'Hérault, dans la Région Occitanie et en zone méditerranéenne. L'analyse proposée concerne les territoires (i) régional avec le SRCE-LR, (ii) du syndicat mixte du bassin de Thau (SMBT) avec le SCoT et le SAGE, (iii) de la commune de Marseillan avec le PLU.

3.1 Du leadership : un syndicat mixte moteur, une recherche à proximité

Le SMBT, portant le SCoT Thau et le SAGE Thau, s'est rapidement saisi des continuités, s'appuyant sur la dynamique créée avec le SRCE-LR (dont les travaux étaient menés en parallèle) pour gagner en visibilité et répondre aux obligations des lois Grenelle. Le syndicat s'est positionné en acteur clé sur un sujet technique et scientifique, sur lequel les acteurs du territoire étaient déjà sensibilisés (Barone, 2016). L'impératif de mener une réflexion pour un aménagement « durable » du territoire tient clairement aux liens entre les ressources naturelles et l'économie du territoire (filières halieutiques).

Proche de Montpellier, la région de Thau est un petit territoire, bien étudié, en particulier par la communauté de chercheurs de Montpellier (Universités, IRSTEA, Ifremer, etc.).

3.2 Des outils en faveur des continuités

Le territoire s'est doté de divers outils tels une carte détaillée de l'occupation du sol (datée de 2012, couche reçue en 2015) qui a permis un travail fin d'analyse du SRCE-LR, en appui aux territoires infra pour leurs projets. Un observatoire du SMBT permet notamment un suivi et une évaluation des politiques conduites sur le territoire (Tonneau *et al.*, 2017). Le SMBT souhaite produire un Schéma Local de Cohérence Écologique, déclinaison opérationnelle et originale du SRCE-LR.

Plusieurs outils du code de l'urbanisme sont mobilisés dans le cadre du SCoT Thau et du PLU Marseillan avec par exemple des zonages indicés dans le règlement du PLU (Ae – zones agricoles présentant un intérêt écologique, Acu – coupures d'urbanisation).

Le territoire de Thau se veut exemplaire en termes de gouvernance. Par exemple, un comité stratégique a été mis en place par le SMBT afin de réunir les maîtres d'ouvrage, porteurs d'outils de planification et de gestion du territoire (SCoT, volet littoral et maritime, SAGE, Natura 2000) et leurs partenaires institutionnels et financiers.

3.3 Une cohérence interterritoriale des projets facilitée en forme de « patate tiède »

La cohérence interterritoriale des projets de continuités est facilitée sur la région du bassin de Thau. En effet, les différentes crises successives sanitaires et sociales qu'a connu le territoire, en particulier celles liées à la conchyliculture (pollutions de la lagune de Thau), ont obligé les acteurs à se structurer au niveau intercommunal pour trouver des réponses concertées et efficaces pour l'ensemble du bassin-versant. D'ailleurs, les services de l'État et de l'agence de l'eau sont moteurs dans cette obligation, notamment pour respecter les objectifs de qualité des masses d'eau de la Directive cadre sur l'eau. Le choix du maintien des activités traditionnelles, au détriment d'activités touristiques de masse notamment, a permis de canaliser le développement urbain. Le territoire est souvent donné en exemple en termes de gestion intégrée de la ressource en eau et d'aménagement du territoire, bien que des difficultés persistent (Barone, 2016).

La nécessité d'un développement « durable » est bien acceptée au regard des services que rendent les écosystèmes. De nombreux programmes de planification et d'aménagement et un contrat de gestion intégrée du territoire de Thau ont été élaborés depuis les années 1990. La sensibilisation aux enjeux environnementaux s'explique aussi par la présence de plusieurs personnalités politiques dont M. Yves Pietrasanta, figure de l'écologie politique, impliqué sur ce territoire qui l'a vu naître, et longtemps élu aux niveaux européen, national, régional, départemental, intercommunal, communal. Le Centre permanent d'initiative pour l'environnement (CPIE) joue également un rôle de relais avec les acteurs du territoire. L'écologie a donc une place reconnue dans l'aménagement de la région de Thau.

En outre, l'intercommunalité, qui a eu du mal à émerger, s'est créée autour d'un projet (et non pas uniquement pour faire des économies d'échelle ; Maurel, 2012). Le projet environnemental se construit ainsi au niveau intercommunal, avec le SMBT et la fusion des deux communautés de communes. Le SMBT est à l'interface entre les niveaux régional et communal : il a permis de repositionner les enjeux de la région de Thau au niveau régional (adaptations et compromis trouvés avec les co-pilotes du SRCE-LR), de définir des recommandations et des prescriptions claires sur les continuités et enfin d'appuyer les communes dans leurs projets, pour la rédaction du cahier des charges et pour la réalisation du diagnostic. Le SMBT exprime toutefois des difficultés à se positionner sur des enjeux de biodiversité dite « ordinaire », alors que les financements dont il dispose pour l'environnement se concentrent sur les éléments de biodiversité dite « remarquable » (Natura 2000 essentiellement, zones humides) (com. pers. technicien).

Le SRCE-LR s'est adapté pour bonne partie aux demandes du SMBT. Des compromis ont été faits suite à trois courriers (des deux communautés de communes et du SMBT) qui donnaient un avis défavorable au SRCE. Les acteurs intercommunaux craignaient une opposabilité forte des cartes du SRCE et donc des contraintes supplémentaires pour l'aménagement. En retour, le SRCE-LR a permis d'identifier un corridor écologique de milieux ouverts longeant d'Est en Ouest le territoire, corridor que le SCoT Thau n'identifiait pas. Le niveau du SMBT est perçu, par le niveau régional, comme le niveau pertinent d'intégration des continuités et les porteurs de SCoT se saisissent effectivement du sujet.

La commune de Marseillan, quant à elle, ne semble pas avoir d'attente particulière concernant une stratégie sur les continuités. Elle s'appuie sur les documents du SCoT Thau et sur les compétences du chargé de mission biodiversité au SMBT, pour répondre aux exigences Grenelle, mais surtout à la loi Littoral qui détermine fortement l'aménagement du territoire.

Les continuités sont dans ce cas une « patate tiède » : le SCoT Thau et le SAGE Thau font des propositions et imposent des conditions claires sur les continuités, mais laissent une marge de manœuvre aux niveaux infra. Notamment, les cartes du SCoT Thau n'ont pas de valeur parcellaire pour les documents locaux et la délimitation précise des continuités leur est laissée. Le PLU Marseillan décline les continuités au niveau communal, avec ses outils (de zonage essentiellement), alors que les conflits potentiels avec les projets d'artificialisation ont été désamorcés en amont par le SMBT (*i.e.*, conflits potentiels avec le SCoT et le SRCE).

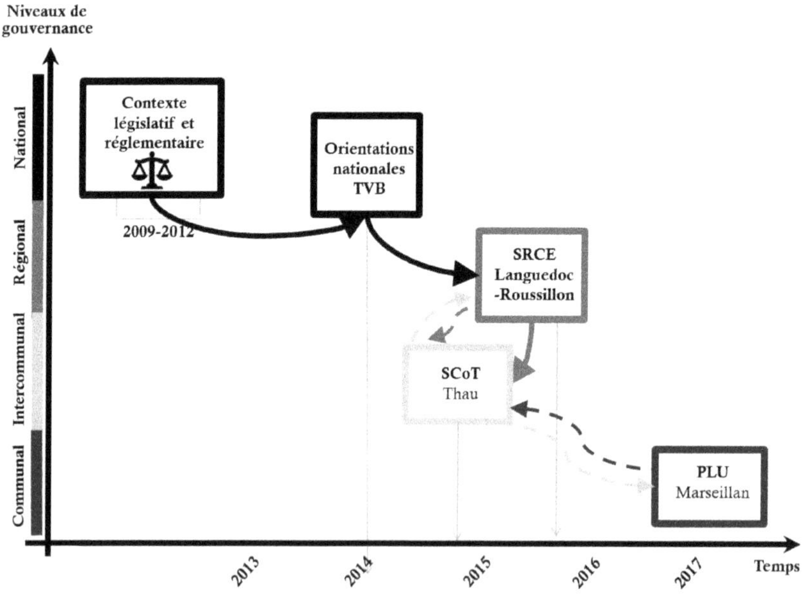

Fig. 2: Schéma simplifié illustrant la « patate tiède » sur la région de Thau. Source : Adapté de Chaurand, 2017.

3.4 L'enjeu : le maintien d'une dynamique dans un contexte territorial évolutif

La création de la Communauté d'agglomération du Bassin de Thau (CABT) en 2017, résultante de la fusion des deux communautés de communes, implique une restructuration des acteurs et des compétences sur la région de Thau, voire des outils à plus ou moins long terme, même si les périmètres des SCoT Thau et SAGE Thau n'évoluaient pas. Le jeu politique se transforme et l'enjeu est le maintien des volontés et des capacités dans le temps long. Le lancement du Schéma local de cohérence écologique doit permettre d'inscrire dans ce temps long des actions hiérarchisées en faveur des continuités.

4 Exemple d'une « patate froide » sur la région de Brest ? Une volonté politique et des capacités à harmoniser

La région de Brest se situe dans le département du Finistère, dans la Région Bretagne. L'analyse proposée concerne les territoires (i) régional avec le SRCE Bretagne, (ii) du Pays de Brest avec le SCoT et (iii) de Brest Métropole avec le PLU intercommunal.

4.1 Du leadership : une métropole dynamique, appuyée par l'Université et les associations

Brest Métropole se positionne en faveur de la biodiversité avec une direction de l'écologie urbaine, saisie du sujet des continuités. La direction a suivi les travaux sur le SRCE-Bretagne et suit ceux du SCoT Pays de Brest. Diverses actions sont menées sur le territoire, notamment pour un schéma local biodiversité, avec une volonté politique affichée et souhaitée dans les choix d'aménagement sur un territoire marqué par son port militaire mais également par les problématiques liées à la qualité de l'eau.

La métropole bénéficie d'un dynamisme lié à la présence de l'Université de Bretagne Occidentale et d'associations de protection de l'environnement investies depuis longtemps sur le territoire (siège de Bretagne Vivante). Elle participe également au Conservatoire botanique national de Brest.

Le Pays de Brest a mis à l'honneur les continuités dans le cadre de la révision de son SCoT de 2011. Une étude spécifique a été menée par le bureau d'études CERESA, sur la base d'un cahier des charges approfondi, porté et suivi par la chargée de mission du SCoT Pays Brest.

4.2 Des outils en faveur des continuités

Le bureau d'études CERESA a été sélectionné pour la réalisation du SRCE Bretagne et du volet continuités du SCoT Pays de Brest. Divers traitements géomatiques et modélisations sont effectués concernant notamment la perméabilité des milieux et les zones de concentration d'habitats semi-naturels.

Divers outils du code de l'urbanisme sont mobilisés dans le PLUi Brest Métropole : un indiçage des zones N et U – notamment avec le zonage « U paysage » pour mettre les espaces verts urbains en valeur, les espaces boisés classés, les éléments d'intérêt paysager, la réglementation liée à la loi Littoral, etc.

Les Orientations d'aménagement et de programmation (OAP) thématique environnement et celles sectorielles (pour les quartiers en voie d'urbanisation nouvelle ou renouvelée) du PLUi Brest Métropole permettent de dépasser la logique de zonage imposée au PLUi dans son règlement. L'OAP permet de préciser les principes et les objectifs en gardant une souplesse dans la représentation cartographique et la portée juridique : les OAP sont opposables aux tiers dans un rapport de « compatibilité » et non de « conformité » comme c'est le cas du règlement du PLUi. L'OAP thématique environnement permet de structurer et de rendre visible la politique « biodiversité » menée par la métropole, notamment en milieu urbain et sur les milieux aquatiques et humides. Cela concerne, par exemple, la gestion différenciée des espaces verts, la diversification des espèces, le contrat territorial milieux aquatiques pour la restauration des continuités, la communication et la sensibilisation auprès du grand public.

En revanche, le PLUi n'est pas proactif sur les milieux agricoles, considérant que c'est à la profession de se saisir de la question des continuités, le PLUi ne pouvant d'ailleurs pas aborder les usages (com. pers. technicien, hiver 2016–2017). Les continuités en milieu urbain sont l'apanage du PLUi Brest Métropole (armature verte urbaine), alors que le SCoT Pays de Brest estime que ce n'est pas son niveau de travail et que seules des recommandations peuvent être faites.

4.3 Une cohérence interterritoriale des projets dirigée et en forme de « patate froide » ?

La cohérence interterritoriale des projets ayant trait aux continuités pourrait être « dirigée » par Brest Métropole qui centralise de nombreux débats. Plusieurs difficultés à la cohérence interterritoriale peuvent être perçues.

Premièrement, si l'intercommunalité semble être bien intégrée au niveau de la métropole, cela semble moins évident au niveau du territoire du SCoT Pays de Brest. En effet, ce territoire de SCoT, vaste, croise des espaces aux dynamiques urbaines et agricoles bien différentes, entre le nord et le sud. Les attentes des territoires infra sont variées.

Deuxièmement, le projet environnemental, dans l'aménagement du territoire, s'est construit au niveau de Brest Métropole dans le PLUi, avec une volonté politique et des compétences techniques et scientifiques mises en musique par la direction de l'écologie urbaine. Le SCoT Pays de Brest de 2011 donne essentiellement des recommandations sur les continuités, recommandations jugées « lâches » car non obligatoires (com. pers. technicien, hiver 2016–2017). En conséquence, les continuités étaient une « patate brûlante » pour les PLU en 2011.

Depuis le SCoT de 2011, Brest Métropole a mené, en particulier dans son PLUi, un important travail sur la TVB et l'armature verte urbaine. Ce travail a permis d'avancer sur un sujet non traité à d'autres niveaux. Ainsi Brest Métropole a été attentive au SRCE Bretagne et l'est au SCoT Pays de Brest en cours de révision. La difficulté à la cohérence interterritoriale pourrait venir de la difficulté à changer de niveau pour les continuités. Les continuités choisies dans le SCoT sont à accepter dans le PLUi alors que certaines peuvent concerner des zones potentiellement porteuses de projets d'artificialisation et non identifiées dans le PLUi. Les continuités, sont-elles désormais une « patate froide », au sens où Brest Métropole aurait déjà identifié l'ensemble des continuités dans son PLUi ?

Brest Métropole ne semble pas avoir d'attente particulière en termes d'identification des continuités à d'autres niveaux et est attentive à ne pas créer d'incohérences avec le SCoT en cours ou le SRCE Bretagne. Elle semble même craintive pour ne pas déstabiliser les accords trouvés au niveau du PLUi. Le SRCE Bretagne, adopté après le PLUi, précise les concepts, la méthode et organise la concertation sur le sujet : cela est dans le sens et appuie la démarche métropolitaine (com. pers. technicien, automne 2016). Le bureau d'études CERESA, choisi pour la révision du SCoT Pays Brest et le SRCE Bretagne, facilite la prise en compte de ce dernier et l'harmonisation des méthodes. Le SRCE est un « document incitatif pour les élus des territoires » (com. pers. technicien). La distinction entre les grands ensembles de perméabilité (GEP) identifiés dans le SRCE est représentative de la région de Brest et illustre la complexité de l'approche intercommunale (PLUi et SCoT), forcément distincte au Nord et au Sud.

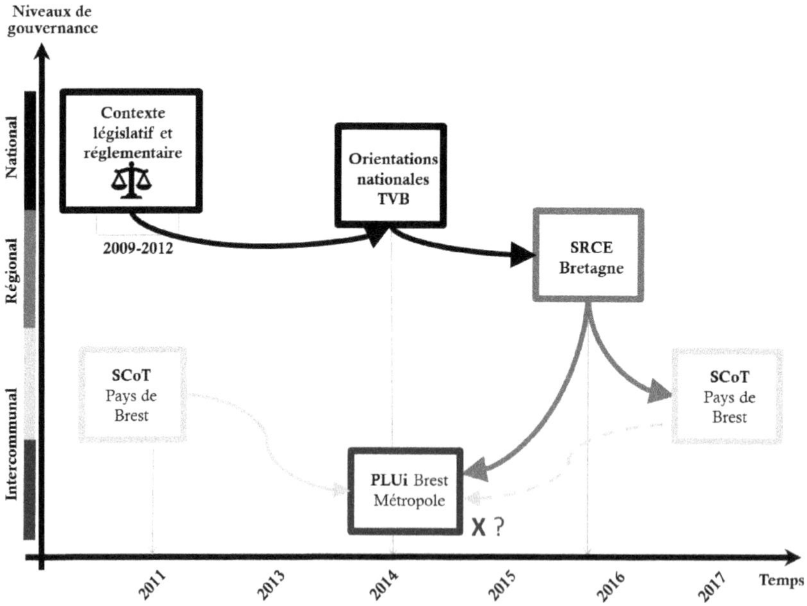

Fig. 3: Schéma simplifié illustrant la « patate froide » sur la région de Brest. Source : Adapté de Chaurand, 2017.

4.4 L'enjeu : une complémentarité entre commune et intercommunalité

Le SCoT Pays de Brest rédigeait le document d'orientations et d'objectifs (DOO) et doit convenir du niveau d'ambition, d'obligation du document pour les espaces de continuités, qui sera distinct entre le Nord et le Sud.

Le PLUi de Brest Métropole aborde peu les milieux agricoles. Cela pourrait être une des ambitions du SCoT Pays de Brest, notamment *via* les inventaires du bocage avec une entrée « biodiversité ». Mais cela impliquerait un lourd travail pour actualiser les inventaires, même si certains sont récents. Le SCoT pourrait également réglementer la destruction des haies bocagères en fixant un seuil maximal, au-delà duquel il faudrait compenser la destruction. Mais cela impliquerait un recensement exhaustif des haies et le suivi de l'évolution de ces haies, ce qui n'est pas le cas actuellement (com. pers technicien, hiver 2016–2017).

Dans le cahier des charges de la révision du SCoT Pays de Brest, pour le marché sur les continuités, il est demandé au prestataire « une concertation avec les maîtres d'ouvrage locaux pour le partage de ces orientations [celles du SCoT pour la TVB] pour la définition de modalités de transposition des préconisations dans les documents de planification de rang inférieur ». La difficile traduction d'un principe de protection des continuités (avec possibilité de dérogation) est ainsi bien identifiée par le syndicat du SCoT.

Conclusion et perspectives

La logique de projet privilégiée par la loi a à la fois l'avantage et les inconvénients de la souplesse (Rey-Valette *et al.*, 2011). Deux inconvénients principaux sont identifiés : (i) la pérennité des continuités n'est pas assurée dans le temps et (ii) la subsidiarité affichée dans la TVB peut constituer une difficulté à l'approche interterritoriale (Vanier, 2010). La subsidiarité se traduit par une « patate plus ou moins chaude » qui peut être repassée aux territoires de SCoT ou de PLU à la fois par (i) manque de données, d'informations et de connaissances ; (ii) crainte d'un recours juridique contentieux en lien en particulier avec des interprétations strictes de la TVB par les services de l'État ; (iii) désintérêt pour le sujet (volonté politique). Les SCoT et les PLU ont d'autant plus de difficultés à traduire les SRCE, souvent peu opérationnels.

Malgré les difficultés, certains territoires ont su trouver des accords et se compléter utilement, donnant ainsi des enseignements sur la cohérence interterritoriale (et non uniquement sur les sources d'incohérences), cohérence qui est dépendante d'une approche adaptative, participative et transdisciplinaire (Head et Xiang, 2016). Dans cette construction, les acteurs « relais » ont un rôle essentiel. Ils sont alternativement ou concomitamment des « interfaces », des « passeurs » et des « vulgarisateurs » (Debray, 2015). Ils favorisent et créent les proximités organisées et géographiques (Torre et Beuret, 2012). Ils rendent accessibles, compréhensibles, acceptables, cartographiables les continuités. Ces « relais » semblent être potentiellement nombreux, mais encore faut-il qu'ils se positionnent sur le sujet des continuités, ce que finalement peu d'entre eux font vraiment.

La TVB a ouvert une « fenêtre d'opportunité » pour la préservation de la biodiversité, de façon réticulaire. Mais la période est actuellement incertaine et transitoire pour la mise en œuvre de la TVB. Incertaine à la suite de plusieurs SRCE, mais aussi à certains documents d'urbanisme, qui ont récemment été annulés au titre des continuités. Transitoire suite à des évolutions récentes réglementaires et législatives qui bousculent la politique TVB. En premier lieu, la loi n° 2015–991 NOTRE (portant nouvelle organisation territoriale de la République) a introduit un nouveau schéma régional d'aménagement, de développement durable et d'égalité des territoires (SRADDET), schéma qui tout d'abord intègre plusieurs schémas régionaux sectoriels dont le SRCE et est uniquement élaboré par les conseils régionaux (et non en co-pilotage avec les services de l'État comme pour le SRCE). Par ailleurs, la déconnexion entre les initiatives régionales devient possible si certains conseils régionaux ne prennent pas le rôle de « chef de file » sur la biodiversité qui leur est consacré par la loi MAPTAM de 2014. La nouvelle Agence française pour la biodiversité créée par la loi « Biodiversité » de 2016, et récemment l'Office français pour la biodiversité, joueront-ils un rôle d'animation, voire de « relais » avec les agences régionales pour la biodiversité ? Prendront-ils en compte le fait que la TVB est aussi locale, qu'elle tend à s'intensifier à ce niveau avec de nombreuses initiatives intégrant les continuités, initiatives qui « tirent vers le haut depuis le bas ». La TVB a mis en lumière et a souvent induit ces initiatives et ce sont peut-être à elles désormais de remettre en lumière les continuités.

Bibliographie

Barone S. (2016).

Building a narrative on environmental policy success. Reflections from a watershed management experience », *Critical Policy Studies*, 12 (1), p. 1-14. DOI : 10.1080/19460171.2016.1194765.

Bertrand N., Peyrache-Gadeau V. (2009). « Introduction. "Cohésion sociale et cohérence territoriale", quel cadre de réflexions pour l'aménagement et le développement ? », *Géographie, économie, société*, 11 (2), p. 85–91. Repéré à https://www.cairn.info/revue-geographie-economie-societe-2009-2-page-85.htm.

Cash D. W., Adger W. N., Berkes F., Garden P., Lebel L., Olsson P., Young O. *et al.* (2006). « Scale and Cross-Scale Dynamics: Governance and Information in a Multilevel World », *Ecology and Society*, 11 (2), 8. Repéré à https://www.ecologyandsociety.org/vol11/iss2/art8/.

Chaurand J. (2017). *La cohérence interterritoriale des projets de continuités écologiques. L'exemple de la Trame verte et bleue en France* (Thèse de doctorat). AgroParisTech, Montpellier.

Debray A. (2015). *La trame verte et bleue, vecteur de changement des politiques de protection de la nature ou des politiques d'aménagement ?* (Thèse de doctorat), Tours, Université François Rabelais de Tours.

Demazière C., Hernandez F. (2013). « Opérations d'habitat, projets communaux et SCOT : une cohérence variable selon les échelles – Résultats d'enquêtes en Val de Loire », *Géocarrefour*, 87 (2), p. 101-113. DOI : 10.4000/geocarrefour.8700.

Head B. W., Xiang W.-N. (2016). « Why is an APT approach to wicked problems important? », *Landscape and Urban Planning*, 154, p. 4-7. DOI : 10.1016/j.landurbplan.2016.03.018.

Maurel P. (2012). *Signes, Données et Représentations Spatiales : Des éléments de sens dans l'élaboration d'un projet de territoire intercommunal – Application au territoire de Thau* (Thèse de doctorat). Toulon, Université du Sud Toulon Var.

Rey-Valette H., Pinto M., Maurel P., Chia E., Guihéneuf P.-Y., Michel L., Champrigaud A. *et al.* (2011). *Guide pour la mise en œuvre de la gouvernance en appui au développement durable des territoires.* Montpellier : Cemagref, CNRS, Geyser, Inra, Supagro, Université Montpellier 1.

Sen A. (1985). *Commodities and capabilities (reedition).* Oxford: University Press.

Tonneau J.-P., Lemoisson P., Coudel E., Maurel P., Jannoyer M., Bonnal V., Lestrelin G. *et al.* (2017). « Les observatoires territoriaux : des outils de la société de la connaissance ? », *Revue Internationale de Géomatique*, 23. DOI : 10.3166/rig.2017.00035.

Torre A., Beuret J.-E. (2012). *Proximités territoriales : construire la gouvernance des territoires, entre conventions, conflits et concertations.* Paris, Economica.

Vanier M. (2010). *Le pouvoir des territoires : essai sur l'interterritorialité.* Paris, Economica-Anthropos.

Loi n° 2015–991 du 7 août 2015 portant nouvelle organisation territoriale de la République.

Loi n° 2014–58 du 27 janvier 2014 de modernisation de l'action publique territoriale et d'affirmation des métropoles.

Ordonnance n° 2016–1028 du 27 juillet 2016 relative aux mesures de coordination rendues nécessaires par l'intégration dans le schéma régional d'aménagement, de développement durable et d'égalité des territoires, des schémas régionaux sectoriels.

Loi n° 2016–1087 du 8 août 2016 pour la reconquête de la biodiversité, de la nature et des paysages.

Changement climatique et aménagement du territoire : le rôle de la trame verte urbaine

Marion Brun[1], Magalie Franchomme[2], Christelle Hinnewinkel[3] et Brandon Stordeur[4]

Introduction

Le renforcement des corridors écologiques, permettant la préservation du potentiel adaptatif des espèces et leur dispersion en milieu urbanisé, est considéré comme une potentielle mesure

1 Docteure en aménagement de l'espace-urbanisme, ingénieure de recherche sur le projet Climibio, Marion Brun a, après un master d'écologie spécialisé en biologie de la conservation, soutenu un doctorat liant écologie urbaine et aménagement du territoire traitant de l'intérêt des friches urbaines pour les continuités écologiques en ville. Ses thématiques de recherches postdoctorales sont axées sur l'étude de la biodiversité urbaine et le renforcement de continuités écologiques pour la préservation des abeilles sauvages.

2 Maître de Conférences en géographie à l'Université de Lille (laboratoire TVES), Magalie Franchomme développe des recherches dans le champ de la géographie de l'environnement et l'aménagement des territoires. Sa recherche porte sur l'appropriation des enjeux et la mise en œuvre des projets de territoires, et plus particulièrement urbains, liés à la préservation de la biodiversité et l'aménagement de continuités écologiques (trame verte et bleue, trame noire).

3 Maître de Conférences en géographie à l'Université de Lille (laboratoire TVES), Christelle Hinnewinkel a travaillé sur l'étude des processus de territorialisation des politiques publiques de gestion de la nature en Inde : usages de la forêt et de l'arbre et politique forestière. Depuis 2010, elle s'intéresse plus particulièrement à l'écologisation des pratiques de gestion des couverts végétaux des trames vertes et à l'inscription des trames vertes dans les Plans locaux d'urbanisme.

4 Ingénieur territoire durable chez Vizea, Brandon Stordeur est diplômé d'un master en urbanisme et aménagement. Recruté comme ingénieur d'étude sur le projet CLIMIBIO, il s'est intéressé aux mesures d'adaptation et d'atténuation mises en place dans la région Hauts-de-France.

d'adaptation des effets du changement climatique (Boudes, 2012a). Les institutions onusiennes, le GIEC et plus récemment l'État français incitent les collectivités locales à engager des actions en faveur de l'atténuation des effets du changement climatique ou visant l'adaptation de leur territoire (Emelianoff, 2007 ; GIEC, 2014). Cela conforte la volonté de nombreuses collectivités urbaines de devenir un acteur majeur dans ce domaine (Mancebo, 2011). Par exemple, l'association Natureparif propose, lors de la COP 21, d'utiliser la trame verte et bleue (TVB), outil d'aménagement des territoires, à la fois comme mesure d'atténuation du changement climatique (captation du CO_2) et comme mesure d'adaptation au changement climatique (réduction de l'îlot de chaleur urbain, infiltration des eaux de pluies – Barra et Lecuir, 2015 ; Seguin, 2015).

Les villes ont dès lors engagé de profondes mutations dans le traitement des préoccupations environnementales, les transformant en *laboratoires d'études* (Haëntjens, 2008). La relation climat et végétation est connue depuis l'Antiquité et est confirmée par de nombreux travaux académiques plus récents (Pauleit *et al.*, 2002 ; Boudes, 2012b ; Lotfi *et al.*, 2013). Cependant, Ph. Boudes (2012a) souligne une absence de « conscience politique et sociale de la relation des trames vertes avec l'atmosphère – et par là, avec le climat local » (p. 3). Ainsi, les politiques restent cloisonnées et les réseaux d'acteurs diffèrent fortement (Colombert *et al.*, 2012). Les processus de décision politique en lien avec le climat et les stratégies de lutte contre le changement climatique résultent de l'interaction entre une multitude d'acteurs, aux domaines de compétences très variés, tels que l'énergie, l'aménagement du territoire ou la santé. La trame verte, quant à elle, relève d'acteurs œuvrant pour la protection de la biodiversité, la valorisation du cadre de vie et la gestion des espaces naturels.

Ceci s'explique par le fait que l'outil *trame verte* est issu d'une double approche de la nature en ville : l'approche urbanistique et l'écologie du paysage et qu'il traduit, de fait, une convergence entre « plusieurs disciplines en sciences sociales et sciences biologiques, ainsi que des acteurs professionnels » (Arrif *et al.*, 2011). Depuis la fin du XIXe siècle, les urbanistes prennent en compte les fonctions esthétiques, récréatives et climatiques des espaces végétalisés en ville avec la création de parcs urbains. Puis, dans les années 1970, l'écologie du paysage met en évidence le rôle des corridors écologiques dans la préservation de la biodiversité.

La trame verte urbaine est par conséquent une mesure de végétalisation de la ville qui se distingue des parcs urbains par le fait qu'elle assure aussi une fonction de corridor écologique au sein de la matrice urbaine. Le rôle de la végétation sur le climat et le cycle de l'eau étant admis depuis le XIXe siècle, les connexions heuristiques entre climat et végétalisation des villes sont reconnues par les politiques publiques. Les connaissances à propos de la connectivité paysagère sont plus récentes, aussi leur prise en compte dans le domaine de l'aménagement du territoire est en cours. Il existe donc actuellement un amalgame entre végétalisation et trames vertes : les trames vertes sont effectivement souvent pensées en aménagement du territoire comme un média, une façon de végétaliser, et non comme une entité fonctionnelle assurant des continuités écologiques[5].

La région Nord-Pas de Calais a mis en œuvre un dispositif en faveur des corridors écologiques dès les années 1990, sous la forme de contrats de corridor et a adopté un schéma trame verte et bleue dès 2007. Ce contexte a-t-il fait émerger une conscience politique et sociale de la relation de la trame verte avec le changement climatique qui se traduirait dans les actions mises en place ? Notre hypothèse est que les discours les associant ne se limitent pas à la végétalisation, mais prennent aussi en compte la connectivité écologique.

Pour répondre à cette hypothèse, nous avons mené des entretiens auprès de 25 acteurs du territoire. Il s'agit d'agents de collectivités locales ou de membres d'associations environnementales dont l'activité est liée aux questions climatiques ou de biodiversité. Nous avons également fait une enquête auprès de 517 habitants de la Métropole européenne de Lille (MEL). Les objectifs des entretiens et de l'enquête sont de mieux connaître les représentations des relations entre trame verte et changement climatique et de repérer les actions mises en œuvre.

---

5 Programmes de recherche (2009–2014) financés par le GIS Climat, Environnement et Société et menés en collaboration avec le programme ANR Trames Vertes Urbaines. CCTV 1 – *Analyse de la littérature scientifique : rendre compte de l'importance des recherches sur les trames vertes et le climat* et CCTV 2 – *études de cas : approche interdisciplinaire des liens climat-trame verte à Paris, en Île-de-France et à Strasbourg*. Laboratoires : LADYSS, LIVE, IEES, LSCE.

1 Entretiens et enquêtes dans la métropole lilloise

1.1 Un territoire vulnérable propice aux réflexions sur la biodiversité et sur le climat

Le territoire d'étude se situe dans la région Hauts-de-France, deuxième région urbanisée après l'Île-de-France. Créée par la réforme territoriale de 2014, elle résulte de la fusion des régions du Nord-Pas-de-Calais et de la Picardie. Son territoire est occupé à 58 % par des aires urbaines regroupant près de 89 % de la population régionale (CERCLE, 2015 ; données INSEE, 2014). Le développement d'activités économiques et les infrastructures de transport concourent également à cette consommation d'espace. La densité routière (11 % du réseau national) et ferroviaire (10 % du réseau national) par exemple, y est particulièrement importante. Le passé industriel, l'étalement urbain en zones inondable et littorale, auxquels s'ajoutent les fortes émissions locales de gaz à effet de serre renforcent la vulnérabilité de la région face à l'aléa climatique. Enfin, la morphologie urbaine, les matériaux, les densités du bâti, de population et des activités humaines accentuent le phénomène appelé « Îlot de chaleur urbain » (Colombert et Boudes, 2012).

Par conséquent, la prise de conscience de la nécessaire préservation des espaces naturels est relativement ancienne. Dans un contexte politique favorable[6], l'ancienne région Nord-Pas de Calais s'inscrit dès le début des années 1990 dans des démarches de reconnaissance et de préservation de réseaux écologiques. Ainsi, le Conseil régional soutient dès 1993 des contrats de corridors biologiques pour encourager la restauration d'un maillage écologique. Un schéma de trame verte et bleue est adopté en 2007, participant à la diffusion rapide et à tous les échelons territoriaux du concept de corridor écologique (Franchomme, 2008 ; Hinnewinkel et al., 2016). En 2012, un premier Schéma régional climat air énergie (SRCAE) est adopté. Il définit des orientations en matière de réduction des émissions de gaz à effet de serre, de réduction de la pollution, d'amélioration de l'efficacité énergétique et de développement des énergies renouvelables (SRCAE Nord-Pas-de-Calais, 2012). Le SRCAE fait suite aux nombreuses initiatives régionales d'actions en faveur de la lutte contre le changement climatique telles que la mise en œuvre

6 À la suite des élections de 1992, Marie-Christine Blandin est élue présidente du Conseil régional du Nord-Pas de Calais, fonction qu'elle occupera jusque 1998.

d'agendas 21, les politiques de réduction des déchets ou encore celles d'économies d'énergie. En ville, comme dans le périurbain, les anciens sites industriels sont progressivement recyclés et les surfaces vouées à l'accueil de nouvelles activités économiques sont désormais règlementées dans les documents d'urbanisme. De plus, le regard porté sur le foncier agricole est en cours de redéfinition dans la Métropole européenne de Lille (MEL – Schmitt et al., 2018). Le déploiement de ces différents schémas et stratégies implique de nombreux acteurs sur la question et la constitution d'un réseau d'acteurs, institutionnel et associatif, dense et diversifié.

Bien que les fragilités environnementales, sanitaires et sociales font peser un doute sur sa capacité d'adaptation aux impacts du changement climatique, la métropole européenne de Lille (MEL) est un terrain favorable aux réflexions sur la biodiversité et sur le climat. On peut donc supposer qu'il existe des exemples concrets de trame verte déclinée comme mesure d'atténuation, voire d'adaptation au changement climatique.

1.2 Entretiens auprès des acteurs locaux

L'aménagement de la trame verte et la lutte contre le changement climatique étant l'objet de politiques sectorielles multiples, il s'agissait tout d'abord d'identifier les acteurs locaux potentiellement impliqués. Cette identification s'est faite en deux étapes. La première a consisté, à partir de l'étude de l'organigramme des institutions, à repérer les personnes qui par leur titre et leur fonction interviennent directement dans la planification de la trame verte et du plan climat (chargé de mission PCAET, TVB, etc.). Les premiers entretiens nous ont permis d'identifier, dans un second temps, de nouveaux acteurs cibles.

Deux groupes thématiques ont été constitués. Le premier regroupe les acteurs en charge de la mise en œuvre de la trame verte, le second ceux travaillant sur les mesures d'atténuation et d'adaptation au changement climatique. Au total, 25 personnes ont été interrogées. Leur statut (directeur(trice) de pôle, chef(fe) de service, chef(fe) de projet, chargé(e) de mission, technicien(ne), etc.), leur structure (collectivités territoriales, établissement public d'État) et leur échelle d'intervention (commune, département, région ou encore littoral) ont permis d'avoir une vue relativement exhaustive du réseau agissant sur le territoire.

L'objectif des entretiens semi-directifs est de vérifier si l'enjeu climatique est pris en compte dans la planification de la trame verte. Pour cela, deux ensembles de questions ont été formulés. Tout d'abord, il s'agit d'analyser la représentation des enjeux environnementaux du territoire d'action des agents rencontrés. Puis, les entretiens ont cherché à identifier les mesures de lutte contre changement climatique mobilisant la trame verte.

1.3 Enquête auprès des habitants de la métropole européenne de Lille

Pour compléter ces entretiens, une enquête à destination des habitants de la métropole européenne de Lille a été réalisée. Le territoire de la MEL présente plusieurs caractéristiques intéressantes. Premièrement, il concentre un peu plus d'un million d'habitants, soit près de 20 % de la population régionale (INSEE, 2014). Deuxièmement, les densités de population sont très disparates, entre des communes très urbaines telles que Roubaix (7 146 hab./km^2 (*ibid.*) et des communes rurales comme Warneton (54 hab./km^2). Le but est par conséquent d'évaluer l'appréhension des enjeux climatiques des habitants à l'échelle de leur territoire et de la politique trame verte au prisme du changement climatique. Un lien est-il établi – pour les habitants – entre les aménagements relatifs à la trame verte et la lutte contre le changement climatique ? Les réponses ainsi collectées ont pour but non seulement d'identifier les actions individuelles ou collectives (entendues ici comme le résultat d'un collectif d'habitants ou d'une association) répondant à ces enjeux.

L'enquête a pris la forme d'un questionnaire numérique diffusé par le biais de divers canaux de diffusion (réseaux sociaux, listes de diffusion, mailing) permettant de collecter et d'analyser 517 réponses. Bien que le panel de répondants au questionnaire numérique présente une surreprésentation des cadres et des professions intellectuelles supérieures (52,43 % contre 11,46 % sur le territoire de la MEL)[7], il offre l'avantage de cibler les d'habitants potentiellement plus sensibles aux questions

---

7 Certains profils ne sont pas représentés, comme les agriculteurs, même si cette catégorie ne représente que 0,11 % des actifs de la métropole. En revanche, l'équilibre entre hommes et femmes est plus ou moins respecté (40 % d'hommes – 47,27 % et 60 % de femmes – 52,73 % sur le territoire de la MEL).

environnementales : des urbains, entre 25 et 50 ans, à haut niveau de formation. La sensibilité environnementale de ce groupe spécifique a été démontrée dans les travaux de S. Glatron *et al.* (2012) et ceux de S. Frère *et al.* (2018 – CPER CLIMIBIO) et peut avoir une incidence sur les pratiques et les représentations de la trame verte et du climat. Ainsi, les résultats permettent de faire un premier état des lieux des connaissances sur les thématiques interrogées et de préciser nos hypothèses.

Une analyse des représentations et du discours des habitants et des acteurs locaux sur le lien entre trame verte et atténuation/adaptation au changement climatique nous permet *in fine* d'identifier les obstacles à la mise en œuvre d'un projet urbain durable, s'appuyant sur la trame verte, face au changement climatique.

2 Représentations : la trame verte, un outil de végétalisation

Les entretiens permettent de connaître les représentations des agents des collectivités locales et des associations et l'enquête celles des habitants. Pour comprendre comment le lien entre trame verte et changement climatique est conçu, nous avons cherché à savoir, dans un premier temps, si le changement climatique et la perte de biodiversité sont, selon eux, des enjeux environnementaux majeurs dans la région. Dans un second temps, nous avons voulu connaître leurs représentations à propos des principales conséquences du changement climatique dans la région. L'analyse de ces représentations révèle que, dans le cadre des actions face au changement climatique, la trame verte est avant tout considérée comme un outil de végétalisation au détriment même de la fonctionnalité écologique des trames vertes.

2.1 La perte de biodiversité, un enjeu environnemental régional plus reconnu que le changement climatique

Pour connaître les représentations des habitants à propos des enjeux environnementaux régionaux, le questionnaire en ligne propose de sélectionner trois enjeux, parmi une liste de neuf enjeux environnementaux (Fig. 1a). En ce qui concerne les acteurs, leur point de vue a été identifié à partir de l'analyse du contenu des réponses à une question ouverte ; onze types d'enjeux ont été ainsi été identifiés (Fig. 1b).

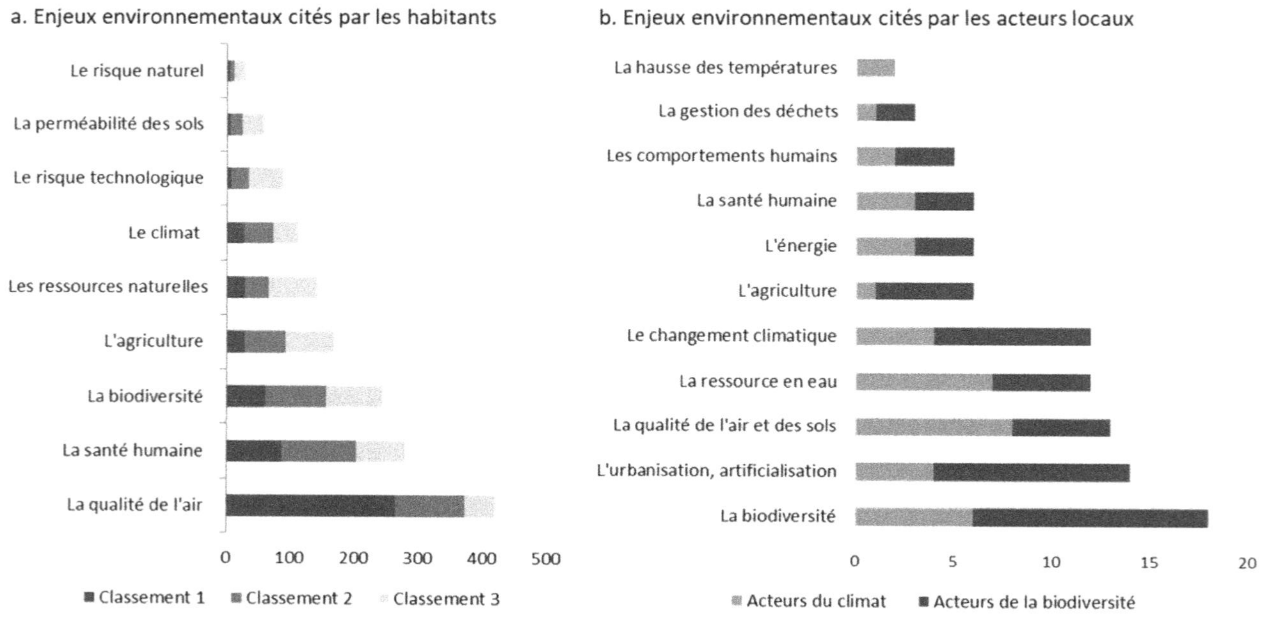

Fig. 1: a. Enjeux environnementaux sélectionnés et classés par les habitants selon leur priorité parmi une liste d'enjeux proposés. b. Enjeux environnementaux cités par les acteurs en réponse à la question : *« quel est ou quels sont, dans notre région, les principaux enjeux environnementaux actuels ? »*. Les réponses ont été catégorisées *a posteriori*. Les étiquettes de données indiquent le nombre d'acteurs (du climat ou de la biodiversité) ayant cité l'enjeu environnemental tandis que l'échelle présente en bas de graphique indique le % de répondants total ayant cité l'enjeu.

L'enjeu changement climatique est sous-estimé par la majorité des habitants. Seulement 22 % des habitants citent le changement climatique comme étant un enjeu environnemental majeur dans la région (Fig. 1a). Le climat arrive en sixième position des enjeux environnementaux régionaux cités par les habitants (113 citations), derrière la qualité de l'air (citée 421 fois), la santé humaine (279 fois) et la biodiversité (244 fois). Lorsque l'on aborde directement la question du changement climatique, seuls 38 % des interrogés se déclarent très inquiets et 35 % se déclarent inquiets face aux menaces potentielles du changement climatique. Cela est relativement faible compte tenu du fait que l'échantillon de l'enquête se compose surtout d'une population sensible aux questions environnementales.

Les réponses des acteurs à propos des enjeux environnementaux régionaux sont difficiles à interpréter en ce qui concerne le climat. Au total 13 acteurs ne citent pas le climat comme enjeu environnemental majeur dans la région (Fig. 1b). Parmi eux, 4 indiquent ne pas avoir cité le changement climatique car ils estiment que ce n'est pas un enjeu pour leur territoire d'action (à savoir le territoire de la MEL pour deux d'entre eux et celui du département du Nord pour les deux autres). Un acteur dit ne pas avoir cité le climat parce que ce n'est pas son cœur de métier qui relève de la thématique biodiversité. De plus, un acteur de la biodiversité fait part de son incertitude face à la réalité du changement climatique et déplore un manque de données concrètes pour pouvoir juger de cet enjeu à l'échelle régionale. Ces propos sont cependant à modérer pour deux raisons. D'une part, ces 6 acteurs citent tout de même des enjeux fortement liés au changement climatique, notamment la hausse des températures et les enjeux liés à l'énergie. D'autre part, parmi les 13 acteurs qui ne citent pas le climat comme un enjeu majeur, 7 indiquent qu'ils n'ont pas mentionné le climat spontanément par oubli ou bien parce ce qu'ils considèrent que la qualité de l'air, la ressource en eau et la hausse des températures sont liés au changement climatique.

En revanche, l'analyse des réponses des acteurs révèle un point de vue plus tranché à propos de la biodiversité. La majorité des acteurs interviewés estiment que la perte de biodiversité est un enjeu environnemental majeur pour la région (18 acteurs citent la biodiversité, Fig. 1b). Ils la placent même au premier rang de leurs préoccupations devant l'urbanisation (14 acteurs), la qualité de l'air et des sols (13 acteurs), la ressource en eau (12 acteurs) et le changement climatique (12 acteurs).

La perte de biodiversité est citée, par 47 % des habitants enquêtés, comme un enjeu environnemental majeur dans la région. Elle occupe la troisième place, derrière la qualité de l'air et la santé humaine (cités respectivement par 81 % et 54 % des enquêtés, Fig. 1a). De plus, les habitants connaissent les effets du changement climatique sur la biodiversité.

2.2 Des effets reconnus du changement climatique sur la biodiversité

L'analyse de la question ouverte posée aux habitants pour connaître leur représentation des effets du changement climatique révèle que les impacts sur la biodiversité sont parmi les conséquences du changement climatique les plus citées. Avec 359 références (disparition des espèces, perturbation des écosystèmes), les impacts sur la biodiversité sont la deuxième conséquence citée par les habitants, derrière les impacts sur la santé liée à la pollution atmosphérique, énoncée 385 fois (maladies, asthme, allergies, etc. indirectement liées au changement climatique). Les références aux impacts sur la biodiversité sont plus nombreuses que celles aux impacts sur la ressource en eau (inondations, sécheresses, élévation du niveau marin – 173 occurrences) ou celles aux phénomènes météorologiques extrêmes (canicules, tempêtes, catastrophes naturelles – 164 occurrences). Les habitants de la MEL expriment dans une moindre mesure leur sensibilité face aux impacts sociaux du changement climatique (renforcement des inégalités et migrations de masse, 156 occurrences), et aux impacts potentiels sur l'agriculture (139 occurrences).

Pour les acteurs interviewés, les conséquences du changement climatique les plus cités sont les inondations (12 acteurs), l'îlot de chaleur urbain (9 acteurs) et l'élévation du niveau de la mer (8 acteurs). Les impacts du changement climatique sur la biodiversité sont cités par 7 acteurs. Bien que le lien entre biodiversité et changement climatique soit clairement exprimé, sous l'angle des impacts potentiels, aucune mention du déplacement des espèces, des continuités écologiques ou des corridors n'a été faite de manière concrète.

Tab. 1: Pratiques d'adaptation et d'atténuation aux effets du changement climatique énoncées par les enquêtés.

Pratiques de déplacement (transport, vélo, voiture, déplacement, ...)	776
Mode d'alimentation (bio, local, alimentation, circuits courts, ...)	515
Réduction des déchets (déchets, tri, recyclage, compost, ...)	461
Économie d'énergie/Rénovation énergétique (énergie, chauffage, logement, ...)	291
Préservation de la ressource en eau (eau, pluie, douche, ...)	141
Préservation de l'environnement (environnement, biodiversité, naturels, pesticides,...)	51
Sensibilisation (sensibilisation, ONG, éducation, connaissance, ...)	9

2.3 La végétalisation, une solution reconnue pour adapter le territoire au changement climatique

Même si l'enjeu changement climatique est sous-estimé, la quasi-totalité de l'échantillon des habitants (99 %) se dit prête à modifier ses pratiques pour un mode vie plus respectueux de l'environnement et notamment pour atténuer les effets des activités anthropiques sur le climat. Les pratiques citées, résumées en Tab. 1, concernent principalement la mobilité (davantage de déplacements à vélo, en transport en commun ou en covoiturage), l'alimentation et la réduction des déchets (pratique du zéro déchet). Par ailleurs, 80 % des habitants affirment avoir déjà adopté des pratiques qui permettent de limiter leur impact sur le climat. Le profil de l'échantillon, constitué de personnes sensibles aux questions de l'environnement, explique en grande partie ces réponses à propos du mode de vie.

La préservation de l'environnement est peu énoncée, par les habitants, comme étant une pratique qu'ils peuvent adopter pour favoriser l'adaptation des territoires au changement climatique (Tab. 1). Parmi les 51 occurrences qui font référence à la préservation de l'environnement, il s'agit surtout de la végétalisation (plantations ou jardinage) et de la suppression des pesticides et quelques fois de la protection de la biodiversité. Pour les habitants, la végétalisation n'est pas identifiée comme la pratique la plus courante qu'ils peuvent mettre en place pour atténuer ou faciliter l'adaptation des territoires au changement climatique.

Classées selon le nombre de références dans les réponses. Les réponses ont été catégorisées *a posteriori* et les principaux mots clés ayant servi à la catégorisation de ces pratiques sont indiqués entre parenthèses.

En revanche, la majorité des habitants interrogés estiment que la végétalisation est une mesure d'adaptation au changement climatique et d'atténuation de ses effets qui peut être mise en place par les pouvoirs publics. Selon 84 % des habitants, la végétalisation peut être une solution pour atténuer et s'adapter au changement climatique ; seuls 5 % ne sont pas d'accord et près de 11 % disent ne pas savoir. La quasi-totalité des enquêtés (98 %) est favorable au développement du végétal en ville. Les habitants reconnaissent ce dernier comme étant un atténuateur du changement climatique et donc comme étant une solution pour adapter les territoires. Le rôle de la végétalisation pour protéger la biodiversité, d'une part, et atténuer et s'adapter au changement climatique d'une autre, semble donc être appréhendé et admis par une partie des habitants, au moins par celle qui est particulièrement sensible aux questions environnementales. Cela confirme les résultats de S. Glatron *et al.* (2012) et laisse présager un avis favorable pour le déploiement d'une trame verte jouant un rôle climatique.

Parmi les mesures énoncées pour atténuer ou s'adapter aux effets du changement climatique (Tab. 2), celles liées à la végétalisation sont les plus citées par les acteurs interviewés. Elles sont reconnues comme étant aussi bien une mesure d'atténuation qu'une mesure d'adaptation. Les acteurs font référence au dispositif *Nature en ville*, mais également à la mise en place de la trame verte et bleue et d'espaces verts spécifiquement conçus pour lutter contre les îlots de chaleur urbains, ainsi qu'aux espaces boisés pour leur capacité de stockage du carbone. Cependant, la connectivité écologique de la trame verte est occultée par sa dimension végétalisation.

Classées selon le nombre de références dans les réponses. Les réponses ont été catégorisées a posteriori. La catégorie « Mesures liées à la végétalisation » a été détaillée en sous-catégories, le nombre de citations correspond alors au nombre d'entretiens dans lesquels la mesure a été citée.

2.4 La végétalisation éclipse la fonctionnalité écologique des trames vertes

Lorsque la question du lien entre trame verte et mesures d'adaptation est posée directement aux acteurs, la majorité affirme que les trames vertes sont mobilisables pour l'atténuation et l'adaptation au changement climatique. Tous les acteurs du climat et les 2/3 des acteurs de la

Tab. 2: Catégories de mesures pour atténuer ou s'adapter aux effets du changement climatique énoncées dans le discours des acteurs locaux.

Mesures liées à la végétalisation	31, dont :
– Nature en ville	**15**
– Préservation des espaces naturels	5
– Mise en place d'une Trame Verte et Bleue	3
– Lutter contre les ICU	2
– Création d'espaces boisés	2
– Gestion durable des forêts	1
– Végétalisation des friches	1
– Transition écologique	1
Mesures liées à l'énergie et à la réhabilitation énergétique	**18**
Mesures liées à la gestion de l'eau	**13**
Mesures de sensibilisation	**13**
Documents et stratégies d'aménagement durable	**9**
Mesures liées à la mobilité	**8**
Réduction des émissions de GES	**8**
Mesures liées à l'alimentation et l'agriculture	**7**
Stratégie globale – non spécifique	**6**
Mesures liées à la gestion des déchets	**5**
Mesures liées à l'urbanisation	**5**
Mesures économiques	**3**
Mesures liées à l'industrie	**3**
Pas de solution localement applicable	**2**

biodiversité confirment que les trames vertes permettent le déplacement des espèces et peuvent réduire l'effet d'îlot de chaleur urbain.

Cependant, 1/3 des acteurs de la biodiversité attirent l'attention sur le risque de détourner l'outil *trame verte* de sa fonction principale : la préservation de la biodiversité. Pour certains acteurs de la biodiversité, la trame verte peut contribuer à l'atténuation et à l'adaptation au changement climatique, mais cela ne doit pas être son seul rôle. Ils craignent la remise en question des objectifs de la trame verte, aux dépens de la biodiversité et des continuités. D'autres affirment que la trame verte ne peut pas être mobilisée pour l'atténuation et l'adaptation au changement climatique parce que d'une part, cet outil n'est pas initialement conçu pour cela, et d'autre part, parce que les enjeux des trames vertes et du changement climatique ne peuvent pas être réfléchis à la même échelle.

L'enquête auprès des habitants et les entretiens avec les acteurs montrent donc une prise de conscience du lien entre trame verte et mesures d'adaptation et d'atténuation au changement climatique mais une représentation incomplète de l'outil *trame verte*. Seule la dimension « végétalisation » de la trame verte est explicitement reconnue comme jouant un rôle dans la lutte contre le changement climatique. La dimension connectivité écologique des trames vertes est majoritairement ignorée quand il s'agit de mettre en place des actions face au changement climatique.

3 Traduction du lien entre trame verte et changement climatique dans les mesures adoptées

Les entretiens ont aussi été l'occasion de questionner les acteurs locaux sur leur pratique et ainsi de recenser les actions mises en œuvre dans la région. L'objectif est de vérifier si la pertinence de lier la trame verte et la lutte contre le changement climatique, qui est globalement admis par les acteurs locaux et les habitants, se traduit dans les actions et projets.

3.1 Une réflexion transversale récente et encore rare

Les entretiens ont permis de repérer deux types de réflexions au sujet du lien entre trame verte et changement climatique. Certaines lient explicitement les deux thématiques : les enjeux climatiques sont pleinement intégrés aux réflexions sur la trame verte ou inversement les actions de lutte contre le changement climatique mobilisent clairement l'outil *trame verte* et des actions sont clairement menées en ce sens. Ces stratégies sont souvent portées politiquement, en raison d'un engagement fort pour les questions environnementales ou d'un risque lié au changement climatique plus important. D'autres réflexions affirment, en toute logique, la vocation de la trame verte à préserver la biodiversité et à améliorer le cadre de vie, mais introduit simultanément certains objectifs liés à la lutte contre le changement climatique. Sans chercher à être exhaustif, quelques exemples présentés ici pour mieux comprendre les démarches intégratrices engagées par les collectivités.

Plusieurs collectivités territoriales du littorale affichent une politique volontariste et innovante en la matière. La Communauté urbaine de Dunkerque (CUD) par exemple intègre depuis 2009 des objectifs liés à la biodiversité à son plan climat-énergie territorial (PCET 2009–2014) puis en 2015 au plan climat-air-énergie-territorial (PCAET 2015–2021). Concrètement, cette reconnaissance se traduit par l'acquisition de parcelles supports de milieux remarquables pour préserver des « espaces refuges » ou maintenir des « ruptures d'urbanisation », et une densification des plantations d'arbres visant la séquestration du carbone et l'infiltration de l'eau. Ces objectifs sont repris dans le PLUi, un travail au niveau de l'organisation des services de la CUD, a été également mené en parallèle afin de faciliter la transversalité des missions. En collaboration avec la CUD, le syndicat mixte en charge du SCOT Flandres Dunkerque introduit aussi la TVB et le développement de la biodiversité en ville pour lutter contre les îlots de chaleur et limiter le risque d'inondation.

À l'intérieur des terres, la communauté d'agglomération Valenciennes métropole (CAVM) prévoit de renforcer la place de la végétation et de l'eau dans l'espace public en créant des surfaces d'espaces verts complémentaires. Le but est de développer une armature verte et bleue structurante pour le territoire permettant de préserver la ressource en eau et de prévenir les phénomènes d'îlots de chaleur urbains. De même, le syndicat mixte du Scot Grand Douaisis affiche une politique très volontariste. Le rôle de régulation de la trame verte est affirmé dans l'axe stratégique 2 du SCOT. Plusieurs pistes d'actions, dont certaines sont hérités des anciens documents prévoient de s'assurer de la prise en compte des enjeux d'adaptation au changement climatique dans les différents documents de gouvernance (SDAGE, SAGE et trame bleue), de renforcer les actions portées par la trame verte et de réinvestir les corridors écologiques et la biodiversité en milieu urbain (espaces verts, nature en ville), notamment avec des actions de reboisement menées par des associations. Enfin, la communauté d'agglomération Hénin-Carvin (CAHC) intègre depuis 2016 des objectifs transversaux dans le PCAET, ainsi la CAHC ambitionne de planter, d'ici 2021, 30 000 arbres pour reconstituer le maillage écologique de son territoire afin de faciliter le déplacement de la faune et de la flore et stocker le carbone. Elle est également partenaire de l'opération « plantons le décor » initiée par les Espaces naturels régionaux qui permet aux habitants, entreprises ou collectivités du territoire de faire une commande groupée d'arbres, arbustes et fruitiers adaptés au sol et au climat des Hauts-de-France.

En cours d'élaboration, le PCAET de la métropole européenne de Lille travaille à une plus grande articulation entre les deux thématiques. Plusieurs projets sont identifiés pour servir de sites-test au déploiement d'actions bioclimatiques. Le PCAET devrait être validé à l'automne 2019.

Néanmoins, pour un grand nombre de collectivités, les actions de végétalisation ne sont pas affichées clairement comme des mesures d'adaptation ou d'atténuation. Elles communiquent plutôt sur l'enjeu *biodiversité* : la perte de biodiversité et la destruction des milieux naturels, les continuités écologiques, le bon état des eaux et la préservation des milieux humides et les échanges nécessaires à la survie des espèces sauvages. Il s'agit d'arguments classiquement mobilisés pour promouvoir la trame verte, mais pour autant le lien avec le changement climatique n'est pas totalement absent : la limitation de l'érosion, des inondations et de la fragmentation des milieux naturels et la restructuration des corridors écologiques permettant de faciliter le déplacement des espèces sont aussi évoqués. Bien que ces exemples restent timides, on observe l'établissement de connexions heuristiques au sein des territoires, notamment par l'intermédiaire du PLUi qui permet d'articuler plus aisément les thématiques environnementales, ou encore à l'occasion de la révision des plans climats qui donne une importance toute particulière au traitement des îlots de chaleur urbains ou aux fonctions épuratrices des végétaux. Cependant, l'analyse des entretiens a aussi permis de révéler différents freins qui limitent encore la généralisation de ces actions.

3.2 La persistance d'obstacles à la mise en action de la relation de la trame verte avec le changement climatique

La littérature éclaire sur les difficultés pour les collectivités de transcrire en actions les injonctions nationales en matière de lutte contre le changement climatique. Les plus récurrentes sont les incertitudes des effets du changement climatique sur leur territoire (Richard, 2015), l'hésitation des collectivités à s'engager dans des actions peu valorisantes et valorisables auprès des citoyens (Bertrand et Larrue, 2007), le manque d'anticipation et d'intérêt des politiques locales (Colombert *et al.*, 2012), l'incapacité à s'approprier la responsabilité du problème et l'absence de gains politiques clairement associés (Richard, 2015). À travers les entretiens, nous avons spécifiquement cherché à identifier ce qui fait obstacle à la mise en action de la conscience politique et sociale de la relation de la trame verte avec le changement climatique. Ces obstacles sont résumés dans le Tab. 3.

Tout d'abord, la faible mobilisation des acteurs, qu'ils s'agissent des décisionnaires ou des gestionnaires, est mentionnée à plusieurs reprises lors des entretiens. Celle-ci s'explique par le fait que la biodiversité et les outils d'aménagement dédiés, telle que la trame verte, apparaissent bien souvent secondaires dans les projets urbains. La biodiversité est, d'ailleurs, qualifiée plusieurs fois comme « le parent pauvre » des discours politiques, tout comme le changement climatique. Il est vrai que le sujet est très rarement au cœur du projet politique local, quand bien même les élus ont conscience des changements climatiques en cours, les effets sur le territoire régional sont peu visibles à leur échelle et donc rarement ressentis par la population. Par conséquent, les actions, même existantes, sont peu valorisées, ce qui contribue en retour à un manque de mobilisation globale. Ce point rejoint un autre frein identifié : le manque d'affichage et de valorisation directe des actions. Effectivement, les acteurs peinent à valoriser auprès des citoyens des projets affichés *trame verte* ou *changement climatique*. La politique TVB est finalement peu connue des citoyens ou mal maitrisée et l'efficacité des mesures d'adaptation est en cours de validation scientifique. Il existe une crainte que le coût des actions soit difficile à justifier sur ces seuls affichages.

Ensuite, les acteurs locaux citent de façon plus pragmatique, les conflits d'usages, d'intérêts ou financiers qui peuvent exister. Certains, par exemple, regrettent l'association des deux enjeux, puisqu'elle détourne la vocation première de trame verte, qui n'est pas la lutte contre le changement climatique, mais la préservation de la biodiversité. D'autres font le lien avec les tensions récentes en région autour de la politique TVB, qui d'ailleurs ont conduit à l'annulation du schéma régional de cohérence écologique du Nord-Pas de Calais par le tribunal administratif de Lille début 2017 et à la suspension du processus en Picardie.

Le décalage – spatial et temporel – existant entre les objectifs visés et les actions engagées est également identifié comme un frein à l'action. Il est difficile pour les acteurs de se représenter les résultats de leur action à long terme, d'autant qu'il s'agit ici de résoudre des problèmes globaux (l'effondrement de la biodiversité et le changement climatique) qui ne sont pas forcément visible directement et immédiatement à l'échelle de leur territoire. Quelques acteurs, la problématique du changement climatique ne se pose pas à l'échelle de la métropole, du département ou de la région, à la différence de trame verte. Il en découle une « paralysie intellectuelle, tant au niveau individuel que collectif » telle qu'observée par F. Bertrand en 2013. Ceci explique peut-être que près des ¾ des habitants interrogés déclarent ne pas avoir confiance dans les mesures prises par les pouvoirs publics en termes d'atténuation et d'adaptation au changement climatique.

Les réponses ont été catégorisées *a posteriori* et classées selon le nombre de références dans les discours.

Globalement, la difficulté de mettre en relation les éléments environnementaux impliqués dans les changements climatiques constitue le principal frein à l'action (Pruneau *et al.*, 2008). Ce manque de transversalité implique un manque de conscience politique de la relation entre *trame verte* et *changement climatique* (Boudes, 2012a), un manque de visibilité ou de volonté de mettre en avant des actions, et empêche la définition d'indicateurs précis. Ces observations contribuent à la rareté des mesures d'adaptation au changement climatique adossées à la trame verte, ce qui avait été observé par M. Colombert *et al.* (2012).

Tab. 3: Catégories de freins à la mise en place de mesures liant TVB et lutte contre le changement climatique énoncés par les acteurs locaux.

Peu de mobilisation des acteurs	**36**, dont :
- De manière globale ou non détaillée	13
- Des décisionnaires	10
- Des gestionnaires	9
- Des citoyens	4
Conflits d'usages ou d'intérêts sur les espaces	**22**
Manque d'affichage des actions	**16**, dont
- Manque de valorisation	14
- Seulement indirectement	12
Décalage temporel ou spatial	**11**
Manque de connaissances ou d'informations	**10**
Difficile mise en place de la TVB	**9**
- Du fait du conflit historique sur le territoire	7
Manque de moyens financiers	**9**
Action difficile sur les pratiques citadines et des gestionnaires	**6**
- Volonté d'une nature canalisée	4
- Résistance générale au changement	2

Conclusion

Force est de constater que les actions restent globalement cloisonnées : d'un côté celles qui répondent aux enjeux climatiques, de l'autre celles qui relèvent de la mise en place de la trame verte et de la préservation de la biodiversité. Aucune trame verte bioclimatique est déployée sur le territoire régional et aucun moyen de lutte contre le changement climatique ne mobilise clairement l'outil *trame verte et bleue*, ainsi à l'exception de quelques actions, le lien est rarement affirmé ou fait.

La multiplicité, de même que le cloisonnement des actions réelles et potentielles citées par les acteurs illustrent la nécessité, mais aussi les difficultés à concevoir « des actions d'adaptation intégrées, multi-échelles et transversales » (Bertrand et Simonet, 2012). Les acteurs prônent une action globale et intégrée, mais leurs préconisations sont souvent basées sur un seul type de bénéfice. Ceci facilite éventuellement la mise en œuvre opérationnelle mais nuit à la pérennité de la prise en compte concomitante des enjeux biodiversités et des enjeux climatiques. Une approche spatiale, territorialisée et aussi pluridisciplinaire, favoriserait la mise en place de mesures multifonctionnelles intégrant ces deux enjeux. Pour se faire, il est nécessaire d'axer les objectifs sur les bénéfices apportés par une telle approche des problématiques environnementales. Qui plus est, cette approche gagnerait à être adaptée et valorisée différemment pour chaque type d'acteur : bénéfice financier pour les entreprises et grands propriétaires, attractivité pour les collectivités, bien-être pour les citadins. Pour favoriser la prise en compte du lien entre biodiversité et changement climatique dans l'action publique, les acteurs rencontrés estiment qu'il est pertinent d'insister sur le caractère multifonctionnel de la trame verte, notamment la « trame de fraicheur », sachant que l'effet d'îlot de chaleur urbain est l'impact du changement climatique le plus popularisé.

Cette approche anthropocentrée, par les bénéfices, place néanmoins les questions de biodiversité au deuxième plan. Des indicateurs de la fonctionnalité écologique mériteraient d'être créés pour adapter au mieux les trames vertes aux enjeux de la préservation de la biodiversité. De manière plus générale, il serait nécessaire de trouver un équilibre sémantique entre nature en ville, pour une efficacité de communication au plus grand nombre, et trame verte, pour souligner l'importance du caractère multifonctionnel de ces espaces (Bertrand et Simonet, 2012).

La reconnaissance et la gouvernance du lien *trame verte* et *changement climatique* dans les politiques publiques restent donc à construire et nécessitent une réflexion sur la sémantique. L'outil *trame verte*, qui par définition intègre les problématiques d'environnement et celles d'aménagement semble être pertinent si les actions mises en œuvre prennent en compte les fonctionnalités écologiques assurées par la trame verte et ses composantes à toutes les échelles spatiales, du petit jardin privé au grand parc urbain.

Remerciements :

The authors thank the Région Hauts-de-France, and the ministère de l'Enseignement supérieur et de la Recherche (CPER Climibio), and the European Fund for Regional Economic Development for their financial support.

Bibliographie

Arrif T., Blanc N. et Clergeau P. (2011). « Trame verte urbaine, un rapport Nature – Urbain entre géographie et écologie », *Cybergeo: European Journal of Geography* [En ligne], *Environnement, Nature, Paysage*, document 574. DOI : 10.4000/cybergeo.24862.

Barra M. et Lecuir G. (2015). *Recueil d'actions. Climat et biodiversité : les solutions fondées sur la nature.* Agence régionale de la biodiversité en Île-de-France. Repéré à http://www.arb-idf.fr/publication/recueil-dactions-climat-et-biodiversite-les-solutions-fondees-sur-la-nature-2015.

Bertrand F. et Larrue C. (2007). *Gestion territoriale du changement climatique – Une analyse à partir des politiques régionales* (Rapport). Programme GICC – UMR CITERES, Tours, Université François Rabelais de Tours.

Bertrand F. et Simonet G. (2012). « Les trames vertes urbaines et l'adaptation au changement climatique : perspectives pour l'aménagement des territoires », *VertigO, la revue électronique en sciences de l'environnement* [En ligne], Hors-série 12. DOI : 10.4000/vertigo.11869.

Bertrand F. (2013). « L'institutionnalisation locale des politiques climatiques en France », in L. Rocher (dir.), *Les territoires face aux changements climatiques. Une première génération d'initiatives locales*, p. 25–71,

Bruxelles, Belgique : Peter Lang. Repéré à http://www.peterlang.com/download/datasheet/78832/datasheet_574093.pdf.

Boudes Ph. (2012a). « Le sociologue, le climat, les trames vertes et la ville : croisements complexes et féconds », *VertigO – La revue électronique en sciences de l'environnement* [En ligne], Hors-série 12. DOI : 10.4000/vertigo.11808.

Boudes Ph. (2012b). « L'impact des trames vertes et de la végétalisation des villes sur l'adaptation des systèmes urbains aux changements climatiques. Une analyse de la littérature scientifique », *Climatologie* [En ligne]. DOI :10.4267/climatologie.626.

CERCLE – Collectif d'expertise régionale sur le climat et son évolution (2015). *Le changement climatique : des impacts régionaux aux pistes d'adaptation, du Nord-Pas de Calais à l'Eurorégion.* Actes des conférences du Collectif d'expertise régionale sur le climat et son évolution. Repéré à http://www.observatoireclimat-hautsdefrance.org/.

Colombert M., Salagnac J. L., Morand D., Diab Y. (2012). « Le climat et la ville : la nécessité d'une recherche croisant les disciplines », *VertigO – la revue électronique en sciences de l'environnement* [En ligne], Hors-série 12. DOI : 10.4000/vertigo.11811.

Colombert M., Boudes Ph. (2012). « Adaptation aux changements climatiques en milieu urbain et approche globale des trames vertes », *VertigO – la revue électronique en sciences de l'environnement* [En ligne], Hors-série 12. DOI : 10.4000/vertigo.11821.

Emelianoff C. (2007). « La ville durable : l'hypothèse d'un tournant urbanistique en Europe », *L'Information géographique*, 71 (3), p. 48–65. DOI :10.3917/lig.713.0048.

Franchomme M. (2008). *Du cadastre napoléonien à la trame verte, le devenir des petites zones humides périurbaines en région Nord-Pas de Calais* (Thèse de doctorat). Université de Lille, Repéré à https://ori-nuxeo.univ-lille1.fr/nuxeo/site/esupversions/f8ff49f7-d82c-45ad-b472-554736b51841.

Frère S., Marega O. et Hellequin A.P. (2018). *La perception du changement climatique, de ses effets et des politiques publiques d'adaptation dans les Hauts de France.* Communication présentée à la première restitution de travaux, Lille, CLIMIBIO.

GIEC (2014). Changements climatiques 2014 : *Rapport de synthèse. Contribution des Groupes de travail I, II et III au cinquième Rapport d'évaluation du Groupe d'experts intergouvernemental sur l'évolution du climat* [Sous la direction de l'équipe de rédaction principale, R.K. Pachauri et L.A. Meyer], Genève, GIEC, 161 p.

Glatron S., Grésillon E. et Blanc N. (2012). « Les trames vertes pour les citadins : une appropriation contrastée à Marseille », Paris, Strasbourg. *Développement durable et territoires* [En ligne], 3 (2), DOI : 10.4000/developpementdurable.9297.

Haëntjens, J. (2008). Les « villes lièvres ». Rendre désirable le développement durable, *Futuribles*, 342, p. 49–53.

Hinnewinkel Ch., Franchomme, M. et Schmitt G. (2016). « La biodiversité, une ressource territoriale pour l'agglomération lilloise ? », in E. Glon et B. Pecqueur (dir.), *Au cœur des territoires créatifs ? Proximités et ressources territoriales*, Rennes, Presses universitaires de Rennes, p. 247–256.

Lofti M., Kohler M., Blond N., Clappier A. et Weber C. (2013). « Interactions entre végétation et climat urbain », in N. Blanc et Ph. Clergeau (dir.), *Trames vertes urbaines – De la recherche scientifique au projet urbain*, Paris, Le Moniteur, p. 155–167.

Mancebo F. (2011). « La ville durable est-elle soluble dans le changement climatique ? », Environnement urbain/*Urban Environment*, 5. Repéré à http://journals.openedition.org/eue/659.

Pauleit S., Jones J., Garcia-Martin G., Garcia-Valdecantos J. L., Rivière L.M., Vidal-Beaudet L., Bodsong M. et Randruph T.B. (2002). « Tree establishment practice in towns and cities – Results from a European survey », *Urban Forestry & Urban Greening*, 1 (2). DOI :10.1078/1618-8667-00009.

Pruneau D., Demers M. et Khattabi A. (2008). « Éduquer et communiquer en matière de changements climatiques : défis et possibilités », *VertigO – la revue électronique en sciences de l'environnement* [En ligne], 8 (2). DOI : 10.4000/vertigo.4995.

Richard E. (2015). « L'action publique territoriale face au défi de l'adaptation : déterminants et effets de la prise en compte des changements climatiques à l'échelle régionale », *VertigO – la revue électronique en sciences de l'environnement* [En ligne], Hors-série 20. DOI : 10.4000/vertigo.15283.

Schmitt G., Rouget N. et Franchomme M. (2018). « D'un foncier consommable et consumé au renouvellement des processus d'intégration des terres agricoles dans la cité (Lille, Hauts de France, France) », *Études rurales*, 201. DOI : 10.4000/etudesrurales.12377.

Seguin L. (2015). *L'opération Concours capitale française de la biodiversité 2015 : évaluation et retours d'expérience de collectivités françaises engagées en faveur de la biodiversité*, Angers, Plante & Cité, 132 p. Repéré à http://www.arb-idf.fr/publication/recueil-dactions-nature-en-ville-et-changements-climatiques-2015.

SRCAE Nord-Pas-de-Calais (2012). *Nord-Pas de Calais, Schéma régional du climat de l'air et de l'énergie*, 348 p. Repéré à https://www.hauts-de-france.developpement-durable.gouv.fr/IMG/pdf/rapport-srcae-npdc-nov2012.pdf.

La techno-nature. Émergence d'une figure de nature hybride au service de l'habitabilité. Exemple du projet d'écologie urbaine du parc Kaplan à Lyon

Muriel Delabarre[1]

Introduction

Lorsque l'on est soucieux de mieux cerner l'enjeu des débats de société autour de la ville contemporaine et, plus particulièrement, les choix d'avenir en matière d'aménagement de l'espace pour le devenir de nos établissements humains, une double tentation s'offre à la réflexion. D'un côté, c'est le présent qui s'impose comme première origine de la recherche et dicte, tel un point de départ, le principe à développer. D'un autre,

---

[1] Muriel Delabarre est Maître d'Enseignement et de Recherche à l'Université de Lausanne. Elle y dispense des enseignements sur le projet urbain tant du point de vue théorique que pratique, de la composition urbaine et de l'écologie urbaine auprès des étudiants en master Urbanisme Durable et Aménagement des Territoires et co-organise des workshops internationaux en projet urbain avec des universités membres du réseau de l'APERAU (Association pour la Promotion de l'Enseignement et de la Recherche en Aménagement et Urbanisme).

Ses principaux domaines de recherche développent une interface entre qualité des espaces publics, écologie urbaine et habitabilité des lieux et des milieux. Muriel Delabarre a récemment publié plusieurs articles sur l'ingénierie écologique et les figures de nature et a également co-dirigé un ouvrage « *Faire la ville par le projet* » aux éditions des PPUR (2017). Avec les collaborateurs membres de l'Observatoire Universitaire de la Ville pour un Développement Urbain Durable (OUVDD) qu'elle dirige, elle mène des travaux de recherche action pour penser l'habitabilité des lieux à l'échelle des villes et des métropoles en explorant les thèmes du design du processus des projets, du design spatial, des pratiques et des représentations des acteurs de l'urbain. Elle est également co-directrice de la revue Urbia –Les Cahiers du développement urbain durable.

l'aspect de *crise*, qui motive l'enquête, oblige à remonter vers un passé plus *originel*. Nous sommes perpétuellement renvoyés d'un extrême à l'autre : extrêmement proches d'un présent avec lequel on coïncide trop et, extrêmement lointain d'une origine perdue. Le champ de l'écologie urbaine et celui du projet urbain, dans un contexte d'adaptation au changement climatique pour penser les milieux habités, possède cette capacité de nous renvoyer profondément à ces deux extrêmes. En effet, l'application des concepts et des méthodes de l'écologie générale, la compréhension du fonctionnement et des transformations de la ville contemporaine répond au souci scientifique de prendre en compte la complexité des écosystèmes urbains, leurs morphologies et leurs métabolismes afin de mieux maîtriser leurs impacts environnementaux sur leurs enveloppes spatiales proches ou lointaines. L'objectif consiste à mieux connaître les relations entre les diverses dimensions (humaines, sociales, matérielles, écologiques, etc.) du fonctionnement et de l'évolution des systèmes urbains aux différentes échelles de l'habiter pour agir pour la ville durable (Coutard et Lévy, 2010 ; Cunha, 2015).

Se pose avec acuité la recherche d'un modèle *habitable* pour l'ensemble des individus, moins consommateur et coûteux en ressources, responsable vis-à-vis des générations futures. Rendre la ville habitable est objectif minimal mais néanmoins central pour l'urbanisme. Cette quête constitue l'enjeu de la réflexion qui nous incombe et est d'essence pratique (Younès, 2010). Il s'agit d'analyser les relations entre des sociétés urbanisées et leurs environnements naturels et construits afin d'esquisser des solutions opératoires aux problèmes écologiques générés par l'actuel régime d'urbanisation. En ce sens, l'habitabilité investit du sens dans toutes les variations de la matérialité urbaine (espaces communs qu'ils soient publics ou semi-publics : rues, places, parcs, quartiers, agglomération, grand paysage, etc.). Elle pose comme principe ontologique de développement la façon d'être à soi (habiter son corps), aux autres et aux milieux. Elle postule que des citadins ou des groupes sociaux différents peuvent inscrire leurs pratiques quotidiennes dans des espaces accueillants, confortables et attractifs dans lesquels ils peuvent à la fois cohabiter et se reconnaître. Par ailleurs, elle engage un souci de la qualité des lieux autant que le souci de soi et des rapports que nous entretenons avec les autres (Da Cunha et Delabarre, 2018). Le projet urbain – en tant que « producteur de connaissances » (Vigano, 2014) – constitue un champ d'investigation particulièrement fécond pour analyser l'opérationnalisation de l'écologie urbaine à travers les compositions urbaines qui s'y développent. Les enjeux traditionnels d'une écologie urbaine qui visait jusqu'alors à atténuer les dangers environnementaux (pollution, climat, réduction de la biodiversité, etc.) sont aujourd'hui dépassés par une vision plus large : celle-ci intègre d'une part l'attractivité de l'espace urbain pour les habitants, usagers et citoyens (qualités matérielles, sensorielles et capacité de (ré)création dans un espace) ; et, d'autre part, sa capacité de résilience traitée dans sa dimension écologique et technique *via* notamment les dispositifs de remédiation environnementale de type ingénierie écologique (Delabarre, 2013 ; Rey *et al.*, 2015). Ainsi, l'urbanisme écologique contemporain se base désormais sur une (re)connaissance de la fonction active et non pas uniquement passive de la nature dans la production de la qualité de nos milieux de vie. Elle reconnaît l'ensemble des éléments de nature (eau, air, vent, sol, végétal, homme, animal parmi d'autres) comme composants d'une structure active de nos milieux de vie. L'article se propose de montrer que c'est dans cette direction, à la rencontre d'approches techniques et sensitives que la notion d'habitabilité semble pouvoir être aujourd'hui appréhendée.

Fondée sur l'hypothèse que ces deux approches permettent de revisiter la notion, la réflexion développée part de l'analyse d'un projet d'opérationnalisation d'écologie urbaine, le parc Jacob Kaplan à Lyon. Afin d'instruire le premier versant de l'habitabilité urbaine, à savoir la matérialité urbaine, le propos met à contribution un système structuré d'indicateurs rendant compte des composants de nature – tels que l'eau, l'air, le végétal ou encore le sol – pour saisir les modes d'agencements écologiques dudit projet (*i*). Le parc, prototype d'ingénierie écologique et de gestion alternative des eaux pluviales, y est analysé au prisme de l'outil afin d'identifier les processus naturels, fonctionnels et techniques issus du mode de conception du projet urbain. Pour autant, la méthodologie d'analyse pour saisir l'habitabilité de cet espace produit ne pratique pas la réduction de l'espace à son socle matériel ; elle interpelle son indissociable versant perceptif et sensible au moyen de parcours sur site afin de recueillir les représentations, les pratiques et les usages des acteurs de l'urbain (*ii*) (maîtrise d'ouvrage, d'œuvre, de gestion et d'usage). Au moyen de cette méthodologie, nous avançons en direction d'une intégration progressive d'une somme de composantes physiques, naturelles, matérielles mais aussi symboliques et esthétiques, signifiantes qui concourent à dessiner l'habitabilité urbaine. De la sorte, cette méthodologie d'approches se veut être autant :

- une prise en compte des données objectives concernant le construit (soit la matérialité urbaine) ;
- une énonciation des termes d'une appréhension ordinaire sensible de cette matérialité (soit le domaine des représentations et des pratiques des individus). De cette hybridation, émerge une nouvelle figure de nature hybride que nous qualifions de *techno-nature*.

1 Critique de l'écologie urbaine, état de la recherche dans le domaine spécifique

Nous pouvons tenter une délimitation de l'objet *environnement urbain* au sein de la production scientifique contemporaine par l'inventaire de travaux récents autour de ce thème. Rapidement, nous observons qu'il existe des travaux de recherche qui tout à la fois s'inscrivent dans une problématique environnementale, concernent les villes et relèvent des théories, concepts et méthodes de l'écologie scientifique et plus précisément de la théorie des écosystèmes. Ces travaux sont souvent associés – mais pas exclusivement – à la notion d'écologie urbaine. Il convient de clarifier cette notion qui s'est progressivement affirmée dans le champ la recherche contemporaine dans la mesure où elle possède une valeur heuristique dans l'étude de la relation ville environnement (Beaucire, 2000).

1.1 Confluence des sciences humaines et des sciences naturelles impliquées dans la compréhension de l'organisation et du fonctionnement des systèmes vivants

Il n'est pas inutile de rappeler ici quelques considérations ayant trait aux fondements de l'écologie. Selon P. Dussart, l'écologie est une science dont E. Haeckel en 1866 eut « l'idée et le privilège de donner son nom à l'ensemble organisé de connaissances relatives aux liens qui unissent les organismes vivants et leur milieu de vie » (Dussart, 1977, p. 367). Elle a donc pour objet l'étude des rapports des organismes avec le monde extérieur – originel ou modifié par l'homme – et englobe la totalité de la science des relations de l'organisme avec son environnement.

La transposition du modèle de l'écologie générale dans l'analyse urbaine peut faire débat (Hess, 2010). Cette transposition a d'abord été d'ordre métaphorique. Dès les années 1920, un groupe de sociologues séduits par l'écologie des successions végétales (Acot, 1994), décide d'appliquer ces concepts à l'analyse des modalités d'adaptation des citadins à leur environnement urbain et aux manières dont des populations diverses se répartissent dans des aires urbaines de Chicago (Grafmeyer et Joseph, 1990). Ce qui compte dans la mobilisation des concepts de l'écologie végétale (diffusion, invasion, installation, succession, etc.) par la sociologie de l'école de Chicago, c'est le regard que l'on porte davantage sur la dynamique des aires sociales que l'analogie entre le modèle de fonctionnement des écosystèmes naturels et les écosystèmes urbains.

L'écologie en tant que science nous permet d'illustrer bon nombre de paramètres issus des systèmes complexes[2]. Parmi les recherches, on constate qu'à partir des années 1960, une approche écosystémique de la ville se développe dont les pionniers sont A. Wolman dont l'ouvrage *The Metabolism of Cities* a été publié en 1965 et E. Odum avec le concours de son frère Howard qui publient *Fundamentals of Ecology*. L'existence d'un écosystème[3] urbain, ou d'un éco-socio-système est une conception qui fonde le renouvellement des études urbaines, en centrant l'analyse sur les rapports à la fois matériels et idéels qu'entretiennent les systèmes entre eux. Les premiers textes relatifs à l'écologie urbaine d'origine naturaliste ont reçu un écho favorable à l'échelle internationale et notamment

---

2 L'écologie permet d'expliquer le principe de *dépendance interactive* (système compris comme un ensemble d'éléments dépendants les uns des autres au niveau de leur structure et de leur fonctionnement ainsi que de leur révolution), celui d'*émergence* (de ce fonctionnement interactif d'éléments, il ressort une entité globale ayant des propriétés nouvelles par rapport à celles des éléments et à partir de laquelle s'ajoutent d'autres conséquences de l'ensemble d'interactions entre ces éléments), le principe d'un *effet-retour* du tout vers les parties appelé également *feed-back*.

3 Apparue au début du siècle, la notion d'*écosystème*, centrale en écologie, peut être considérée comme un système complexe d'interactions entre un ensemble d'espèces vivantes (biomasse diversifiée, communauté d'espèces) et un milieu physique. L'interaction est à double sens entre les espèces vivantes et le milieu car celui-ci conditionne leur existence. Jadis, envisagé comme un simple contenant conditionnant la biologie par ses propriétés physiques et chimiques, il est considéré aujourd'hui comme contrôlé, modifié et régulé en permanence par les espèces qui en vivent. Ce concept a permis à cette science de dépasser le découpage des champs scientifiques entre communautés vivantes et milieux physico-chimiques *via* la notion fondamentale de *cycle trophique* qui relie les organismes vivants et la circulation de l'énergie et de la matière.

en France[4]. C'est aussi à partir de cet héritage, véritable matrice de la pensée écologique contemporaine, que vont aussi se rattacher les travaux de Duvigneaud (1974) sur la « Synthèse écologique », la bioéconomie (Georgescu-Roegen, 1979 ; Passet, 1979) et l'écologie industrielle (Frosch et Gallopoulos, 1989). Ce mouvement a produit une écologie scientifique complexe dont l'objet est situé à l'interface de la nature, des techniques et des sociétés et qui englobe notamment l'écologie urbaine (Morin, 1982 ; Acot, 1992 ; Barles, 2010). Dans cette « nouvelle écologie urbaine », la référence aux écosystèmes naturels est une heuristique de l'action qui repose sur le postulat que l'homme est un maillon interne, et non un agent extérieur, à la biosphère.

Certes, à ses origines l'écologie est une branche de la biologie ayant pour objet l'étude des relations entre les êtres vivants et leurs milieux naturels. Mais la prise en compte de l'action transformatrice des milieux naturels par les sociétés humaines a progressivement entraîné la confluence des sciences humaines et des sciences naturelles impliquées dans la compréhension de l'organisation et du fonctionnement des systèmes vivants. La nouvelle écologie urbaine prend le parti de considérer que les humains sont des facteurs internes aux systèmes naturels (des individus ontologiquement constitués d'éléments naturels), dont l'action peut amplifier mais aussi réguler les flux de matière et d'énergie par ponction ou restauration des ressources. L'homme apparaît aujourd'hui surtout comme un accélérateur des phénomènes anthropiques ; aussi, il est capable de concevoir des stratégies adaptatives et alternatives permettant de retrouver non pas un inconcevable *statu quo ante*, pré-anthropique, mais d'accéder à un autre pallier de métastabilité écosystémique davantage fondé sur l'approvisionnement en ressources renouvelables et recyclables.

1.2 L'ingénierie écologique (i.e.), mode opératoire de l'écologie urbaine

Les enjeux traditionnels d'une écologie urbaine visant à atténuer les dangers environnementaux (pollution, climat, réduction de la biodiversité,

---

4 Se référer notamment aux travaux de Mathieu H., 1976, Écologie, urbanisme, écologie urbaine, *Annales*, Paris : CRU, p.201–241 ; P. Mirenowicz, 1980, *Éléments pour une analyse intégrée des éco-sociosystèmes*, Rapport pour le compte du ministère de l'Environnement.

etc.) sont aujourd'hui dépassés par une vision plus large (Coutard et Lévy, 2010 ; Barles, 2010). Celle-ci intègre d'une part l'attractivité de l'espace urbain pour les habitants, les usagers et les citoyens (qualité sensorielle et esthétique), saisie par le concept d'habitabilité ; et, d'autre part, sa capacité de résiliation traitée dans sa dimension écologique et technique via notamment les dispositifs d'assainissement et de remédiation environnementale (Delabarre, 2017).

Lorsque l'on parle d'ingénierie écologique (i.e.), on pense à l'ensemble des interventions sur le terrain – telles que les processus de phytorémédiation, d'épuration des eaux, de dépollution des sols, de reconstitution de milieux pour les espèces faunistiques et floristiques entre autres – basées sur les concepts de l'écologie scientifique mis en œuvre. Le concept d'i.e. – ecological engineering, est développé dans les années 1960– 1970 par H. T. Odum aux États-Unis à partir d'une approche des systèmes écologiques centrés sur la gestion de la nature. L'i.e. est « une manipulation environnementale faite par l'homme en utilisant une faible quantité d'énergie supplémentaire pour contrôler des systèmes dans lesquels les forces énergétiques principales proviennent encore de sources naturelles » (Odum, 1962, p. 52). Il s'agit d'une intervention sur les écosystèmes à partir de la connaissance acquise de leur fonctionnement pour en modifier ou en réguler différents aspects (Odum, 1962). À partir des années 1980, plusieurs auteurs ont précisé ce concept en insistant sur les relations entre systèmes écologiques et activités humaines (Mitsch et Jørgensen, 1989 ; Mitsch, 1996). C'est par cette reconstitution écologique dans la perspective d'un meilleur équilibre, que le changement de paradigme s'opère : l'homme apparaîtrait davantage respectueux et soucieux du vivant.

L'examen de projets urbains européens montre que les dispositifs techniques incluent une nouvelle ingénierie dite écologique – notamment dans les projets d'écoquartiers (Souami, 2009). Cette i.e. représente une étape supplémentaire dans ce rapport homme nature en s'appuyant sur un savoir – encore évidemment partiel – mais qui a néanmoins le mérite de ménager et d'aménager des espaces pour la nature, la développer dans un sens « favorable » à l'habitabilité de la ville contemporaine. Paradoxalement, la technique se fait alors l'agent par lequel peuvent à nouveau s'exprimer les formes sensibles de la nature telle que le chant des oiseaux ou celui de l'eau, le bruissement des feuilles. Kalaora (2001), sociologue anthropologue, considère que la technique expose la nature aux citadins telle qu'elle est révélée par la science écologique. Par son biais, on peut identifier et évaluer des conséquences des actions humaines sur les systèmes écologiques, appréhender la complexité des systèmes vivants et évaluer les services qu'ils rendent, mettre en place des indicateurs caractérisant l'état d'un système écologique ainsi que des modes d'actions pour amener le système écologique dans un état souhaité. L'i.e. n'utilise pas seulement les données issues de l'écologie scientifique mais aussi celles en provenance de la géographie, de l'économie, de la sociologie. Cette pratique se conçoit sous plusieurs aspects : depuis l'aménagement du territoire, en passant par la gestion d'écosystèmes existants jusqu'à la création ou la reconstruction de nouveaux écosystèmes[5]. Il est intéressant d'observer que ces pratiques assument la démarche anthropique déployée tout en animant la nécessité de penser ce rapport.

Par son biais, on mesure le caractère quelque peu paradoxal dans notre relation à la nature. En effet, c'est une nature – dont nous sommes en quête dans un milieu artificialisé – qui se rapproche le plus de l'image originelle que nous nous en faisons : elle s'apparente davantage à l'expérience pratique de la complexité des interactions, à une approche écosystémique de la nature. Cette pratique contemporaine élargie nos possibilités d'interventions pour la nature en milieu urbain. Elle fait apparaître un nouveau désir de nature qui est le produit de l'échec précédent, issu de notre visée dominatrice sur le milieu (Delabarre, 2013). En effet, plus les outils supposés nous permettre d'accroître notre maîtrise se sont multipliés et affinés, plus la nature nous a échappé. Ainsi, la célèbre formule cartésienne « nous rendre maîtres et possesseurs de la nature » s'inverse par l'intermédiaire d'un apprentissage permanent. En ce sens, l'i.e. correspond à une nouvelle étape de conduite de projet plus complexe et plus fine tant ses modes d'interventions sont diversifiés.

Cette pratique introduit des ruptures majeures de plusieurs ordres. En premier lieu, elle rompt avec les représentations traditionnelles, celles spécifiques assimilées au vivant au profit de démarches multiformes mais dont les trajectoires restent néanmoins imprévisibles. En ce sens,

---

5 Nous distinguons ici « i.e. » et « écologie de la restauration ». L'i.e. vise à résoudre un problème d'environnement en utilisant des connaissances écologiques et en mettant en œuvre des techniques adaptées. Il s'agit de combiner les principes écologiques avec le savoir-faire des ingénieurs. Cette démarche privilégie une approche pragmatique. L'écologie de la restauration, quant à elle, poursuit globalement le même objectif : celui de renaturer des écosystèmes dégradés. Mais elle privilégie des techniques plus « douces » pour reconstituer des écosystèmes diversifiés et autonomes. Elle vise à reconstituer l'intégrité de l'écosystème tel qu'il existait à l'origine : il s'agit de la restauration au sens strict du terme.

elle nous rappelle que nous sommes face à un objet mouvant et évolutif dont les trajectoires sont incertaines (Younès, 2000). Ensuite, elle nous enseigne que les systèmes naturels résistent aux explications causales et à la prévision malgré l'évolution des savoirs de l'écologie qui permettent une adaptation partielle à des espaces différents de ceux auxquels nous faisons communément référence. Au-delà de cette prise directe avec les éléments biogéochimiques, les valeurs ou encore les intérêts, ce processus technique n'est pas sans conséquences : il institue une nouvelle composition de l'espace en liens avec des expertises techniques plurielles, de nouvelles modalités d'échanges avec d'autres éléments de la nature, de nouvelles dimensions esthétiques et par-là, sensitives. À ce titre, Yellès (2000) signale qu'il ne s'agit pas uniquement d'une technique de « réparation » d'autant plus que le contexte d'incertitude dans lequel elle intervient est grand. Plus largement, en créant un nouvel ordre paysager, elle fait appel au signifiant, au signifié et donc au domaine des représentations sociales. À l'instar de l'ingénierie qui repose sur une disjonction entre les domaines de la technique et du social[6], l'intervention de type i.e. soulève les questions d'intégration entre techniques et sociétés (nature des acteurs, types de commandes et processus, échelles spatiales et temporelles). Il s'agit donc d'un nouveau cadre cognitif pour l'action particulièrement fécond dans la mesure où elle remet en cause des découpages considérés comme acquis, y compris entre des disciplines. L i.e. brouille les frontières, introduit des hybridations entre disciplines (pluralité des savoirs), entre acteurs (pluralité des regards et des pratiques) et sites en projet (du projet territorial à l'aménagement d'un espace rue).

---

6 Social qui, le plus souvent, relégué au second plan. Classiquement, l'ingénierie est traditionnellement liée à une culture technique ainsi qu'à une tradition professionnelle spécifique. Elle relève principalement d'une tradition marquée par ces grands corps d'ingénieurs et renvoie à un univers intellectuel stabilisé et spécifié. *A contrario*, l'i.e. s'inscrit dans une visée systémique et fonctionnelle. Elle est donc appelée à composer avec des éléments d'incertitude. La notion d'i.e. questionne du point de vue de son identité professionnelle. Relève-t-elle de l'un ou de l'autre, des deux formations ou bien relève-t-elle d'un nouveau corps de professionnels ?

2 Opérationnaliser les écologies urbaines pour développer l'habitabilité des milieux de vie, croisement des outils

2.1 Premier élément de méthode, appréhension de la matérialité urbaine

2.1.1 L'évaluation : champ structurant et domaine d'investigation pour saisir les dispositifs écologie urbaine

Afin de considérer les expressions plurielles de nature dans les projets d'aménagement et d'examiner les choix des dispositifs retenus en matière d'écologie urbaine, nous nous sommes fixés pour méthode d'élaborer un outil structuré. Ces indicateurs traduisent un ensemble de données relatives aux composants écologiques des projets urbains. Chaque projet urbain – en tant que dispositif matériel – peut ainsi faire l'objet d'une telle évaluation. Pour autant, la grille d'analyse ne pratique pas une réduction fréquente de l'espace à son « socle réel ». En effet, elle interpelle son indissociable versant perceptif et sensible. Les configurations spatiales examinées au prisme de cet outil peuvent ainsi appréhender les processus naturels, fonctionnels et techniques autant que les dimensions sensibles et les représentations mentales dudit espace : couleurs, ambiances, sons, appréhensions physiques, sentiment de confort ou d'inconfort. L'outil proposé se veut adapté aux contextes des opérations ainsi qu'à leurs contraintes propres, en reposant néanmoins systématiquement sur un volet performantiel découpé en 4 thèmes et 14 sous-thèmes (cf. Fig. 1).

Thème N°1 – Préserver et Gérer les Ressources L'énergie : réduire la consommation d'énergie et améliorer la gestion de l'énergie L'eau : améliorer la gestion de la ressource en eau et sa qualité Les matériaux : optimiser la consommation de matériaux et leur gestion	Thème N°2 – Améliorer la Qualité de l'Environnement Local Ambiance visuelle Ambiance acoustique Ambiance thermique La qualité de l'air La qualité du sol
Thème N°3 – Intégrer le Projet dans son Environnemental Naturel et Urbain Les déchets et leur gestion les déplacements : favoriser les déplacements à faible impact environnemental, insérés dans le maillage environnant Biodiversité et espaces verts : créer un paysage dynamique	**Thème N°4 – Assurer la Maintenance, la Durabilité et la Pérennité** Les matériaux Les systèmes et équipements L'information et la sensibilisation des usagers

Fig. 1: Les thèmes et sous-thèmes de l'outil © Delabarre, 2013

2.1.2 Le choix des cibles

Chaque sous-thème est lui-même décliné en objectifs et en cibles. Des indicateurs sont indexés pour chaque cible. Le choix des objectifs, des cibles et des indicateurs significatifs est un exercice fort délicat. La complexité de l'objet conduit à procéder en une déconstruction des composantes issues de la nature et de son environnement physique en « phénomènes élémentaires ». La nature, objet complexe et protéiforme, y est analysé sur la base de ses composants de nature différente (eau, air, sol, faune, flore, etc.) mais également, à l'aide d'outils conceptuels et de méthodes relevant de champs disciplinaires complémentaires à celui de l'urbanisme (géographie, hydrologie, écologie, ingénierie notamment). La construction de l'outil s'effectue par la reconstitution d'une typologie de ces éléments permettant de mettre en évidence l'architecture des phénomènes à travers la combinaison et la hiérarchie des différentes cibles. L'outil comporte 4 thèmes, 14 sous-thèmes, 27 objectifs, 62 cibles et 54 indicateurs (cf. Fig. 2).

2.1.3 Application au projet urbain

L'outil est ensuite appliqué aux projets livrés[7] pour saisir la matérialité constitutive des projets urbains examinés. Ainsi, la grille analytique sert de base commune pour identifier les éléments élémentaires – que nous qualifions d'objets. Cette déconstruction est un préalable. À partir de ces éléments, nous distinguons des structures, en quelque sorte des agencements spécifiques composés de sommes d'objets contenus dans l'espace public. Ces modes d'agencements permettent de caractériser des figures de la nature. À cela s'ajoutent les moyens techniques et les dispositifs gestionnaires spécifiques développés pour chaque projet. En effet, il nous semble opportun de mettre en évidence les modalités de gestion car l'expression visible de la nature est manifeste d'une pratique particulière en la matière. Cet ensemble d'opérations permet de mettre en évidence les modes d'agencements spécifiques traduisant les différentes déclinaisons de la nature dans les lieux de vie. Le schéma ci-après rend compte de la démarche initiée (cf. Fig. 3).

---

[7] Cet outil peut également être adapté pour le montage de cahier des charges pour la maîtrise d'ouvrage ou effectuer du monitoring urbain une fois l'opération livrée.

Objectif n°6	Cibles	Indicateurs
ÉCONOMISER LA CONSOMMATION EN EAU	- Envisager la récupération des eaux pluviales en réalisant une étude technico-économique. - Favoriser une gestion économe en eau des espaces extérieurs qu'ils soient à dominante végétale ou minérale, notamment en : (i) Choisissant des équipements performants équipés de réducteurs de pression installés sur la conduite d'eau, de limitateurs de débit posés et/ou des techniques innovantes d'assainissement autonome en eau si elles sont souhaitées ; (ii) Préférant des essences végétales adaptées au climat local (régime des précipitations), à l'exposition (niveau d'ensoleillement, proximité d'un bassin en eau) et à la fréquentation pour les trois strates (herbacée, arbustive et arborée) ; (iii) Utilisant les eaux pluviales collectées pour l'arrosage des espaces verts ; (iv) Prévoyant des dispositifs d'arrosage économes en eau lorsqu'ils sont nécessaires (mise en route des plantations, épisodes de sécheresse), en basse pression tels que la micro-irrigation (goutte-à-goutte, l'arrosage intégré avec programmateur couplé à un capteur ou pluviomètre (irrigation raisonnée).	Superficie des espaces équipés d'un dispositif d'arrosage économe en eau (m2) Part de ces espaces sur l'ensemble des espaces verts du quartier (%) Volume d'eau utilisé à l'année: arrosage (l ou m3) et propreté des espaces public (l ou m3) Volume d'eau utilisé issu de la récupération des eaux pluviales (l ou m3) et part par rapport au volume d'eau utilisé global (%) Mise en place d'une démarche de sensibilisation des utilisateurs

Fig. 2: Indicateurs et cibles – Exemple de déclinaison pour le thème 2 Améliorer la qualité de l'environnement local, sous thème Ambiance visuelle, thèmes connexes eau, biodiversité, sol, énergie et espaces verts © Delabarre, 2013

2.2 Deuxième élément de méthode : appréhension ordinaire entre représentations et pratiques des individus

Notre intérêt se déplace en direction d'une analyse sensible conduite par l'énonciation des termes d'une appréhension ordinaire entre représentations et pratiques des individus. L'espace sert de lieu d'investigation et d'apprentissage. Il s'agit d'étudier la multiplicité des rapports sensibles, sensoriels, imaginatifs et signifiants donc esthétiques à l'environnement. Dans le cadre de ce deuxième axe méthodologique, les dimensions idéelles et subjectives sont ainsi instruites en relation avec les configurations matérielles préalablement analysées. De la sorte, les modes d'agencement identifiés dans le premier axe méthodologique servent de base pour développer ce deuxième protocole.

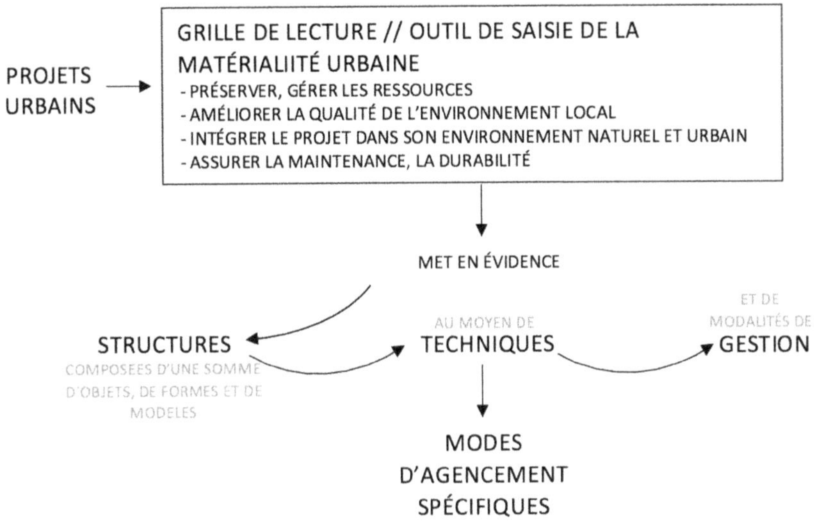

Fig. 3: Émergence des modes d'agencements spécifiques © Delabarre, 2013

Cette deuxième étape s'inscrit dans une problématique de l'expérience à travers laquelle le corps et les sens des acteurs de la production urbaine trouvent droit de cité. Il s'agit en quelque sorte d'une *écologie sensible du monde* qui nous environne. À cet égard, la marche est bien souvent prise comme point de départ de la réflexion et permet de problématiser le rapport sensible de l'usager à son environnement proche. Des parcours sur sites menés à l'occasion d'ateliers avec l'association BazarUrbain[8] dans les milieux sélectionnés ont été réalisés[9]. Un travail collaboratif a été conduit avec les parties prenantes des opérations livrées (maîtrise d'ouvrage, d'œuvre, de gestion et d'usage) afin de croiser les méthodes, les regards et les expériences. La liste des thèmes abordée dans ce cadre reste identique (thèmes et indicateurs de la grille). Les équipes de maîtrise d'ouvrage, de maîtrise d'œuvre, les services gestionnaires (eau, propreté,

---

8 Ce collectif pluridisciplinaire intervient dans l'espace urbain construit et social en apportant des réflexions à partir des actions en lien avec les usages, les ambiances et la conduite de projets.

9 Sept sites de la Métropole de Lyon ont été retenus dans le cadre de l'expérimentation. Cette recherche exploratoire a donné lieu à une publication Couic MC, Delabarre M., Roux J-M (2012) *Regards croisés sur la nature en ville Retours d'expériences de parcours sur sites dans l'agglomération lyonnaise*, Grand Lyon, 140 p.

espaces verts), des experts de la production urbaine du Grand Lyon (en charge de questions relatives à la biodiversité, à la qualité de l'air, à l'eau, etc.) et des usagers membres du Conseil de Développement du Grand Lyon ont participé à l'expérience[10].

3 Le Parc Jacob Kaplan à Lyon à l'épreuve de l'expérimentation

Ancien site industriel automobiles, le projet urbain de La Buire accueille des activités tertiaires, des logements et des équipements publics. Lourdement polluée par l'ensemble de ces activités, la terre constitutive du sol a fait l'objet d'une procédure de dépollution. Située dans le quartier d'affaire de la Part Dieu à Lyon, la Zac couvre une superficie de 5,5 ha. Au cœur de ce nouveau quartier, le parc public Jacob Kaplan de 5000 m² a été aménagé. Lieu de promenade et de contemplation, il présente des espaces de déambulation agrémentés de bancs, d'arbres d'ombrage et de jeux pour enfants et créer une interface active entre l'ancien et le nouveau quartier. L'aménagement paysager répond à la volonté d'accueillir des usages multiples aux différentes heures de la journée. L'espace central est traité par une vaste pelouse ponctuée de pins sylvestres afin de favoriser la détente. Elle compose le cœur du parc. Les aires de jeux sont de formes arrondies et sont marquées dans l'espace par un léger dénivelé et une paroi en fer installée selon une hélice.

La pelouse est structurée par la création d'un bassin de rétention d'eau au Nord et à l'Est, entouré par une promenade en béton stabilisé et par un bassin paysager d'agrément. Un double alignement d'arbres ceinture le parc et s'étiole devant l'école maternelle au Sud du parc. La retenue d'eau prend la forme d'une douve séparant la prairie des abords plantés du parc. Ces abords du parc déterminent un espace de stockage et d'infiltration des eaux pluviales. Ce bassin d'infiltration accueille différents niveaux d'eau fluctuant suivant les épisodes pluvieux. Ce système d'i.e. a été réalisé afin de maximiser d'une part, l'infiltration des eaux pluviales à la

---

10 Le Conseil de Développement est une instance composée par la société civile et animée par la Direction de la Prospective et du Dialogue Public de la Métropole du Grand Lyon. 72 acteurs ont participé aux parcours sur sites. Pour l'analyse qui suit, les paroles des parties prenantes sont encodées comme suit : maîtrise d'ouvrage (MOA), maîtrise d'œuvre (MOE), maîtrise de gestion (MOAG), maîtrise d'usage (MU).

Fig. 4: Ambiances du parc © Bazar Urbain, 2012

parcelle et alimenter les nappes phréatiques affleurantes ; et d'autre part, limiter le rejet des eaux pluviales propres au réseau communautaire et ainsi limiter les risques de débordement et de mise en charge des réseaux en aval du parc.

3.1 *Saisie de la matérialité urbaine : dispositif technique et paysager de valorisation des eaux claires*

Une fois l'outil appliqué au projet pour évaluer la matérialité et déterminer les modes d'agencements spécifiques en matière d'écologie urbaine, les résultats mettent en évidence des cibles caractéristiques du dispositif d'i.e. en place. Parmi celles-ci, on retiendra l'analyse de la gestion de l'eau et l'aménagement paysager afin d'illustrer ces points.

3.1.1 L'eau : améliorer la gestion de la ressource en eau et sa qualité

Pour améliorer la gestion de la ressource des eaux pluviales (e.p.) ainsi que sa qualité à l'échelle de la Zac, les eaux de toitures et de ruissellement des îlots sont décontenancées dans un réseau séparatif puis acheminées vers le bassin du parc Kaplan *via* un réseau enterré. Les ouvrages ont été adaptés à la géomorphologie générale du site en respectant les pentes majeures ainsi que la proximité de la profondeur de la nappe phréatique. Deux modes d'agencement spécifiques y sont repérables.

En entrée de bassin, un ouvrage technique (bâche de stockage) masqué et accessible par une trappe – récolte l'ensemble des e.p. de la Zac. Cet ouvrage technique de collecte intègre un système de décantation (déboueur/décanteur avec clapet syphoïdale anti retour) et permet de réduire le taux de matières en suspension pour rendre les eaux propres afin d'alimenter le premier bassin à ciel ouvert qui accueille les eaux claires. Les e.p. sont acheminées dans ce bassin paysager d'agrément en partie haute du parc puis collectées en direction du système de fontainerie intégré aux douves dans le mur en gabions.

Le deuxième élément d'i.e. est matérialisé par le bassin d'infiltration, dans la partie basse du parc. Les parties basses les plus inondables de ce système sont rendues impénétrables pour le public par une végétation plus dense. Ce deuxième bassin à ciel ouvert borde le parc public sur deux côtés et délimite les douves dans l'espace paysager. D'une capacité de 870 m^3 d'eau suivant les épisodes pluvieux, cette conception développe la mise en œuvre d'un dispositif perméable en ayant recours à des surfaces poreuses (pleine terre et surface herbacée) facilitant la rétention puis l'infiltration des e.p. dans le sol puis, dans la nappe phréatique affleurante.

Concomitamment à ces deux dispositifs techniques, le projet procède d'une végétalisation des espaces du parc en recourant aux matériaux absorbables : la strate arbustive et celle arborée valorisent la capacité d'absorption maximale de l'ensemble de la zone et restreignent la collecte et la gestion des e.p. sur cet espace. Les compositions paysagères sont classées en gestion différenciée selon la fréquentation et l'usage des espaces afin d'offrir une composition paysagère plus léchée et segmentée dans la partie haute et accessible du parc ; et davantage poétique dans la partie basse.

Dans l'évaluation du projet, d'autres objectifs rencontrent celui de la gestion et la qualité des e.p. infiltrées. Il s'agit en premier lieu de la qualité des sols en place pour limiter les risques de pollution à la parcelle. L'ensemble des terres ont été excavées et envoyées en usine de traitement (Delabarre, 2013, p. 373). Par ailleurs, en relation avec la volonté d''infiltration des EP sur le site, une maîtrise de la qualité des eaux infiltrées a été recherchée afin de préserver les eaux souterraines des éventuelles pollutions générées par l'occupation et l'entretien des espaces extérieurs en évitant l'usage de produits sanitaires et ne minimisant l'uniformité

Objectif N°8	> Cibles
DÉFINIR UN TRAITEMENT PAYSAGER AGRÉABLE	▪ Enrichissement des ambiances visuelles L'enrichissement de la gamme des ambiances visuelles a été recherché. Plusieurs zones sont ainsi identifiables à l'échelle du parc : - le cadre fleuri On distingue les rives Sud et Ouest des rives Est et Nord. À l'Ouest, le parc s'entoure d'une lisière de magnolias plantés en cépée de hauteurs différentes sur un tapis d'arbustes et plantes de sous-bois qui propose des odeurs délicates. Au retour, devant le groupe scolaire, la lisière se prolonge, les arbrisseaux sont là, disposés librement sur des sols stabilisés. Cet espace de transition est traité avec une haie de charmilles à travers laquelle s'échappent trois portes. A l'Est comme au Nord, l'implantation nécessaire du bassin de retenue et d'infiltration des eaux claires est mise en scène. La limite du parc avec le nouveau quartier s'efface suivant le principe de douve. La dépression créée permet la retenue des eaux claires juste complétée par les dispositifs techniques de collecte et d'infiltration. Un niveau d'eau minimal permanent y est maintenu. Les talus de la douve se couvrent de plantes mêlant feuillage et fleurs exubérantes en fonction des situations : plantes et graminées de rive pour la portion immergeable, toute une végétation avide de fraîcheur qui par nature absorbe et filtre une partie des eaux récoltées ; arbustes, plantes vivaces gagnent peu à peu les trottoirs. - L'îlot central Encadrée par un chemin de ronde en stabilisé, la vaste pelouse centrale se veut praticable, relayée par des gazons synthétiques au droit des aires de jeux. Un cadre planté de pins remarquables dégage de vastes emprises aux surfaces engazonnées. À l'Est et au Nord, en léger contrebas, un jardin humide se combine avec l'option choisie d'une douve. Dans la mesure où un maintien d'eau permanent d'un niveau est réalisé, l'eau doit circuler pour s'oxygéner. Le jardin d'eau propose un spectacle en perpétuel mouvement : un système de fontainerie est associé au bassin. Par débordements contrôlés, le niveau d'eau varie tout au long de la journée. Une fois plein, le bassin ne laisse qu'immerger un îlot central. Par l'intermédiaire de ces éléments, le parc offre un maximum de diversité et de *faciès*. Ainsi, les concepteurs sont parvenus à concilier la diversité des ambiances et la cohérence des aménagements des différents types d'espaces du parc : sonorité de l'eau, bruissement des feuilles et chant des oiseaux, etc. ▪ Nouvelle répartition entre terre et eau Un tiers de la surface du parc est recouverte par l'eau. Les déclivités marquent la limite entre l'eau et la terre. La richesse de la topographie de la zone d'infiltration nous permet d'observer des formations végétales représentatives des milieux humides dans les parties inondables. Aussi, ce parc propose une certaine diversité d'essences avec une majorité : - d'arbres : Pins Sylvestres (spécimens choisis en pépinière pour leur stature, hauteur à la plantation entre 6 et 10 mètres), de Charmes sur tige et de Magnolias (de hauteur variant entre 3 m et 5 mètres à la plantation) ; - d'arbustes : Buis, Hortensias botaniques, Chèvrefeuilles couvre sol, Rosiers sauvages, Viornes, Cornouillers ; - de plantes grimpantes : Clématites, Vignes décoratives ; - de plantes vivaces et bulbes : Acanthes, Digitales, Fougères, Iris, Lys ; - de graminées : Laîches, Millet des bois ; - de plantes aquatiques : Iris, Joncs, Sagittaires. ▪ Intégration des ouvrages techniques à l'aménagement paysager Un traitement particulier se concentre avec le plus grand soin sur les limites de cet espace. Des murs de soutènement en gabions bordent les douves. Dans l'alignement de ces murs bordiers sont également construits des ouvrages de régulation du niveau des bassins. Par ailleurs, les ouvrages ont été adaptés à la géomorphologie générale du site en respectant les pentes majeures ainsi que la proximité de la profondeur de la nappe phréatique.

Fig. 5: Extrait des données issues de l'analyse – Indicateurs et cibles pour améliorer la gestion de la ressource en eau et sa qualité © Delabarre, 2013

des nouvelles essences mises en œuvre (facteur de plus forte sensibilité aux pathologies végétales et risques épidémiologiques), en développant le recours à des essences rustiques, nécessitant peu d'entretien.

3.1.2 Ambiance visuelle : intégration paysagère des ouvrages techniques

Le projet prévoit l'intégration des ouvrages à l'aménagement paysager, en relation avec la destination et la fréquentation de cet espace public. En effet, un effort particulier est porté sur l'insertion paysagère du bassin et des douves. Le bassin avec sa douve « fleurie » est aménagé dans le cadre environnemental et paysager du parc. Il a pour fonction d'apporter une limite au parc sans être pour autant un écran visuel vis-à-vis de l'extérieur. Les douves accueillent des plantes adaptées au milieu humide, qui filtrent et absorbent les eaux récoltées en période de pluie. Des arbustes et des plantes vivaces forment les espaces supérieurs, débordant sur le trottoir sous le double alignement de pins. Les galets du Rhône, utilisés sous la forme de gabions, matérialisent les murs de soutènement de la partie haute du parc.

L'ensemble de ces éléments permet d'intégrer l'eau à l'espace public afin de mettre en valeur cet élément paysager tout en déployant des ouvrages techniques expérimentaux. De la sorte, un véritable système d'ingénierie écologique est développé. Il allie dispositif technique et aménagement paysager. Si l'eau de pluie, dans certains cas, peut être considérée comme une source de nuisances et de danger en raison des inondations qu'elle peut provoquer, elle est aujourd'hui intégrée comme un élément à part entière du projet. L'expérience du parc Jacob Kaplan le prouve : sa gestion, comme élément de composition du projet, permet d'aboutir à un dispositif de stockage pérenne, économique et générateur d'un environnement paysager de qualité. Qui plus est, cette configuration offre des garanties supérieures à d'autres : bien souvent les ouvrages enterrés et non visibles (fosses, canalisations surdimensionnées) souffrent d'un déficit d'entretien. Le système développé sur le parc présente ainsi des garanties élevées en termes de fiabilité et de pérennité dans la mesure où le principe de son fonctionnement est basé sur un écoulement à ciel ouvert, gravitaire et visible par tous. Cette technique à ciel ouvert, mieux comprise sous l'appellation de « zone d'inondation maîtrisée », encourage la réalisation d'un site qui ne soit pas exclusivement dédié au stockage et à l'infiltration des eaux pluviales : le système développé dans le parc de La

Objectif N°8	> Cibles
DÉFINIR UN TRAITEMENT PAYSAGER AGRÉABLE	• Enrichissement des ambiances visuelles L'enrichissement de la gamme des ambiances visuelles a été recherché. Plusieurs zones sont ainsi identifiables à l'échelle du parc : - le cadre fleuri On distingue les rives Sud et Ouest des rives Est et Nord. À l'Ouest, le parc s'entoure d'une lisière de magnolias plantés en cépée de hauteurs différentes sur un tapis d'arbustes et plantes de sous-bois qui propose des odeurs délicates. Au retour, devant le groupe scolaire, la lisière se prolonge, les arbrisseaux sont là, disposés librement sur des sols stabilisés. Cet espace de transition est traité avec une haie de charmilles à travers laquelle s'échappent trois portes. A l'Est comme au Nord, l'implantation nécessaire du bassin de retenue et d'infiltration des eaux claires est mise en scène. La limite du parc avec le nouveau quartier s'efface suivant le principe de douve. La dépression créée permet la retenue des eaux claires juste complétée par les dispositifs techniques de collecte et d'infiltration. Un niveau d'eau minimal permanent y est maintenu. Les talus de la douve se couvrent de plantes mêlant feuillage et fleurs exubérantes en fonction des situations : plantes et graminées de rive pour la portion immergeable, toute une végétation avide de fraîcheur qui par nature absorbe et filtre une partie des eaux récoltées ; arbustes, plantes vivaces gagnent peu à peu les trottoirs. - L'îlot central Encadrée par un chemin de ronde en stabilisé, la vaste pelouse centrale se veut praticable, relayée par des gazons synthétiques au droit des aires de jeux. Un cadre planté de pins remarquables dégage de vastes emprises aux surfaces engazonnées. À l'Est et au Nord, en léger contrebas, un jardin humide se combine avec l'option choisie d'une douve. Dans la mesure où un maintien d'eau permanent d'un niveau est réalisé, l'eau doit circuler pour s'oxygéner. Le jardin d'eau propose un spectacle en perpétuel mouvement : un système de fontainerie est associé au bassin. Par débordements contrôlés, le niveau d'eau varie tout au long de la journée. Une fois plein, le bassin ne laisse qu'immerger un îlot central. Par l'intermédiaire de ces éléments, le parc offre un maximum de diversité et de *faciès*. Ainsi, les concepteurs sont parvenus à concilier la diversité des ambiances et la cohérence des aménagements des différents types d'espaces du parc : sonorité de l'eau, bruissement des feuilles et chant des oiseaux, etc. • Nouvelle répartition entre terre et eau Un tiers de la surface du parc est recouverte par l'eau. Les déclivités marquent la limite entre l'eau et la terre. La richesse de la topographie de la zone d'infiltration nous permet d'observer des formations végétales représentatives des milieux humides dans les parties inondables. Aussi, ce parc propose une certaine diversité d'essences avec une majorité : - d'arbres : Pins Sylvestres (spécimens choisis en pépinière pour leur stature, hauteur à la plantation entre 6 et 10 mètres), de Charmes sur tige et de Magnolias (de hauteur variant entre 3 m et 5 mètres à la plantation) ; - d'arbustes : Buis, Hortensias botaniques, Chèvrefeuilles couvre sol, Rosiers sauvages, Viornes, Cornouillers ; - de plantes grimpantes : Clématites, Vignes décoratives ; - de plantes vivaces et bulbes : Acanthes, Digitales, Fougères, Iris, Lys ; - de graminées : Laîches, Millet des bois ; - de plantes aquatiques : Iris, Joncs, Sagittaires. • Intégration des ouvrages techniques à l'aménagement paysager Un traitement particulier se concentre avec le plus grand soin sur les limites de cet espace. Des murs de soutènement en gabions bordent les douves. Dans l'alignement de ces murs bordiers sont également construits des ouvrages de régulation du niveau des bassins. Par ailleurs, les ouvrages ont été adaptés à la géomorphologie générale du site en respectant les pentes majeures ainsi que la proximité de la profondeur de la nappe phréatique.

Fig. 6: Extrait des données issues de l'analyse – Indicateurs et cibles pour définir un traitement paysager agréable © Delabarre, 2013

Buire constitue une réelle technique alternative au surdimensionnement des réseaux et des ouvrages conventionnels de VRD et rend possible la création d'un véritable espace public habitable en zone densément bâtie.

3.2 Saisie des représentations des acteurs : exhaussement des états de nature du parc pour l'habitabilité des lieux et des milieux

L'analyse des discours, pratiques et représentations contenues dans le deuxième protocole méthodologique de (parcours sur sites) met en évidence trois thèmes structurants ; chacun d'entre eux qualifient des états de nature, des hybridations entre nature et artifice.

3.2.1 Techno-nature, l'ingénierie écologique comme déterminant

Toute construction établit une nouvelle mesure du monde, une géométrie, et désigne le point de commencement, le bord d'une intériorité. Définir l'interface avec l'élément naturel est une des difficultés, dès lors qu'il ne s'agit plus d'une franche opposition mais d'un métissage. Les figures de cette hybridation progressive, où la nature est partout liée au construit, sont récurrentes dans le projet du parc.

En examinant attentivement ces combinaisons, ces figures de métissages, les participants au parcours sur site ont exhaussé le principe d'i.e. basé sur la réunion de l'expertise plurielle de la maîtrise d'ouvrage, de la maîtrise de gestion du Grand Lyon et de la maîtrise d'œuvre dans la conduite du projet.

> Depuis une quinzaine d'années, on travaille sur la déconnection des eaux pluviales. C'est plus facile lorsque l'on est sur des opérations nouvelles ou en périurbains parce que l'on a la capacité de prévoir dès l'amont du projet de déconnecter ses eaux pluviales et de les traiter différemment. En plein centre urbain dense, on n'a pas beaucoup d'espaces verts, on n'a pas beaucoup de place, on est déjà sur des réseaux existants dimensionnés avec un encombrement en sous-sol qui est un peu difficile donc, c'est un peu au cas par cas [Participant MOA4][11] indique la maîtrise d'ouvrage.
>
> Les préconisations qui ont été données au maître d'ouvrage délégué [soit la SAS Buire Aménagement] ont été de dire, il faut qu'on ait une gestion des eaux pluviales distincte du réseau des eaux usées. » « Ici, dans le cadre du

[11] Les entretiens ont été réalisés au cours des parcours sur sites entre mars et avril 2012.

projet, il y avait toute une réflexion sur les espaces verts, les parcs et donc nous étions un peu au début des réflexions sur les eaux pluviales et leur gestion. On a imposé pour leur gestion que toutes les eaux de toitures des bâtiments qui allaient être construits, ces eaux de toitures ne soient pas rejetées au réseau communautaire. [...] Donc à partir de là, de cette donnée et de cette contrainte, il y a eu une réflexion de l'aménageur, à savoir : comment retenir ces eaux ? Comment les gérer ? Il y a eu une proposition de retenir les eaux au niveau des toitures, les rejeter dans un réseau et les emmener au niveau du jardin [Parc Kaplan]. À l'époque c'était innovant comme réflexion. [Participant MOA4]

« En tant que maître d'œuvre, on a fait de l'eau la charpente active du parc » [Participant MOE1] souligne le concepteur.

Partant de là, des effets redistributifs qui concourent à l'habitabilité des milieux sont visibles : réduction de l'effet d'îlot de chaleur, création de milieux capables d'accueillir une faune et une flore, collecte et valorisation des eaux pluviales, etc., basées sur les concepts de l'écologie scientifique mises en œuvre. « Désormais, on est vraiment sur ces aspects de rôle microclimatiseur de l'eau en milieu urbain. Le bassin y participe. » [Participant MOAG6] Toutes ces expériences suggèrent une capacité technique et scientifique de récréation, de manipulation du vivant pour que d'autres états de nature puissent s'y exprimer.

- Nature esthétique

Dans la composition formelle du parc, tout est affaire de taxinomie. L'analyse des parcours sur site met en évidence le caractère esthétique de la nature. Il établit de nouvelles analogies, distribue autrement les éléments de la nature dans l'espace. Importe ici, au premier chef, l'ordre, le classement, selon lesquels on organise et on réorganise le donné sensible, empirique et fourmillant. Les subtilités des matériaux de nature (eau, ciel, végétal, etc.) et la différenciation renouvelée des formes environnementales présentes dans le parc fait de ce projet une entité physique singulière. Promenée sur le fond mouvant de ce qui se nomme projet urbain, cette configuration spatiale met en lumière les événements donnés dans la sensation et les propriétés de la matière – dont l'eau en est le principal acteur. « J'aime entendre le bruissement des feuilles et le bruit de l'eau qui coule » ; « C'est beau et ça sent si bon quand les iris sont en fleurs » [Participant MU9] indique un usager du parc. La transparence et l'opacité, ce qui se donne au tact, au sens kinesthésique, le pesant ou le léger, ce qui s'apprécie à l'œil, la minuscule ou le démesuré. Les objets sont à demi-ancrés dans la nature, à demi-produits par l'homme.

Cette nature esthétique semble faire disparaitre le système d'i.e. À ce propos, la maîtrise d'ouvrage explique que :

> Lorsque vous passez dans cet espace public, vous ne savez pas que c'est un ouvrage technique qui reçoit l'ensemble des eaux pluviales des toitures. [...] L'objectif, c'est aussi de remettre l'eau en surface pour sensibiliser la population. On a une tendance à tout cacher même les ruisseaux maintenant, on les ouvre et, dès que l'on a une flaque d'eau, il peut y avoir une plainte de personnes parce qu'il y a de l'eau, parce que c'est boueux, etc. Donc l'objectif c'est de remettre l'eau à ciel ouvert parce que l'eau c'est aussi la vie et on apporte ici un paysage à l'urbain de qualité [Participant MOA4].

Les usagers s'en étonnent : « Ah, on ne pense pas à ça quand on est dans le parc ! On remarque la qualité du paysage, du plan d'eau, des alignements mais on ne sait pas que c'est pour la gestion des eaux pluviales » [Participant MU2], ou encore « C'est incroyable. On devrait généraliser ça pour d'autres lieux » [Participant MU5], « La perspective est belle, c'est incroyable se de dire qu'il y a cette grande poche d'eau sous nos pieds » [Participant MU3].

De l'ensemble de ces matières, des conjonctions fortuites et aléatoires avec le végétal sont appréciables dans l'espace. Premier colonisateur de l'espace, le végétal s'implante, croît, dépérit et se renouvelle selon des cycles qui atteignent plusieurs temporalités. L'expérience des parcours sur sites met en évidence l'hybridation des formes environnementales produites. La description de ces modalités d'hybridation et de cohabitation entre les espaces construits et la nature permet d'identifier des formes environnementales végétales dans le projet – dont les modalités de gestion favorisent l'expression d'états de nature – changeants et évolutifs. Ces catégorisations font apparaître une certaine indéfinition ou, en tout cas, une diversité des significations de la nature urbaine s'inscrivant dans une opposition entre une nature ordinaire, moins segmentée et une approche plus ou moins domestiquée, policée et esthétisante du parc dans sa partie haute.

> J'ai développé une conception paysagère qui n'est pas systématique et qui ne fait pas forcement référence à un vocabulaire de type parc urbain en milieu dense. Par exemple, si vous prenez les abords du parc dans les douves où il y a la végétation haute et hirsute, là on est en gestion classe 4 de cet espace. Ça signifie qu'on a un même pas de fauchage des herbes hautes et qu'on laisse

cette formation là pour que la biodiversité s'y installe [Participant MOE2] explique le maître d'œuvre.

■ Nature fertile

Le vide devient un plein biologique. Le projet se révèle fertile et installe des conditions pour créer des milieux de vie habités. Le parc entretient désormais une relation aimable avec la nature et génère de véritables milieux dans lesquels la vie se développe. Nous avons pu l'observer, vie végétale et animale est compagne inséparable de la croissance de l'ensemble des configurations spatiales. Elle est son substrat. « On a fait un inventaire des espèces sur le site avec l'association Naturama pour avoir des bio-indicateurs. On a trouvé 14 espèces d'oiseaux différents et 10 petits mammifères. Une autre enquête sur les papillons est en cours » [Participant MOA2].

Cette nature fertile, en plus d'être créatrice de véritables (mi)lieux, est également créatrice d'usages et pratiques. La prairie centrale du Parc Kaplan devient le pivot du quartier. « Ici, le week-end et le soir, le parc est complétement investi. On s'y retrouve et je trouve que ça fait quartier. C'est comme un espace de rassemblement et on s'y reconnait » « Moi, j'y promène mon chien tous les jours et les enfants viennent jouer avec lui. Ça crée des liens. Chaque jour, je vois des personnes qui font leur jogging, boivent des verres [...] c'est la vie. »

4 Discussion et croisement des deux approches – La techno-nature, une véritable structure active : émergence d'un mode d'agencement spécifique pour l'opérationnalisation de l'écologie urbaine

L'habitabilité produite dans le cadre de l'opération du parc Kaplan suppose une gestion intégrée des ressources vivantes permettant de respecter les interactions des écosystèmes dont l'être humain dépend. Cependant, ce renouvellement de pensée n'éloigne pas l'habitabilité d'un idéal techniciste produisant une masse de normes encore de plus en plus rigoureuses et d'un partage entre les référentiels écologiques et humains. C'est donc à la rencontre d'approches techniques et sensitives que la notion d'habitabilité semble pouvoir être aujourd'hui appréhendée. Les possibilités de création et d'adaptation des individus à ce milieu sont rendues possibles au moyen d'un dispositif d'i.e expérimental. Cette technique suggère une nouvelle capacité technique et scientifique de récréation et de manipulation du vivant via le développement d'une nature d'un autre ordre que nous qualifierons de « techno-nature ». Ces pratiques assument une démarche anthropique tout en reconnaissant la nécessité de penser le rapport homme/nature. La formule cartésienne « nous rendre maîtres et possesseurs de la nature » s'inverse au profit d'un apprentissage permanent. De nouveaux défis opérationnels émergent dont l'accomplissement passe notamment par la capacité à détecter les potentialités de l'existant (le sens du lieu) et à concilier leur valorisation avec la mise en place de processus novateurs dans l'espace public pour créer des conditions d'habitabilité. Paradoxalement, la technique se fait alors l'agent par lequel peuvent à nouveau s'exprimer les formes sensibles de la nature. Cette techno-nature devient une véritable structure active à partir de laquelle d'autres figures de nature peuvent s'y exprimer (nature *in' progress*, *nature esthétique*, *nature fertile*). Dans le parc de la Buire, la technique expose la nature aux citadins telle qu'elle est révélée par la science écologique. Incontestablement, les projets urbains offrent un champ d'application considérable pour l'i.e. Le dessein de l'habitabilité questionne les sciences humaines et celles de l'ingénieur. La manipulation du vivant implique la mise au point de démarches multiformes an faveur de la gestion d'un objet mouvant et évolutif. Les écologies urbaines interpellent un nouvel ordre paysager : au croisement du signifiant, du signifié, et de l'ingénierie cette approche sollicite le domaine des représentations sociales. Alors que l'ingénierie repose traditionnellement sur une disjonction entre les domaines de la technique et du social, l'i.e. soulève les questions d'intégration entre techniques et sociétés (nature des acteurs, types de commandes et processus, échelles spatiales et temporelles). Elle renvoie aussi à de nouvelles modalités de conduite de projet plus complexe qui intègre au design du processus du projet les principes d'interdisciplinarité, de complexité et d'incertitude. Il s'agit donc d'un cadre cognitif pour l'action particulièrement fécond – support à d'autres états de natures, moins formels, moins segmentés, moins léchés – pour participer à l'habitabilité des milieux de vie.

Bibliographie

Acot P. (1994). *Histoire de l'écologie*, Paris, PUF, coll. « Que sais-je ? », n° 2870.

Barles S. (2009). « Urban Metabolism of Paris and its Region », *Journal of Industrial Ecology*, 13 (6), p. 898–913.

Barles S. (2010). « Écologie urbaine, industrielle et territoriale », in O. Coutard, J.-P. Lévy (dir.), *Écologie urbaine*, Paris : Economica.

Baron N. (2000). *Recréer la nature, écologie, paysage et société au marais d'Orx*, Paris, Éditions ENS.

Beaucire F. (2000). « Ville et environnement : de l'urbanisme de salubrité au développement urbain durable », *Regards sur l'actualité*, 260, avril, p. 67–73.

Coutard O., Lévy J.-P. (dir.). (2010). *Écologies urbaines*, Paris, Economica.

Da Cunha A. (2015). « Nouvelle écologie urbaine et urbanisme durable. De l'impératif écologique à la qualité urbaine », *BSGlg*, 65, p. 5–25.

Da Cunha A., Delabarre M. (2018). « Nouvelle écologie urbaine, formes environnementales et habitabilité : vers un urbanisme au contact du vivant », *Urbia Les Cahiers du développement urbain durable, Nouvelles Écologies Urbaines*, 21, p. 10–24.

Delabarre M. (2013). *Natures plurielles : pour une contribution à l'habitabilité de l'espace public contemporain*, thèse de doctorat. Repéré URL : http://www.theses.fr/2013GRENH030.

Dussart B.H. (1977). « Concepts et unités en écologie », *Encyclopédie de l'écologie*, Paris, Larousse.

Duvigneaud P. (1974). *La synthèse écologique. Populations, communautés, écosystèmes, biosphère, noosphère*, 2e éd., Paris, Doin.

Frosch R.A., Gallopoulos N.E. (1989). « Strategies for Manufacturing, Scientific American », *Managing Planet Earth*, 261 (3), p. 94–102.

Georgescu-Roegen N. (1979). *Demain la décroissance*, Lausanne, Éd. Favre.

Grafmeyer Y., Joseph I. (dir.) (1990). *L'école de Chicago : naissance de l'écologie urbaine*, Paris, Aubier.

Hess G. (2010). « The ecosystem: Model or Metaphor: Epistemological Difficulties in Industrie », *Journal of Industrial Ecology*, 14 (2), p. 270–285.

Kalaora B. (2001). « À la conquête de la pleine nature », *Ethnologie française*, 4, p. 591–597.

Mitsch W.J., Jorgensen S.E. (1989). « Introduction to ecological engineering », in W. Mitsch, W.J, Jorgensen S.E. (dir.), *Ecological Engeneering: An introduction to Ecotechnology*, New York, Wiley, p. 3–12.

Morin E. (1982). *Science avec conscience*, Paris, Fayard.

Odum G. (1962). *Ecological tools and their use. Man and the ecosystem, Proceeding of the Lockwood conference on the suburban forest and ecology.* The Connecticut Agricultural Experiment Station, 652, p. 57–75.

Rey F. (2015). « L'ingénierie écologique au service de l'aménagement du territoire », *Sciences Eaux& Territoires*, 16, p. 2–3.

Souami T. (2009). *Écoquartiers, secrets de fabrication. Analyse critique d'exemples européens*, Paris, éd. Les Carnets de l'info.

Vigano P. (2014). « Le projet comme producteur de connaissance », *Les territoires de l'urbanisme*. Métis Presses

Younès C. (2000). « Natures et villes en mouvement », *Urbanisme*, 314, p. 68–75.

Partie 3

Résilience

Le projet urbain au défi de la qualité de l'air et des enjeux environnementaux

Lionel Charles[1]

Émergeant dans le sillage de la sédentarisation, de la néolithisation et des regroupements croissants de population que celles-ci ont rendu possible, la ville apparaît rétrospectivement au vu de son expansion contemporaine considérable dans le contexte de mondialisation (Sassen, 2009), comme un point d'inflexion sans équivalent de l'histoire humaine. Elle est la traduction inédite du potentiel des communautés humaines à se rassembler, à développer relations et échanges, organisation et régulation, savoir et création, mais installer aussi pouvoir, inégalités, domination voire exploitation et oppression (Scott, 2017). La ville s'inscrit dans une polarité incontournable entre deux regards, deux tropismes à la fois opposés et complémentaires : l'un en terme de structures, de règle et de cadre communs, de plan, de réseaux, d'agencements et d'aménagements partagés, liés à une forte dimension matérielle maintenue dans le temps, et l'autre en termes plus immatériels d'agir, de perception, de désir, de choix, de mouvement, de transformation, de devenir, relativisant précisément la prégnance, la portée de ces cadres dans certaines au moins de leurs dimensions. Et c'est l'influence, l'apport de la notion d'environnement à cette polarité, la façon dont elle en modifie les équilibres que nous souhaiterions aborder ici en prenant appui sur les évolutions récentes en matière de qualité de l'air mais aussi de climat, d'énergie et des champs environnementaux connexes.

Pour qu'une telle réflexion prenne sens, il est nécessaire de rappeler en préalable quelques traits caractéristiques de la ville. D'une part ville et urbanisation sont des réalités profondément anthropocentriques, la ville manifestant et résultant de la centralité des préoccupations, des besoins et

1 Chercheur en sciences sociales, Fractal, Paris.

des dynamiques anthropiques par rapport à la multiplicité des processus qui en sous-tendent la mise en œuvre (Bairoch, 1985), que traduit sa structure hiérarchique. La ville constitue une réalité anthropologique spécifique, encore très insuffisamment appréhendée sous cet angle par l'anthropologie elle-même (Agier, 2015) avec la particularité de se développer aux limites des capacités collectives, qui en marque le caractère incertain (Francq, 2003). Plus que l'État ou le territoire, dont la réalité, contrairement à l'image qui en est proposée en France, est plus distante et abstraite, la ville inscrit la proximité vécue, sensible et opératoire dans un cadre à la fois structurel, symbolique et fonctionnel permettant d'en assurer mais aussi d'en interroger la permanence et le développement et d'en permettre le renouvellement. Elle est un creuset d'innovations dans la reconnaissance des altérités qui en sont constitutives, des demandes et des besoins que celles-ci manifestent et de la façon d'y faire face et d'y répondre. En corollaire cependant, la ville apparaît non seulement hétérogène, mais aussi lieu de multiples clivages, ségrégations et inégalités, et en particulier, par-delà celles largement documentées de revenu, de statuts ou spatiales, de genre, comme un nombre croissant de travaux le mettent en évidence (Denèfle, 2004 ; Raibaud, 2015), tant dans ses structures que dans ses pratiques. La modernité et la dynamique de développement qui n'a cessé de l'accompagner ont généré un immense processus de transformation urbaine, à la fois d'extension, en particulier avec l'industrialisation et le développement des transports, et donc d'accroissement et de diversification des populations urbaines, mais aussi de recomposition dans de multiples registres[2]. Parmi ceux-ci, on peut mettre au premier rang la dimension sanitaire[3], dans

---

2 La ville peut sans doute être considérée, avec l'industrie, comme l'opérateur majeur de la modernité, tant au plan cognitif que pratique, bien plus probablement que l'État.

3 On peut rappeler que pendant longtemps les populations urbaines n'ont pu se maintenir que grâce à l'apport constant de populations rurales, les villes présentant des niveaux de mortalité bien supérieurs à leur natalité. À Londres à la fin du XVIIIème siècle, ce déficit se comble, à la suite de multiples avancées en matière d'hygiène dans la capitale anglaise induites tout au long du siècle par le néo-hippocratisme : l'écart entre le nombre de baptêmes et d'enterrements y est de 130.000 environ en faveur de ces derniers pour la période 1700–1724 pour s'inverser entre 1800 et 1824 où l'on enregistre un excès de 88.000 naissances sur les décès (687.136 baptêmes contre 598.718 enterrements) (Porter, 1991 ; Riley, 1987).

le sens très large qu'a su lui donner l'OMS[4], parallèlement à d'autres plus classiques, résidentielles, commerciales, technologiques et techno-économiques, communicationnelles, esthétiques et politiques. Celles-ci font de la ville un univers particulièrement divers en termes d'action, de comportements, de modes de vie. Tout se passe cependant comme si, et peut-être davantage encore en France, le regard sur la ville n'avait cessé de souffrir d'une difficulté récurrente à pleinement appréhender cette diversité, l'hétérogénéité des éléments et la force des dynamiques qui la constituent face au poids et à l'image de l'État (Roussel, 2018). Et c'est dans cette logique qu'il convient de situer l'apport de l'environnement à la réalité et à la dynamique urbaines. La relation entre ville et environnement n'est évidemment pas nouvelle et peut s'envisager sous de nombreux angles. L'expression qu'elle a été amenée à prendre ces dernières décennies manifeste une emprise croissante à la fois dans la connaissances et l'expression qu'il est possible d'en donner comme dans la conscience et les attentes qu'en ont les populations, avec cependant une capacité limitée voire de très fortes difficultés et résistances à inscrire ces évolutions dans la trame collective et à infléchir les mises en œuvre face à la montée des enjeux. Dans quelles mesures ces développements sont-ils en mesure de transformer en profondeur la perception, la conception et les modalités opératoires de l'urbanisation dans un contexte collectif lui-même en pleine transformation sous l'effet en particulier des avancées technologiques liées à la révolution numérique, dans un cadre économico-financier qui reste incertain et relativement contraint ? Ce sont ces points que nous chercherons à développer en interrogeant leur signification pour la notion de projet urbain et au-delà.

1 La question de l'environnement

À un moment où le vocabulaire environnemental tend à perdre de sa force dans la banalisation rhétorique développée par un univers communicationnel en effervescence permanente, une mise en perspective

---

4 Il n'est pas inutile de rappeler ici la définition très large de la santé proposée par l'OMS en 1948 : « *La santé est un état complet de bien-être à la fois physique, mental et social et ne consiste pas seulement en une absence de maladie ou d'infirmité* » (Préambule à la constitution de l'Organisation mondiale de la santé adopté lors de la Conférence internationale sur la santé en juin 1946, entré en vigueur en avril 1948) (pour plus de détail, cf. Charles, 2016. Cf. également Deaton, 2016).

préalable quant à la notion d'environnement apparaît nécessaire, visant à en éclairer la spécificité épistémique et à en souligner le caractère pragmatique, opératoire. Celui-ci reste mal discerné en France derrière le flou que recouvre cette notion dans son lien à l'action publique dominée par l'idée récurrente implicite de protection de l'environnement, associée voire confondue avec la protection de la nature et donc avec la notion même de nature ou encore avec son intégration ambiguë dans le syntagme de développement durable (Theys, 2014). Ces différentes expressions sont empreintes d'une sémantique de maîtrise antinomique de la notion d'environnement, rendue possible précisément par sa congruence avec l'idée de monde naturel et ce qui rattache celle-ci à la notion de création, c'est-à-dire à un imaginaire surplombant de domination et de stabilité[5]. Pour appréhender pleinement la signification de la notion d'environnement, il convient de dépasser cet arrière-plan sémantique qui en a en quelque sorte neutralisé la portée, pour en examiner de façon plus précise et plus fine le sens et l'origine, qui l'attachent à la genèse même de la modernité[6]. Il convient d'abord de rappeler que, contrairement à l'image que l'on s'en fait en général, l'environnement est une notion située. L'environnement n'a pas à proprement parler de sens en soi, il est avant tout relatif, réflexif, renvoyant à une relation concrète entre une ou des entités vivantes et un univers potentiellement différencié, biotique et

5 Il s'agit là d'un sens parmi d'autres, qui n'a rien d'exclusif, mais qui renvoie à une filiation sémantique qu'on ne peut ignorer, dont l'empreinte sur les mentalités et les appréhensions collectives est très importante. On ne saurait ignorer la polysémie de termes comme nature ou environnement que la variété des usages auxquels ils sont soumis a ployé à des significations très hétérogènes, ce qui constitue une des difficultés récurrentes du domaine.

6 Le rattachant à une certaine forme d'heuristicité. On peut en effet penser que la notion d'environnement telle que nous la connaissons tient sa constitution de l'émergence en Angleterre au XVIIème siècle de l'empirisme moderne, renforcé de l'apport de l'épicurisme, en ce qu'il introduit, dans la perspective esquissée par Bacon et inspirée de la mutation calviniste, à la fois une notion nouvelle d'un individu autonome (Locke) et d'un renouvellement du rapport au monde via la notion d'expérience, dans ses liens à la fois au sensible et à la subjectivité, mais aussi à l'observation associée à l'instrumentation, introduisant une dynamique cognitive et pratique dont il convient de mesurer toute la spécificité face à la tradition galiléo-cartésienne (Kuhn, 1976, repris dans *La tension essentielle*, 1990). Nous nous permettons de renvoyer ici aux travaux que nous avons réalisés sur la genèse de la notion d'environnement et ses ancrages dans l'empirisme anglais et le pragmatisme américain (Charles, 2007 ; Charles, 2014). Sur la question de l'apport de l'épicurisme à la genèse de la modernité, cf. Wilson, 2008.

abiotique avec lesquelles celle(s)-ci est (sont) précisément existentiellement en relation[7]. Par extension, il en vient à porter ce sens plus général de relation, subsumant la ou les entités vivantes concernées. Par ailleurs, et là aussi contrairement à la conception passive qui s'en est largement développée en France, l'environnement ne désigne pas une réalité neutre, une sorte de décor à protéger ou préserver ou un questionnement collectif non spécifié, mais est avant tout un champ d'action, d'agentivité d'abord individuelle, se rapportant à un acteur biologique et à la notion que tout être vivant, humain ou non humain, se situe dans un rapport actif à un univers qui l'entoure dont il est fondamentalement tributaire, sur lequel il intervient et qu'il est ainsi tout aussi fondamentalement amené à modifier dans un jeu permanent d'interactions, mécanismes qui conditionnent et animent à toutes les échelles les dynamiques de la biosphère. En ce sens, l'environnement est fondamentalement plurivoque. Il s'entend indépendamment des processus d'ordre ou de hiérarchie attribués au vivant, dont il ne préjuge pas. Relevant d'un niveau premier, élémentaire, il désigne une caractéristique, une propriété générique du vivant, d'interrelation de celui-ci avec ce qui n'est pas lui, part de son existence même. L'environnement ne relève pas du symbolique, d'une élaboration préalablement organisée ou définie, mais plutôt d'un schéma existentiel, d'une phénoménologie délicate à cerner en ce qu'elle touche à l'immanence du fonctionnement du vivant soumis à un jeu permanent de transformation physico-chimiques et biologiques (Kupiec, 2008) relevant d'échange avec un extérieur. Le développement de la biologie, de l'écologie et de la théorie darwinienne qui en est la clé (Stiegler, 2019), et plus récemment de l'épigénétique (Vidal & Miquel, 2008 ; Ameisen, 2010) ont apporté sur ce point des éclairages, une trame épistémique essentiels.

[7] Dans l'ignorance du contenu de ces relations, qui échappent très largement à l'appréhension, du fait en particulier de leur complexité. De ce point de vue on peut se poser la question de la pertinence de notions comme celle d'Umwelt et de ses usages par différents courants. Celle-ci suppose une expérience d'un univers probablement impossible à réaliser, quelle que soit par ailleurs la compréhension que l'on peut avoir des systèmes de perception des organismes non humains dont on ne saurait sous-estimer l'altérité dans laquelle ils se situent par rapport aux hommes et dont on mesure par ailleurs chaque jour davantage l'ampleur des compétences cognitives et relationnelles.

2 Qualité de l'air et environnement

La question de la qualité de l'air s'inscrit directement dans cette perspective, concernant non seulement les humains mais un très large registre du vivant, l'ensemble des organismes aérobies tributaires de l'oxygène de l'air pour leur maintien en vie[8], ce qui situe d'emblée l'ampleur des enjeux à ce propos. Contrairement à l'image que l'on en propose souvent, l'air est un mélange complexe de composés issus de multiples sources, naturelles ou anthropiques susceptibles d'interagir entre eux et dont certains peuvent avoir des impacts sanitaires très importants. La respiration, faut-il le rappeler, constitue un processus vital d'interaction entre l'organisme et l'atmosphère environnante par extraction d'oxygène et rejet de dioxyde de carbone. Les mécanismes en cause sont tellement élémentaires, pratiqués de façon récurrente et le plus souvent inconsciente de la naissance à la mort, qu'on en perd le sens et la portée, d'autant que les schémas essentiellement mécanistes qu'on en propose en général tendent à en effacer la réalité vivante[9]. Chez les plantes, la respiration suppose un contact avec l'air et donc l'exposition potentielle aux polluants véhiculés par celui-ci. Chez la plupart des invertébrés ou des vertébrés, la respiration pulmonaire se traduit par l'inhalation d'un mélange de composants atmosphériques (gaz, bactéries, pollens, particules, etc.) susceptibles d'affecter avec plus ou moins d'ampleur et de diverses façons l'organisme. La diffusion des composants de l'atmosphère et leur circulation via la dynamique atmosphérique implique l'articulation de ces mécanismes à l'ensemble de la biosphère. On peut ajouter que, chez l'homme, la sensorialité liée à l'air (odorat),

---

8 On peut rappeler ici que l'oxygène présent dans l'air est le produit de l'action du vivant lui-même qui a généré aux échelles géologiques une atmosphère oxydante, toxique pour les organismes anaérobies qui en avaient été à l'origine. On estime aujourd'hui que le contenu en oxygène de l'atmosphère a connu des fluctuations très fortes dans les périodes très anciennes, avec une hausse importante il y a 2,3 à 2,4 milliards d'années, nommée le grand événement oxydant (GOE, Great Oxidation Event) suivie d'une baisse substantielle (Canfield *et al.*, 2013) et d'une période de stagnation. Il y a environ 600 millions d'années, on estime que le niveau d'oxygène de l'atmosphère était le dixième de ce qu'il est aujourd'hui, mais le niveau d'ozone stratosphérique se situait déjà à 80 % de sa valeur actuelle, assurant une protection suffisante contre les radiations UV pour permettre une vie sur les espaces continentaux (Delmas *et al.*, 2005).

9 On sait cependant l'importance que les différentes cultures, en particulier orientales, attachent à la question du souffle (Cheng, 1989).

aussi subtile soit-elle, ne renseigne que très mal sur les spécificités et les risques de ces fonctionnements. Faute de repères plus précis, l'odeur a pendant longtemps constitué un traceur empirique d'une pathogénicité associée à l'air, dont on retrouve l'emprise dans la notion hippocratique de miasmes.

Ces éléments, largement connus mais dont il paraît utile de rappeler le détail, la réalité vivante, permettent de saisir toute la complexité de la question de la qualité de l'air d'un point de vue environnemental, du processus élémentaire d'échanges physiologiques aléatoires des organismes avec l'atmosphère ambiante aux dispositifs collectifs à mettre en place pour protéger les individus des altérations de cette atmosphère aux conséquences sanitaires potentiellement très graves. Liée à la dynamique physico-chimique de l'atmosphère, largement tributaire de la météorologie, celle-ci n'est pas sans lien avec la question du climat et de l'énergie, avec laquelle elle présente de nombreuses interactions. La dynamique climatique fait cependant intervenir des processus beaucoup plus larges, à d'autres échelles, de nature essentiellement physique, impliquant, à côté de l'atmosphère, d'autres compartiments de l'environnement, océan, glaces, ainsi que, de façon très large, la biosphère, traduisant à travers ce vaste éventail de registres, l'ampleur des dynamiques et du jeu des échanges qui caractérisent l'environnement. Ces éléments rappellent la spécificité des ancrages cognitifs, de nature scientifique, et d'idéations pour tenter d'en restituer les dynamiques. L'articulation entre cette réalité environnementale et les régulations anthropiques à son propos constitue un champ majeur de la pensée environnementale, encore appelé à de multiples développements face à la complexité des phénomènes en cause.

3 Ville et qualité de l'air

Comme nous l'avons indiqué, la ville est caractérisée par l'agrégation d'une multiplicité d'activités artisanales, commerciales, industrielles et d'échanges particulièrement denses qui s'y pratiquent ou qu'elle mobilise. Elle est donc historiquement un lieu propice aux pollutions de toutes natures, y compris de l'air[10], susceptibles d'affecter l'ensemble des populations vivantes, végétales, animales et humaines qui y circulent ou y résident comme elle a été pendant longtemps celui des épidémies et de la

---

10 L'ouvrage de J. Evelyn, *Fumifugium, or the Inconvenience of the aer and smoak of London dissipated* (1661) en est une des plus célèbres et anciennes illustrations,

contagion (Barles, 1999). On peut rappeler de ce point de vue les limites de l'hygiénisme municipal en France dans la première moitié du XXe siècle (Murard et Zilbermann, 1996 ; Frioux, 2013), son peu de capacité à faire face aux pollutions qui accompagnent la dynamique industrielle des années 1950/1960 (Roussel, 2019) et l'urbanisation correspondante[11], qui marque une rupture majeure avec les périodes antérieures dans un contexte d'essor constructif aux soubassements techno-économiques sans précédent. Le développement de ces dernières décennies lié à un usage généralisé des combustibles fossiles, en particulier dans le domaine de l'énergie[12], du résidentiel tertiaire et des transports[13], se traduit par une croissance très importante des émissions de certains polluants dans des villes rassemblant une population toujours croissante bien qu'à un rythme beaucoup plus lent, en particulier en Europe, parallèlement à celles des gaz à effet de serre. Les questions de la qualité de l'air en ville ne se limitent cependant pas aux émissions locales, elles sont aussi tributaires de migrations de polluants qui font intervenir des échelles beaucoup plus larges. Concernant l'ozone troposphérique, on sait qu'on est aujourd'hui confronté à une hausse générale de ses niveaux, à laquelle viennent s'ajouter, sous l'effet du rayonnement solaire, ses formations locales, dont les panaches se situent en général à la périphérie des agglomérations. D'un autre côté, on a observé récemment au printemps des épisodes de fortes pollutions particulaires de nitrate d'ammonium liés aux épandages d'intrants agricoles sur les espaces cultivés (Stella *et al.*, 2016). La complexité de la question de la qualité de l'air, volatilité de l'air et diffusion de ses composants, transport potentiel de polluants sur de très grandes distances, difficile appréhension des processus atmosphériques comme des sources et des composés en cause, évolutions de ces sources et de ces processus au fil du temps, difficulté de l'appréhension de leur

décrivant, au début de la seconde moitié du XVIIe siècle, les différentes activités dégradant l'air londonien et leurs impacts multiples.

11 La part de la population urbaine en France était, en 2018, légèrement inférieure à 80,5 %. Après un accroissement très rapide de la deuxième partie des années 1940 à 1968, passant de 53 à 70 % de la population totale elle-même en forte croissance, la croissance de la part de la population urbaine s'est fortement ralentie depuis la fin des années 1990 à 0,25 % par an environ.

12 En France, en particulier, le développement d'un programme nucléaire civil de très grande ampleur a permis une décarbonation très importante et précoce de ce secteur.

13 Le parc automobile français est passé de 2,3 millions de véhicules en 1950 à 40 millions aujourd'hui.

impact sanitaire, difficulté à connaître les expositions dans un contexte de transformations permanentes des pratiques et des modes de vie urbain ont fait que, si la question de la pollution atmosphérique a pu être soulevée très tôt (Brimblecombe, 1987 ; Massard-Guilbaud, 2010 ; Le Roux, 2011), ce n'est cependant que beaucoup plus tardivement que l'on a pu arriver à une compréhension plus précise de la multiplicité des mécanismes susceptibles de concourir à détériorer la qualité de l'air en ville et évaluer précisément leur impact sanitaire. Celle-ci est encore loin d'être définitive, de nombreux aspects restent à investiguer en détail, en particulier les interactions entre polluants (effets cocktail), les émissions réelles des sources mobiles ou encore la diversité des expositions dans l'espace et dans le temps, dans un contexte en évolution constante, objet d'une recherche qui n'a cessé de se renouveler. Les évolutions en matière de modélisation et de métrologie, le développement en particulier de microcapteurs, du recueil et de la gestion des données, rendent possible une appréhension spatio-temporelle beaucoup plus fine de divers aspects de ces pollutions, favorisant à terme leur meilleure appréhension par les populations, mais qui reste encore à approfondir et à développer.

4 Des actions limitées dans un contexte aléatoire

C'est dans ce contexte de connaissances pendant longtemps limitées que des initiatives ont néanmoins été mises en place pour tenter de faire face au problème, dont les résultats sont encore loin de répondre aux attentes et aux objectifs visés par les législations[14]. Un certain nombre de polluants ont pu être identifiés relativement tôt et, à travers des stratégies actives, faire l'objet de réductions massives. L'exemple le plus parlant est celui du dioxyde de soufre, polluant majeur de l'activité industrielle, qui a vu en France ses niveaux baisser de façon très importante après un pic en 1975. De même, l'interdiction du plomb dans l'essence (en 1975 aux États-Unis, en 1995 en France, en 2000 en Europe) a permis

14 La première disposition législative française dans ce domaine est le *Décret impérial du 15/10/1810 relatif aux Manufactures et Ateliers qui répandent une odeur insalubre ou incommode* avec pour fonction d'arbitrer entre intérêt des entrepreneurs et propriétaires fonciers et immobiliers (Massard-Guilbaud, 1999). Ce décret a été abrogé par la loi de 1917 relative aux établissements dangereux, insalubres et incommodes, elle-même modifiée par la loi de 1932, puis par la loi du 2 août 1961 relative à la lutte contre les pollutions atmosphériques.

une réduction très forte des quantités de ce composé émises dans l'atmosphère. Les émissions de nombreux métaux lourds ont également fait l'objet de réductions significatives. D'autres composés dangereux pour la santé ont enregistré des baisses plus limitées, comme par exemple les oxydes d'azote ou le benzène (CITEPA, 2019). Mais en même temps, au fil des années, la compréhension des agents toxiques ou à risques de l'atmosphère s'est considérablement modifiée, à la fois compte tenu de l'évolution des émissions polluantes, avec par exemple, dans certains pays dont la France, une diésélisation très importante du parc automobile source de particules, mise en avant au nom de l'impact plus faible de ce carburant en matière d'émissions de dioxyde de carbone, mais surtout avec l'amélioration de la connaissance même de ces agents. Dès les années 1990, les études épidémiologiques menées dans le domaine de la qualité de l'air aux États-Unis ont alerté de façon très significative sur les risques sanitaires attachés aux particules et en particulier aux particules fines (Dockery *et al.*, 1993 ; Pope & Dockery, 1999), mais ce n'est qu'au début des années 2000 qu'un ensemble de travaux toxicologiques ont permis d'investiguer en détail les diverses voies à travers lesquelles ces composés étaient susceptibles d'agir sur l'organisme et donc de prendre la pleine mesure de l'ampleur des vulnérabilités et des risques liés tant sur le plan respiratoire, cardiovasculaire qu'en matière de carcinogénèse (Marano, 2012). Ces travaux ont conduit à des réévaluations constantes du bilan sanitaire attribuable à la pollution atmosphérique, tant au niveau mondial où il a été évalué en 2018 à huit millions de décès par an[15], ou à des échelles plus fines, nationales et urbaines[16]. Ces bilans sanitaires très préoccupants, beaucoup plus importants que ceux établis

---

15 Les *facts sheets* de l'OMS des 2 et 8 mai 2018 donnent les chiffres de 4,2 millions de décès annuels prématurés liés à la pollution de l'air extérieur et 3,8 millions à l'air intérieur. Le document de l'OMS relève, concernant la pollution extérieure, que « *En 2016, 91% de la population mondiale vivaient dans des endroits où les lignes directrices de l'OMS relatives à la qualité de l'air n'étaient pas respectées.* » En 2017, la *Lancet Commission on Pollution and Health* avait estimé à 9 millions en 2015 le nombre de décès prématurés liés à la pollution atmosphérique (Landrigan *et al.*, 2017).

16 48.000 décès annuels en France selon Santé publique France (2016), de l'ordre de 1,2 millions en Chine, 200.000 aux États-Unis. Les programmes APHEIS et APHEKOM se sont intéressés à l'impact sanitaire de la pollution atmosphérique sur les villes européennes (Medina *et al.*, 2009).

auparavant[17], posent d'autant plus question qu'ils interviennent après des décennies d'action publique dans le domaine de la qualité de l'air dont ils remettent au moins pour une part en question la validité et la pertinence. Depuis la loi sur l'air en 1996, la France a vu se multiplier les plans et les stratégies, sans que les résultats ne se montrent à la hauteur des attentes et des espérances. Divers rapports récents témoignent des insuffisances reconnues de l'action publique dans le domaine[18]. De multiples aspects peuvent concourir à expliquer ces difficultés.

5 Le poids de la dimension techno-économique

Parallèlement à la complexité de la question de la qualité de l'air, évoquée précédemment, une dimension semble posséder, dans le domaine de la qualité de l'air comme dans celui du climat, un poids prépondérant, c'est la dimension techno-économique. Les situations de pays au développement économique très rapide, comme la Chine ou plus récemment l'Inde, dont les villes sont confrontées à des niveaux de pollution très élevés, avec des conséquences sanitaires considérables, illustrent à l'évidence ces situations. Mais force est de constater que, bien que les conditions y soient très différentes et la prise en considération du problème bien antérieure avec, comme nous l'avons indiqué, l'adoption depuis plusieurs décennies de mesures diverses pour réduire les émissions,

---

17 En 1999, l'étude *Health Costs due to Road Traffic-related Air Pollution. An impact assessment project of Austria, France and Switzerland*, évaluait à 17.000 les décès annuels prématurés dus à la qualité de l'air en relation au transport routier en France et à 32.000 le nombre total de décès qui lui était imputable (Kunzli *et al.*, 1999).

18 Le 17 mai 2018, la France a été renvoyée devant la Cour de Justice européenne pour non-respect des normes en matière de NO_2 avec l'Allemagne et le Royaume-Uni. Trois autres pays européens, la Hongrie, l'Italie et la Roumanie l'ont aussi été pour non-respect des normes concernant les PM10. Sur la situation française, voir le rapport sénatorial « *fait au nom de la commission d'enquête sur le coût économique de la pollution de l'air* », 2 vol., juillet 2015 ; cf. également le rapport de la Cour des comptes, *Les politiques publiques de lutte contre la pollution de l'air*, 2. vol, déc. 2015. Cf. plus récemment *L'évaluation du troisième plan Santé-Environnement* par G. Pipien et E. Vindimian (CGEDD, déc. 2018), ainsi que le rapport établi par Béatrice Buguet-Degletagne, Inspecteur général de l'IGAS, *Évaluation du troisième plan national Santé-Environnement et préparation de l'élaboration du plan suivant* (déc. 2018). Ces deux derniers documents sont très critiques sur l'absence d'objectifs quantifiés des plans concernés et soulignent de ce fait l'impossibilité d'évaluer les politiques mises en œuvre dans ce cadre.

les pays développés sont soumis aux mêmes processus et au même type de pressions dans un contexte marqué par des orientations très contradictoires, un néo-libéralisme largement dominant associé à un consumérisme exacerbé d'un côté et de l'autre des exigences croissantes de développer des approches beaucoup plus prudentes et mesurées pour répondre plus efficacement aux menaces environnementales. Des évolutions politiques récentes, aux États-Unis ou au Brésil, ont donné à cette tension jusque-là latente un caractère nettement tranché d'affrontement politique[19]. En France, cet antagonisme se réfracte de façon plus ou moins explicite à tous les niveaux des choix, des décisions et des prises de position, permettant de prendre ainsi la pleine mesure des difficultés auxquelles se heurtent les initiatives pour limiter les effets adverses dans ces domaines. C. Lepage avait déjà évoqué dans l'ouvrage qu'elle a publié à la suite de son passage au ministère de l'Environnement (Lepage, 1998) le poids des lobbies dans la mise en place de la loi sur l'air et les pressions dont elle avait pu faire l'objet. Comme le changement climatique, bien qu'à une échelle moindre et de façon différente, la question de la qualité de l'air s'inscrit dans la contradiction majeure de remettre en cause, de par ses implication sanitaires considérables, l'inscription collective de mécanismes techno-économiques qui se sont établis précisément dans un paradigme d'ignorance de toute limite en termes de développement et de croissance, y compris urbaine, uniquement bornés par le jeu du marché, avec ce que cela présente d'implications du point de vue idéologique, moral et comportemental. Ce paradigme s'est installé à travers des processus sociaux d'individuation et de fragmentation des intérêts et des désirs nourris d'immédiateté, puissamment soutenus par des systèmes de communication aux potentialités démultipliées, avec pour effet d'occulter toute vision véritablement compréhensive au profit de l'universalité fantasmée d'un narcissisme magnifié. La phénoménologie qui en résulte, inscrite au cœur de la dynamique techno-économique via le jeu de l'innovation, du marché et l'habillage séduisant, ludique et plein d'attrait que celui-ci ne cesse de se donner apparaît très difficile à contenir et à maitriser, induisant une forme d'irréalité. À cela, il convient d'ajouter la vulnérabilité du système économique lui-même, illustrée par la crise de 2008 et la menace de nouveaux chocs, mais aussi une croissance généralisée des inégalités et, en France une situation sociale

[19] Avec une remise en cause affirmée des régulations environnementales par les administrations Trump ou Bolsonaro.

très dégradée par un chômage non résorbé depuis des décennies. Dans une telle situation, il est très difficile de hiérarchiser et de relativiser les enjeux et d'établir le sens d'une orientation à la fois pour une part contraignante mais aussi source d'innovation collective, présentant des bénéfices évidents mais lointains et peu visibles, non immédiatement tangibles, assignant à des problématiques comme la qualité de l'air, ou plus largement l'environnement, un indice de défaveur rédhibitoire. La stratégie dite des petits gestes s'inscrit précisément, de même qu'à un autre niveau, la question de l'urgence, dans ce type d'écart.

6 Les errements de l'industrie

À une autre échelle et beaucoup plus directement, le dieselgate (2015) a magistralement illustré le poids du marché et des contraintes économiques sur la question de la qualité de l'air, conduisant Volkswagen, leader mondial de l'industrie automobile, réputé pour sa fiabilité et son respect des normes environnementales, à une fraude majeure. Ce scandale a eu l'intérêt connexe de mettre en lumière les normes et les stratégies différentes adoptées aux États-Unis et en Europe en matière de contrôle des émissions automobiles. Le transport routier constitue la première contribution aux émissions d'oxydes d'azote. Confrontés de façon beaucoup plus précoce que les Européens à un développement très important de leur parc automobile, mais avec également des régions comme la Californie soumises à un fort ensoleillement favorisant, dans les pôles urbains comme Los Angeles, la pollution photo-oxydante (Haagen-Smit, 1952), les États-Unis ont su imposer dès 1970 (Clean Air Act), des régulations strictes en matière de pollution industrielle et automobile et, à partir de 1983, des contrôles des émissions automobiles non seulement à la production mais aussi à l'usage[20]. La mise en place de contrôles réguliers sur banc, couteux et nécessitant des équipements lourds, a conduit à la recherche de technologies plus souples qui ont

[20] Via un système de contrôles périodiques obligatoires (Inspection and Maintenance programs) dans les zones où l'on observait des niveaux de pollution élevés vérifiant que les émissions des véhicules au contrôle ne dépassaient pas celles de leur sortie d'usine, avec obligation de réparation dans le cas contraire. Le Clean Air Act de 1970 a introduit une politique très stricte, très largement acceptée (Rogers, 1990), qui a conduit à la mise au point, dès 1975 du filtre à particules, adopté beaucoup plus tardivement en Europe.

abouti à la mise au point de systèmes de contrôles en conditions réelles de circulation (RSD, Remote Sensing Device) (Bishop *et al.*, 1989)[21]. Et ce sont ces contrôles in situ, pratiqués à très large échelle sur des millions de véhicules qui ont à leur tour, à partir de suspicions établies par des études européennes, permis de vérifier que certains types de véhicules ne respectaient pas, dans les conditions ordinaires d'utilisation, les valeurs nominales d'émissions auxquelles ils étaient soumis, entrainant des tests plus poussés en condition réelle parallèlement à des tests sur banc, qui ont établi la fraude. Cette infraction, sanctionnée par des compensations financières et des amendes d'un montant approchant les 25 milliards de dollars aux États-Unis a manifesté au grand jour sa duplicité, reconnue par le constructeur allemand, en matière d'émissions polluantes[22]. Mais elle illustre surtout, pour une industrie comme l'automobile qui reste un vecteur majeur de la dynamique économique, l'inféodation à la rentabilité et à la dimension économique par rapport aux impératifs sanitaires et les réticences du secteur à infléchir ses orientations face aux contraintes qu'il a lui-même participé à élaborer via l'évolution de normes consenties. Et les mêmes éléments valent en ce qui concerne de multiples aspects du développement technologique comme les véhicules « propres », étroitement soumis au jeu du marché, indépendamment des aléas qui président à leur mise en œuvre. L'affaire Volkswagen est à l'origine d'une réorientation de l'activité du constructeur en direction du véhicule électrique, prélude potentiel à un tournant de l'ensemble du secteur, exposant cependant celui-ci à une forte incertitude compte tenu de ce que l'on ignore pour le moment si cette nouvelle orientation rencontrera l'adhésion du public.

7 Limites de l'action de l'État

Un tel exemple offre une illustration des enjeux pesant sur les relations entre les États ou les instances européennes, puisque beaucoup de décisions

---

21 Diverses technologies de contrôle en condition réelle de circulation se sont progressivement développées.

22 Les dépassements des valeurs nominales d'émission en conditions réelles de circulation concernent d'autres constructeurs, y compris français, actuellement sous le coup d'investigations quant à l'usage éventuel de systèmes leur permettant de contourner les contrôles (Transport & Environment, 2016 ; cf. également Bernard *et al.*, 2018).

sont prises à ce niveau, et des acteurs industriels extrêmement puissants[23] dont les performances économiques peuvent affecter la dynamique collective de multiples façons (résultats économiques, croissance, emploi, etc.). Une autre difficulté de l'État, en particulier quand il s'agit d'un État centralisé comme l'État français, est celle de gérer de loin, à distance, de façon descendante des situations dont les caractéristiques peuvent varier considérablement en fonction de très nombreux paramètres locaux, géographiques, météorologiques, comportementaux, sociaux, culturels, historiques, etc. La vallée de l'Arve en offre une illustration très nette. Celle-ci regroupe une population d'environ 150000 personnes confrontée à une problématique clairement identifiée impliquant à la fois le chauffage au bois, l'industrie et un important trafic routier, dans laquelle interviennent des conditions atmosphériques et géographiques susceptibles d'entraîner le blocage des polluants. Faute de proximité et de relais appropriés auprès des populations, et malgré un déploiement conséquent d'outils, la puissance publique[24] n'a pour le moment pas été capable de mettre en place une politique cohérente et adaptée suscitant l'adhésion, entraînant en retour des réactions exacerbées.

Cette situation illustre une question beaucoup plus générale qui est celle des spécificités de l'organisation socio-politique française et de ses modalités particulières, de leurs implications quant à l'action dans le domaine de l'environnement, qui constituent également un obstacle à une action plus déterminée et efficace des villes dans ce domaine. Celle-ci tient à la prééminence du rôle de l'État et au cadre nécessairement contraignant que celui-ci impose à la société dans l'obligation de promouvoir l'intérêt général, assurant liberté et égalité, dont on mesure la difficulté. La conception moderne française de l'État porte le poids d'une longue histoire chargée de domination, d'inégalités et d'injustices. Elle se situe dans un rapport de défiance vis-à-vis de la société héritée de la philosophie politique de Rousseau (1759, 1762) qui voit dans la société la matrice des inégalités et assigne à l'État la fonction d'en

---

[23] La politiste C. Vlassopoulou avait largement analysé ce processus sur le long terme dans une thèse aujourd'hui un peu ancienne (1999) à travers une analyse comparative des politiques en matière de pollution atmosphérique en France, qui possède une puissante industrie automobile, et en Grèce qui n'en possède pas.

[24] Compte tenu de la spécificité de sa situation, la vallée de l'Arve a fait l'objet d'un Plan de protection de l'atmosphère spécifique, élaboré par la DREAL Rhône-Alpes à partir de 2010, entré en vigueur en 2012, suivi d'un second plan approuvé en avril 2019.

empêcher le développement à travers un processus dont le fondement est une rationalisation extrême. Cette pensée a généré une conception abstraite des individus, à travers la notion de citoyenneté, ignorant leur réalité substantielle, leur univers concret et leurs ancrages subjectifs au profit d'une vision surplombante fondamentalement politique. Une telle conception soulève des difficultés redoutables face à un domaine comme la qualité de l'air, ou plus généralement l'environnement, multiforme, incertain, individualisé, relationnel et pour une part organique, sensible, concret, dans lesquels, contrairement aux hypothèses qui sous-tendent le paradigme de la souveraineté de l'État, les connaissances sont parcellaire et mal stabilisées, comme nous l'avons indiqué, les acteurs et les responsabilités mal identifiés et difficiles à cerner, le bien-être et la santé des individus en jeu non pas du point de vue d'un droit ou d'un bien à dispenser mais plutôt d'une vulnérabilité individuelle et collective à identifier, prendre en considération et réduire, défaillance face à laquelle il est nécessaire d'imaginer et de mettre sur pied des dispositifs nouveaux pour à la fois développer les connaissances et faire face efficacement aux problèmes soulevés. On est donc confronté à ce qui relève d'un conflit de paradigme, qui ne présente d'autre issue que des réponses systématiquement partielles, fragmentaires, incoordonnées, manquant le plus souvent de force et par voie de conséquence d'efficacité dans l'interdit que le formalisme collectif impose en matière d'élaborations sociales autonomes[25] dans la mesure où existe précisément un dispositif préétabli supposé assurer la prise en charge des problèmes[26]. Comme nous l'avons indiqué sommairement, l'environnement relève d'une phénoménologie d'une immense complexité, ouverte et sans finalité prédéterminée, pour laquelle il n'existe pas de clé, restée longtemps ignorée, dont l'emprise considérable acquise sur celle-ci par l'espèce humaine révèle progressivement la réalité labile et le danger. Une telle

---

25 La violence de la répression qui s'est abattue récemment sur divers mouvements sociaux à fort caractère d'autonomie (zadistes, gilets jaunes par exemple), largement relevée par les commentateurs et analystes, l'illustre très clairement.

26 Dans ses travaux, P. Rosanvallon a bien mis en évidence la nécessité, après la Révolution de construire des figurations du social, ce qui a conduit à l'élaboration des corps intermédiaires. Mais dans le cas de l'environnement, ce n'est pas tant à un problème de figuration auquel on est confronté, qu'à un problème de libération de l'action, inhibée par la chape imposée par la construction collective, avec pour effet d'effacer la responsabilité en la présentant comme diffuse, la faisant implicitement peser sur un autrui indéfini.

situation devrait imposer beaucoup d'attention et de prudence. Mais le cadre socio-politique dans lequel nous nous situons s'est élaboré à un moment où l'on ignorait cette phénoménologie dans la capacité humaine à la ployer à son avantage et la vision d'un monde entièrement accessible et potentiellement maitrisable par la raison et l'entreprise humaines, largement remise en cause depuis (Dewey, 1929 ; Beck, 2001). Dans cette logique, ce cadre s'est aussi fait le vecteur de la dynamique techno-économique de croissance évoquée précédemment avec son corollaire contemporain d'accessibilité et de disponibilité.

La souveraineté de l'État a donc, au plan national où elle possède un caractère déterminant, l'implication de limiter dans une large mesure l'autonomie des autres acteurs, y compris les villes, dans la mesure où elle a pour fonction d'établir le cadre général à l'intérieur duquel ceux-ci doivent se situer et intervenir. On ne saurait sous-estimer le poids des configurations conceptuelles, sémantiques et opératoires que cette élaboration induit, des clivages avec d'autres approches, points de vue ou savoir-faire et donc d'ignorance et d'incompréhension, de désintérêt et de désinvestissement, avec le risque permanent de promotion de schémas idéels très éloignés des complexités des situations concrètes comme des investissements subjectifs seuls vraiment à même de nourrir l'efficacité pratique et d'en dominer les difficultés. Cela s'est traduit par la création précoce en France d'une administration de l'environnement, seule administration nouvelle apparue ces dernières décennies, sur le modèle classique des administrations de l'État, dont les conditions n'ont été pensées qu'à l'aune d'une vision initialement encore très retreinte et sectorielle de la problématique, avec peu de considération pour sa phénoménologie effective telle que nous l'avons évoquée, dans une visée essentiellement normative et corrective, avec, entre autres conséquences, la nécessité de reconfigurations institutionnelles successives au fil de l'élargissement et de l'approfondissement du champ. Ce manque d'ancrage solide, les recompositions au sein de l'institution parallèlement aux ressources limitées consacrées au domaine ont certainement constitué un frein à en assurer la visibilité, la crédibilité et l'efficacité[27]. L'évolution institutionnelle dans le domaine de la qualité de l'air en

[27] Dont témoigne le flottement dans la dénomination, l'identité et le périmètre du ministère, dans la logique, en relation avec ce que nous avons indiqué précédemment, d'une mise à distance des populations et du mouvement social qui a porté l'environnement.

apporte l'illustration. Dans la suite de la gestion technique par l'État en relation avec les industriels de la question de la pollution industrielle, qui a enregistré des résultats très nets mais progressivement montré ses limites face à la montée en puissance d'une problématique urbaine beaucoup plus complexe, impliquant une large diversité de sources, pour une part mobiles, la LAURE (loi sur l'air et l'utilisation rationnelle de l'énergie, votée en 1996) a institué un nouveau dispositif national assurant à l'État le pilotage de la problématique tout en s'efforçant de faire face à son hétérogénéité spatio-temporelle et à ce qui semblait sa spécificité majeure, la question du transport automobile[28]. Parallèlement à l'évolution des normes d'émission des véhicules établies au niveau européen, dont la mise en œuvre a, comme on l'a vu, de fait largement échappé au contrôle, le dispositif a consisté en la mise en place d'un système de surveillance, d'information du public quant aux niveaux des polluants réglementés et d'alerte en cas de dépassements des seuils, financé par les industriels, les collectivités locales et l'État, assuré par des associations agréées (AASQA, Associations agrées de surveillance de la qualité de l'air) à l'échelle régionale[29], et trois plans visant à coordonner l'action publique autour d'un certain nombre d'objectifs : PRQA, Plan régional de la qualité de l'air et PPA, Plan de protection de l'atmosphère, établis au niveau régional, et PDU, Plan de déplacement urbain, obligatoire pour toutes les villes de plus de 100000 habitants, dont la maitrise d'ouvrage était initialement assurée par l'Autorité organisatrice des transports urbains, devenue Autorité organisatrice de la mobilité. Ce n'est que progressivement, et souvent dans des contextes administratifs difficiles, comme l'a particulièrement illustré le cas de l'agglomération parisienne, que les villes ont développé des initiatives en matière de transport, plans de circulation, d'aménagements, développement des transports en commun, pour réduire la place et l'emprise de l'automobile

---

28 Malgré leur croissance très importante, les secteurs du transport aérien et maritime restent très peu encadrés (EEA, 2018). En France, le transport de marchandises s'effectue essentiellement par la route (88,5 % en 2017, contre 9,6 % au ferroviaire et 1,9 % au fluvial). On peut rappeler à ce propos l'abandon en 2014 de l'écoredevance poids lourds. Le chauffage domestique pourrait très fortement bénéficier de la rénovation énergétique des bâtiments, dont on sait cependant qu'elle est loin de se développer au rythme proposé par la loi de transition énergétique (Duval et Charru, 2019).

29 Certains réseaux d'abord établis à des échelles plus restreintes ont ensuite été regroupés au niveau régional. Leur développement a fait l'objet de divers travaux et études (Roussel et Charles, 2007).

et les émissions, cependant, dans un premier temps au moins, au nom d'objectifs plus généraux. Cet ensemble de plans, complété en 2004 par la mise en place d'un premier plan santé-environnement aux contours mal définis, s'est progressivement complexifié dans un effort pour mettre en cohérence les différentes échelles et acteurs concernés en matière d'urbanisme (compatibilité avec les Schémas d'organisation du territoire (SCOT), créés en 2000 par la loi SRU) et également progressivement élargi aux enjeux du climat[30] et de l'énergie. Ainsi, les PRQA ont été intégrés dans les Schémas régionaux air climat énergie (SRCAE), eux-mêmes inclus, au terme de la loi NOTRe qui a reconfiguré le découpage régional et modifié les compétences des différents échelons de la structure administrative, dans les SRADDET (Schémas régionaux d'aménagement, de développement durable et d'égalité des territoires). En 2015, la loi de transition énergétique et sur la croissance verte a introduit un certain nombre de mesures concernant les transports et la qualité de l'air (PREPA, Plan national de réduction des émissions de polluants atmosphériques, PCAET, Plan air climat énergie territorial), ainsi que le développement des Zone à circulation restreinte (ZCR), rebaptisées Zones à faible émission (ZFE) traduisant leur nom anglais (Low emission zones).

8 La reconfiguration des structures urbaines

Un des aspects que traduit ces évolutions est que la question de la qualité de l'air en relation à celle des transports et des évolutions des mobilités, en lien avec les champs connexes du climat et de l'énergie au fur et à mesure que l'on en appréhendait mieux les interrelations et les complexités, a de façon significative contribué à rechercher et élaborer une réponse à la parcellisation territoriale et administrative française, avec ses milliers de communes, ses départements, ses régions et l'entrecroisement des prérogatives et des compétences qui y étaient attachées, constituant un obstacle rédhibitoire à des approches efficaces. Parallèlement à l'évolution des dispositifs évoqués précédemment, dans la suite des lois votées en 1995 (LOADT, loi d'orientation pour l'aménagement et le développement du territoire), 1999 (LOADDT, loi d'orientation pour l'aménagement

[30] Objet d'un programme national de lutte contre le changement climatique (2000) suivi en 2004 d'un premier plan climat.

durable du territoire, dite loi Voynet, et loi Chevènement, relative au renforcement et à la simplification de la coopération intercommunale), et 2000 (SRU, loi solidarité et renouvellement urbain), les lois MAPTAM (loi du 27 janvier 2014 de modernisation de l'action publique territoriale et d'affirmation des métropoles) et NOTRe (loi du 7 août 2015 portant sur la nouvelle organisation territoriale de la République) ont introduit une reconfiguration indispensable et très importante de l'organisation territoriale française. La loi MAPTAM a profondément renforcé le rôle et le pouvoir des intercommunalités et créé entre autres les structures métropolitaines. La loi NOTRe a introduit le redécoupage des régions, mais aussi une redéfinition des compétences des collectivités locales, en particulier dans les domaines de la mobilité, de la qualité de l'air, du climat et de l'énergie. Il est évidemment trop tôt pour disposer de bilans de ces mesures très récentes visant efficacité, simplification, mise en cohérence et autonomie accrues des différentes entités urbaines face à l'émiettement communal qui a longtemps prévalu, et l'apport à en attendre sur le plan environnemental. Quelques exemples permettent cependant de saisir que la mise en œuvre de ces nouveaux dispositifs et entités reste encore fortement tributaires des morcellements antérieurs, des positionnements politiques et des jeux correspondants, et que leur dynamisme dépend très largement de l'engagement et du volontarisme de personnalités ayant une vision affirmée et précise des enjeux. La ville de Grenoble, qui a engagé tout un ensemble de projets et d'études sur les problématiques environnementales, qualité de l'air, climat et énergie, fait figure d'exemple et de leader dans ce domaine. Les villes de Strasbourg et de Bordeaux ont aussi manifesté des approches déterminées marquées par des avancées importantes[31]. Au sein de la métropole lilloise, les clivages politiques entre les différentes communes parties prenantes, ville de Lille et communes périphériques, ne favorisent pas la cohérence ni des stratégies ambitieuses au niveau de la métropole et risquent de constituer un frein aux avancées. Un certain nombre d'initiatives lancées par la ville de Paris en matière de transport et de qualité de l'air se sont heurtées aux oppositions de la région Île-de-France pour des raisons politiques L'élargissement de la ZFE parisienne à l'échelle métropolitaine, au sein du Grand Paris nouvellement créé (2016), qui devait au départ réunir 79

[31] La part modale du vélo dans les transports est de 15 % dans la ville de Strasbourg, et de 8 % sur la métropole. La ville a été pionnière en France dans la mise en place d'un plan de circulation dès les années 1990.

communes, n'a recueilli au 1er juillet 2019, date de sa mise en place, que l'assentiment de 45 communes, lui donnant une structure discontinue, en peau de léopard, qui ne facilite pas l'appréhension de son périmètre et en limite à l'évidence l'efficacité. Si donc un effort important a été conduit pour réduire l'une des faiblesses du découpage administratif français, on peut néanmoins penser qu'il faudra encore du temps pour en gommer les éléments de clivage et de division, les particularismes, les rivalités et les antagonismes de toutes nature, ouvrant la voie à des positionnements volontaristes, efficaces et partagés.

Face à cette lente recomposition administrative urbaine, une composante s'est largement affirmée ces deux dernières décennies concernant la demande de participation de la population, qui a connu très récemment, avec la crise des gilets jaunes, des expressions exacerbées. Cette demande peut être comprise dans la perspective d'une meilleure prise en main par les populations des conditions de leur existence et d'une dimension de proximité face à des problématiques dont les échelles leur apparaissent hors de prise tout en ayant des répercussions très fortes sur leur quotidien. L'environnement s'inscrit très fortement dans cette logique dont il porte fondamentalement le sens. Il apparaît également comme un vecteur privilégié d'action, dans la mesure où il intègre précisément les différentes échelles concernées. De ce point de vue, les villes et la proximité qui les caractérisent constituent des entités privilégiées pour multiplier et développer les élaborations, c'est-à-dire créer les conditions pour surmonter l'indifférence, le désengagement, le déni ou le repli induits par des mises en œuvre dont les individus ont le sentiment qu'elles se développent en dehors d'eux, visent d'autres intérêts et obèrent leurs capacités. Il apparaît essentiel d'induire ici des dimensions véritablement relationnelles et opératoires, capables de faire pièce aux mécanismes d'irréalisation ou de désenchantement évoqués précédemment. On ne saurait sous-estimer les difficultés de ce point de vue, la lourdeur des héritages, les poids des mécanismes collectifs négatifs que nous avons relevés : ceux-ci appellent des approches gratifiantes et valorisantes, ne relevant pas de la nécessité mais de l'ouverture et du plaisir, de la perspective d'un mieux-être collectif pour les surmonter. De nombreux travaux en sciences sociales ont mis en évidence les difficultés et les frustrations qui animent la société française de *La société de défiance* (2007) à une vision plus contemporaine du flot des controverses et des incertitudes qui la traversent (Chateauraynaud & Debaz, 2017).

9 La gouvernance urbaine

L'ensemble de ces éléments dessine un paysage fortement contrasté. Il met en lumière la réévaluation relativement récente très importante des enjeux en matière de qualité de l'air dans un contexte d'urbanisation massive, et les obstacles majeurs, techno-économiques mais aussi institutionnels, à y faire face. L'émiettement de l'organisation administrative française, héritée du passé rural, et une vision très fortement hégémonique de l'État ont constitué un frein à une appréhension différenciée aux échelles concernées, principalement urbaines, de cette problématique. Celle-ci s'est portée essentiellement sur la question des transports, face au développement limité du champ d'une santé environnementale mal élaborée et identifiée. Dans la perspective que nous avions évoquée initialement de la matérialité et de l'immatérialité de la composition urbaine, ces éléments font ressortir que c'est probablement en direction de cette dernière qu'il conviendrait d'orienter le projet urbain, vers une gouvernance urbaine clairement affichée sur la question de la qualité de l'air et son articulation aux autres problématiques environnementales[32] au nom de la santé et du bien-être, comme cela commence à se faire bien que de façon encore timide, et non pas masquée derrière le flou de l'aménagement urbain. Les ZFE constituent clairement une avancée en ce sens. D'autant que les stratégies à mettre en œuvre sont délicates et dépendent de multiples paramètres, à la fois technologiques et sociaux. Cela dans la perspective d'améliorer l'appréhension de l'intrication et de l'articulation entre elles des dimensions sensibles, relationnelles, sociales, anthropologiques, sanitaires, techniques et scientifiques portées par l'environnement, au cœur des dynamiques urbaines, que la masse des approches structurales caractéristiques de la tradition française a du mal à prendre en considération ensemble. Trop de logiques verbales, d'images et de pouvoir disjointes, d'individuation restrictive et de rivalités, de rigidités formelles, de sectorisations techniques et sociales président encore à la vision et à la conduite de l'urbain. Elles sont autant d'obstacles à en renouveler et en élargir l'appréhension et mieux en saisir les ressorts environnementaux et leur portée qualitative en termes de santé et de bien-être. Les dynamiques de court terme qui ont prévalu dans la phase d'urbanisation rapide de l'après-guerre et l'atomisation communale, aujourd'hui dépassées, pèsent cependant encore lourdement sur

32 Le bruit en est un corrélat sensible très important.

l'appréhension collective. Il est nécessaire de rechercher et d'inventer des imaginaires urbains plus englobant, plus larges et apaisés qui témoignent des liens qui associent les composantes urbaines plus qu'ils ne les séparent. De ce point de vue, l'environnement constitue non seulement une perspective indispensable à prendre en considération pour faire face à des menaces qui ne cessent de s'amplifier mais constitue également une ressource majeure. Dans sa polyvalence et sa labilité, il introduit un arrière-plan déterminant à une approche humaine fondamentalement intentionnelle et finalisée, rappelant le fond d'incertitude et de hasard sur lequel celle-ci s'inscrit tout autant que le jeu des liens, des perceptions et des relations complexes et le potentiel considérable d'action qu'il porte pour les individus (Dewey, 1920 ; Stiegler, 2019).

La problématique urbaine s'est installée en France dans la logique d'un État dominateur exerçant sa tutelle sur les villes comme sur l'ensemble de la société. Les complexités de l'environnement d'une part, le jeu des échelles et le contexte d'urbanisation massive de l'autre appellent à revoir cet équilibre, pointant vers une déprise tant mentale que culturelle d'avec cette logique qui fasse des villes des acteurs davantage autonomes de leur devenir comme de la transformation globale dans laquelle nous sommes engagés. Cela suppose un ensemble de conditions et de moyens que la France a sans doute des difficultés à mettre en place, comme le montre la lente évolution que nous avons rapidement retracée en matière de structures urbaines. Cela suppose sans doute également des élites éclairées et des personnalités audacieuses pour lancer et animer les transformations. Mais cela suppose surtout un travail très important pour porter à la connaissance collective la réalité de l'environnement et sa dynamique fondamentalement partagée tout autant qu'incertaine, indépendamment du politique, ce qui n'en efface pas pour autant les ressorts. Cela suppose de reconsidérer et de dépasser la question de l'autorité et du conflit permanent des autorités, d'un dissensus, si prégnant dans la culture française et sa tradition argumentative pour développer une approche plus souple et ample du jeu des relations. C'est sans doute aussi ici que la question du genre et des rapports de genre, de la domination masculine dans l'appréhension, l'organisation et l'appropriation de l'espace urbain et plus largement peut être identifiée comme matrice sous-jacente, offrant un champ majeur d'interrogation, d'ouverture, de réflexion et d'action.

Conclusion

Comme nous l'avons largement fait ressortir, la problématique environnementale ne peut être restreinte à un champ spécifique. Elle échappe au contraire, dans son principe, même à toute modalité de cantonnement, dont elle signifie précisément l'opposé, la labilité d'un échange fondamentalement indéterminé, donc le recours premier à l'observation et l'expérience, et en ce sens, le rejet de tout principe d'ordre hiérarchique et de maîtrise a priori que celui-ci suppose. Mais en cela, elle ouvre aussi sur un questionnement beaucoup plus marqué quant aux incertitudes et aux risques inhérents à ce type de rapport. Comme nous l'avons indiqué, la problématique urbaine, comme le donne à lire la question de la qualité de l'air, ne peut être dissociée de composantes beaucoup plus larges, par exemple le transport/mobilité, dans ses différentes dimensions, qui répondent elles-mêmes à des logiques économiques et technologiques de très grande ampleur. Nous avons par ailleurs fait ressortir les difficultés de la tradition française dominée par la figure majeure et tutélaire de l'État à reconnaître aux collectivités locales, et en particulier aux structures urbaines, une large et réelle autonomie, la lenteur et les limites des évolutions en ce sens. Nous aurions pu mettre en avant d'autres aspects, en particulier celui, aujourd'hui de plus en plus prégnant, du changement climatique et de ses multiples implications au niveau urbain, ou encore de la santé. Il semble qu'une telle complexité ne peut faire l'objet que de rationalités limitées, partielles et que la notion de projet urbain est ici à envisager à l'aune d'une logique de transformation, de changement, de mutation, de solutions nécessairement partielles élaborées et mises en œuvre de façon itérative dans un jeu d'interactions avec la multiplicité des agents impliqués, responsables et instances de décision, experts, ingénieurs et techniciens ou population. On ne saurait sous-estimer l'ampleur des remises en cause que cela suppose. La question soulevée ici est celle d'une capacité collective, d'un apprentissage à saisir les composantes d'une situation instable et d'en accepter le jeu, et cela dans un contexte qui s'y prête génériquement très mal, dans la mesure où il est issu de processus à la fois mentaux, culturels, techniques, économiques et sociaux empreints d'une longue tradition organisant la vie collective dans la prévalence de formes prédéterminées, de cadres conceptuels et discursifs préétablis et normés, de configurations de toutes natures dont les limites préemptent les choix en matière de futur. On mesure ici l'ampleur du défi auquel est aujourd'hui soumis le projet urbain face à la potentialisation croissante de l'environnement. On mesure également l'ampleur de la question de la gouvernance dans la multiplicité des composantes qu'elle recouvre, tant objectives que psychologiques et subjectives et de l'élargissement du jeu des interactions qui la fondent.

Bibliographie

Agier M. (2015). *Anthropologie de la ville*, Paris, PUF.

Algan Y., Cahuc P. (2007). *La société de défiance. Comment le modèle social français s'autodétruit*, Paris, Éditions rue d'Ulm.

Ameisen J.-C. (2010). « Gènes et environnement : la révolution de l'épigénétique », in P.-H. Gouyon, H. Leriche, *Aux origines de l'environnement*, Paris, Fayard.

Bairoch P. (1985). *De Jéricho à Mexico. Villes et économie dans l'histoire*, Paris, Gallimard.

Barles S. (1999). *La ville délétère. Médecins et ingénieurs dans l'espace urbain. XVIIIe-XIXe siècle*, Seyssel, Champ Vallon.

Beck U. (2001). *La société du risque. Sur la voie d'une autre modernité*, Paris, Aubier.

Bernard Y., Tietge U., German J., Muncrief R. (2018). *Determination of Real-World Emissions from Passenger Vehicles Using Remote Sensing Data*, London, TRUE – The Real Urban Emissions Initiative.

Bishop G. A., Starkey J. R., Ihlenfeldt A., Williams W. J., Stedman D. H. (1989). « IR Long-Path Photometry: A Remote Sensing Tool for Automobile Emissions », *Analytical Chemistry* 61 (10) : p. 671A-677A.

Brimblecombe P. (1987). *The Big Smoke*, London, Methuen & Co.

Buguet-Degletagne B. (2018). *Évaluation du troisième plan national Santé-Environnement et préparation de l'élaboration du plan suivant*, Paris, IGAS.

Canfield D. E., Ngombi-Pemba L., Hammarlund E. U., Bengtson S., Chaussidon M., Gauthier-Lafaye F., Meunier A., Riboulleau A., Rollion-Bard C., Rouxel O., Asael D., Pierson-Wickmann A.-C., El Albani A. (2013). « Oxygen dynamics in the aftermath of the Great Oxidation of Earth's atmosphere », *Proceeding of the National Academy of Sciences*, 110 (42), p. 16736–16741.

Charles L. (2007). « Pragmatisme et environnement », in J. Lolive, A. Soubeyran, *L'émergence des cosmopolitiques*, Paris, La Découverte.

Charles L. (2014). « Environnement, santé : genèse d'un questionnement », *Pollution Atmosphérique*, 222.

Charles L. (2016). « Santé environnementale. Nature, environnement, santé », in A. Choné, I. Hajek, P. Hamman (édit.), *Guide des humanités environnementales*, Lille, Presses universitaires du Septentrion.

Châteauraynaud F., Debaz J. (2017). *Aux bords de l'irréversible : Sociologie pragmatique des transformations*, Paris, Éditons Petra.

Cheng F. (1989). *Souffle-Esprit*, Paris, Seuil.

CITEPA (2019). *Inventaire des émissions de polluants atmosphériques et de gaz à effet de serre en France – Format Secten*, Paris, CITEPA.

Cour des comptes (2015). Les politiques publiques de lutte contre la pollution de l'air, Paris, Cour des comptes.

Cour des comptes, Annexes au rapport sur les politiques publiques de lutte contre la pollution de l'air, Paris, Cour des comptes.

Deaton A. (2016). *La grande évasion. Santé, richesse et origine des inégalités*, Paris, PUF.

Delmas R., Mégie G., Peuch V.-H. (2005). *Physique et chimie de l'atmosphère*, Paris, Belin.

Denèfle S. (2004). *Femmes et ville*, Tours, Presses universitaires François Rabelais, accessible en ligne : http://books.openedition.org/pufr/333.

Dewey J. (1920 [1982]). *Reconstruction in Philosophy*, The Middle Works, 1899–1924, vol.12, 1920, Carbondale, The Southern Illinois Press.

Dewey J. (1929 [1984]). *The Quest for Certainty*, The Later Works, 1925–1953, vol.4, Carbondale, Southern Illinois University Press.

Dewey J. (2014). *Après le libéralisme ? Ses impasses, son avenir*, Paris, Climats.

Dockery D. W., Pope III C. A., Xu X., Spengler J. D., Ware J. H., Fay M. E., Ferris B. G. Speizer F. E. (1993). « An Association between Air Pollution and Mortality in six U.S. Cities », *The New England Journal of Medicine*, 329 (234).

Duval G., Charru M. (2019). *Climat-énergie : la France doit se donner les moyens. Avis sur les projets de Stratégie nationale bas-carbone et de Programmation pluriannuelle de l'énergie*, Paris, Conseil économique, social et environnemental.

European Environment Agency (2018). *Aviation and Shipping – Impacts on Europe's Environment. TERM 2017: Transport and Environment Reporting Mechanism (TERM) report*, Copenhagen, EEA.

Francq B. (2003). *La ville incertaine. Politique urbaine et sujet personnel*, Louvain-la-Neuve, Bruylant-Academia.

Frioux S. (2013). *Les batailles de l'hygiène. Villes et environnement de Pasteur aux Trente Glorieuses*, Paris, PUF.

Haagen-Smit A. J. (1952). « Chemistry and Physiology of Los Angeles Smog », *Industrial and Engineering Chemistry*, 44/6.

Husson J.-F., Aichi L. (2015). *Rapport fait au nom de la commission d'enquête sur le coût économique et financier de la pollution de l'air*, Tome I, rapport, Tome II, Procès-verbaux des auditions, Paris, Sénat.

Kuhn T. S. (1990). *La tension essentielle. Tradition et changement dans les sciences*, Paris, Gallimard.

Künzli N., Kaiser R., Medina S., Studnicka M., Oberfeld G., Horak F. (1999). *Health Costs due to Road Traffic-related Air Pollution. An impact assessment project of Austria, France and Switzerland*, Air Pollution Attributable Cases, Technical Report on Epidemiology May 1999, Prepared for the Third WHO Ministerial Conference of Environment & Health, London, 1999, téléchargeable en ligne.

Kupiec J.-J. (2008). *L'origine des individus*, Paris, Fayard.

Landrigan P. J., Fuller R., Acosta J. R. *et al.* (2017). *The Lancet Commission on pollution and health*, published on line, http://dx.doi.org/10.1016/S0140-6736(17)32345-0

Lepage C. (1998). *« On ne peut rien faire Madame le ministre... »*, Paris, Albin Michel.

Le Roux T. (2011). *Le laboratoire des pollutions industrielles. Paris, 1770–1830*, Paris, Albin Michel.

Marano F. (2012). « Mécanismes d'action des particules fines et ultrafines », *Pollution atmosphérique*, n° spécial, nov. 2012.

Massard-Guilbaud G. (1999). « La régulation des nuisances industrielles urbaines (1800–1940) », in *Vingtième Siècle, revue d'histoire*, 64.

Massard-Guilbaud G. (2010). *Histoire de la pollution industrielle. France, 1789–1914*, Paris, Éditions de l'EHESS.

Medina S., Le Tertre A., Saklad M. (2009). « The Apheis project: air Pollution and Health. A European Information system », *Air Qual Atmos Health*, 2.

Murard L., Zylberman P. (1996), *L'hygiène dans la République. La santé publique en France, ou l'utopie contrariée 1870–1918*, Paris, Fayard.

Pipien G., Vindimian E. (2018), *Évaluation du troisième plan national Santé-Environnement*, Paris, CGEDD.

Pope III G. A., Dockery D. W. (1999). « Epidemiology of Particle Effects », in S. H. Holgate, J. M. Samet, H. S. Koren, R. L. Maynard (édit.), *Air Pollution and Health*, London & San Diego, Academic Press.

Porter R. (1991). « Cleaning up the Great Wen: Public Health in Eighteenth-Century London », *Medical History*, supplement n° 11. Accessible en ligne.

Raibaud Y. (2015). *La ville faite par et pour les hommes. Dans l'espace urbain, une mixité en trompe-l'œil*, Paris, Belin.

Riley J. C. (1987). *The Eighteenth-Century Campaign to avoid Disease*, Houndmills & London, MacMillan.

Rogers P. G. (1990). « EPA History: the Clean Air Act of 1970 », *EPA Journal*, EPA, accessible en ligne.

Rousseau J.-J. (1759 [2011]). *Discours sur l'origine et les fondements des inégalités parmi les hommes*, Paris, Garnier-Flammarion.

Rousseau J.-J. (1762 [1960]). *Du contrat social ou principes du droit politique*, Paris, Garnier.

Roussel I., Charles L. (2007). « La qualité de l'air, du local au global : quelle gouvernance pour une subsidiarité efficace ? », in H.-J Scarwell, C. Kergomard, R. Laganier (eds.), *Environnement et gouvernance des territoires. Enjeux, expériences et perspectives en région Nord-Pas de Calais*, Lille, Presses universitaires du Septentrion.

Roussel F.-X. (2018). « La ville française bridée par une vision descendante », *Pollution Atmosphérique, Habiter la ville*, n° 237–238.

Roussel I. (2019). « La pollution atmosphérique entre santé et environnement (1958–1996). L'exemple de l'Association pour la prévention de la pollution atmosphérique (APPA) de sa création à la loi de 1996 », *Écologie et Politique*, 58.

Sassen S. (2009). *A Sociology of Globalization*, New-York, W. W. Norton & Company.

Scott J. (2019). *Homo domesticus. Une histoire profonde des premiers États*, Paris, La Découverte.

Stella P., Bedos C., Genermont S., Loubet B., Personne E., Petit C., Saint-Jean S. (2016). « Les espaces péri-urbains : entre pollution des villes et pollution des champs aux échelles régionale et locale », *Pollution atmosphérique, Agriculture et qualité de l'air entre villes et campagnes*, n° 229–230.

Stiegler B. (2019). *« Il faut s'adapter ». Sur un nouvel impératif politique*, Paris, Gallimard.

Theys J. (2014). « Le développement durable face à sa crise : un concept menacé, sous-exploité ou dépassé ? », *Développement durable et territoire*, 5 (1), en ligne.

Transport & Environment (2016). *Dieselgate: Who? What? How?*, Transport & Environment, accessible en ligne.

Vidal F., Miquel P.-A. (2008). « Du concept de gène au concept d'épigénétique en biologie », in Miquel P.-A. (dir.), *Biologie du XXIe siècle. Évolution des concepts fondateurs*, Bruxelles, Éditions De Boeck Université.

Vlassopoulou C. (1999). *La lutte contre la pollution atmosphérique en France et en Grèce. Définition des problèmes publics et changement de politique*, Thèse de science politique, Université Paris II.

Wilson C. (2008). *Epicureanism at the Origins of Modernity*, Oxford, Oxford University Press.

Comment l'imbrication de la pollution de l'air avec le changement climatique bouleverse le projet urbain ?

Isabelle Roussel[1]

Introduction

Si la pollution de l'air a depuis des siècles constitué une préoccupation des villes, cette question est revenue à l'heure actuelle, avec force, sur l'agenda des politiques urbaines car elle reste un problème de santé publique majeur, encore mal résolu. Plus récemment, depuis le début des travaux du GIEC en 1987, la perspective d'un changement global du climat interroge le bien-être des citadins, leur approvisionnement en eau et en énergie. Les villes émettent aujourd'hui, à l'échelle mondiale, environ 70 % des gaz à effet de serre. Ces questions se posent avec d'autant plus d'acuité que la dynamique de la croissance urbaine ne cesse de s'affirmer puisque la moitié des populations mondiales vivent dans les villes qui constitueront demain l'environnement d'une part encore croissante de l'humanité. Une personne sur huit vit dans l'une des 28 mégacités (entité urbaine de plus de 10 millions d'habitants) répertoriées en 2016 et situées majoritairement dans les pays émergents (Gorrah-Gobin, 2018). Ces fortes concentrations de populations regroupées dans des zones très artificialisées, modifient la dynamique naturelle des écosystèmes et le métabolisme planétaire, obligeant ainsi à repenser profondément le fait urbain à la lumière d'une approche holistique cristallisée autour de la notion de socio-écosystème ou d'écologie urbaine (Abadie, 2018). Le déploiement de la technicité du génie urbain avait rendu la ville européenne plus vulnérable à force de l'artificialiser et de l'éloigner du fonctionnement de l'écosystème naturel. La pollution de l'air,

---

1 Professeur émérite

l'accumulation des déchets, les inondations ont contribué à rendre visible l'inadaptation des villes européennes aux enjeux environnementaux actuels. La conférence de Quito, organisée par l'ONU « Habitat III » a promulgué le 20 octobre 2016, un nouvel agenda urbain[2] pour définir un programme d'action que les pays s'engagent à mettre en œuvre, pour promouvoir un urbanisme durable à l'échelle planétaire comme à l'échelle locale. « L'enjeu est de réinventer la ville à l'heure de la transition écologique, de construire la ville durable, inclusive et résiliente. C'est la clé de la qualité de vie de chacun comme de la cohésion sociale entre tous dans un monde urbanisé ». La qualité de l'air et le changement climatique deviennent des enjeux essentiels à traiter par les villes anciennes qui doivent ainsi bouleverser les logiques avec lesquelles elles organisent leur aménagement et leur croissance.

Les villes constitueront demain l'environnement d'une part encore croissante de l'humanité. Elles auront de plus en plus à assumer, par-delà leur rôle économique ou politique, une responsabilité et un rôle planétaires déterminants face à la montée des risques environnementaux, dans l'optique d'offrir non seulement à leurs habitants mais à l'humanité tout entière un cadre de vie écofavorable tout autant que socialement inclusif.

Certes, les villes sont de grosses émettrices de gaz à effet de serre comme de gaz toxiques et de déchets en tout genre, certes, elles connaissent des problèmes d'approvisionnement tout en étant sensibles à une pression planétaire s'exerçant sur une plus large échelle, mais elles ont aussi de nombreux atouts organisationnels sur lesquels elles doivent s'appuyer pour lever les obstacles à surmonter pour mettre en œuvre une transition écologique destinée à assurer une forte résilience urbaine pour maintenir la qualité de vie des citadins.

1 Des problèmes environnementaux qui ont émergé à des rythmes différents mais qu'il convient de gérer de manière intégrée

Si les villes ont toujours été des lieux de concentration des activités humaines avec leur cortège de nuisances, la question du changement

---

2 https://www2.habitat3.org/bitcache/97ced11dcecef85d41f74043195e54728 36f6291 ?vid=588897&disposition=inline&op=view

climatique s'est posée de manière plus récente induisant une remise en question des modes de consommation énergétique. Or, pollution de l'air, climat et énergie représentent trois domaines qui sont très liés et dont la gestion intégrée représente un enjeu majeur du monde actuel.

1.1 La dégradation de la qualité de l'air dans les villes est un problème ancien

Les villes, bien avant les usines et les voitures ont été considérées comme des lieux de « pestilence » et d'odeurs nauséabondes qui ont permis la propagation de grandes épidémies comme la peste. L'accident de Londres de l'hiver 1952 a révélé l'ampleur des effets sanitaires de la pollution atmosphérique matérialisée par cet épais « smog » londonien. Le basculement de la pollution depuis le domaine de la perception, de la nuisance et de la gêne vers son objectivation scientifique, s'est effectué progressivement au fur et à mesure que s'affirmaient les progrès de la métrologie et la construction de normes fondées sur des connaissances en toxicologie et épidémiologie. Ainsi, en France, la gestion de la pollution urbaine, industrielle d'abord puis automobile ensuite, a progressivement échappé au niveau municipal, la promulgation des normes et la surveillance de leur respect relevant de la compétence de l'État. La ville industrielle, quelque peu figée, est devenue, au fur et à mesure de sa « tertiarisation » la ville des flux, des échanges et de la mobilité. La voiture a longtemps été le symbole de cette liberté de déplacement et de mouvement au prix d'une forte consommation d'espace et de l'absorption de la campagne voisine. Des liens de dépendance très étroits ont ainsi été noués entre la ville et la voiture (Dab, 2001). Mais au cours des transformations de la ville liées à « l'automobilité », le silence collectif quant aux nuisances induites a été assourdissant tant la dépendance vis-à-vis de l'automobile a longtemps été consensuelle et largement entretenue par des considérations économiques. Selon C. Vlassopoulou (1999), ce déni est accentué en France par le poids de l'État, très lié aux grandes industries.

Cependant, à partir des années 1990, plusieurs phénomènes interviennent pour élargir progressivement la gestion de la pollution urbaine aux dimensions du développement durable. Le phénomène des pluies acides a mis en évidence le poids de la pollution transfrontière ; ainsi, la gestion de la pollution quitte le domaine de la proximité pour s'internationaliser progressivement à travers une série d'accord (Montréal en 1987, Göteborg, 1999). Les progrès de l'informatique et de la statistique ont donné plus de puissance aux études épidémiologiques permettant de renforcer la relation entre la pollution et la santé, créant ainsi un contexte favorable pour la promulgation de la loi de 1996, la LAURE (Loi sur l'air et l'utilisation rationnelle de l'énergie) qui officialise la reconnaissance de la pollution urbaine par la France. Mais, malgré une politique en faveur d'une amélioration de la qualité de l'air, les grandes villes subissent régulièrement des dépassements des seuils réglementaires en moyenne annuelle pour les dioxydes d'azote (NO_2) et les particules fines (PM_{10}) qui font l'objet d'avertissements de la part de la Commission européenne. La médiatisation des pics de pollution et la perspective des pénalités européennes contribuent à alerter les citadins sur l'urgence de la mise en œuvre d'une politique cohérente pour rendre la ville respirable. La responsabilité de la pollution atmosphérique sur la qualité de vie, la morbidité et la mortalité de tous les citadins est avérée : polymorphe, elle a une origine à la fois locale et globale et, par ce caractère multiscalaire, elle rejoint la question du changement climatique qui a connu une tout autre trajectoire expliquant le lien étroit existant entre la ville durable et la ville décarbonée.

1.2 L'appropriation du changement climatique par les villes

La ville a pendant longtemps été le lieu qui savait s'affranchir des caprices de la météorologie, les commerces de la ville et de nombreuses galeries marchandes, installés dans des ambiances confinées, se sont affranchis des rigueurs de l'hiver comme de la chaleur de l'été, les cours d'eau ont été maîtrisés et intégrés dans le réseau d'assainissement. L'énergie bon marché permettait de faire entrer la lumière dans les bâtiments au prix d'un surcroît de chauffage l'hiver et d'une climatisation l'été. Cependant, le changement climatique s'est imposé à travers la gestion des catastrophes et des risques montrant ainsi la vulnérabilité des villes très artificialisées. En effet, les inondations sont possibles dans de nombreuses villes en dépit des travaux effectués ; la canicule de 2003 pourrait devenir la norme en 2050, entraînant des problèmes sanitaires, une consommation record d'eau potable et des tensions sur les systèmes électriques. D'ici la fin du siècle, Paris, selon Météo-France, risque de connaître 4 fois plus de jours très chauds (température diurne supérieure à 30°C) et 10 fois plus de nuits tropicales (température nocturne supérieure à 20°C). « Autre certitude, le nombre de jours chauds (plus de 25°C), très chauds (plus de 30°C) et extrêmement chauds (plus de 35 °C) augmentera à Paris », détaille le climatologue Julien Desplat en 2015[3]. Le nombre de « vigilances canicule » atteindra 10 à 25 jours par an, contre un seul jour par an actuellement, en moyenne. Ces phénomènes toucheront davantage les zones urbaines que périphériques en raison de l'îlot de chaleur urbain qui accroît la température en ville de 2 à 3°C (en moyenne annuelle) par rapport aux zones rurales alentour. Pendant la canicule de 2003, cet écart a même atteint 8°C (Roussel, 2013). Si les villes doivent s'adapter aux fortes chaleurs prévues, elles sont interpellées par le rôle qu'elles peuvent jouer dans la réduction des gaz à effet de serre (GES) qui met en cause le système énergétique qui avait porté la modernité.

1.3 le retour de la problématique de l'énergie en ville

La focalisation sur l'origine anthropique de ce changement climatique rapide a fait glisser l'attention du public vers le CO_2 et donc vers les enjeux énergétiques longtemps délaissés par les élus et le grand public en raison du monopole exercé par les opérateurs historiques et l'État. Cette redécouverte du pouvoir local sur l'énergie a provoqué ce que G. Sainteny (2015) appelle : « une vampirisation de l'environnement par le thème du changement climatique » qui a aussi pénétré dans les villes à travers les bilans carbone qu'elles ont effectués. Compte tenu des orientations de l'État français vers une prise en charge rationnelle et technique de l'environnement, c'est la mitigation (maîtrise des émissions carbonées), inscrite dans une forte technicité et des registres *top-down*, qui a été intégrée dans les villes, à travers les bilans carbone. Ceux-ci ont mis en évidence l'ampleur de la tâche à accomplir, dans tous les secteurs de la vie urbaine (habitat, transport, éclairage...) pour réduire les émissions carbonées. Les villes ont ainsi essayé de réaliser les économies d'énergie qu'elles étaient susceptibles d'entreprendre ou d'encourager : éclairage public, isolation des bâtiments, dématérialisation des échanges, etc. La perspective d'un nouveau système énergétique plus local et fondé sur les énergies renouvelables a ouvert des possibilités d'innovations techniques et sociales pouvant créer de nouveaux emplois. L'augmentation du

---

3 http://www.journaldelenvironnement.net/article/paris-abonne-aux-canicules-d-ici-a-2100,60117

volume des énergies renouvelables se traduit par la prolifération des lieux de production et donc par une véritable décentralisation énergétique qui représente pour les villes une opportunité alors que la structure centralisée de la France est contraire à l'essaimage et à la dispersion des capteurs solaires ou des éoliennes (Bertrand et Rocher, 2014).

1.4 La construction d'une ville décarbonée à travers une synergie air/climat/énergie est favorable à la santé des habitants

Ces trois domaines air/climat/énergie sont étroitement imbriqués et leur gestion commune se traduit par une amélioration de la qualité de vie et une meilleure prise en compte de l'habitant dans le cadre d'une proximité institutionnelle adaptée.

La maîtrise des gaz à effet de serre (GES) suppose celle de certains gaz toxiques qui, en dépit de leur courte durée de vie, ont également une influence sur le climat. Parmi ces gaz intervenant sur le forçage radiatif[4], forceur climatique à courte durée de vie (SLCF), le protoxyde d'azote est plutôt un gaz émis par le monde agricole tandis que les particules et l'ozone sont des polluants très présents dans les atmosphères urbaines.

L'ozone troposphérique compte parmi les SLFC, il contribue à hauteur de 13% au pouvoir de réchauffement climatique. Une étude de l'Ineris[5] (Colette, 2015) a évalué que le changement climatique pourrait provoquer l'augmentation des concentrations d'ozone (O_3), gaz dont le pouvoir irritant est très nocif pour la santé, de l'ordre de 2 à 3 $\mu g/m^3$ en moyenne en été en Europe continentale. En outre, dans les villes, la diminution des niveaux de dioxyde d'azote se traduit par une augmentation des niveaux d'ozone.

Des études récentes ont mis en lumière des effets nocifs des particules sur la santé ; en ville, celles-ci sont attribuées à la fois au chauffage et

---

4 Selon les rapports du GIEC (1997, 2007, 2014), le forçage radiatif est une mesure d'un déséquilibre du bilan énergétique du système Terre-atmosphère (exprimé en watts par mètre carré ou W/m^2) à la suite, par exemple, d'une modification des concentrations atmosphériques de CO_2 ou d'une variation du flux solaire. Le système climatique réagit au forçage radiatif de façon à rétablir l'équilibre énergétique. Un forçage radiatif positif a tendance à réchauffer la surface du globe tandis qu'un forçage radiatif négatif a tendance à la refroidir.

5 L'Institut national de l'environnement industriel et des risques.

au trafic routier. Ce « black carbon » est classé SLCF dans la mesure où il agit sur le climat en réchauffant l'atmosphère, en interceptant et en absorbant les rayons solaires. Ainsi en maîtrisant les phénomènes de combustion et en diminuant l'utilisation d'énergies fossiles dans les deux principaux secteurs clé de la vie urbaine, à savoir les transports et l'habitat, la pollution particulaire urbaine peut diminuer pour le plus grand bénéfice de la santé des citadins.

L'ampleur des transformations à effectuer pour tendre vers une ville décarbonée (changements dans la structure du bâti, dans les comportements des habitants, dans les modes de transport) implique l'adhésion des habitants à un certain nombre de contraintes qui ne peuvent pas être acceptées sans s'appuyer sur la perspective d'un bénéfice immédiat financier et sanitaire. Ainsi petit à petit les acteurs de la ville voient le bénéfice qu'ils peuvent retirer d'une intégration des considérations sur la maîtrise des GES (mitigation) avec celles de l'adaptation des villes aux aléas du climat (ville résiliente) pour construire une ville plus sûre, plus saine et plus agréable à vivre. Les élus, fortement interpellés par la pollution des villes, prennent progressivement conscience de l'importance de l'argument sanitaire pour justifier, par la perspective d'une amélioration rapide de la qualité de vie, les contraintes à imposer pour la maîtrise du climat futur. Cependant, pour l'instant, le bénéfice sanitaire est peu médiatisé : lorsqu'on pose la question : « *Pour quelle raison principale seriez-vous prêt à faire de gros efforts pour changer vos habitudes ?* » à un échantillon de 1001 personnes[6], 32 % des hommes répondent : « Pour assurer l'avenir des générations futures » (12 % des femmes), et ils sont 29 % à répondre : « Pour le bien de la planète et l'environnement » (les femmes 24 %). La santé n'arrive qu'en troisième position, elle n'est citée que par 11 % des enquêtés. Ceci signifie que le changement climatique n'est pas encore évalué par rapport à des conséquences individuelles et sanitaires, il reste connu à travers des effets généraux et lointains.

La loi relative à la transition énergétique et pour la croissance verte (2015) a associé pour la première fois air, climat et énergie ; elle engage la France dans une démarche intégrée via une dynamique de transformations interdépendantes centrées sur l'action. Démarche pour laquelle la ville offre des opportunités.

---

6 Sondage IFOP 2015.

2 La ville est le lieu privilégié pour construire des politiques intégrées

Depuis la COP de Copenhague, en 2009, on assiste à une reconnaissance progressive par la Convention climat des gouvernements locaux et des autorités municipales comme des acteurs à part entière de la lutte contre le changement climatique. Même si ces acteurs ne sont pas associés aux négociations, une grande partie des engagements des États sont en effet mis en œuvre sur les territoires (transports en commun, planification territoriale, adaptation, rénovation énergétique, production d'énergies renouvelables, etc.). Contrairement aux États qui doivent tenir compte de la concurrence mondiale et d'une réglementation générale, les villes situées à l'interface entre la mise en œuvre d'objectifs planétaires globaux et les aspirations des citoyens, offrent des contextes très variés qu'elles peuvent prendre en compte localement pour améliorer leur résilience. Le rapport du Sénat[7] sur : « les collectivités territoriales et le changement climatique » introduit ainsi le rôle joué par les collectivités locales :

> Tout d'abord, il faut insister sur le fait que se contenter de chercher un remède technique à chaque problème environnemental revient à isoler des choses indéfectiblement entrelacées. Il est fondamental de chercher des solutions qui prennent en compte les interactions des systèmes naturels entre eux et avec les systèmes sociaux. Dans cette perspective, les collectivités territoriales jouent un rôle privilégié, essentiellement en raison des larges compétences dont elles disposent en matière d'aménagement, d'urbanisme, d'encouragement à l'activité économique, et dans de très larges domaines intéressant la vie quotidienne de nos concitoyens, à proximité de ceux-ci, à leur écoute.

Par exemple, les villes disposent de nombreux leviers pour intégrer des politiques sectorielles variées concernant le logement et la mobilité de manière à mieux répondre aux aspirations des citoyens et aux objectifs environnementaux.

7 Rapport du Sénat, octobre 2015 http://www.senat.fr/rap/r15-108/r15-1081.pdf

2.1 Plusieurs facteurs ont favorisé l'inclusion des préoccupations environnementales au sein de la ville…

Devant la lenteur des processus onusiens mis en œuvre depuis l'accord de Paris entravé par les orientations politiques de différents pays (USA, Brésil, Arabie Saoudite…), les actions des villes peuvent être plus rapides et plus efficaces. Elles se sont d'ailleurs constituées en réseaux pour mutualiser leurs expériences et échanger sur leurs nombreux leviers d'action car elles peuvent mettre en œuvre des politiques intégrées qui permettent de limiter les effets pervers.

2.1.1 Les villes peuvent adopter une démarche bottom-up

Si les États doivent s'engager sur des objectifs réglementaires, les villes peuvent s'affranchir des injonctions trop générales pour adopter une démarche plus conforme au contexte local et imaginer des projets locaux pour être mieux armées contre les risques environnementaux.

Les villes, n'ayant pas le pouvoir de réglementer, peuvent tenter des expérimentations et surtout, accompagner les initiatives suscitées par les habitants ; ce mode opératoire est tout à fait adapté au caractère fondamentalement réflexif de l'environnement. Il est complété par le rôle important que les services de la ville peuvent jouer pour mettre en réseau différents partenaires. La nouveauté de ce contexte peut alimenter la créativité des entrepreneurs tentés par la mise en œuvre d'expérimentations intéressantes pour la vie urbaine et créatrices d'emplois de proximité non plus seulement dans les grands groupes industriels mais aussi dans un ensemble de PME qui ont vu tout le profit qu'elles pouvaient tirer d'une collaboration avec la ville pour créer un développement économique endogène. Ainsi, de nouveaux véhicules, des réseaux intelligents ont pu être installés ; ces expérimentations ont eu des répercussions dans de nombreux secteurs : recherche de bâtiments économes en énergie, densification urbaine, réflexions sur les modes de transport, bénéfice sanitaire, etc.

2.1.2 Les équipes municipales peuvent agir sur des temporalités longues

Celles-ci sont nécessaires pour s'adapter au rythme lent de l'évolution de l'urbanisme et aux objectifs environnementaux sur le long terme. L'habitat, les formes urbaines sont largement constituées par un héritage du passé adapté à des logiques qui, aujourd'hui, paraissent obsolètes. Ainsi, pour lutter contre l'insalubrité de l'habitat et pour s'adapter aux caractéristiques de la société actuelle, les villes, dans le monde entier, ont évolué en s'étalant et en consommant de l'espace de manière tout à fait préjudiciable à l'extension des infrastructures très coûteuses et à la logique énergétique qui s'impose aujourd'hui. L'extraordinaire croissance urbaine de l'après-guerre s'est effectuée sous la dépendance de l'automobile dans un contexte dans lequel l'énergie supposée abondante n'était pas un sujet ni même l'extension des réseaux viaires ou ceux de l'électricité, de l'adduction d'eau ou de l'assainissement. En l'absence d'un projet construit, les villes donnent une impression de croissance chaotique avec des améliorations partielles créant ainsi des discontinuités. Mais, sous la pression des enjeux environnementaux actuels, la ville se densifie, maîtrise l'artificialisation des sols et le recours à l'automobilité.

2.1.3 Les villes s'appuient sur la proximité avec les habitants

Elles peuvent directement, ou à travers un réseau associatif, accompagner les habitants dans leur démarche de transition écologique. La déclinaison locale et individuelle des grands principes imposés par la réglementation est nécessaire pour assurer l'acceptabilité des orientations générales à des citadins constituant une population extrêmement diversifiée selon les âges et les catégories socio-culturelles. Dans une société complexe et inégalitaire, offrir un accompagnement personnalisé est un élément essentiel pour une transition réussie. Cette transformation profonde de l'environnement urbain doit bénéficier à tous en s'appuyant sur des outils accessibles et inclusifs.

Les outils utilisés et les expérimentations effectuées sont de plus en plus souvent mutualisés à travers les nombreux réseaux de villes ou d'élus qui se sont créés.

2.1.4 La ville s'appuie sur des réseaux

Cette ambition est une des motivations rencontrées par les villes pour travailler en réseau et acquérir ensuite, une taille critique pour pouvoir peser sur les négociations et orientations mondiales. Dans ce contexte d'une forte dynamique urbaine consciente d'une mutation nécessaire vers la maîtrise du carbone, les villes du monde entier sont appelées à faire face à un ensemble de problèmes communs qui les rapprochent au-delà des réglementations qui restent de la responsabilité des États. Elles se sont structurées au sein d'organismes reconnus sur l'action climatique locale (ICLEI, C40, UCLG) visant à porter une voix commune (Compact of Mayors, Compact of local States and Regions) dans les négociations internationales, mais aussi à peser sur le monde économique. Grâce à la force que prennent ces alliances, une synergie entre les villes et les entreprises se met en place pour bénéficier des expériences, heureuses ou malheureuses, des collectivités ayant initié une technique ou un système intéressant. Cependant, les villes, pour continuer à contribuer aux objectifs bas-carbone et rendre viables ces lieux qui concentrent plus de la moitié de l'humanité, doivent trouver des financements. L'enjeu consiste à favoriser l'accès des grandes métropoles des pays émergents aux marchés de capitaux et à mettre en œuvre un accès des collectivités aux financements internationaux, et notamment ceux des banques de développement et du Fonds Vert pour le Climat.

Les réseaux de villes, réunissant la moitié de la population mondiale, se tissent à travers les continents en affirmant le caractère planétaire des enjeux actuels qui, pour la pollution comme pour le climat, se jouent des frontières et surplombent les États.

2.3 Les villes ont pu déployer des politiques intégrées

Une plus grande autonomie des politiques urbaines sur la gestion des déchets mais aussi sur les politiques du logement et des transports incitent les villes à déployer des politiques environnementales intégrées.

2.3.1 Depuis l'émergence des cités, la gestion des déchets a permis aux villes d'élaborer des circularités

Les déchets de la ville amendaient les sols périurbains destinés aux cultures vivrières pour l'alimentation des citadins. L'arrivée des engrais chimiques et la masse des déchets urbains ont rompu cette circularité, l'accumulation des ordures au sein de décharges plus ou moins sauvages et leur destruction par le feu dans des incinérateurs ont été des réponses à cette rupture d'équilibre. Les élus ont ainsi vu quel pouvait être le bénéfice à tirer de cette production énergétique ; le lien entre les incinérateurs et l'énergie a contribué à faire comprendre aux villes l'importance de leur compétence vis-à-vis de l'énergie et de leur nécessaire indépendance par rapport à des opérateurs historiques. Le recyclage des déchets et les nécessaires évolutions technologiques dans le domaine de l'énergie ont rendu sensible, à l'ensemble des élus et des techniciens municipaux, l'enjeu que représente l'environnement urbain, qui ne peut pas être confié à une minorité d'écologistes, ni même à une vision uniquement technique du sujet, comme le préconisent les grands groupes industriels. En effet, le recyclage et le développement du compostage nécessitent l'intervention d'associations servant d'intermédiaires entre les usagers et les contraintes techniques imposées.

Cette ouverture vers la production d'énergie locale a suscité de nombreuses initiatives portées par des petites entreprises, voire des start-up qui se sont intégrées dans l'émulation des villes entre elles.

Ce changement de regard vis-à-vis de l'énergie et des déchets est indispensable également pour mettre en place la politique du logement et celle de la mobilité qui sont davantage orientées vers des aspects qualitatifs qui modifient les « savoir-faire ».

2.3.2 L'exemple de la politique du logement

L'enjeu que représente le logement est au croisement de différentes politiques de la ville. En effet, les opérations de rénovations décidées pour obéir à des impératifs d'économie d'énergie ne peuvent être envisagées uniquement sous l'angle financier ; elles doivent être l'occasion d'un gain qualitatif pour satisfaire à des exigences, mises en évidence par de nombreuses études, du lien entre habitat et santé (Roussel, 2015). Ce lien, encore mal exploré, représente un aspect essentiel de la santé environnementale puisque la charge affective attribuée au logement en tant que lieu de bien-être et de confort est forte. Or, le confort d'un logement se situe au croisement de données physiques (caractéristiques du bâti), environnementales (qualité de l'air intérieur et extérieur), climatique (canicule ou froid de l'hiver), biologiques (acariens, moisissures), économiques (valeur patrimoniale), sociale (accès à un logement sain), comportemental (bruits de voisinage, aération, entretien)... La vigilance sur les environnements intérieurs implique la collaboration entre différents corps de métiers mais aussi des efforts pour accompagner l'habitant dans la découverte des nouvelles technologies mises en œuvre. La gestion du logement implique différentes échelles pour prendre en compte les aménités offertes par le quartier (sécurité, commerces, infrastructures) et la qualité de l'air extérieur qui dépend de l'urbanisme et de la circulation automobile mais aussi des politiques nationales.

2.3.3 L'exemple de la mobilité urbaine

La gestion de la pollution automobile rend caduque le paradigme de l'automobilité en ville puisque les villes polluées, encombrées chaque jour par des centaines de kilomètres de bouchons, sont des villes peu productives, où les heures perdues se multiplient au détriment de la santé humaine, de l'activité économique et de la qualité de vie. Pour diminuer les émissions polluantes, de nouvelles stratégies se focalisent sur les véhicules légers à travers des restrictions territoriales et des transformations technologiques. Cette orientation s'explique par la faible diminution de la mobilité motorisée en dépit de la part modale plus élevée des transports en commun dont le développement avait été porté par la politique climatique en favorisant l'évolution des villes vers les TCSP (transports en communs en site propre). C'est ainsi que des dispositifs innovants sont mis en place dans les villes, tant sur les transformations du moteur comme le projet hydrogène (Milcent, 2016), que sur les performances des batteries que sur la mise à disposition de carburant (GNV) ou la généralisation de bornes de recharges (Mégevand, 2016). Les innovations peuvent aussi être couplées avec des dispositifs impliquant les habitants comme la régulation de la mobilité, l'optimisation des déplacements, mais aussi les systèmes d'auto lib ou d'auto partage. Une autre alternative pour limiter les émissions polluantes consiste à restreindre les accès de certaines zones (les ZFE, zones à faibles émissions) aux véhicules les moins polluants. Les économies d'énergie, l'implémentation d'énergies renouvelables contribuent à améliorer la qualité de l'air tandis que la marche à pied et l'utilisation du vélo pour des trajets courts tout en contribuant à la maîtrise de la pollution, présentent un bénéfice sanitaire mis en évidence par Corinne Praznoscy (2013) qui estime que pour la grande majorité des villes le bénéfice physique obtenu par la mobilité active est supérieur aux effets négatifs induits par la pollution de l'air. La mobilité sous toutes ses formes est un facteur essentiel de « bonne santé » y compris pour la population vieillissante qui représente une partie de plus en plus importante de la population urbaine. Le travail à domicile et l'utilisation d'Internet contribuent également à limiter les déplacements physiques tout en maintenant une mobilité immatérielle. L'occurrence de phénomènes extrêmes (canicules, neige, inondations) rend les déplacements plus dangereux et doit encourager le télétravail.

Ces orientations supposent beaucoup de vigilance de la part des gestionnaires qui doivent dominer tous les effets pervers et les contradictions inhérentes à un monde complexe : nuisances liées au chauffage au bois pour maîtriser le CO_2, densification urbaine/augmentation de l'îlot de chaleur, isolation et pollution de l'air mais aussi veiller à ce que ces transformations qualitatives ne profitent pas qu'à une certaine tranche de la population. Les élus locaux sont nécessairement attentifs aux conséquences sociales de ces innovations puisque le nouveau concept de « la ville inclusive » traduit le souci d'entraîner l'ensemble des habitants dans cette nouvelle dynamique y compris les plus démunis et les plus éloignés des nouvelles technologies.

Ces orientations vers des politiques intégrées et qualitatives supposent une réorientation des politiques urbaines vers plus de qualité car la prise en compte par les villes de la maîtrise de l'air ou du climat s'était surtout effectuée par une entrée technique : bilans carbone d'une part ou surveillance d'autre part. L'appropriation de ces sujets par les citadins est récente ; elle correspond à un souhait, encore maladroitement traduit dans les actes, des différents opérateurs pour mettre l'habitant « au cœur des politiques urbaines ». En France, remettre les préoccupations environnementales au cœur des politiques urbaines demande des changements culturels profonds.

3 Des politiques urbaines à revisiter

L'intégration des problématiques air, climat et énergie ne s'effectue que progressivement, dans l'effort pour rapprocher des préoccupations et des dispositifs institutionnels, législatifs et réglementaires relevant au départ de champs distincts. Leur intégration présente encore d'importantes faiblesses qui tiennent : à l'organisation institutionnelle fortement clivée en domaines séparés qui a présidé à cette élaboration, au rôle majeur que joue cette organisation dans l'élaboration et l'orchestration des comportements et des pratiques aux différents niveaux concernés, à la complexité et à la technicité du domaine, à la prévalence des dimensions normatives tant en matière d'appréhension que de comportements, à la multiplicité des interactions entre les acteurs.

Ce sont donc des transformations profondes de la gestion des villes qui sont à mettre en œuvre pour remettre la qualité de vie au centre de la vie urbaine.

3.1 La rigidité des institutions

Les premiers obstacles à franchir proviennent de la rigidité des institutions qui ont été construites sous l'influence d'un paradigme technocratique dominant mais peu opératoire sur les questions environnementales et de qualité de vie qui s'élaborent à différentes échelles entre l'individu, la collectivité locale, l'État et même l'Europe.

3.1.1 L'intrication des échelles de décisions.

L'environnement, pour des raisons de sécurité sanitaire, a été porté par l'État, et surtout par l'Union Européenne au sein d'instances dans lesquelles les villes ne sont pas présentes. L'État français, très centralisé, laisse peu d'initiatives aux villes car les questions environnementales ont été abordées par la réglementation et les normes. Il a fallu une volonté politique forte, exercée dans un contexte de décentralisation, pour que les villes puissent se doter d'expertise et s'affirmer par rapport aux opérateurs historiques en adaptant le carcan réglementaire au contexte local (FX Roussel, 2018). L'environnement, dans beaucoup de conseils municipaux, était entre les mains d'un élu qui ne bénéficiait pas de la compétence santé, voire même de celle attribuée au développement durable. Il était cantonné dans le domaine technique, mobilisant de lourds investissements mais dont l'utilité a été longtemps peu visible et peu reconnue par les édiles.

En effet, la santé environnementale à laquelle se réfèrent la qualité de l'air et la maîtrise du climat se décline à deux échelles, celle des grandes décisions collectives prises au niveau de l'agglomération qui permettent de respecter les normes et celle, plus centrée sur l'individu, qui est celle de la promotion de la santé et du bien-être des populations. Les enjeux de la santé environnementale consistent à articuler au mieux ces deux échelons, celui du respect des normes ayant un bénéfice collectif et celui du bien-être individuel.

3.1.2 La difficile prise en compte de la santé environnementale

Pour un certain nombre de raisons (Charles, 2014), en France, l'aspect préventif de la santé a été occulté par le poids des orientations curatives lesquelles sont entrées en phase avec une vision plus technicienne de l'environnement au détriment d'une approche plus individuelle de la promotion de la santé. Or, l'assimilation des actions sur l'environnement à de la prévention dégage radicalement la santé de l'orbite exclusive du pouvoir médical pour la situer avant tout dans la perspective du bien-être, c'est-à-dire d'épanouissement, d'accomplissement de l'individu tant au plan psychologique, moral que social. Les actions préventives sont d'autant plus intégrées et pertinentes qu'elles touchent plusieurs secteurs de la politique de la ville.

3.1.3 La transectorialité

Elle supposerait de revoir la gestion des projets de manière à ce qu'ils transgressent le carcan des silos administratifs. Les politiques air et climat ne sont pas toujours affichées en tant que telle. Par exemple, l'amélioration des transports en commun, tout à fait spectaculaire au cours des dernières années, a rarement relevé d'une politique affichée « climat » ou « qualité de l'air », elle a répondu à plusieurs objectifs : qualité de vie, accessibilité, sécurité, maîtrise de la qualité de l'air et du climat, prestige, etc. Les acteurs de la santé se plaisent à considérer que l'intégration de ces enjeux de santé publique dans l'aménagement du territoire passe par une amélioration des collaborations entre les différents acteurs des champs de la santé publique, de l'environnement et de l'urbanisme. En effet, en raison d'un système d'organisation des institutions très sectorisé, des procédures administratives cloisonnées et d'un mode de gouvernance complexe des politiques publiques territoriales (Dubois, 2009), ces champs n'ont que peu d'opportunités de travailler ensemble malgré une finalité commune : le bien-être, la qualité de vie et donc la santé des populations. Or, le décloisonnement des actions s'impose d'autant plus que les questions environnementales sont complexes et que les solutions sont multiples ce qui remet en cause les effets d'affichage par un élu préoccupé par les résultats obtenus au cours du laps de temps de son mandat électoral.

3.1.4 La transterritorialisation

Pour mener à bien la maîtrise de la qualité de l'air, les villes auraient besoin de nouer des solidarités territoriales afin que les mesures prises dans les « low emission zones » aient une réelle portée. Pour cela, il convient de mettre en place des périmètres de restriction assez larges, comme le prouve l'étude réalisée à Grenoble (Labranche, 2012). Les solidarités territoriales sont-elles assez fortes pour s'unir dans le sens d'une amélioration de la santé publique globale ? Le plan de réduction de la pollution atmosphérique à Paris pourra-t-il franchir le périphérique à la faveur de l'émergence du Grand Paris et imposer une ZFE qui serait limitée par l'A86 ? Le choix de ce périmètre permettrait, en limitant la circulation aux véhicules les moins polluants, une diminution de près de 20% du niveau des particules dans le centre de Paris. La centaine de communes incluses dans cette zone reconnaîtront-elles le bénéfice global de ce dispositif ou bien seront-elles tentées de bloquer ce projet au nom des contraintes locales imposées à court terme ?

Les solidarités territoriales nécessaires pour atteindre des mesures collectives dépassent le bien-être individuel ; elle pose la question de l'injustice et de la vulnérabilité croissante d'un certain nombre d'individus. Dans cette perspective, selon C. Gora-Gobin, (2018) : la métropole est considérée, « comme nouvelle figure spatiale structurée sur la base du polycentrisme et comme nouvelle échelle territoriale à partir de laquelle s'articulerait l'idéal de justice sociale ». En effet, une métropole est caractérisée par la diversité de ses habitants qui ont des aspirations différentes selon leur âge, leur lieu de résidence (au centre ou en périphérie), leur niveau de revenu ou leur handicap. Les stratégies d'adaptation au changement climatique doivent être pensées de manière très différente selon les habitants et leur cadre de vie.

L'intégration de ces différents domaines air/climat/énergie doit, institutionnellement s'effectuer au sein du PCAET[8]. En France, le PCAET, est l'outil qui est censé traduire de manière opérationnelle le calendrier des actions à mettre en œuvre pour répondre à l'urgence climatique en intégrant les préoccupations sur l'énergie et la qualité de l'air. Il s'appuie sur la maîtrise des transitions énergétique, climatique et écologique qui supposent des transformations profondes de la vie urbaine. Comment ce document de planification peut-il être à l'origine d'une nouvelle dynamique urbaine ?

---

8 Le PCAET, issu de la Loi de Transition Énergétique et pour la Croissance Verte (LTECV), faire l'objet d'une démarche de planification conjointe à travers l'élaboration des Plans Climat-Air-Énergie Territoriaux2 (PCAET), qui viennent remplacer les Plans Climat Énergie Territoire (PCET) instaurés en 2010 par la loi Grenelle 23. Les modalités d'élaboration et de mise à jour de ces nouveaux plans (obligatoires pour les établissements de coopération intercommunale (EPCI) à fiscalité propre de plus de 20 000 habitants) sont précisées dans la LTECV (adoptée le 17 août 2015) et le décret n° 2016–849 du 28 juin 2016. Ils devront être réalisés au plus tard le 31 décembre 2018.

3.2 Comment le PCAET peut-il se situer dans une nouvelle manière de mettre les questions environnementales au cœur des politiques urbaines ?

Les enjeux sont énormes, financiers, sociaux, politiques pour entraîner l'ensemble des habitants dans cette nouvelle dynamique y compris les plus démunis et les plus éloignés des nouvelles technologies. En confiant ces tâches d'une ampleur insoupçonnée à un outil de planification ne risque-t-on pas de voir resurgir les démons français qui assimilent la résolution des problèmes à l'adoption d'un document technique réalisé selon un calendrier toujours très contraint ?

La mise en œuvre de ce document devrait être très large en incitant l'ensemble des acteurs à se mobiliser pour réduire la consommation d'énergies fossiles et ainsi, améliorer la qualité de l'air tout en inventant différentes stratégies d'adaptation au changement climatique. Il devrait également poser la question des aides financières et des conseils pour accompagner les habitants à assurer une transition énergétique dans les meilleures conditions en présentant un ensemble de solutions partagées par tous, tant pour l'adaptation que pour la mitigation. Ce document sera-t-il l'ouverture vers une appropriation collective des enjeux ?

Or, plusieurs difficultés compromettent l'adéquation entre cet outil technique et l'amélioration de l'environnement urbain.

L'argument sanitaire est difficile à intégrer dans le PCAET. L'élément fédérateur des améliorations de la qualité de l'air et de la maîtrise du climat semble être la santé et la qualité de vie dans une société marquée par l'hédonisme et le souci du bien-être. L'argument sanitaire est essentiel et pourtant, il est peu mis en avant car il butte sur des obstacles culturels et institutionnels. En effet, les considérations de santé publique ne sont que très partiellement prises en compte dans les documents de planification urbaine et les projets d'aménagement (Carmichael, 2012). En outre, la santé n'est que rarement affichée comme étant le bénéfice ultime, la finalité de tous les efforts effectués en faveur de la maîtrise de la pollution et du climat ? Comme le signalait R. Dantec[9] (2018) à propos du climat (cf. ci-dessus), la santé est plutôt considérée comme un bénéfice collatéral issu d'autres politiques sectorielles dont les résultats sont plus tangibles. Elle est même plutôt perçue comme une contrainte

---

9 http://lodel.irevues.inist.fr/pollution-atmospherique/index.php ?id=6591

supplémentaire qui s'impose dans les projets. Au nom de chiffres aussi abstraits que celui de 48000 morts par an, il est interdit de faire du feu à l'âtre, de rouler dans une voiture diesel, de brûler les déchets verts, etc.

Les prescriptions concernant l'air et le climat sont renvoyées dans le cadre des Plans régionaux Santé-Environnement (PRSE) pilotés par les régions et l'ARS (Agence régionale de santé). Les actions préconisées ont pour objectif d'intégrer la santé à travers le respect des normes. Cependant, un accompagnement, des intermédiations sont indispensables pour franchir l'écart qui existe entre les enjeux collectifs et la construction des réponses individuelles. L'ORS auvergne-Rhône-Alpes a développé une forte expertise dans la réalisation de diagnostics locaux de santé ainsi que dans la réalisation d'EIS (évaluation d'impact en santé) qui se situent davantage à l'échelle locale, celle, non pas de la gestion d'un risque collectif, mais celle de la promotion de la santé par une meilleure prise en charge de l'environnement individuel (Anvizino, 2018).

Cet accompagnement suppose de descendre à l'échelle de la proximité qui est celle des politiques sociales. La réussite de ce nécessaire accompagnement de proximité suppose une acculturation et une ouverture des associations et du personnel municipal œuvrant dans le domaine social vers l'environnement et la santé. Cette vision plus individualisée de la santé relativise la notion d'inégalité dans la mesure où les choix individuels sont optimisés en fonction des potentialités de chacun et non plus en fonction d'une norme standardisée. En effet, l'adaptation au changement du climat et à la transition énergétique ne peut être opérationnelle que si elle est appropriée par les habitants et adaptée à leur mode de vie.

En revanche, les enjeux énergétiques ont un impact économique fort qui dépasse l'échelle de l'EPCI au sein de laquelle s'élabore le PCAET. Faut-il mettre en avant la promotion des énergies renouvelables ou insister sur la diminution des énergies fossiles et les émissions de CO_2 évitées ? Dans ce dernier cas, l'électricité même d'origine nucléaire est appelée à jouer un rôle important : pompes à chaleur, voitures électriques, régularisation des intermittences. La disparition du moteur thermique et l'isolation des maisons s'appuient sur des stratégies qui s'élaborent au niveau européen ou national tout en s'appuyant sur la sensibilisation des habitants.

Il ne faudrait pas que les enjeux économiques, liés à la maîtrise des GES, prennent le pas sur des considérations essentielles concernant l'adaptation au réchauffement climatique ou sur la motivation des habitants pour faire évoluer leur manière d'habiter la ville. Les préconisations avancées pourront-elles s'appuyer sur des mesures d'accompagnement et de sensibilisation qui deviennent essentielles pour susciter l'adhésion des populations ?

Les véritables transformations de la société et de la ville s'effectuent indépendamment des documents officiels dont la grande majorité des habitants ignorent l'existence. Les entreprises, les ONG, les élus locaux, les médias ont la possibilité de propager une véritable culture du risque, du climat et de la qualité de l'air qui peut se construire tout à fait en dehors des documents officiels. Les sécheresses et canicules, l'atmosphère irrespirable des villes chinoises ou indiennes permettent d'actualiser l'existence d'un risque planétaire dont les solutions

Conclusion

L'intégration des questions environnementales dans les planifications politiques urbaines, prend des formes qui sont contraires aux logiques de croissance et de marketing urbain qui ont longtemps sous-tendus les paradigmes de la planification urbaine. Or, les bénéfices sanitaires se conjuguent avec la sobriété de l'économie et la maîtrise des ressources selon les principes du métabolisme et du recyclage urbain. Les institutions doivent alors s'adapter à une autre vision de la ville qui doit inventer de nouvelles formes de gouvernance pour mieux répondre aux exigences d'une ville décarbonée, plus saine et plus juste. Le PCAET, outil prévu pour intégrer les politiques air/climat/énergie, sera-t-il à la hauteur des enjeux ? Saura-t-il se départir d'une démarche trop technicienne voire techniciste pour inciter l'ensemble des acteurs de la ville à mettre les préoccupations de qualité de vie au cœur de la vie urbaine ? Les villes ont des atouts indéniables pour promouvoir une réelle transition énergétique mais celle-ci ne peut effectivement s'accomplir qu'en s'appuyant sur les différentes échelles

Bibliographie

Abbadie L. (2018). « Écologie urbaine : quoi, pourquoi, comment ? », *Pollution atmosphérique* [En ligne], n° 237–238, mis à jour le : 10/10/2018, URL : http://lodel.irevues.inist.fr/pollution-atmospherique/index.php ?id=6611, https://doi.org/10.4267/pollution-atmospherique.6611

Anvizino L. (2018). « La santé au cœur des projets d'urbanisme : l'Évaluation d'Impact sur la Santé (EIS) », *Pollution atmosphérique* [En ligne], n° 237–238, mis à jour le : 10/10/2018, URL : http://lodel.irevues.inist.fr/pollution-atmospherique/index.php ?id=6681, https://doi.org/10.4267/pollution-atmospherique.6681

Carmichael L., Barton H., Gray S. *et al.* (2012). « Integration of health into urban spatial planning through impact assessment: Identifying governance and policy barriers and facilitators », *Environmental Impact Assessment Review*, 32 (1), p. 187–194.

Charles L (2014). « Environnement, santé : genèse d'un questionnement », *Pollution atmosphérique*, n° 222. https://doi.org/10.4267/pollution-atmospherique.4549

Colette A. (2015). « Is the ozone climate penalty robust in Europe? », *E*nvironmental Research Letters, 10 (8) http://iopscience.iop.org/article/10.1088/1748-9326/10/8/084015/pdf

Dab W., Roussel I. (2001). *L'air et la ville*, Paris, Hachette, 219 p.

DuboisJ. (2009). *Les politiques publiques territoriales. La gouvernance multi-niveaux face aux défis de l'aménagement*, Rennes, Presses Universitaires de Rennes, 216 p.

Gorrah-Gobin C. (2018). « L'urbanisation du monde : l'hétérogénéité du fait urbain et l'avènement de la métropole », *Pollution atmosphérique* [En ligne], n° 237–238, mis à jour le : 10/10/2018, URL : http://lodel.irevues.inist.fr/pollution-atmospherique/index.php ?id=6599, https://doi.org/10.4267/pollution-atmospherique.6599.

Labranche S., Charles L. (2012). « Étude d'acceptabilité sociale de la ZAPA de l'agglomération grenobloise : synthèse des principaux résultats », *Pollution Atmosphérique*, numéro spécial, 2012, p. 226–230 http://www.appa.asso.fr/_docs/1/fckeditor/file/Revues/PollutionAtmospherique/Hors-serie-particules-novembre-2012/p--%20La%20Branche(1).pdf

Mégevand P. (2016). « Le projet Équilibre. [En ligne] », *Pollution Atmosphérique* 231–232, p. 157–161, Disponible sur : http://lodel.irevues.inist.fr/pollution-atmospherique/docannexe/file/5819/megevand.pdf

Praznoscy C. (2013). « Les avantages sanitaires de la pratique du vélo dans le cadre des déplacements domicile-travail », *Coordination Interministérielle pour le Développement de l'Usage du Vélo*, 31 p. http://www.villes-ozeccyclables.org/modules/kameleon/upload/ciduv_2013dec_avantages_sanitaires_du_velo.pdf

Rocher L., (2013a). « Le climat, nouvel objet de l'action urbaine lyonnaise », in F. Bertrand &L. Rocher (dir.),*Les territoires face au changement climatique. Une première génération d'initiatives locales*, Bruxelles, P.I.E. Peter Lang, coll. « EcoPolis », 18, 2013, p. 125–147.

Roussel I. (2013b). « Quand le changement climatique interroge l'humanité », *Territoire en mouvement Revue de géographie et aménagement* [En ligne], 14–15 | 2012, mis en ligne le 01 juillet 2014, consulté le 01 août 2019. URL : http://journals.openedition.org/tem/1719 ; DOI : 10.4000/tem.1719

Roussel I. (2015). « Le confort thermique au cœur de la rénovation des logements : norme ou stratégie d'adaptation ? », *Pollution atmosphérique* [En ligne], n° 225, mis à jour le : 23/05/2017, doi.org/10.4267/pollution-atmospherique.4775

Roussel I., Rocher L., Aschan-Leygonie C. (2018). « Air, climat, énergie : convergences et contradictions à l'échelle urbaine. L'exemple lyonnais », *Pollution atmosphérique* [En ligne], n° 237–238, mis à jour le : 23/10/2018, URL : http://lodel.irevues.inist.fr/pollution-atmospherique/index.php ?id=6723, https://doi.org/10.4267/pollution-atmospherique.6723

Roussel F.-X. (2018). « La ville française bridée par une vision descendante », *Pollution* atmosphérique [En ligne], n° 237–238, mis à jour le : 10/10/2018, URL : http://lodel.irevues.inist.fr/pollution-atmospherique/index.php ?id=6566, https://doi.org/10.4267/pollution-atmospherique.6566

Sainteny G. (2015). *Le climat qui cache la forêt : comment la question climatique occulte les problèmes d'environnement*, Paris, Rue de l'échiquier.

Vlassopoulou C. (1999). *La lutte contre la pollution atmosphérique urbaine en France et en Grèce : définition des problèmes publics et changement de politique*, thèse de doctorat en sciences politiques.

Vive la règle pour le projet ! L'articulation de la règle et du projet au service de la résilience urbaine à l'inondation

Sylvain Rode[1] et Julien Langumier[2]

Introduction

Si le projet urbain s'est généralisé au cours des années 1980 et 1990 au point de devenir « le standard de l'action, un passage obligé » (Claude, 2006), ce n'est en revanche qu'assez récemment (depuis les années 2010 essentiellement) que la littérature scientifique et professionnelle sur les risques le mobilise pour en faire un outil heuristique et opérationnel afin de repenser l'aménagement urbain dans les zones exposées à des risques. Le projet, qui « véhicule [...] une posture d'action spécifique, celle du dialogue, du partenariat, de la négociation » (Arab, 2004), et est souvent associé à une nouvelle pratique urbanistique qui serait moins réglementaire (Dugua, Delabarre, 2017), est envisagé par la littérature scientifique sur l'urbanisme résilient comme « une ouverture du champ des possibles » (Hubert, 2014) potentiellement favorable à une meilleure intégration des risques à la conception urbaine et à l'aménagement. Le projet constituerait ainsi le nouveau mode opératoire d'un urbanisme résilient, c'est-à-dire qui intègre « pleinement le risque d'inondation dans ses démarches comme dans ses productions » (Rode, Gralepois, 2018).

1 Sylvain Rode est maître de conférences en aménagement de l'espace et urbanisme à l'Université de Perpignan Via Domitia et membre de l'UMR 5281 ART-Dev. Il est responsable du master « Urbanisme, Habitat, Aménagement ». Ses travaux de recherche portent sur la prise en compte du risque d'inondation et de l'eau en aménagement.

2 Julien Langumier est ethnologue, co-fondateur de l'Association de recherche sur les catastrophes et les risques en anthropologie (ARCRA). Il revisite ici de manière réflexive ses expériences de praticien de la prévention des risques.

Pourtant, l'analyse de projets d'aménagement urbain développés en zone inondable constructible montre que c'est bien l'existence d'une réglementation qui oblige les maîtres d'ouvrage et les maîtres d'œuvre à intégrer le risque à leurs projets (Gralepois, Rode, 2017). De fait, « la pratique professionnelle donne spontanément la priorité à l'opération d'aménagement sur la réglementation » (Tribillon, 2016). Aussi, en l'absence de règle, le risque a-t-il toutes les chances de ne pas être pris en compte et d'être escamoté par les acteurs du projet. La règle est donc nécessaire, quoi que puissent en dire certains praticiens de l'architecture et de l'urbanisme, critiques de la réglementation préventive sur les risques (Atelier Castro Denissof Casi et Nexity, 2011 ; Beurier, 2011 ; Lesquel, 2010), présentée alors comme bridant le potentiel d'innovation du développement urbain en zone inondable. Les propos suivants de l'architecte Roland Castro l'illustrent : « ça fait partie des erreurs contemporaines : dès qu'il y a un ennui, on fait une loi et un règlement alors qu'il faut une logique de projet, y compris par rapport à ce risque qui peut être dramatique. Je pense qu'il ne faut pas se priver du rapport à l'eau à cause des risques d'inondation »[3]. De telles positions font écho à celles défendues par Jean-François Tribillon dans un ouvrage intitulé Le droit nuit gravement à l'urbanisme. Il y dénonce « la domination de l'urbanisme par le droit [...] oblige[ant] à suivre les sentiers battus et empêch[ant] d'innover, d'ouvrir des voies nouvelles de transition vers le développement durable » (Tribillon, 2016).

Plutôt que d'opposer la règle et le projet, l'enjeu est de parvenir à mieux articuler la logique réglementaire (ce qui est interdit, ce qui est autorisé et les prescriptions associées) et la logique de projet (l'invention collective de solutions adaptées aux territoires et à leurs enjeux singuliers). Affirmer la nécessité de faire le projet avec la règle – et non pas contre elle ou sans elle – revient à prendre le contre-pied de certains thuriféraires du projet pour lesquels la logique de projet (mettant l'accent sur la souplesse, la créativité, la priorité au local) serait forcément vertueuse et la règle nécessairement arbitraire et contraignante. C'est ainsi tout à la fois une manière critique d'interroger le projet comme mode opératoire de l'urbanisme résilient et d'analyser la règle dans son processus de fabrication et de mise en œuvre (Gilbert, 2003) au sein du projet, sans la réduire à son seul énoncé universel taxé par certains de doctrinaire.

---

3 « Inondations : 2016… 2018 et après ? », *C dans l'air*, 25 janvier 2018.

Sur le plan méthodologique, l'analyse repose sur une double observation, compréhensive tant du travail de projet que de la fabrique de la règle. Sylvain Rode mobilise en effet des enquêtes auprès des acteurs de projets résilients emblématiques développés en zone inondable au niveau national[4]. Julien Langumier adopte une posture réflexive et analytique sur sa pratique opérationnelle d'élaboration des Plans de Prévention des Risques d'inondation (PPRi) dans le Sud-Est de la France.

Dans cette double perspective, les projets d'aménagement urbain en zone inondable se présentent comme des configurations (spatiales et actorielles) à l'occasion desquelles doivent être mises en œuvre des transactions nouvelles entre la ville et l'eau afin d'intégrer pleinement le risque d'inondation à la fabrique urbaine et ainsi aboutir à une forme d'urbanisme résilient. La transaction peut être définie comme l'ensemble des marges de définition possibles d'un accord qui permet de conclure un choix. Comme en informatique, la transaction est une suite d'opérations qui fait passer d'un état antérieur à la transaction à un état postérieur. Comme en droit, la transaction termine une contestation née, ou prévient une contestation à naître (article 2044 du Code civil). En sciences sociales, la notion de transaction – de transaction sociale plus précisément – insiste sur l'idée que la décision finale est le résultat d'une transformation des termes de l'échange et de la modification des priorités initiales (Rémy, 1992) des différentes parties pour aboutir à une décision.

Les transactions visant à articuler la règle et le projet en zone inondable ont plusieurs conséquences directes : elles contribuent d'une part à reconfigurer le jeu d'acteurs du projet et leurs modes d'action, tant pour les garants de la prévention que pour les concepteurs ; elles contribuent d'autre part à mettre à l'agenda de nouvelles questions que la dynamique du projet s'éviterait volontiers de traiter.

---

4 Dans le cadre du projet de recherche PRECIEU (Projet de Recherche sur l'intégration de la Contrainte d'Inondation dans les Espaces Urbains), financé entre 2013 et 2016 par le 3e programme Risques Décisions Territoires (RDT), du ministère de l'Écologie, de l'Énergie et du Développement durable. La direction scientifique de ce projet a été assurée par Mathilde Gralepois et Sylvain Rode.

1 Les garants de la prévention : l'émergence de nouvelles collaborations entre l'État et les collectivités

Initiée en 1982[5] en même temps que les lois de décentralisation, la politique de prévention confère un rôle essentiel aux services déconcentrés de l'État en leur donnant mission de connaître et de dire le risque. Sous la houlette d'Haroun Tazieff, alors secrétaire d'État aux risques naturels et technologiques majeurs, les inventaires des risques naturels constitueront le premier travail au niveau local du jeune ministère de l'Environnement dans le champ de la prévention (Decrop *et al.*, 1997). La loi de 1982 prévoit en effet la réalisation de plans réglementaires (les Plans d'Exposition aux Risques, PER) en contrepartie du système assurantiel solidaire mis en place pour l'indemnisation des catastrophes naturelles. La loi Barnier de 1995[6] définit les Plans de Prévention des Risques naturels (PPR) qui sont élaborés et mis en œuvre par les services de l'État. La constitution de la politique de prévention est donc contemporaine de la progressive autonomie des collectivités sur la compétence planification et droit des sols conférée par la loi de 1983[7]. Si certains y voient un réflexe de l'État de reprendre d'une main ce qu'il transmet de l'autre aux collectivités, au tournant des années 2000 à l'heure du bilan des 5000 premiers PPR, l'adage du ministère de l'Environnement est : « L'État dit le risque, la collectivité prévient le risque ». Il s'agit ainsi d'exprimer une articulation plutôt qu'une concurrence entre l'élaboration de la règle et sa mise en œuvre dans l'instruction des autorisations d'urbanisme. Dans les faits, cette articulation s'est néanmoins avérée difficile. On sait à quel point la mise en œuvre de cette politique préventive a suscité de fortes controverses à l'échelle des territoires locaux (Narcy, 2002 ; Beucher, Rode, 2009 ; Rode, 2012). La nouvelle réglementation de l'usage des sols, perçue par les collectivités comme unilatérale, est dénoncée comme entravant le développement des territoires locaux en bridant les projets.

---

5 Loi n° 82–600 du 13 juillet 1982 relative à l'indemnisation des victimes de catastrophes naturelles.

6 Loi n° 95–101 du 2 février 1995 relative au renforcement de la protection de l'environnement.

7 Loi n° 83–8 du 7 janvier 1983 relative à la répartition de compétences entre les communes, les départements, les régions et l'État.

Sur le terrain, dire le risque consiste d'abord à acquérir la connaissance sur la base des éléments historiques et des modélisations hydrauliques. Cela revient ensuite à représenter spatialement une inondation de référence par le biais d'une cartographie. Enfin, dire le risque aboutit à la traduction réglementaire de ces éléments à travers un zonage distinguant les zones inconstructibles ou constructibles avec prescriptions et un règlement associé. Au titre de ses compétences relatives au droit du sol et à la planification, la collectivité prévient alors le risque en faisant application du « dire » de l'État sur le risque. Forte d'une couverture de 11500 communes par des PPR en 2018[8], la politique de prévention a en partie répondu à l'objectif d'acquisition de la connaissance du risque et à sa traduction en règle de prévention.

Mais cette généralisation sur les territoires confronte davantage les porteurs de projets aux contraintes et exigences du principe de maîtrise et d'adaptation de l'urbanisation en zone inondable. Dans leur forme, les PPR sont des bons indicateurs de l'importance croissante des échanges et transactions entre l'État et les collectivités et porteurs de projets[9]. Les règlements sont passés de quelques pages indiquant des principes généraux parfois peu opérationnels dans le champ de l'urbanisme à des volumes de près d'une centaine de pages, reflets des nombreuses dispositions ajoutées et précisées à la faveur des discussions avec les acteurs de l'urbanisme, d'une analyse jurisprudentielle, et d'une mise à l'épreuve des projets en cours lors de l'élaboration du PPR. Pour illustration, lors de l'élaboration du PPRi de l'Huveaune dans les Bouches-du-Rhône, une réflexion spécifique a été conduite sur des secteurs déjà urbanisés et aménagés présentant une vulnérabilité importante sur la commune de Marseille. Dès lors, le règlement a intégré la possibilité de développer des projets de renouvellement urbain étant donné que seuls des projets d'ampleur de reprise de l'existant pouvaient réduire significativement la vulnérabilité existante. Des « espaces stratégiques de requalification » ont ainsi été définis et cartographiés avec un règlement spécifique associé.

---

8 Avis n° 152 présenté au nom de la commission de l'aménagement du territoire et du développement durable sur le projet de loi de finances, adopté par l'Assemblée nationale, pour 2019, TOME II ENVIRONNEMENT, Par MM. Guillaume CHEVROLLIER, Pierre MÉDEVIELLE et Mme Nelly TOCQUEVILLE, Sénateurs.

9 Même si certaines de ces « négociations » (Moulin, Deroubaix, Hubert, 2013) sont invisibilisées par les cartes de zonage des PPR (Le Bourhis, 2007 ; Rode, 2012).

Si cette démarche de concertation et d'association à l'élaboration des PPR est affirmée dans une circulaire ministérielle de 2007[10] les services de l'État l'interprètent comme une obligation de moyen et non de résultat, tant est incertaine l'obtention d'un accord sur la règle de prévention. Du côté des porteurs de projets, la critique est récurrente des faiblesses des services de l'État à intégrer la logique de projet. Cette critique a trouvé un nouvel élan dans le cadre de l'importation récente du paradigme de la résilience de la recherche vers la sphère opérationnelle. Ce dernier incite alors à l'inscription dans un espace-temps propice à une réflexion sur l'intégration du risque d'inondation dans un projet d'aménagement global, c'est-à-dire une opportunité pour inventer des solutions en faveur d'une ville capable de traverser les épreuves des catastrophes plutôt que comme un simple lieu d'application d'une règle pensée comme universelle.

Dépassant le rôle « d'observateur vigilant » (Claude, 2006) analysé sur les dossiers d'aménagement hors zones à risques, la mise à l'agenda de l'objectif de résilience peut-il (et doit-il) amener-t-il les services de l'État à intégrer l'espace de transaction du projet comme un acteur à part entière ? Le projet Matra[11] à Romorantin nous livre quelques éléments de réponse à cet égard. Lancé par la maîtrise d'ouvrage et la maîtrise d'œuvre comme un projet classique de renouvellement urbain, avant que les services de l'État ne les informent de l'élaboration en cours d'un PPRi sur le secteur (le PPRi de la Sauldre, qui a été prescrit en 2004 et approuvé en 2015), ce projet a dû être entièrement retravaillé à l'aune de la réglementation préventive afin d'y intégrer la question du risque d'inondation. Néanmoins, l'État et ses représentants ne se sont pas cantonnés dans le rôle de producteur et gardien de la règle. Ils ont également intégré l'espace de transaction du projet en participant aux discussions collectives avec la maîtrise d'ouvrage et la maîtrise d'œuvre afin de rendre possible un projet de renouvellement urbain représentant un enjeu majeur pour cette petite ville de 18000 habitants sinistrée

---

[10] Circulaire du 3 juillet 2007 relative à la consultation des acteurs, la concertation avec la population et l'association des collectivités territoriales dans les plans de prévention des risques naturels prévisibles.

[11] Ce projet de renouvellement urbain consiste à créer un nouveau quartier à l'emplacement d'une friche industrielle de 6 hectares située en bordure de la Sauldre, un affluent du Cher. De 1798 aux années 1960, le site était dédié à l'industrie textile (famille Normant). L'industrie automobile a ensuite pris le relai à partir des années 1960 et jusqu'en 2003, date de fermeture des usines du groupe Matra.

économiquement (6 hectares de friches industrielles aux portes du centre-ville) mais qui risquait d'être empêché par le PPRi en cours d'élaboration. Alors que les propositions de partis de composition urbaine et divers dessins réalisés par le concepteur étaient initialement seulement validés par le maire en sa qualité de maître d'ouvrage, ils sont ensuite également validés par la Direction Départementale des Territoires (DDT). L'architecte-urbaniste qui conçoit le quartier évoque l'importance des services de l'État dans l'espace de transaction du projet : « Les acteurs de l'État sont très importants. Ils ont été là tout le temps. Ils sont venus à chaque inauguration. Ils sont impliqués pédagogiquement dans le projet, ils sont impliqués culturellement. »[12] Par ailleurs, ce sont parfois des représentants des services de l'État qui suggèrent à l'architecte concepteur du quartier des solutions permettant à son projet d'être conforme au PPRi. Ce fut le cas notamment pour l'orientation des immeubles, qui avaient initialement été dessinés perpendiculaires à la rivière et qui ont ensuite été disposés parallèlement afin de ne pas entraver l'écoulement de l'eau en cas d'inondation. Ce fut aussi le cas pour le respect de la règle de 20 % maximum d'emprise au sol des bâtiments à l'échelle du périmètre du projet : c'est la DDT qui a suggéré à l'architecte d'élargir le périmètre. Alors que l'assiette de départ, représentée par la parcelle d'acquisition de l'usine, couvrait 5,7 ha et que l'emprise au sol totale des bâtiments représentait 22 % du périmètre (périmètre A sur la Fig. 1), l'inclusion dans la surface d'assiette des voiries situées en périphérie immédiate du quartier a permis de la faire passer à 7 ha et ainsi de faire repasser l'emprise au sol à 18 % (périmètre B sur la Fig. 1), donc sous la barre des 20 % prévue par le PPRi.

Ici, les représentants des services déconcentrés de l'État se sont donc positionnés comme un acteur à part entière du projet et du processus de conception urbaine en participant à l'invention collective de solutions permettant d'intégrer la contrainte hydraulique au projet urbain tout en respectant le cadre réglementaire.

L'idée d'une telle participation à la dynamique du projet et à la définition des solutions pertinentes d'urbanisme résilient ne va pourtant pas de soi. Elle pose en effet des problèmes de frontières et donc de légitimité pour les services de l'État avec d'une part la collectivité compétente pour l'autorisation du projet et d'autre part avec le porteur de

---

12 Entretien du 26 mai 2016.

projet dont certains choix non visés par les règles de prévention relèvent de sa responsabilité. L'espace de transaction du projet d'aménagement appelle pourtant ce premier déplacement pour les acteurs qui passeraient d'un rôle sectoriel à une dynamique collective consistant à construire une décision ensemble. Le moteur de ce rapprochement peut correspondre à l'objectif d'aboutissement du projet. De manière prospective, l'espace de transaction ville/risque d'inondation correspond alors à ce qui se pratique parfois déjà, c'est-à-dire un lieu de « rencontre institutionnelle [qui est censée être féconde] entre les services de l'État – qui dépassent leur fonction régalienne pour apporter une expertise aiguisée – et les collectivités locales, dont on stimule les capacités d'établir une vision partagée, une vision politique fédératrice » (Bonnet, 2016). L'État central promeut l'articulation de la règle et du projet, ainsi que le rappelait un représentant de la Direction générale de la prévention des risques lors de la journée « Aménager avec le risque inondation : un dialogue à construire » du 24 octobre 2018 pour qui « La meilleure solution à côté de la règle c'est le projet » et entend concilier prévention du risque inondation et aménagement. L'exemple du projet Matra à Romorantin a permis de montrer combien la participation de la DDT à l'espace de transaction du projet avait été non seulement bien perçue par la maîtrise d'ouvrage et la maîtrise d'œuvre, mais aussi constructive pour le bon aboutissement du projet. Le projet d'aménagement urbain en zone inondable doit ainsi être envisagé par l'État comme « une opportunité pour inventer des solutions en faveur d'une ville plus résiliente plutôt que comme un simple lieu d'application d'une règle pensée comme intangible. Pour cela, il semble souhaitable que les services de l'État intègrent l'espace de transaction du projet comme un acteur à part entière et non pas qu'ils se considèrent uniquement comme un acteur extérieur, surplombant, celui qui dit la règle » (Rode *et al.*, 2018). La participation active et constructive des services de l'État à l'espace de transaction qu'est le projet d'aménagement urbain en zone inondable constitue ainsi une des conditions même de réussite des projets d'aménagement urbain en zone inondable.

Sur le terrain, les acteurs tant des collectivités que des services de l'État objectivent dès à présent de plus en plus les responsabilités prises dans le développement d'aménagements en zones à risques. Ils tendent alors à faire converger leur position dans l'exercice de la mise en œuvre de la prévention face au porteur de projet. Le fait de se retrouver engagé sur le même registre des responsabilités incite à défendre des positions communes et tend de ce fait à relativiser les oppositions parfois de principe observées dans les années 1990 et 2000 entre l'État et les collectivités. L'espace de transaction ville/risque se traduit alors dans de nouvelles collaborations autour des partages de responsabilités entre la planification et la prévention.

2 Les concepteurs : de la liberté créatrice au projet sous contrainte

Le rôle et la place des architectes-urbanistes se trouvent redéfinis, voire questionnés, dans le projet d'aménagement urbain en zone inondable. Ces professionnels de la conception urbaine découvrent souvent la problématique de l'inondation et les enjeux hydrauliques une fois qu'ils sont impliqués dans le projet, c'est du moins le cas dans les premiers projets d'aménagement urbain développés en zone inondable constructible dans la perspective d'inventer un urbanisme résilient. Dans ce cas, ces architectes-urbanistes en charge de la conception du quartier ne sont pas spécialistes de l'urbanisme résilient et n'ont donc pas de recette toute faite pour apporter des réponses architecturales et urbaines aux problématiques hydrauliques. Il est alors nécessaire qu'ils prennent au sérieux la question du risque dans la conception du projet et en fassent un paramètre à part entière de la conception urbaine, et non pas seulement une contrainte, synonyme de surcoûts et de mise en péril des équilibres du projet, qu'ils essaieraient de minimiser et d'occulter. C'est ce qui s'est passé pour le quartier Matra à Romorantin, où l'architecte-urbaniste en charge de la conception du projet a « découvert » la problématique de l'inondation une fois le projet déjà assez avancé (après deux ans de travail sur le projet, « pensant qu'on avait fini et qu'on allait commercialiser les fiches de lots »[13]). Mais, dans ce cas de figure, les professionnels de la conception urbaine ont accepté de jouer le jeu de l'inondation (c'est-à-dire apprendre au fur et à mesure de l'avancement du projet, s'acculturer à de nouvelles notions, intégrer de nouveaux paramètres, faire avec la présence incontournable de nouveaux acteurs, mobiliser de nouvelles expertises, et inventer des formes architecturales et urbaines adaptées au territoire et à son inondabilité) pour finalement en faire un paramètre à part entière de la conception. Au final, ces professionnels

---

[13] Entretien du 26 mai 2016 avec l'architecte-urbaniste ayant conçu le quartier Matra à Romorantin.

de l'urbanisme ont accepté une forme de déstabilisation de leur cadre cognitif et professionnel d'intervention[14], les obligeant ainsi à délaisser les solutions toutes faites et possiblement reproductibles d'un projet à un autre au profit d'un registre d'invention créative intégrant de nouvelles règles et permettant de dégager des réponses propres à un territoire, et adaptées à ses problématiques spécifiques. Ce type de positionnement de l'architecte-urbaniste intervenant en zone inondable et devant composer avec l'incertitude et donc inventer des réponses nouvelles et adaptées à l'inondabilité ne contribue-t-il pas, somme toute, à réaffirmer le caractère prudentiel de sa pratique professionnelle (Champy, 2000), c'est-à-dire qu'il s'agit de professions qui nécessitent la mobilisation de savoirs dans des situations d'incertitude, dans lesquelles on ne peut se contenter d'appliquer un savoir normalisé (Vézinat, 2010) ?

Au plan des pratiques professionnelles, les concepteurs des projets urbains doivent dans ce nouveau contexte composer en premier lieu avec les experts de la modélisation hydraulique sur laquelle s'appuient les règles de prévention. Le nouveau périmètre de la zone inondable ainsi produit peut cadrer fortement le travail de composition urbaine et a tendance à lui imposer des réponses techniques normatives. En effet, le risque d'inondation traduit dans des cartes de hauteur d'eau et des règles associées de calage des planchers notamment conduit globalement à une surélévation des bâtiments qui oriente fortement le caractère prudentiel vers une morphologie urbaine déterminée.

À ce titre, les professionnels de la modélisation hydraulique jouent un rôle important dans les projets d'aménagement urbain en zone inondable. Leurs travaux, en donnant une représentation précise du risque sur le territoire de projet, et en la traduisant en règles et en solutions hydrauliques propres à y permettre le développement urbain, vont constituer une référence centrale pour les services de l'État comme

14 Déstabilisation dont témoignent les propos suivants de l'architecte-urbaniste ayant conçu le quartier Matra : « on comprend lors de cette réunion avec la sous-préfète qu'on est reparti pour un travail avec des acteurs dont on ne connaît même pas l'existence : qui c'est Ingérop [NDLR : le bureau d'études en hydraulique qui réalise le PPRi de la Sauldre] ? Qu'est-ce que c'est qu'un PPRi ? Qu'est-ce que c'est que cette marge de précaution ? Là on sort pour nous de nos habitudes, nous on travaille avec les lois sur les PMR, avec les rapports de sol, avec les pompiers, on travaille avec tous les services conformes de nos permis. Voilà un nouvel acteur qui est un peu abstrait pour moi. Donc je ne vois plus la rivière de la même manière. » (entretien du 26 mai 2016).

pour les professionnels de la conception urbaine. Comme le rapporte le concepteur du quartier Matra, « J'ai proposé au maire d'avoir notre bureau d'études à nous [...]. J'ai proposé de faire venir SOGREAH, et nos dessins étaient validés par SOGREAH [...]. J'avais des dessins sur 7 hectares validés par SOGREAH, avec des vraies dimensions de route, des vraies dimensions de résistance de matériaux, des vraies tailles de pilotis, enfin une vraie définition du quartier »[15].

Le premier impact des modélisations hydrauliques sur la conception urbaine porte sur le plan masse. À cette échelle du périmètre de projet, les calculs de hauteurs et de vitesses de l'eau font apparaître des éléments invisibles du paysage urbain : des cheminements préférentiels de l'eau, des cuvettes topographiques ou la saturation des ouvrages enterrés qui ont historiquement canalisé les écoulements. Pour répondre au double régime réglementaire de la police de l'eau demandant de préserver le libre écoulement des eaux et de la prévention des risques visant à éviter l'implantation de nouveaux bâtiments dans les zones à risques, l'urbaniste est amené à retravailler son plan masse pour le rendre compatible avec cette nouvelle trame hydraulique, partie intégrante des contraintes du site. Dans le contexte d'une grande opération de renouvellement urbain à Marseille, l'aménageur fait le choix de prolonger les études hydrauliques initiées par les services de l'État pour élaborer le PPRi de manière à tester plusieurs scénarios d'aménagement au regard des réactions des modélisations hydrauliques. Il articule dans la synchronie le travail de l'urbaniste et celui de l'hydraulicien pour créer une dynamique itérative entre les résultats du modèle et la conception du plan masse. Le résultat est inattendu, à commencer pour l'aménageur, qui intègre de nouveaux éléments à la définition de la trame urbaine, comme la remise à l'air libre d'un cours d'eau canalisé dans des ouvrages souterrains. Il restitue ainsi une capacité d'écoulement supérieure aux sections des canalisations enterrées, limitant d'autant l'inondation en surface liée à la saturation du réseau. Pour optimiser encore davantage la fonction hydraulique de ce cours d'eau recréé, l'urbaniste revoit la trame urbaine non plus seulement en plan mais en intégrant la topographie et le nivellement. Il conçoit un maillage de « rues rivières » suivant les points bas et guidant le ruissellement vers le cours d'eau et de « rues crêtes » sur les points hauts, hors de la zone inondable, permettant de maintenir les circulations

---

[15] Entretien du 26 mai 2016.

dans le quartier en cas de crue. Le foncier ainsi libéré de la contrainte inondation constitue à nouveau une ressource pleine et entière pour le développement urbain. En retour, les services de l'État affichent dans le PPRi le principe d'une révision du document une fois ces aménagements hydrauliques réalisés. Le cours d'eau ainsi retrouvé est rapidement réinvesti par le projet urbain à travers les enjeux liés à la nature en ville, à l'implantation de mode doux, aux espaces de respiration non bâtis.

À une échelle spatiale réduite, l'expertise hydraulique est moins facilement intégrable dans la fabrique de la ville. Elle vise en effet à maîtriser le risque d'inondation dans le projet en prenant des dispositions pour garantir la sécurité des personnes à travers notamment des accès hors d'eau ou limiter les dommages aux biens en surélevant les premiers planchers. Ces conditions à la faisabilité du projet constituent un droit d'entrée élevé pour la maîtrise d'œuvre d'autant que cette dernière est parfois engagée, à la suite de la collectivité maître d'ouvrage, dans une contestation de l'objectivation du risque par le plan de prévention de l'État sous-tendu par la même expertise hydraulique. Jean-Baptiste Narcy a bien mis en évidence les deux « registres de justification » (Narcy, 2002 et 2004) distincts à l'œuvre dans l'action publique en matière d'inondation : d'un côté, suivant le paradigme du risque majeur et de l'imposition d'une force naturelle, l'État poursuit un objectif de maîtrise de l'urbanisation dans les zones à risque ; de l'autre, suivant une logique de maîtrise des aléas, les aménageurs conçoivent les réponses pour maîtriser les risques dans leur projet. L'expertise hydraulique est la ressource commune qui alimente les deux justifications de la maîtrise de l'urbanisation ou de l'aléa qui se trouvent articulées dans les plans de prévention. En effet, les zones rouges des PPRi suivant un principe d'inconstructibilité répondent à la première perspective. Les zones bleues quant à elles s'inscrivent dans la seconde perspective à travers l'imposition de prescriptions sur les projets autorisés dans un objectif de résilience (sécurité des personnes et limitation des dommages aux biens). La confusion entre ces deux régimes d'action est à l'origine de malentendus et de controverses sur le terrain entre garants de la prévention et aménageurs.

Dans le cas d'un développement de l'urbanisation dans une zone à risque, comme pour conjurer le paradigme de la maîtrise de l'urbanisation qui est alors suspendu, l'objectif de maîtrise de l'aléa se fait de plus en plus fort et exigeant au regard notamment des enjeux de responsabilité. Le projet se fait dans ce cas « sous caution » d'une expertise hydraulique, laquelle influence fortement les choix de composition architecturale et urbaine. C'est particulièrement net à l'examen des partis de composition urbaine récemment développés ou projetés en zone inondable, qui donnent à voir des quartiers totalement organisés en fonction de l'écoulement de l'eau en cas d'inondation. Le quartier Matra à Romorantin est ainsi entièrement pensé et conçu comme « un affluent temporaire de la rivière ». Tout le travail de composition urbaine s'est effectué en fonction du paramètre qu'est le risque d'inondation. Les bâtiments sont orientés parallèlement à la rivière afin de ne pas faire obstacle à l'écoulement de l'eau. Le quartier peut accueillir, guider, ralentir et canaliser l'eau, afin qu'elle retourne à la rivière en aval. À Narbonne, le parti de composition urbaine du quartier Les Berges de la Robine est structuré autour de transparences hydrauliques qui déterminent largement la forme urbaine. Dans le projet d'aménagement urbain en zone inondable, la liberté créatrice revendiquée par les architectes se trouve donc singulièrement orientée, de même qu'est mise à mal la « tradition dans laquelle l'architecte "décidait" de la forme urbaine d'un quartier » (Ingallina, 2001).

Cette idée d'une créativité de l'architecte qui serait bridée par la contrainte hydraulique doit toutefois être relativisée. Tout d'abord, dans le discours même des architectes et urbanistes, il est intéressant de souligner la prolixité de l'évocation des adaptations des formes urbaines historiques aux contraintes naturelles, au premier titre desquelles les questions hydrauliques. La continuité de l'analyse historique dans les projets du présent semble parfois plus difficile à établir pour ces derniers, même si l'exemple de Narbonne évoqué juste après nous donne une belle illustration du contraire. Plus globalement, certains praticiens soulignent que dans tout projet d'aménagement urbain, le travail de l'urbaniste est précisément de composer avec une série de contraintes, qu'il faut lister, hiérarchiser puis synthétiser pour les traduire dans les formes urbaines proposées. Dans cette optique, la question hydraulique n'est qu'une contrainte parmi d'autres, charge pour l'architecte-urbaniste d'intégrer les données hydrauliques dans son parti de composition urbaine. L'architecte responsable de la conception du futur quartier Les Berges de la Robine à Narbonne souligne ainsi : « Le BET hydraulique nous dit 'l'eau s'écoule dans ce sens et doit repartir', donc cet axe là il nous est donné. Tout notre métier c'est d'arriver à faire de la contrainte un atout »[16]. Le moyen trouvé

[16] Entretien du 28 septembre 2016.

pour transformer la contrainte hydraulique en atout est ici d'inscrire la forme urbaine dessinée pour ce nouveau quartier en zone inondable dans une continuité historique. L'architecte-urbaniste en charge du parti de composition urbaine du futur quartier des Berges de la Robine souligne ainsi que les orientations des transparences hydrauliques correspondent à l'antique cardo romain, et que la forme urbaine qu'il propose s'inscrit donc en continuité de la ville historique de Narbonne, structurée par le cardo et le decumanus. « Le cardo et le decumanus ont écrit la ville et continuent de l'écrire. [...] Il y a une intelligence de l'écriture hydraulique de la ville à travers l'histoire. En continuant à écrire la ville de la même manière, on traite aussi l'hydraulique. [...] En poursuivant l'histoire de la ville, on traite l'hydraulique, tout en restant dans l'urbanité originelle[17]. » Un tel discours permet de mettre en scène une continuité historique directe entre l'extension urbaine contemporaine dans le cadre du projet et l'antique cité de Narbonne, mais aussi de surligner une identité urbaine marquée du sceau de la romanité. Dans un quartier organisé autour du Musée de la Romanité dessiné par Norman Foster, reconnaissons que c'est habile. La transmutation a bien eu lieu : par la magie de la mise en récit et en perspective historique de la production de la ville, l'hydraulique n'est plus une contrainte mais un atout, rien moins que le fil directeur du développement et de la structuration de l'espace urbain. Du moins dans le discours... Dans la réalité du travail de conception urbaine, l'équipe de maîtrise d'œuvre s'est heurtée à maintes reprises aux difficultés opérationnelles induites par la problématique hydraulique et la réglementation préventive.

3 Le projet face à la catastrophe à venir : activation des responsabilités des acteurs de l'aménagement

La présence des services de l'État et de la règle de prévention dans les transactions qui se déroulent à l'occasion d'un projet d'aménagement urbain en zone inondable contribue à la mise à l'agenda de deux sujets non convoqués a priori par le travail de projet.

Le PPRi propose d'abord, à travers la définition d'un aléa de référence, un scénario de risque sous la forme d'une représentation de l'étendue d'une catastrophe possible. La carte de la zone inondable simule l'occurrence

---

[17] *Idem.*

d'une crue historique ou centennale sur le territoire et appelle de fait ses utilisateurs à se projeter dans ces circonstances exceptionnelles.

Alors que le porteur de projet travaille davantage sur les usages quotidiens et ordinaires du nouvel équipement, bâtiment ou aménagement, le PPRi met le projet à l'épreuve d'événements climatiques extrêmes et oblige à traiter de nouvelles questions : rehausse des planchers, traitement des objets pouvant être emportés par les eaux comme les voitures, choix de matériaux résistants à l'eau, évacuation en période de crise lorsqu'il s'agit d'établissements recevant du public (ERP).

Les contextes d'élaboration des PPRi sont souvent marqués par des projets déjà lancés, ignorant le risque d'inondation et qui doivent être retravaillés à l'aune de la réglementation préventive. On peut citer pour exemple tant des projets structurants, comme l'extension d'un établissement public mobilisant une équipe de maîtrise d'œuvre chevronnée contrainte de revoir son projet après 18 mois de travail car l'entrée du public était positionnée en contrebas de la voirie sur un axe de ruissellement, que des projets de particuliers ayant fait l'objet d'un permis d'aménager remis en cause, malgré la cristallisation des droits à bâtir, reconnu pour une durée de cinq ans par le code de l'urbanisme, lors de l'autorisation du permis de construire au titre du risque d'inondation. Ces exemples montrent que la démarche de projet n'est pas spontanément intégrative du risque d'inondation qui nécessite une appréhension à l'échelle plus macro du bassin versant. Cette différence d'échelle fait de l'objectivation du risque une donnée extérieure au projet que ce dernier doit en retour intégrer. Renvoyer à chaque porteur de projet la nécessité d'étudier les risques pour les prendre en compte conduirait à des difficultés méthodologiques du fait de l'hétérogénéité de l'expertise et provoquerait des conflits d'intérêts au sein du travail de projet, juge et parti sur le risque.

La règle de prévention est donc bien nécessaire pour que les projets prennent pleinement en charge le risque, et aboutir in fine à des projets d'aménagement urbain résilients.

Le porteur de projet contraint par la prévention doit également se mobiliser sur la publicisation du risque d'inondation sur son périmètre. Faire de la contrainte une ressource reste pourtant un discours difficile à mettre en œuvre tant les projets urbains développent en amont une politique de marketing territorial écartant tout stigmate parmi lesquels le risque aux côtés des nuisances, la distance aux polarités et transports en commun, la mixité sociale sur certains territoires. Dans le récit enchanté du projet, mis en image par des perspectives visuelles hédonistes, le risque peine à être représenté, quand bien même le projet développe des réponses résilientes.

Le scénario catastrophe produit par le plan de prévention cristallise ensuite des discussions entre acteurs sur le partage des responsabilités, en anticipation de potentielles accusations devant les juridictions pénales après un événement majeur. Le procès relatif à la tempête Xynthia tenu en 2014 est emblématique d'une instruction recherchant les fautes commises dans la délivrance des autorisations d'urbanisme relatives aux maisons où ont été retrouvées des victimes (Revet, 2016 ; Langumier et Knispel, 2018). Dans le cadre de l'élaboration des plans de prévention des risques, l'État est le premier acteur à engager sa responsabilité dès lors qu'il n'interdit pas un nouvel aménagement dans une zone à risque. Ce faisant, comme l'illustrent les cas qui suivent, il mobilise un espace de transaction avec la collectivité et le porteur de projet pour partager cette prise de responsabilité.

Tout d'abord, lors de l'élaboration du zonage de prévention, la discussion porte bien souvent sur des secteurs justifiant d'un principe d'inconstructibilité en première approche pour les services de l'État mais représentant par ailleurs des périmètres de projets pouvant justifier un traitement spécifique. C'est par exemple le cas d'équipements publics reconnus sensibles en termes de vulnérabilité comme des établissements de santé ou des écoles qui ne doivent pas être implantés en zone inondable. Cependant, pour des communes entièrement impactées par le risque d'inondation, l'impossibilité d'une implantation alternative justifie la présence de tels équipements, étant entendu que le risque ne peut exclure certains services publics par exemple. Dès lors, les prescriptions imposées par les services de l'État pour ces nouveaux projets sont renforcées et activent des mesures qui engagent la responsabilité du futur gestionnaire ou de la collectivité à travers ses compétences de gestion de crise. L'espace de transaction fonctionne alors comme un dispositif de partage des responsabilités entre l'État levant le principe d'inconstructibilité en échange de garanties et d'engagements de la collectivité sur la gestion de crise et le responsable de l'équipement dans la conception de dispositifs résilients.

Autre exemple, l'autorisation des parkings souterrains en milieu urbain et en zone inondable relève de logiques contradictoires entre d'une part les exigences de planification demandant d'intégrer les besoins de stationnement aux projets et d'autre part, la grande vulnérabilité de ces aménagements qui, dès lors qu'ils sont inondés, constituent des pièges dangereux pour les usagers. L'issue peut être trouvée en n'interdisant pas les parkings souterrains au titre du PPRi élaboré par l'État mais en prescrivant des mesures pour empêcher la mise en eau de ces derniers, notamment un cuvelage étanche et une entrée au-dessus des plus hautes eaux. Lors des échanges entre l'État et la collectivité, l'espace de transaction a permis de trouver un accord sur une revanche supplémentaire pour le calage des entrées au regard de la grande vulnérabilité de cet équipement et des risques d'embâcles pouvant aggraver localement les hauteurs d'eau. Dans ce cas, c'est la collectivité qui a demandé cette garantie supplémentaire au titre de ses compétences en matière de sécurité et gestion de crise. Charge ensuite au porteur de projet de traiter cette prescription de la bosse hydraulique dans son projet en l'intégrant au mieux dans le volume bâti pour assurer une bonne interface entre l'espace public piéton et la sortie des parkings souterrains.

Sur les « espaces stratégiques de requalification » du PPRi de l'Huveaune à Marseille évoqués précédemment, l'État prend la responsabilité d'autoriser un projet de renouvellement urbain tout en imposant, à titre de prescription, une réduction globale de la vulnérabilité par rapport à l'existant. Le règlement demande de surcroît que le périmètre de projet fasse l'objet d'un schéma directeur global pour éviter des projets au coup par coup ne vérifiant pas le premier principe. Ce faisant, il renvoie donc une part des responsabilités à la collectivité compétente pour instruire les autorisations d'urbanisme qui devront vérifier ces conditions. Le porteur de projet devra compléter son projet par une démonstration de la réduction de la vulnérabilité par rapport à l'existant.

Enfin, dans les zones inondables concernées par un principe de construction avec mise en œuvre de prescriptions, sur la base du dire de l'État, le porteur de projet et la collectivité évaluent leurs responsabilités propres. Tel accord trouvé à travers la règle de prévention pour permettre un projet prévoit souvent de compenser ce nouvel enjeu exposé par des mesures de réduction de la vulnérabilité : batardeaux sur les entrées principales par exemple qui engagent la responsabilité du gestionnaire du bâtiment en cas de crise ou engagement de la collectivité à intégrer ce nouvel équipement à son Plan Communal de Sauvegarde (PCS).

L'espace de transaction autour du projet sert donc aussi, et ce n'est pas la moindre de son utilité, à une formalisation du partage des responsabilités.

Conclusion

La résilience contribue à questionner et à renouveler la démarche même du projet en le confrontant à l'omniprésence de la règle. De nouveaux acteurs s'imposent comme incontournables dans le projet d'aménagement urbain en zone inondable (les services de l'État, qui édictent et sont les garants de la règle, et participent parfois directement à l'espace de transaction du projet), tandis que des acteurs centraux du projet voient leur positionnement en partie redéfini (les architectes-urbanistes). La règle de prévention contribue à introduire dans le projet de nouvelles problématiques (confrontation du projet à une catastrophe future, répartition des responsabilités pénales en cas d'occurrence d'une inondation). Ce n'est ainsi qu'en articulant de manière constructive et créative la logique réglementaire et la logique de projet qu'un urbanisme résilient pourra émerger. Au-delà, cet objectif suppose également une évolution de la culture de projet façonnée par une politique de marketing territorial évacuant les externalités négatives. L'urbanisme résilient se joue aussi dans les représentations du territoire aménagé qui doit se nourrir de et conforter la culture du risque.

La portée du plan de prévention dépasse de beaucoup la seule contrainte de la règle sur le dessein de l'architecte, urbaniste ou paysagiste. En déplaçant le projet dans un autre contexte spatio-temporel, elle consiste en une mise à l'épreuve de ce dernier au scénario du pire. Faut-il blâmer la règle ou la colère sociale au lendemain de la catastrophe qui en est pour une part le reflet ? De ce point de vue, la règle de prévention ne fait que devancer le fait de demander des comptes collectivement à l'État, à la collectivité et au porteur de projet, qui pour s'être accordés pour investir un territoire exposé à un risque ont pris rendez-vous avec l'inondation.

Bibliographie

Arab. N. (2004). *L'activité de projet dans l'aménagement urbain. Processus d'élaboration et modes de pilotage. Le cas de la ligne B du tramway strasbourgeois et d'odysseum à Montpellier*, Thèse de doctorat, École Nationale des Ponts et Chaussées, Aménagement et urbanisme.

Atelier Castro, Denissof, Casi et Nexity (2011). *Vivre le fleuve : les chemins de l'urbanité*, Nexity

Barroca. B. (2015). « De la résistance du bâti à la résilience du territoire : un nouveau cadre de réflexion et d'action », in M. Reghezza-Zitt et S. Rufat (dir.), *Résiliences. Sociétés et territoires face à l'incertitude, aux risques et aux catastrophes*, p. 95–107, London : ISTE Éditions.

Beucher S., Rode S. (2009). « L'aménagement des territoires face au risque d'inondation : regards croisés sur la Loire moyenne et le Val-de-Marne », *M@ppemonde*, 94, 19 p. DOI : http://mappemonde.mgm.fr/num22/articles/art09202.html

Beurier E. (2011). « Étendre la ville aux zones inondables ? », *Le Moniteur des Travaux publics et du Bâtiment*, n° 5613, p. 34–37.

Champy F. (2000). « Les architectes, les urbanistes et les paysagistes », in T. Paquot, M. Lussault M., S. Body-Gendrot S. (dir.), *La Ville et l'Urbain, l'état des savoirs*, p. 215–224, Paris, La Découverte.

Claude V. (2006). *Faire la ville. Les métiers de l'urbanisme au XXe siècle*, Marseille : Parenthèses.

Decrop G., Dourlens D., Vidal-Naquet P. (1997). *Les scènes locales du risque*, CERPE – Futur antérieur.

Dugua B., Delabarre M. (dir.) (2017). *Faire la ville par le projet*, Lausanne : Presses polytechniques et universitaires romandes.

Gilbert C. (2003). « La fabrique des risques », *Cahiers internationaux de sociologie, volume CXIV*, p. 55–73.

Gralepois M., Rode S. (dir.) (2017). Projet d'Étude sur la Contrainte d'Inondation dans les Espaces Urbanisés. Rapport final, 3ème Programme Risques-Décisions-Territoires (RDT), Ministère de l'Environnement, du Développement Durable et l'Énergie (MEDDE).

Hubert G. (2014). « Ville et inondation : une cohabitation délicate », in J.-J. Terrin (dir.), *Villes inondables. Prévention, adaptation, résilience*, p. 218–233, Marseille, Parenthèses.

Ingallina P. (2001). *Le projet urbain*. Paris : PUF.

Langumier G., Knispel M. (2018). « L'anachronisme de la prévention des risques : les enjeux d'aménagement du présent réévalués depuis le futur des catastrophes possibles », *Développement durable et territoire*, 9 (2), URL : http://journals.openedition.org/developpementdurable/12211

Le Bourhis J.-P. (2007). « Du savoir cartographique au pouvoir bureaucratique. Les cartes des zones inondables dans la politique des risques (1970–2000) », *Genèses*, 3 (68), p. 75–96. DOI : 10.3917/gen.068.0075

Lesquel E. (2010). « Risques technologiques et naturels. Comment enfin les prévenir ? », *Courrier des maires et des élus locaux*, 241, p. 18–25.

Moulin E., Deroubaix J.-F., Hubert G. (2013). « La constructibilité des zones inondables ou la négociation territoriale de la règle PPRI », *Géocarrefour*, 88 (3), p. 173–182.

Narcy J.-B. (2002). « Les registres de justification dans l'instruction des plans de prévention des risques inondation », *Annales des mines*, 26, p. 51–65.

Narcy J.-B. (2004). *Pour une gestion spatiale de l'eau. Comment sortir du tuyau ?* Bruxelles, P.I.E. Peter Lang.

Rémy J. (1992). « La vie quotidienne et les transactions sociales », in M. Blanc (dir.), *Pour une sociologie de la transaction sociale*. Paris, L'Harmattan.

Revet S. (2016). « La tempête au tribunal. Trajectoires de victimes et de prévenus au cours du procès de la tempête Xynthia en France », *Archivio anthropologico mediterraneo*, 8, p. 51–64.

Rode S. (2012). « Le chêne ou le roseau : quelles stratégies de gestion du risque d'inondation en France ? », *Cybergeo: European Journal of Geography* [En ligne], *Aménagement, Urbanisme*, document 603, mis en ligne le 25 avril 2012, consulté le 03 avril 2017. URL : http://cybergeo.revues.org/25299 ; DOI : 10.4000/cybergeo.25299

Rode S., Gralepois M. (2018). « Vers un urbanisme adapté au risque d'inondation ? In F. Vinet (dir.) », *Inondations. Volume 2 : La gestion du risque*, p. 415–432, London : ISTE Éditions.

Rode S., Gralepois M., Daniel-Lacombe E. (2018). « Les transactions entre la ville et l'inondation pour un urbanisme plus résilient », *La Houille Blanche*, 3, p. 34–40. URL : https://www.shf-lhb.org/articles/lhb/abs/2018/03/lhb2018030/lhb2018030.html

Tribillon J.-F. (2016). *Le droit nuit gravement à l'urbanisme*, Paris, Éditions de la Villette.

Vézinat N. (2010). « Une nouvelle étape dans la sociologie des professions en France. Bilan critique autour des ouvrages de Didier Demazière, Charles Gadéa (2009) et Florent Champy F. (2009) », *Sociologie*, 3 (1), p. 413–420. En ligne : www.cairn.info/revue-sociologie-2010-3-page-413.htm

Enjeux de gestion des risques en milieu urbain relatifs aux projets d'infrastructures aériennes de transport : le cas du risque inondation

Michaël Gonzva[1], Gabrielle Richard[2], Bruno Barroca[3], Vincent Becue[4] et Kristel Mazy[5]

---

[1] Diplômé de l'École des Ingénieurs de la Ville de Paris, Michaël Gonzva possède un doctorat de l'Université Paris-Est. Sa thèse a porté sur la résilience des systèmes de transport guidé face aux risques naturels, notamment le risque inondation. Il travaille notamment sur des projets d'évaluation de la vulnérabilité d'infrastructures de transport et sur des projets d'élaboration de stratégies de gestion de ces risques.

[2] Ingénieure en génie des systèmes urbains de l'Université de Technologie de Compiègne, Gabrielle Richard travaille sur des études de programmation à des échelles variées, du territoire au bâti. Elle mène actuellement une thèse de doctorat à l'Université de Mons portant sur l'intégration urbaine des infrastructures aériennes de transport.

[3] Maître de conférences à l'Université Paris-Est, Bruno Barroca est de formation pluridisciplinaire, diplômé en géomatique, architecte DPLG, docteur en urbanisme et aménagement, habilité à diriger des recherches. Ses recherches se centrent sur l'étude et la conception urbaine dans des milieux singuliers comme le sont l'espace souterrain et les territoires soumis à des risques naturels ou technologiques.

[4] Vincent Becue est docteur en Art de Bâtir et Urbanisme, Chef de service – Projets, Ville et Territoire à l'Université de Mons, enseignant-chercheur à l'École des Ingénieurs de la Ville de Paris. Ses recherches se concentrent autour de la ville systémique et des enjeux techniques et environnementaux liés à l'aménagement urbain et à l'utilisation des techniques urbaines, en particulier pour l'amélioration de la qualité spatiale.

[5] Kristel Mazy est architecte, urbaniste, docteure en Art de Bâtir et Urbanisme et chargée d'enseignement et de recherche. Ses thématiques de recherche et d'enseignement, axées sur l'urbanisme, portent sur les enjeux territoriaux, les conflits d'aménagement, la gouvernance urbaine, les outils d'urbanisme, les mutations spatiales, et les questions liées à l'urbanisme temporaire et à la ville flexible.

Introduction

Concevoir un système technique en milieu urbain exige d'associer un ensemble d'enjeux toujours plus important en nature et en nombre. C'est leur coexistence qui est la principale source de complexité dans un projet : complexité technique, complexité financière, complexité réglementaire, etc.

Cette situation est pleinement observée dans le cas de projets de systèmes de transport public urbains, qu'ils soient routiers ou ferroviaires. Les enjeux associés sont, de prime abord, techniques et fonctionnels dans la mesure où le service de mobilité fourni par le système de transport se conçoit sur la base de critères de capacité, de vitesse commerciale, de qualité de service, etc. Les enjeux sont d'ordre réglementaire puisqu'il s'agit de réaliser un projet en respectant des exigences foncières, environnementales, juridiques, etc. En particulier, des enjeux sont liés aux évènements naturels et climatiques au travers des risques qu'ils peuvent représenter pour le système de transport. En effet, qu'il s'agisse d'évènements météorologiques naturels qui s'inscrivent dans des évolutions saisonnières ou climatiques, des enjeux majeurs sont soulevés car ils sont une source de vulnérabilité des systèmes de transport.

L'objectif de ce chapitre est de discuter des enjeux spécifiques de la gestion des risques liés aux projets de transport. Le propos est, d'une part, centré sur les systèmes de transport positionnés sur des infrastructures aériennes telles que les viaducs et, d'autre part, ajusté sur le cas du risque inondation. Dans ce contexte, la problématique discutée est la suivante : de quelle manière un projet de système de transport aérien est-il une opportunité pour s'engager vers la conception de systèmes de transport résilients face aux risques naturels ? Il s'agit de discuter l'idée selon laquelle un système de transport aérien est capable d'intégrer le concept de résilience et de le traduire de façon opérationnelle dans un projet urbain. Le chapitre s'attache alors à mettre en avant l'hypothèse suivante : par une approche inclusive des risques érigés comme enjeux impératifs de projet, la résilience peut dépasser la simple réflexion.

Premièrement, à partir d'une approche historique des enjeux pris en compte dans les projets de conception de systèmes de transport implantés sur infrastructure aérienne, le propos tenu consiste à établir que la complexité de ces projets est fonction des enjeux. Plus la diversité des enjeux augmente en nature et en nombre et diffère spatialement – c'est-à-dire selon les sections étudiées de l'infrastructure aérienne de transport – et temporellement – c'est-à-dire évoluant petit à petit durant le déroulé du projet de transport, et plus la complexité de réalisation augmente. Deuxièmement, le chapitre présente l'approche traditionnelle de gestion des risques dans les projets de transport. Cette partie révèle que le risque inondation est usuellement traité comme une contrainte. La problématique du risque inondation est donc mise de côté, volontairement ou non, par les acteurs du projet, en la considérant comme un enjeu secondaire, de moindre poids. Cette partie établit alors que c'est en considérant le risque comme un enjeu primaire, c'est à dire avec un statut d'enjeu d'égal intérêt et d'égale considération, que l'opportunité de concevoir un projet de transport résilient face aux risques naturels est à saisir.

1 Une approche historique des enjeux dans les projets de conception de systèmes de transport implantés sur infrastructure aérienne : la complexité de ces projets est fonction des enjeux

Schématiquement, le système de transport peut être considéré de la manière suivante : un ou plusieurs axes et des diffuseurs/échangeurs, symbolisés par les gares ou bretelles d'accès/sortie, dont les enjeux sont très différents (Leheis, 2012). Dans ce cadre, l'infrastructure, support du réseau de transport matérialise en un objet technique et territorialisé les tensions liées à l'articulation de dimensions variées. Cette nécessaire articulation, pour qu'un projet se réalise, met en tension le global et le local, le général et le particulier. Qu'elles soient géographiques, temporelles ou décisionnelles, ces dimensions doivent être associées et coexister simultanément. Autrement dit, c'est l'ensemble des enjeux, chaque enjeu étant propre à une dimension, qui doivent converger vers une situation d'équilibre et de compromis. Toute la démarche de conception d'un projet consiste, en somme, en la capacité des projets d'infrastructures à intégrer dans leur morphologie et leur programme des enjeux contradictoires (Prélorenzo & Rouillard, 2003). Sur le plan architectural notamment, la conception de l'infrastructure de transport fait face à une « dualité d'échelles opératoires » entre l'échelle locale d'insertion de l'infrastructure et l'échelle globale de fonctionnement du système de transport. Cette tension entre enjeux apparaît de manière évidente dans le cas d'une ligne à grande vitesse qui pour fonctionner, à grande échelle, doit limiter le nombre d'arrêts mais dont la multiplication des gares, à petite échelle, répond à des enjeux politiques et socio-économiques d'aménagement du territoire (Menerault, 1997).

Or, historiquement, les linéaires de voies ou axes du réseau sont conçus principalement à travers des logiques lourdes de fonctionnalisme et de standardisation. L'infrastructure est monofonctionnelle, dédiée à la mobilité de ses usagers, et c'est l'enjeu technique qui prime pour répondre aux problématiques de flux. Ces linéaires de voies, qu'ils soient routiers ou ferroviaires, peuvent s'implanter de cinq différentes manières dans les espaces urbains (Chandon, 2013) : ils peuvent être souterrains, implantés en tranchée ouverte ou couverte, positionnés sur talus et interagir alors directement avec le niveau du sol urbain ou enfin être érigés en hauteur sous la forme de viaducs. Dans cette dernière disposition, le système de transport est entièrement isolé et c'est l'ouvrage de génie civil qui joue le rôle d'interface avec l'espace urbain. Dès lors, l'enjeu technique lié à la mobilité ayant prévalu sur les autres enjeux, les infrastructures sont, la plupart du temps, implantées sans lien avec le territoire urbain environnant (Lévy, 1999). Le non-usager de l'infrastructure, qui doit pourtant l'inclure dans son espace de vie et en supporter les externalités négatives, n'est pas (ou très peu) pris en compte. De façon prévisible, les infrastructures tels que les viaducs, sont aujourd'hui synonymes de nuisances, de dégradation du cadre de vie et font l'objet d'un violent rejet de la population (Prélorenzo, 2007).

Dans ce contexte, les praticiens de la ville dans le champ de l'ingénierie des transports semblent faire face à un tournant important. Face aux coupures générées par les linéaires des systèmes, la question des enjeux est renouvelée. Des enjeux traditionnellement mis de côté occupent à nouveau le devant de la scène d'une part, et des enjeux nouveaux de conception apparaissent, d'autre part. La durabilité et l'aménagement de l'espace environnant font partie de ces enjeux écartés tandis que l'esthétisme et la désirabilité sont des exemples d'enjeux nouvellement présents dans les projets de systèmes de transport portés par des infrastructures aériennes.

2 Une approche traditionnelle de gestion des risques dans les projets de transport : le risque inondation traité comme une contrainte

Si la cohabitation entre infrastructure de transport et espace urbain est par nature conflictuelle, il semble que la cohabitation entre risques et système de transport le soit tout autant. Dans la conception d'un système de transport, cette relation conflictuelle revêt plusieurs facettes : conflit entre des enjeux de mobilité sur un territoire et des enjeux de sécurité des biens et des personnes sur ce même territoire ; conflit entre des enjeux techniques de maîtrise des risques et des enjeux de gestion résiduelle des risques car ces derniers demeurent malgré des mesures de protection mises en place. Le conflit porte donc sur les enjeux, qu'ils soient liés à la sécurité, à la mobilité, au développement socio-économique, à l'environnement, etc. Comme mentionné précédemment, si le processus de conception des infrastructures aériennes de transport a longtemps été sectorisé, réservé à la technique et à l'ingénierie, dans l'optique de la performance du transport en mettant ainsi de côté les autres enjeux territoriaux, il est intéressant de noter que la gestion de l'eau a été sectorisée de la même manière et pour les mêmes raisons (Narcy, 2004). Il s'agit d'appréhender ces enjeux dans une optique d'articulation des échelles du projet : l'occurrence d'une inondation localement au niveau d'une section d'une ligne de transport peut entraîner des conséquences globalement en interrompant l'ensemble de la ligne ; une prise en compte insuffisante du risque inondation lors de la conception d'une ligne de transport peut avoir des effets majeurs lors de l'exploitation de la ligne. Ainsi, dans le contexte des risques, ces conflits entre enjeux sont donc de natures diverses et se déclinent à des échelles spatiales et temporelles différentes.

Ce conflit d'enjeux, entre risque inondation et systèmes de transport, bénéficie d'un panel conséquent de solutions scientifiques, techniques, fonctionnelles et réglementaires usuellement appliquées par les praticiens de la ville : modélisation hydrologique et hydraulique, cartographie de zones inondables, analyse coût-bénéfices, aménagements de protection contre les inondations, systèmes de surveillance et d'alerte en cas d'inondation, plans de secours et de gestion de crise, plans de reprise de l'exploitation, etc. Cet ensemble de solutions est mobilisé classiquement, comme le démontrent les projets de systèmes de transport qui se développent notamment en France dans des zones caractérisées par la présence du risque inondation. Des exemples actuels et représentatifs peuvent être cités : dans le cadre du développement du secteur des Ardoines sur la commune de Vitry-sur-Seine, un trafic plus fréquent du RER C est envisagé, une station du futur métro du Grand Paris Express et deux lignes de transports en commun en site propre sont projetées bien que le secteur soit profondément marqué par la présence du risque inondation ; l'extension de la troisième ligne de tramway de Saint-Étienne traverse des zones actuellement fortement imperméabilisées où les eaux de ruissellement génèrent un risque d'inondation.

Si cet arsenal multidisciplinaire est opérationnel, il semble manquer d'efficacité. Cet ensemble de solutions ne permet pas, en définitive, de prendre en compte l'ensemble des tenants et des aboutissants du risque, car il est nécessaire de mettre en place des actions de prévention, de protection, de gestion de crise et de reprise du fonctionnement sur des échelles de temps et d'espaces autres que l'immédiateté et la parcelle (Moulin, 2015). Les systèmes de transport positionnés sur des infrastructures aériennes sont particulièrement concernés par ce constat. Par exemple, les lignes à grande vitesse implantées dans plusieurs pays asiatiques comme Taïwan – environ 75% de ponts et viaducs – ou le Japon – environ 35% de ponts et viaducs – sont majoritairement en aérien et le risque inondation est essentiellement traité par l'intermédiaire de solutions techniques de renforcement structurel des ouvrages d'art (Gonzva, 2017). Comme identifié précédemment, l'enjeu technique centré sur l'ouvrage prévaut dans une optique de standardisation, d'identification d'une « recette miracle » pour gérer universellement le risque inondation. Or, il s'agit bien de se familiariser avec les caractéristiques particulières du risque sur un territoire précis car « le risque peut faire projet » (Brun & Gache, 2013).

L'approche par les enjeux prônée dans ce chapitre apparaît pertinente dans le cas d'infrastructures aériennes de transport soumises à un risque inondation, dans la mesure où elle s'oppose à une gestion minimaliste et segmentée du risque (Moulin, 2015). Minimaliste, car les acteurs s'entendent sur la mise hors d'eau des biens et personnes et sur le maintien de la transparence hydraulique du projet. Segmentée, car les acteurs s'intéressent chacun à leurs missions propres de gestion du risque sur le périmètre et les ouvrages qui leurs sont dédiés dans le projet, sans s'intéresser à une gestion globale du risque c'est-à-dire à une échelle plus grande et partagée, à une échelle d'acteurs plus large également. L'exemple de viaducs routiers à New-York pour lesquels un système de gestion des eaux de pluie a été mis en place[6] montre qu'un nouveau processus peut être envisagé. Dans ce cas particulier, l'espace sous viaduc a en partie été utilisé pour implanter un système de rétention et de traitement des eaux par le végétal, une « infrastructure verte » en quelque sorte. Cet exemple est une réponse simultanée à plusieurs enjeux : un enjeu technique et réglementaire de collecte et de traitement des eaux polluées issues du système de transport et un enjeu écologique de mobilisation des techniques de traitement local par les végétaux. C'est une utilisation opportune du foncier résiduel de l'infrastructure. Selon notre positionnement, cette solution pourrait être améliorée en augmentant l'échelle de gestion des eaux en permettant sur cet espace la collecte, la rétention et le traitement des eaux issues du territoire urbain environnant. D'autre part, cette solution pourrait être enrichie : rendre visible la gestion des eaux en réponse à un enjeu de conscience du risque existant ; développer des espaces verts en réponse à un enjeu de bien-être ; plus généralement, favoriser l'intégration de l'infrastructure par l'amélioration de la qualité de vie à ses abords.

D'une gestion classique de collecte des eaux…

source : HOLD System (dlandstudio.com)

6 HOLD system (DLANDstudio) : http://www.dlandstudio.com/projects_holds_bronx.html

… vers une gestion, un traitement et une absorption locale et intégrée

source : HOLD System (dlandstudio.com)

Conclusion

Cette tendance actuelle, dans les projets de transport, d'association d'enjeux divers donne lieu à des réalisations ponctuelles, isolées et expérimentales. Le besoin en méthodologies novatrices de coordination de ces enjeux aux diverses échelles de la ville apparaît indispensable. Ces méthodologies se placent alors dans une optique véritablement d'opportunité c'est-à-dire qu'elles considèrent que les multiples enjeux, tels que l'intégration du risque inondation, ne sont pas des freins à la production d'un transport urbain mais une possibilité d'ouvrir le processus de décision à une variété importante d'acteurs, de considérer des thématiques urbaines plus larges, de générer des connaissances plus approfondies à des échelles de temps et d'espaces plus étendues. Il ne s'agit pas d'occulter le fait que la complexité d'élaboration d'un projet de transport est directement fonction de la nature et de la quantité d'enjeux pris en compte, impliquant eux-mêmes un nombre croissant d'acteurs et donc, consécutivement, des divergences d'intérêt potentiellement plus grandes. Il s'agit plutôt de considérer les systèmes de transport positionnés sur des infrastructures aériennes comme des projets d'aménagement pérennes et riches d'atouts pour le développement d'espaces urbains pensés et de qualité. Dans ce contexte, l'amélioration de la résilience des systèmes de transport face aux risques naturels tels que le risque inondation passe ainsi avant tout par la prise en compte des risques comme des enjeux de projet.

Bibliographie

Brun, A., Gache, F. (2013). Risque inondation dans le Grand Paris : la résilience est-elle un concept opératoire ? *VertigO. La revue électronique en sciences de l'environnement*. DOI : 10.4000/vertigo.14339.

Chandon, B. (2013, mai). *L'insertion urbaine des grandes infrastructures de transport : typologie opérationnelle et spatiale d'une interface transport-territoire*. Communication présentée aux Rencontres internationales en urbanisme de l'Association pour la Promotion de l'Enseignement et de la Recherche en Aménagement et Urbanisme (APERAU), Aix-en-Provence, France.

Gonzva, M. (2017). *Résilience des systèmes de transport guidé en milieu urbain : approche quantitative des perturbations et stratégies de gestion* (Thèse de doctorat). Université Paris-Est, Champs-sur-Marne, France.

Leheis, S. (2012). L'infrastructure comme un objet technique territorialisé, une définition. http://www.citego.org/bdf_fiche-document-1015_fr.html

Lévy, A. (1999). Infrastructure viaire et forme urbaine. Genèse et développement d'un concept. *Espace et Sociétés*, *96*, p. 31–50.

Menerault, P. (1997). Dynamiques et politiques régionales autour du tunnel sous la Manche et du T.G.V. Nord. *Annales de Géographie*, 106 (593–594), p. 5–33.

Moulin, E. (2015). *Analyse des formes d'adaptation au risque dans la construction en zones inondables en région parisienne. Ce pour quoi l'on décide de donner des gages et ce que l'on choisit d'ignorer* (Thèse de doctorat) ? Université Paris-Est, Champs-sur-Marne, France.

Narcy, J.B. (2004). *Pour une gestion spatiale de l'eau. Comment sortir du tuyau ?* Bruxelles : P.I.E. Peter Lang, Collection EcoPolis.

Prélorenzo, C. (2007). *Le temps des infrastructures*. Paris : L'Harmattan.

Prélorenzo, C., Rouillard, D. (2003). *Échelles & dimensions*. Paris : L'Harmattan.

La gestion des risques naturels littoraux selon le projet : d'une gestion sans stratégie à une stratégie sans gestion ? Le cas de la Côte d'Opale (France)

Philippe Deboudt

Introduction

Le colloque des 20e rencontres internationales en urbanisme de l'Association pour la Promotion de l'Enseignement en Aménagement et Urbanisme (APERAU), organisé à l'Université de Lille en 2018, invitait à une réflexion sur le projet :

> Projeter, c'est d'abord découper…et projeter, c'est aussi avoir la prétention d'organiser le territoire, à travers des outils de planification, normatifs et réglementaires, mais aussi prospectifs et projectuels, supports du débat local et qui donnent aussi à voir ce territoire. Le projet de territoire devient alors en soit un support de mobilisation pour ses acteurs, où le processus devient au moins aussi important que les représentations[1].

Ce chapitre propose d'explorer le thème de la gestion des risques naturels littoraux, en France métropolitaine, sous le prisme du projet. Est-ce que le projet a contribué ou renouvelé à/la gestion des risques naturels littoraux ? Cette exploration aborde la gestion des risques naturels côtiers envisagée selon une temporalité longue en soulignant les points de rupture survenus au cours des 10 dernières années. Le territoire de la Côte d'Opale (Région Hauts de France) est mobilisé pour illustrer ces évolutions récentes. Les analyses présentées dans ce chapitre s'intègrent

---

1 Appel à communications du colloque des 20èmes rencontres internationales en urbanisme de l'APERAU, « Que reste-t-il du projet ? » 18–22 juin 2018, Université de Lille.

dans une réflexion de portée générale sur la prise en compte des risques naturels dans l'aménagement du littoral avec un questionnement inédit sur la place des stratégies et des projets.

En France, la gestion des risques naturels littoraux relève traditionnellement d'une politique définie, coordonnée et mise en œuvre par l'État. Trois objectifs ont guidé cette politique : la sécurité ou la protection des citoyens face aux risques, la solidarité face aux catastrophes naturelles avec une indemnisation des victimes et la prévention des risques naturels en recherchant une maîtrise de l'urbanisation dans les zones à risques selon l'intensité de l'aléa. Il s'agit d'une politique historiquement associée à une planification centralisée, ascendante (Deboudt, 2010). À partir des années 2000, en France, une nouvelle période s'ouvre dans la politique de gestion des risques naturels littoraux avec la mise en œuvre d'une action collective et un renforcement des échelles locales pour la déclinaison de cette politique (Deboudt, 2010). G. Froger et P. Méral (2002) désignent par action collective « toute action qui nécessite la coordination entre plusieurs agents en vue d'atteindre un objectif commun. [...] Elle découle de la mobilisation d'un ensemble de personnes qui prennent conscience de leur intérêt commun et de leur avantage à le défendre ou à le faire progresser ». Pour ce qui concerne la gestion des risques naturels littoraux, des acteurs (élus et collectivités, propriétaires publics ou privés, associations de propriétaires ou d'habitants) se mobilisent pour formaliser des objectifs en matière de gestion des risques naturels, déclinés à une échelle locale. La recherche d'un équilibre entre les trois principes de sécurité, de solidarité et de responsabilité, contenus dans la politique nationale de gestion des risques naturels, et légitimés par la défense d'un intérêt général, peut être remise en cause à des échelles locales. Aux échelles intercommunales et communales, on constate le développement de revendications en faveur de la défense d'intérêts particuliers pour favoriser de manière prioritaire ou exclusive la protection des biens et la défense côtière. Selon M. Juffé et B. Mazière (2008), on assiste dans les années 2000 à un nouveau partage de responsabilités à l'échelle locale dans le jeu des acteurs impliqués dans la gestion des risques naturels littoraux. On peut alors se demander si la figure du projet a évolué pour accompagner la mise en œuvre de cette politique publique d'une part, dans le cadre du renforcement de l'échelle locale pour décliner la mise en œuvre de cette politique et d'autre part, dans l'émergence de tensions entre les acteurs nationaux et locaux à propos de la hiérarchisation entre les trois principes de la gestion des risques énoncés précédemment.

Nous proposons dans ce chapitre une analyse du partage de responsabilités entre acteurs dans lequel la mobilisation de différentes catégories de projets constitue un fil directeur pour organiser et coordonner entre différentes échelles de l'action publique l'articulation entre les différents principes de la politique de gestion des risques naturels littoraux défendus par l'État. À toutes les échelles, le renouvellement de la politique de gestion des risques naturels littoraux est associé à la construction d'un projet.

Dans la 1re partie du chapitre, nous analysons le changement provoqué par l'émergence et la multiplication des stratégies et des projets dans la gestion des risques naturels côtiers. Traditionnellement, celle-ci a été mise en œuvre dans les territoires littoraux en dehors de l'élaboration d'une stratégie ou de projets. C'est durant les 10 dernières années qu'on peut observer, en France, l'élaboration d'une stratégie nationale de gestion des risques naturels côtiers, puis l'engagement de plusieurs acteurs, les Régions, les collectivités locales dans l'élaboration de stratégies et de projets pour gérer les risques naturels littoraux et les prendre en compte dans l'aménagement des territoires. Dans la seconde partie, nous illustrons ce changement à partir du cas de la Côte d'Opale dans la Région Hauts de France. Cet exemple présente un engagement précoce des acteurs locaux dans l'élaboration de stratégies de gestion des risques littoraux en lien avec la mise en œuvre d'une gestion intégrée des zones côtières, puis l'affirmation de plusieurs acteurs, la Région, le Pôle métropolitain Côte d'Opale, les intercommunalités dans l'élaboration de projets dédiés à la gestion des risques naturels littoraux.

1 Vers la construction d'un projet collectif de gestion des risques naturels côtiers : élaboration d'une doctrine et recours à l'expérimentation

1.1 Une gestion des risques côtiers historiquement développée sans stratégie

Nous ne rappellerons pas ci-après les différentes étapes de la construction de la politique française de gestion des risques naturels, et en particulier des risques littoraux. Plusieurs articles ont déjà livré cette analyse (Deboudt, 2010 ; Drobenko, 2015 ; Meur-Ferec et Morel, 2004 ; Meur-Ferec et Rabuteau, 2014 ; Miossec, 1998 ; Mulot *et al.*, 2010). Nous souhaitons uniquement souligner ici les principales étapes qui ont constitué des points de rupture et qui ont débouché sur la mobilisation et la construction de stratégies et de projets pour gérer les risques naturels littoraux, indépendamment de l'élaboration d'une stratégie globale. B. Drobenko (2015) a démontré que, jusque dans les années 2000, le droit en appui à la politique de gestion des risques naturels littoraux en France est un droit sans stratégie :

> De manière générale, les politiques publiques sont développées par un droit en appui d'une orientation générale structurant les objectifs et les modalités de leur réalisation, que nous dénommons « la stratégie », tandis que le droit qui en résulte apparaît comme un mode opérationnel de mise en œuvre de cette stratégie. Le droit des risques en France s'inscrit dans une logique conduisant à l'affirmation d'un droit, progressivement enrichi, mais ne reposant sur aucune stratégie globale.

Jusque dans les années 1990, la gestion des risques naturels littoraux privilégie la maîtrise des aléas avec la mise en œuvre de pratiques de défense côtière pour répondre à la sécurité des populations côtières. La loi « Barnier » (1995) marque une rupture avec cette orientation en faveur de la sécurité en instituant un nouveau cadre pour favoriser la prévention des risques naturels à partir d'une maîtrise des enjeux, c'est-à-dire en faveur de la mise en œuvre des outils dédiés à la maîtrise des enjeux, de l'urbanisation dans les zones exposées aux aléas, les plans de prévention des risques naturels (PPRn) et un désengagement dans le financement de la politique de défense du trait de côte.

Une circulaire du ministre de l'Environnement et du ministre de l'Équipement publiée en 2002[2], complétée par une note de mai 2004, rappelle les motivations de l'État en matière d'aménagement sur le territoire des communes littorales face aux risques naturels. Le contexte est marqué par le constat d'un développement soutenu de l'urbanisation littorale et par l'exacerbation des risques naturels côtiers ; il s'agit pour l'État de renforcer la prise en compte d'une articulation entre le droit des risques et l'aménagement du territoire. Deux objectifs

---

[2] Circulaire du 30 avril 2002 relative à la politique de l'État en matière de risques naturels prévisibles et de gestion des espaces situés derrière les digues de protection contre les inondations et les submersions marines, 4 p. (BO du MEDD n° 6 du 30 juin 2002). Note de mai 2004.

principaux sont énoncés : interdire les implantations humaines dans les zones les plus dangereuses et réduire la vulnérabilité. L'État rappelle aussi deux priorités : préserver les vies humaines et ne pas faire peser sur la collectivité nationale, par l'intermédiaire du dispositif « catnat » de solidarité financière, les coûts des catastrophes potentielles en cas de constructions dans des zones exposées aux aléas les plus forts. Le PPRn Littoral est l'outil permettant la mise en œuvre de ces objectifs. Les ministres demandent aux préfets la prescription de PPRn Littoraux et une prescription systématique pour les zones endiguées, considérées comme les plus exposées au risque de submersion marine (par rupture des digues). La distinction de cette nouvelle période pour décrire et analyser les principes et les méthodes de la gestion des risques naturels ne signifie pas l'abandon des principes et méthodes qui ont été mis en œuvre pendant près d'un siècle et demi. Les pratiques de défense côtière destinées à la maîtrise des aléas sont toujours utilisées. Néanmoins, des changements peuvent être relevés : ces pratiques de défense côtière ne sont plus l'orientation prioritaire pour gérer les risques naturels ; donc les modalités de financement de ces opérations par l'État évoluent. Pour l'État, « le contexte n'est plus au financement systématique de la défense côtière » (Deboudt, 2010).

Le bilan de l'avancement des PPRn littoraux en 2010 (avant la catastrophe de la tempête Xynthia qui a touché le littoral atlantique, cf. 1.3) révèle l'échec de la mise en œuvre à l'échelle locale de ces nouvelles orientations et l'échec de leur prise en compte dans l'aménagement des territoires littoraux (84 PPRn ont été approuvés dans les communes littorales, soit 9,5% des communes littorales françaises dont les deux tiers approuvés après 2001).

1.2 La stratégie nationale de gestion des risques naturels côtiers : un projet national en attente de déclinaisons aux échelles locales

Trois éléments vont encourager l'État à élaborer une stratégie nationale de gestion des risques naturels littoraux, constituant un projet global inédit : l'engagement de l'État dans la construction d'une politique d'adaptation au changement climatique, la transposition dans le droit français de la Directive européenne de 2007 sur la prévention et la gestion du risque inondation et la prise en compte des retours d'expériences sur les conséquences de la tempête Xynthia sur le littoral de la Vendée et de la Charente Maritime (cf. 1.3).

En mars 2006, le ministère de l'Écologie et du Développement durable avait adressé à ses services déconcentrés une circulaire portant sur l'importance de l'anticipation et de l'adaptation au changement climatique dans les zones côtières. Cette circulaire souligne « la nécessité d'opérer dans certains cas un recul stratégique ou de soustraire certaines parties du bord de mer à l'urbanisation et aux aménagements dont les impacts sont irréversibles ». Des conflits entre l'État, les élus locaux et les propriétaires privés se développent en lien avec la construction des modèles pour l'élaboration des scénarios de submersion qui influencent les potentialités d'urbanisation dans les communes littorales et l'évolution des valeurs foncières des propriétés situées dans la frange côtière. Les conséquences attendues du changement climatique pour les zones côtières et les impacts potentiels de l'élévation du niveau moyen de la mer imposent l'élaboration d'une prospective pour l'aménagement des territoires littoraux.

Une circulaire du MEEDDAT de 2007[3] rappelle aux préfets les conséquences de la loi Bachelot[4] de 2003 sur le développement de la concertation pour la politique de prévention des risques naturels. La consultation des acteurs, la consultation avec la population et l'association des collectivités territoriales dans les plans de prévention des risques naturels prévisibles. Quelques principes sont rappelés : 1) La politique de prévention des risques naturels est une compétence partagée. Le PPRn est un des maillons de cette politique qui, pour être efficace, doit se décliner à toutes les échelles territoriales, prendre appui sur la multiplicité des compétences et des outils d'aménagement du territoire et s'intégrer dans l'ensemble des politiques publiques mises en œuvre dans les territoires. 2) La prescription, l'élaboration et l'approbation des PPRn restent l'entière compétence de l'État mais les communes ou leur regroupement doivent être associés à cette démarche dans le cadre

---

[3] MEDAD, Direction de la prévention des pollutions et des risques, Direction Générale de l'Urbanisme, de l'Habitat et de la Construction, 3 juillet 2007, Consultation des acteurs, la consultation avec la population et l'association des collectivités territoriales dans les plans de prévention des risques naturels prévisibles (PPRN), 6 p.

[4] Loi n° 2003–699 du 30/07/03 relative à la prévention des risques technologiques et naturels et à la réparation des dommages.

d'une démarche globale de prévention en lien avec l'aménagement des territoires. En particulier pour définir les modalités de qualification de l'aléa de référence et les projets de développement des collectivités à prendre en compte dans les éléments de contexte. 3) L'État doit construire avec les collectivités concernées par le futur PPRn, en amont de la procédure, une stratégie locale de prévention se déclinant par la suite en outils opérationnels dont le PPRn. Cette stratégie locale repose sur un processus de réflexion et de maturation collective partagées entre les acteurs et adaptées aux contextes territoriaux et politiques.

La loi (ENE) portant engagement national en faveur de l'environnement (Grenelle 2) du 13 juillet 2010 et le décret n° 2011-227 du 2 mars 2011 ont transposé la Directive européenne 2007/60/CE du 23 octobre 2007 relative à l'évaluation et à la gestion du risque inondation. Dans le cadre de cette directive, la politique de gestion des risques d'inondation concerne aussi les inondations par la mer des zones côtières. Toutes les dispositions de cette directive s'appliquent à l'évaluation et à la gestion des submersions marines avec notamment la réalisation de plan de gestion des risques. La loi ENE (2010) intègre plusieurs dispositions visant à renforcer la prévention des risques naturels prévisibles dans les outils de planification, avec notamment un titre de la loi (V) relatif aux « Risques, déchets, santé ». Le chapitre VI concerne l'évaluation et la gestion des risques d'inondation (incluant les submersions marines) et prévoit l'élaboration d'une stratégie nationale de gestion des risques par bassin de risques, avec l'élaboration de plan de gestion des risques inondation qui s'imposeront par exemple aux SCOT, aux PPRn et aux PLU.

L'engagement de l'élaboration « d'une stratégie nationale et d'une méthodologie (État et collectivités territoriales) de gestion du trait de côte, du recul stratégique et de la défense contre la mer » est pris lors des débats du Grenelle de la Mer (2009). L'État énonce les différentes orientations de sa stratégie nationale de gestion du trait de côte en 2009-2010 (MEEDDM, 2009, 2010) et propose différentes options envisageables pour élaborer une stratégie de gestion du trait de côte à l'échelle locale ou régionale : « Face au risque résiduel d'érosion ou de submersion marine sur le territoire concerné, quatre stratégies de gestion du trait de côte ont été identifiées grâce aux expériences menées par les collectivités locales françaises. Ces stratégies peuvent se combiner sur un même territoire : 1) suivre l'évolution naturelle là où les enjeux ne justifient pas une action (gestion du trait de côte au droit d'une propriété du Conservatoire du Littoral) ; 2) intervenir de façon limitée en accompagnant les processus naturels (gestion du trait de côte au droit des dunes gérées par l'ONF en Gironde) ; 3) organiser le repli des constructions derrière une nouvelle ligne de défense naturelle ou aménagée (procédure d'expropriation, commune de Criel-sur-Mer, Seine Maritime ; réaménagement du lido de Sète à Marseillan, Languedoc Roussillon) ; 4) maintenir le trait de côte (rechargement de la plage, Châtelaillon, Charente Maritime). »

En 2010, la ministre de l'Écologie, du Développement durable, des Transports et du Logement (Ségolène Royal) confie au député de la Manche (Alain Cousin), l'élaboration d'un projet de stratégie nationale. Ce projet est contenu dans un rapport (Cousin, 2011) remis à la ministre en novembre 2011.

La France se dote finalement en 2012 d'une « Stratégie nationale de gestion intégrée du trait de côte » et d'un premier programme d'actions (2012–2015) avec l'ambition de renforcer la connaissance sur le trait de côte et de favoriser la mise en place de stratégies locales pour adapter les territoires aux évolutions du littoral. Un second programme d'actions est engagé sur la période 2017–2019.

Le développement de stratégies de gestion des risques naturels élaborées et définies en concertation avec de nombreux acteurs pose le problème de l'adéquation entre les orientations nationales et les spécificités locales. Si l'élaboration d'une stratégie nationale de gestion du trait de côte est aujourd'hui relativement bien formalisée, et déclinée dans des programmes d'action, l'articulation et la mise en œuvre de ces principes avec les stratégies élaborées à l'échelle locale s'avère plus complexe. Les principes définis dans la stratégie nationale de gestion du trait de côte et l'élaboration des stratégies locales devront donc prendre en compte, dans les prochaines années, les contraintes réglementaires de nouveaux outils de gestion des submersions marines à l'échelle la plus appropriée. Par ailleurs, la mobilisation de certaines Régions pour élaborer des stratégies régionales constitue également un nouveau volet de cette action collective contribuant à la mise en œuvre de nouveaux projets spécifiques à chacun des territoires régionaux.

1.3 La multiplication des stratégies et des projets de gestion des risques naturels côtiers dans l'après Xynthia : une gestion à organiser

L'hiver 2010, le littoral atlantique français est touché par la tempête Xynthia. Les préjudices et les dommages causés par cette catastrophe naturelle, la plus importante concernant le littoral de la France métropolitaine, ont déterminé une évolution importante de la politique de gestion des risques naturels littoraux, s'ajoutant aux deux éléments évoqués précédemment, l'engagement de la France dans une politique d'adaptation des territoires au changement climatique et la transposition d'une Directive européenne de 2007 sur la prévention et la gestion du risque inondation (dont les submersions marines).

Plusieurs articles ont déjà décrit les conséquences de la catastrophe Xynthia sur la gestion des risques naturels littoraux (Chauveau *et al.*, 2017 ; Mercier, 2012 ; Przyluski et Stéphane Hallegatte, 2012 ; Vinet *et al.*, 2012). Nous rappelons ci-après celles concernant le renforcement ou la création de nouveaux projets pour accompagner la stratégie nationale de gestion intégrée du trait de côte élaborée en 2012 (cf. 1.2).

Le Plan de Prévention des risques naturels littoraux constitue l'un des principaux leviers de la mise en œuvre de la politique de prévention des risques naturels souhaitée par l'État au cours des 20 dernières années. Le constat dressé précédemment à propos des PPRn approuvés dans les communes côtières, avant 2010 et la catastrophe Xynthia, ont révélé la principale faiblesse dans la déclinaison de cette politique à l'échelle locale. À la suite des audits réalisés dans les territoires côtiers touchés par Xynthia, à propos de l'élaboration des PPRn et de la prise en compte des risques naturels dans l'aménagement des territoires, l'État va s'engager dans deux projets : accélérer l'élaboration des PPRn et renouveler la doctrine[5] relative à leur élaboration en prenant en compte un nouveau périmètre (une échelle géographique présentant une cohérence hydrosédimentaire), un panel de risques, en abordant la question de la constructibilité derrière les ouvrages de défense côtière et en prenant en compte le changement climatique avec un aléa à l'horizon 2100.

---

[5] Circulaire du 27 juillet 2011 relative à la prise en compte du risque de submersion marine dans les plans de prévention des risques naturels littoraux.

À la suite de Xynthia, l'État a adopté, pour 6 ans, un Plan national Submersions Rapides[6] (PSR) représentant « un ensemble d'actions opérationnelles pour la maîtrise de l'urbanisation et l'adaptation du bâti existant, l'amélioration de la connaissance des aléas et des systèmes de surveillance ou de prévision, de vigilance et d'alerte, la fiabilité des ouvrages et des systèmes de protection et l'amélioration de la résilience des populations ». Ce plan interministériel s'articulera avec des démarches locales pour aboutir à un plan national se traduisant par des contractualisations État/Collectivités territoriales pour la mise en œuvre de plans d'actions comprenant des mesures de prévention, de prévision, de protection et de sauvegarde des populations dans les 5 années à venir. L'objectif du PSR est d'inciter les différents territoires à bâtir des projets de prévention des risques par une démarche pragmatique, partant de projets ponctuels ou plus globaux mais sur des zones cohérentes vis-à-vis du risque (bassins de risque).

Le PSR est une stratégie de l'État encourageant la multiplication de projets de prévention des risques aux échelles locales. Les projets PSR concernent principalement des projets d'investissement liés aux ouvrages de défense côtière pour améliorer la sécurité des personnes.

À la suite de la transposition de la directive européenne relative à l'évaluation et à la gestion du risque inondation, l'État a approuvé en 2014 une stratégie nationale de gestion des risques d'inondation[7]. Celle-ci consolide la transposition de la directive européenne sur le risque inondation dans la loi ENE (cf. 1.2) en formalisant un engagement dans trois objectifs prioritaires : augmenter la sécurité des populations exposées, stabiliser à court terme et réduire à moyen terme de coût des dommages liés à l'inondation et raccourcir fortement le délai de retour à la normale des territoires sinistrés. Sans revenir de manière détaillée sur les périmètres et les outils déclinant la mise en œuvre de la directive européenne, on peut retenir un dispositif relié issu de cette stratégie et mise en œuvre dans les territoires côtiers soumis aux risques de submersion marine, les Programmes d'Actions et de Prévention des Inondations (PAPI). Les PAPI représentent un nouveau projet élaboré par les acteurs locaux et labellisé par l'État pour contribuer à l'élaboration

---

6 Ministère de l'Écologie, du Développement durable, des Transports et du Logement, 2011, Plan Submersions Rapides, 80 p.

7 Le gouvernement, 2014, Stratégie nationale de gestion des risques d'inondation, 24 p.

d'une stratégie locale de gestion des risques naturels côtiers. Cet outil a été créé en 2003 et sa seconde génération lancée en 2011 s'articule avec le PSR évoqué précédemment. Une circulaire du 12 mai 2011 relative à la labellisation et au suivi des projets « PAPI 2011 » et opération des endiguements « PSR » précise les modalités d'articulation entre ces deux appels à projets. Les projets PAPI concernent principalement la réduction des dommages aux biens.

Pour ces deux dispositifs, les appels à projets ont permis la contractualisation entre l'État et les collectivités locales de nouveaux projets d'investissement répondant aux stratégies de gestion des risques naturels littoraux élaborées par l'État.

Pour ces 3 outils, PPRn littoral, PSR et PAPI, un bilan 2019[8] démontre le foisonnement des projets élaborés aux échelles locales pour mettre en œuvre les éléments de doctrine des stratégies nationales. Cet engagement des acteurs locaux dans ces démarches contractuelles s'explique notamment par la recherche de financement pour entretenir et pérenniser la défense côtière lorsque celle-ci relève de la protection contre la submersion marine. En effet, ces dispositifs ne s'appliquent pas pour les risques d'érosion côtière et vont contribuer à créer des situations d'inégalités dans la gestion du risque selon la nature de l'aléa auquel est exposé le trait de côte. Au 1 janvier 2019, sur les 303 communes littorales métropolitaines spécifiquement identifiées dans l'après-Xynthia pour qu'un Plan de Prévention des Risques Littoraux (PPRL) y soit élaboré en priorité, 172 disposent d'un PPRL approuvé ou appliqué par anticipation, et 110 ont un PPRL prescrit, en cours d'élaboration. À l'échelle nationale, 185 PAPI et projets d'endiguements hors PAPI (dit « PSR ») sont labellisés à ce jour représentant 1983 M€ au total dont 815 M€ d'aide de l'État.

Dans l'après-Xynthia, les outils de l'urbanisme réglementaire doivent constituer des projets prioritaires pour prendre en compte les risques naturels dans l'aménagement des territoires littoraux. Les premiers audits réalisés peu de temps après la catastrophe Xynthia ont identifié l'une des principales faiblesses de la gestion des risques naturels littoraux dans des secteurs de côtes exposés à des risques de submersion marine (MEEDD, MEIE, MIOMCT, 2010). Elle concerne la faible prise en compte de

[8] Ministère de la Transition écologique et solidaire, 2019, Actions menées depuis la tempête Xynthia, 8 p.

la prévention des risques naturels dans l'aménagement urbanisme des communes côtières : « c'est en fait au niveau de la mise en œuvre effective de ces principes et règles (de la législation relative à la prévention des risques naturels) que la mission a constaté, dans les départements visités (Vendée et Charente Maritime), des insuffisances dont les plus significatives sont les suivantes : [...] des documents locaux d'urbanisme souvent anciens et dépassés qui ne prennent pas en compte – ou de façon très insuffisante – la problématique des risques. » Dans les principales communes touchées par la tempête Xynthia, les documents d'urbanisme, des Plans d'Occupation des Sols sont anciens (1984 par exemple pour la commune de La Faute-sur-Mer) et ne prennent pas en compte la problématique des risques.

La stratégie nationale de gestion intégrée du trait de côte adoptée en 2012 (cf. 1.2), puis la stratégie nationale pour la mer et le littoral adoptée en février 2017, intègrent une priorité d'actions concernant une meilleure utilisation des outils d'urbanisme et de planification pour prendre en compte et prévenir les risques naturels côtiers. Les schémas de cohérence territoriale (SCOT), Plans locaux d'urbanisme (PLU) doivent devenir des leviers majeurs pour articuler la prévention des risques naturels avec l'aménagement et l'urbanisme littoral.

Enfin un dernier projet non analysé dans ce chapitre, et constituant une perspective pour de nouvelles recherches concernant le sujet traité, concerne une nouvelle compétence confiée depuis le 1er janvier 2018 aux intercommunalités (métropoles, communautés urbaines, communautés d'agglomération, communautés de communes) par l'État dans le cadre de l'application des lois de décentralisation du 27 janvier 2014 (loi de modernisation de l'action publique territoriale et d'affirmation des métropoles, « loi MAPTAM ») et du 7 août 2015 (loi portant nouvelle organisation territoriale de la République, « Loi NOTRe »). Il s'agit de la compétence sur la gestion des milieux aquatiques et la prévention des inondations dite compétence GEMAPI (Heitz *et al.*, 2018). Cette compétence inclue la défense contre les inondations et contre la mer, donc la prévention des submersions marines. Ainsi, dans un contexte marqué par la mise en œuvre de nouveaux PPRL à l'échelle de bassins de risques, les intercommunalités se sont engagées dans l'élaboration de Plan Locaux d'Urbanisme intercommunaux intégrant les modalités de mise en œuvre de cette nouvelle compétence contribuant à l'ensemble des stratégies et projets dédiés à la gestion des risques naturels littoraux.

2 La gestion des risques naturels côtiers en Côte d'Opale : d'une gestion apaisée sans stratégie à une gestion complexe et conflictuelle renouvelée par une stratégie régionale

L'analyse présentée précédemment à l'échelle nationale peut être précisée par une étude de cas concernant la Côte d'Opale dans la région Hauts de France. La Côte d'Opale correspond à une frange côtière de 150 km entre la frontière belge et la baie d'Authie. Partagé entre deux secteurs de côte bien distincts de part et d'autre du Cap Gris-Nez, ce littoral s'ouvre sur deux mers épicontinentales, la mer du Nord et la Manche. Trois grands types de milieux littoraux s'individualisent le long de cette côte : des falaises vives (caps Gris-Nez, littoral du Boulonnais, cap Blanc-Nez ; des côtes basses sableuses isolant de l'influence marine des plaines maritimes flamande, de Wissant et picarde ; des estuaires (Canche, Authie). Sur l'ensemble de ce littoral, l'homme est partout présent à travers le développement de l'urbanisation dont le principal moteur est le développement du tourisme ; le développement de la fonction portuaire et des échanges trans-manche (Boulogne-sur-Mer, Calais et Dunkerque). À l'échelle mondiale, la Côte d'Opale est intégrée à la seconde façade maritime mondiale, la *Northern Range* ; une position qui offre des potentialités de développement importantes et diversifiées mais qui exacerbent les concurrences entre les territoires susceptibles d'en bénéficier et les conflits entre les fonctions (protection des milieux, artificialisation par l'urbanisation) et les usages (portuaires, touristiques, industriels…) de la zone côtière, par nature spatialement limitée (Deboudt, 2005 ; Herbert *et al.*, 2006). Le littoral de la Côte d'Opale est exposé à des risques d'érosion côtière et de submersion marine exacerbés par les conséquences du changement climatique (Héquette, 2010 ; Héquette *et al.*, 2019 ; Meur-Ferec *et al.*, 2007).

2.1 *Une articulation classique avec la politique nationale et des spécificités liées à la mise en œuvre pionnière d'une gestion intégrée de la zone côtière*

La gestion des risques naturels liés à l'érosion côtière et aux submersions marines en Côte d'Opale s'inscrit dans l'évolution présentée précédemment à l'échelle nationale avec quelques spécificités liées à l'intégration précoce de ce territoire dans la dynamique européenne de gestion intégrée des zones côtières, mise en œuvre ensuite en France.

Du milieu du XIXe siècle au début des années 1990, la gestion des risques naturels côtiers est coordonnée par l'État et ses services déconcentrés (Ponts et Chaussées, services maritimes des DDE, puis DREAL et DDTM). Des ouvrages de défense du trait de côte, digues et épis, sont construits pour protéger les fronts de mer des stations balnéaires et maîtriser les aléas naturels. La décision de consolider telle ou telle portion du trait de côte procède généralement d'une opération menée, au coup par coup, en réponse à la réparation de dommages provoqués par une tempête. La gestion des risques naturels littoraux est organisée par une politique nationale de défense côtière, sans véritable stratégie. En 1995, Yvon Bonnot publie à la suite d'une mission parlementaire un rapport intitulé « Pour une politique globale et cohérente du littoral en France » et constate que « depuis le milieu du 19e siècle, la gestion du Domaine Public Maritime dans le cadre de la lutte contre l'érosion côtière avait peu évolué ; celle-ci restait exercée exclusivement par le Service Maritime et le dispositif de défense côtière était toujours constitué par les deux principaux types d'ouvrages longitudinaux et transversaux ». Ce constat peut s'appliquer pour la Côte d'Opale, au moins jusqu'au milieu des années 1990.

Dans les années 1990, trois éléments vont contribuer à une évolution importante dans les pratiques et la politique de gestion des risques d'érosion côtière en Côte d'Opale. Le premier relève d'une évolution de la politique nationale de gestion des risques naturels vers la prévention avec la recherche d'une maîtrise des enjeux plutôt que celle des aléas. Les deux autres éléments sont spécifiques à la Côte d'Opale.

Le premier élément de rupture correspond au développement de la politique française de prévention des risques naturels, issue de la loi Barnier (1995), avec l'institution des Plans de Prévention des Risques naturels (PPRn). L'engagement des acteurs de la Côte d'Opale dans cette nouvelle orientation privilégiant la maîtrise de la croissance des enjeux à celle des aléas est aussi lent et aussi peu significatif que pour l'ensemble du littoral français. Dans le Pas-de-Calais, le préfet a prescrit un PPR « Mouvement de terrain, recul du trait de côte et falaises » (dit PPR Falaises) en novembre 1999. Ce PPR falaises a approuvé en octobre 2007 après une procédure d'enquête publique qui s'est déroulée au cours de l'année 2003. Il concerne onze communes littorales. Un PPR « Inondation par submersion marine » et « Recul du trait de côte – côte basse » a été prescrit en août 2001 pour 26 communes et ne sera jamais approuvé dans cette configuration géographique.

Comme pour l'échelle nationale, c'est le retour d'expériences de la catastrophe Xynthia (2010) et les stratégies post-Xynthia élaborées par l'État pour relancer la mise en œuvre de la politique de prévention des risques naturels côtiers qui relanceront la dynamique des projets de PPRn, aujourd'hui tous approuvés le long de la Côte d'Opale, mais seulement depuis les 3 dernières années.

S'ajoutant au PPR Falaises approuvé en 2007, 5 autres PPR Littoraux couvrent aujourd'hui le littoral de la Côte d'Opale : le PPR du Boulonnais (approuvé en 2018), le PPRL du Montreuillois (approuvé en 2018), le PPRL du Calaisis (approuvé en 2018), le PPRL pour les sites de Gravelines à Oye-Plage (approuvé en 2017 pour la submersion marine) et le PPRL Dunkerque – Bray-Dunes (prescrit en 2011, puis en 2018 avec un périmètre réduit et uniquement pour la submersion marine). Ces projets de PPR littoraux (non analysés dans ce chapitre) ont constitué également de nouveaux projets impliquant toutes les parties prenantes de la gestion des risques naturels côtiers et dans le contexte Post-Xynthia et de prise en compte du changement climatique, de nouvelles scènes de débats entre les acteurs nationaux et locaux, et de déclinaisons à l'échelle locale des stratégies nationales de gestion du trait de côte.

Deux éléments spécifiques à la Côte d'Opale ont également contribué à un changement de pratiques et de politiques pour la gestion des risques naturels littoraux en Côte d'Opale, avant 2010. Un élément est lié au changement de statut des espaces naturels issu des politiques de préservation du patrimoine naturel qui a contribué à une évolution des pratiques de défense côtière. Les espaces naturels littoraux de la Côte d'Opale sont incorporés à l'intérieur de nombreux périmètres de protection réglementaire ou foncière (sites classés, propriétés du Conservatoire du Littoral, Espace Naturel sensible – zone de préemption –, réserve biologique domaniale, sites Natura 2000, etc.). Ces différents statuts liés à la mise en œuvre d'une politique de préservation du patrimoine naturel ont contribué à un changement des pratiques de gestion de l'érosion côtière. Par exemple, la philosophie de protection des rivages du Conservatoire du Littoral conduit à une politique générale de non-résistance à l'érosion marine ; selon R. Paskoff (1995),

> diverses sont les raisons d'ordre environnemental qui justifient pleinement la politique de non-résistance à l'érosion marine recommandée pour guider

les actions du Conservatoire du Littoral. Il convient de rappeler que rien dans la législation en vigueur ne l'oblige à protéger ses terrains et que le droit ne met pas en jeu sa responsabilité si cette attitude de non-intervention peut avoir des conséquences d'entraîner des pertes et des dégâts sur des biens appartenant à des tiers.

Des exceptions à cette politique générale de non-résistance peuvent être envisagées quand il s'agit de protéger des populations exposées à une submersion suite à la rupture potentielle d'un cordon dunaire constituant une propriété du Conservatoire du Littoral. Mais, même dans ces circonstances, les pratiques de défense côtière doivent respecter la philosophie générale du Conservatoire du Littoral et ne pas contribuer à l'artificialisation de la frange côtière. Deux interventions sont alors envisagées : le rechargement sédimentaire des plages ou la construction d'ouvrages en bois sur des portions limitées. À partir du milieu des années 1990, ces deux pratiques ont été mises en œuvre en Côte d'Opale au droit de propriétés du Conservatoire du Littoral : à Sangatte (1993–2000), Oye-Plage (2000–2002) et Berck (2002).

Le second élément spécifique à la Côte d'Opale est lié à l'expérimentation européenne, pionnière, du processus de gestion intégrée des zones côtière en Côte d'Opale dans les années 1990 et à l'émergence de la Région pour contribuer à la construction d'une stratégie régionale de gestion du trait de côte et des risques naturels littoraux.

2.2 Le rôle de la région Nord-Pas-de-Calais et de la Région Hauts de France dans la construction d'une stratégie de gestion risques naturels côtiers

En se référant aux politiques régionales, on constate un rôle pionnier des Régions pour élaborer des stratégies de gestion du trait de côte dès le début des années 2000. À l'échelle des régions sont élaborés des projets de gestion des risques naturels, dans le cadre d'une négociation avec l'État à l'occasion de la signature des contrats de projet État-Région (CPER). Une évolution importante dans la politique de gestion des risques naturels littoraux est constituée avec le changement de l'échelle pour la mise en œuvre des orientations définies par l'État (Deboudt, 2010).

Depuis une vingtaine d'années, des projets de gestions des risques naturels littoraux sont élaborés à une échelle régionale selon l'application du principe de subsidiarité. André-H. Mesnard (2009) a souligné cette évolution du rôle des Régions depuis la révision constitutionnelle de mars 2003 : « Les Régions sont désormais des collectivités territoriales de droit commun, dotées de nouvelles compétences, et d'un droit nouveau à l'expérimentation [...]. Elles ont vocation à « prendre les décisions pour l'ensemble des compétences qui peuvent le mieux être mises en œuvre à (leur) échelon [...]. Elles ne bénéficient d'aucune priorité ou suprématie hiérarchique par rapport aux autres collectivités, pouvant tout au plus être reconnues comme collectivité chef de file. » Les contrats de projets État-Région élaborés pour la période 2007–2013 ont représenté un outil privilégié de mise en œuvre de la politique d'aménagement du territoire et ont coordonné les financements de l'État et des Régions pour la mise en œuvre des politiques territoriales. L'étude des CPER 2007–2013 permet d'analyser les modalités de la prise en compte des risques naturels littoraux dans les politiques territoriales des régions littorales selon différentes approches et différents niveaux de financement. Trois régions (Bretagne, Pays de Loire, Corse) n'ont pas mis en place de politique spécifique à la gestion des risques naturels littoraux. Sept régions ont privilégié un soutien à l'amélioration des connaissances relatives aux aléas naturels littoraux et aux phénomènes de submersion marine (Nord-Pas-de-Calais, Picardie, Haute-Normandie, Basse-Normandie, Poitou-Charentes, Aquitaine, Provence-Alpes-Côte d'Azur). Certaines régions ont pris en compte les risques naturels littoraux dans le cadre d'une gestion intégrée des zones côtières (Aquitaine, Provence Alpes Côte d'Azur) ou en contribuant au financement de travaux de protection du trait de côte (Picardie). Une seule région, Languedoc-Roussillon, s'est singularisée par l'importance des financements dédiés à la gestion des risques naturels littoraux et par la diversité des approches envisagées simultanément : connaissance de l'aléa, travaux de protection du trait de côte, élaboration de scénarios pour envisager le recul stratégique des enjeux.

Au début des années 1990, le Conseil Régional Nord-Pas-de-Calais soutient la création d'un observatoire de l'environnement littoral et marin dont l'une des missions est l'animation d'un programme intitulé « Aménagement du littoral Nord-Pas-de-Calais : amélioration des connaissances relatives aux phénomènes d'évolution du trait de côte ». Cet observatoire est l'une des opérations structurantes pour le littoral Nord-Pas-de-Calais dans le cadre du CPER 1994–1999. Il organise une consultation de différents acteurs (services déconcentrés de l'État, Conservatoire du Littoral, ONF, Conseil Général, communes, BRGM,

IFREMER, universités) pour tenter de faire émerger une culture commune sur le thème de l'érosion côtière et rationaliser les connaissances scientifiques acquises sur ce sujet pour les rendre compréhensibles auprès des acteurs locaux et du grand public. Un colloque *Érosion côtière* est organisé en 1994 à Boulogne-sur-Mer pour :

> Mettre en relation et permettre le dialogue entre les acteurs du littoral qui n'ont pas toujours, voire même rarement, l'occasion de confronter leurs approches et mettre l'accent sur les démarches novatrices à adopter en confrontant les méthodologies d'étude et de gestion globale, en définissant les partenaires et la forme du partenariat. Ceci dans le but de sensibiliser les aménageurs du littoral à la mise en place de sa gestion globale afin d'en assurer un aménagement prospectif et cohérent.

Les principales composantes d'une action collective sont rassemblées pour gérer les risques naturels littoraux à l'initiative de la Région Nord-Pas-de-Calais. Cette orientation est renforcée en 1995 par la mise en œuvre dans l'Union Européenne d'un programme LIFE expérimental de Gestion Intégrée des Zones Côtières. La Côte d'Opale fait partie des trente-cinq zones pilotes choisies par la Commission Européenne pour expérimenter les modalités de mise en œuvre d'un processus de GIZC (Ghézali, 2000). Le syndicat mixte de la Côte d'Opale (SMCO), créé en 1996 pour regrouper les intercommunalités de ce territoire littoral, coordonne le projet de GIZC dont l'un des objectifs concerne la gestion du trait de côte. En 1999, le SMCO est maître d'ouvrage d'un schéma de conservation et de gestion du trait de côte pour la Côte d'Opale dont l'objectif est « de fournir aux élus du littoral un outil d'aide à la décision sur lequel ils pourront s'appuyer pour mettre en œuvre les solutions de gestion adaptées à chacune des problématiques locales ». Le Président du SMCO, Michel Delebarre, explique en 2001 :

> Le schéma de conservation et de gestion du trait de côte est le premier du genre sur le littoral français. Il intègre l'approche globale en prenant en compte les phénomènes naturels à l'échelle du littoral Nord-Pas-de-Calais et propose des solutions de gestion adaptées à chaque problématique locale. Il est par ailleurs une illustration réussie du principe de concertation entre acteurs, clé de voûte d'une gestion durable des zones côtières…les crédits de l'État, et des collectivités locales sont largement sollicités sans suffire à résoudre les problèmes. C'est pourquoi les acteurs ont décidé ensemble, autour de l'État et du SMCO, d'agir autrement en élaborant un véritable schéma qui soit l'interprète d'une véritable volonté planificatrice et qui dresse les priorités et les moyens à mettre en œuvre sur plusieurs années.

Ce schéma, appelé « PLAGE » – Plan Littoral d'Actions pour la Gestion de l'Érosion – achevé en 2001 pour un coût de 760 000 euros, est présenté lors d'un colloque sur *Érosion côtière et aménagement durable* organisé par le SMCO, à Dunkerque, en septembre 2001 et diffusé auprès des collectivités locales à partir de 2003.

Le PLAGE constitue le premier projet de gestion des risques naturels littoraux pour la Côte d'Opale. Cet outil définit les modalités d'une gestion plus globale et plus pérenne du littoral en préconisant la prévention des risques plutôt que des interventions d'urgence. Le PLAGE propose des changements majeurs et inédits dans les orientations et les pratiques de gestion des risques liés à l'érosion côtière et à la submersion marine : définir des échelles pertinentes d'intervention ; faire évoluer les mentalités (passage d'une culture de la lutte contre l'érosion à l'approche de sa gestion, à l'acceptabilité du risque, à la graduation des réponses à apporter en fonction de la valeur des biens menacés, ...) ; favoriser des procédures de réflexion et de décision des intercommunalités en lien avec la définition de l'intérêt communautaire ; se positionner face à l'évolution de l'implication des services déconcentrés de l'État dans la gestion du trait de côte ; organiser l'information des habitants et des usagers.

Cependant, cet outil ne constitue pas à cette époque une stratégie ; en effet, la collectivité régionale n'a pas de compétences en lien avec la gestion des risques. La Région propose un outil dont les intercommunalités rassemblées dans le syndicat mixte SMCO pourraient se saisir mais il ne trouvera pas à court terme de débouché opérationnel, sans portage politique à l'échelle nationale dans le cadre de la politique nationale de gestion des risques naturels littoraux.

Il faut attendre une évolution de la politique nationale avec un engagement de l'État dans la construction d'une stratégie nationale de gestion du trait de côte pour relancer une mobilisation autour de cet outil, le PLAGE. La situation de l'ex-région Nord-Pas-de-Calais est assez représentative de plusieurs régions littorales françaises pour lesquelles des financements prévus dans le CPER 2007–2013 doivent contribuer aux recherches sur la connaissance de l'érosion côtière et des phénomènes de submersion marine (Deboudt, 2010). La région Nord-Pas-de-Calais avait intégré dans l'un des dix-sept grands projets du CPER 2007–2013, l'élaboration d'un plan climat régional intégrant des mesures de gestion du risque de submersion marine (Pascal, 2007). Plusieurs projets ont en effet été engagés : une analyse affinée du phénomène de submersion marine actuel ; une analyse régionale des conséquences du changement climatique à l'horizon 2050 et 2100, par exploitation de travaux existants et une analyse des conséquences sur l'aléa de submersion marine à l'horizon 2050 et 2100. Des initiatives avaient déjà été engagées par les collectivités pour élaborer une stratégie de gestion du trait de côte en lien avec les principes de gestion intégrée des zones côtières, parmi lesquelles le Plan Littoral d'Actions pour la Gestion de l'Érosion (PLAGE) mené par le Syndicat Mixte de la Côte d'Opale (SMCO, 2003). Le PLAGE propose une programmation des actions de gestion du trait de côte jusqu'en 2012 selon 3 principes : maintenir la position du rivage (construction et entretien des ouvrages de défense côtière), composer avec la dynamique naturelle du système côtier (restaurer les cordons dunaires, recharger les plages en sédiments, planifier un recul stratégique des biens) et laisser évoluer le trait de côte sans intervention humaine (SMCO, 2003).

Analysées par P. Deboudt et D. Paris (2016), les réformes territoriales en France organisées par la loi du 16 décembre 2010 sur la réforme des collectivités territoriales, avec des modifications apportées par la loi de Modernisation de l'Action Publique Territoriale et d'Affirmation des Métropoles (MAPTAM) du 27 janvier 2014 ont consolidé le rôle du SMCO pour faire émerger une planification intégrée et interterritoriale. Le périmètre du grand territoire de la Côte d'Opale (SMCO) regroupe six projets de SCoT. En 2010, trois SCoT ont été approuvés : le SCoT de la région Flandre-Dunkerque en 2007 (en révision depuis 2020), le SCoT de la région de Saint-Omer en 2008, le SCoT de la Terre des Deux Caps en 2010, le SCoT du Calaisis et du Boulonnais en 2013, le SCOT du Montreuillois en 2014. Parallèlement, un nouveau processus commence à émerger dès 2008 avec la démarche inter-SCoT. Les agences d'urbanisme de la Côte d'Opale sont sollicitées par les acteurs politiques locaux, conjointement avec l'État et la Région, pour élaborer une vision littorale plus intégrée de la planification, qui pourrait passer par une démarche inter-SCoT, c'est-à-dire une démarche informelle de coordination des différents SCoT à l'échelle du grand territoire. C'est dans ce contexte que, profitant de la nouvelle opportunité offerte par la loi du 16 décembre 2010 sur la réforme des collectivités territoriales, le SMCO décide de se transformer en pôle métropolitain en 2012 (Pôle Métropolitain Côte d'Opale – PMCO, arrêté préfectoral du 2 septembre 2013).

L'une des principales missions développées par le PMCO à partir de 2013 concerne la planification de la gestion durable du trait de côte de la Côte d'Opale et notamment la lutte contre les submersions marines.

2.3 Une revendication renforcée des acteurs locaux pour contribuer à la construction des orientations de la politique de gestion des risques naturels côtiers

Au moment où l'État donne une nouvelle orientation à la politique de gestion des risques naturels littoraux en faveur de la prévention (avec l'institution des PPRn) et d'une maîtrise renforcée du développement des enjeux dans les territoires exposés à des risques, les acteurs locaux (élus locaux, propriétaires, habitants) vont renforcer leur mobilisation pour discuter, valider ou s'opposer aux orientations de la politique de gestion des risques naturels côtiers et mises en œuvre le long de leur côte. Des projets de gestion des risques naturels côtiers, portés par ces acteurs locaux, peuvent émerger en s'opposant à ceux proposés par l'État (Deboudt, 2013).

La gestion du trait de côte traditionnellement privilégiée par les services de l'État selon la maîtrise de l'aléa a débouché sur l'élaboration de principes d'aménagement à une échelle géographique qui dépasse largement celle des communes littorales. Si le choix de ce périmètre est pertinent du point de vue de la prise en compte du fonctionnement du système naturel littoral, il ne permet pas de faire émerger les projets des communes littorales. Pour quelques communes littorales de la Côte d'Opale, si la priorité de l'État n'est plus au financement d'une défense côtière à partir de 2004, les élus locaux n'envisagent pas d'abandonner à la mer leur frange côtière et maintiennent une pression auprès de l'État pour obtenir des financements pour consolider les ouvrages de défense côtière. Dans le cas de la station balnéaire de Wissant, confrontée à deux reprises à une destruction de la digue (avril 2000 et février 2007), le maire a obtenu en 2010 une reconnaissance de la responsabilité de l'État dans les dommages occasionnés lors de l'évènement de 2007, après la reconstruction de la digue par le Service Maritime du Pas-de-Calais en juillet 2006, moins de dix ans après la destruction survenue en 2000 et la prise en charge du coût de la reconstruction de la digue pour un montant de 2,5 millions d'euros (Herbert *et al.*, 2009). Par ailleurs, une circulaire du 8 juillet 2008 relative au contrôle de la sécurité des ouvrages hydrauliques a rappelé et précisé le rôle des préfets et des services déconcentrés de l'État en matière de contrôle de la sécurité des digues et barrages :

> La sécurité des ouvrages hydrauliques est un élément important de la politique de prévention des risques. Ces ouvrages nécessitent un entretien,

> une surveillance et un contrôle rigoureux. Les crues désastreuses de 1994 sur le Rhône, de 1999 dans l'Aude, de 2002 et 2003 dans le sud-est de la France ont démontré la fragilité de nombreuses digues de protection contre les inondations et l'aggravation des dommages que leur rupture peut entraîner. Si la France n'a pas connu de catastrophe majeure depuis la rupture du barrage de Malpasset en 1959, il n'est toutefois pas rare que des accidents moindres sur des barrages, voire des ruptures, se produisent ou que les services de police de l'eau soient obligés de prescrire des mesures d'urgence. La sécurité de ces ouvrages, qui passe par un entretien et une surveillance réguliers, relève de la responsabilité des propriétaires ou des exploitants. L'État s'assure que les ouvrages dont il autorise l'existence ne menacent pas la sécurité des personnes et des biens.

La notion de responsabilité des propriétaires d'ouvrages de défense côtière et de l'État est rappelée, parallèlement à la mise en œuvre des nouvelles orientations de gestion des risques naturels en faveur de la prévention, peu de temps avant la catastrophe Xynthia.

Cette revendication renforcée des acteurs locaux est également constatée dans le renforcement de la mobilisation des propriétaires riverains du trait de côte pour défendre la valeur de leur bien et s'opposer au zonage du PPRn qui établirait une inconstructibilité de portions du territoire côtier. Des associations de propriétaires ou d'habitants réclament le maintien d'une politique de défense du trait de côte pour la protection de leurs biens menacés par l'érosion côtière ou les submersions marines (Deboudt, 2013). Par exemple, en 2004, un comité de défense du littoral portelois (Le Portel) est constitué. L'article 2 des statuts de cette association loi 1901 précise : « Dans le cadre de l'application du plan de prévention des risques falaises, cette association a pour but essentiel pour la défense des intérêts des propriétaires, résidents et commerçants du littoral portelois urbanisé en ce qui concerne la valeur et la pérennité du patrimoine immobilier, le maintien en état des ouvrages de protection, l'environnement et aménagement des quais. » La création de cette association fait suite à la proposition de l'État de classer le trait de côte urbanisé du Portel en zone rouge dans le PPR « falaise » Côte d'Opale. Le classement en zone rouge dans le PPR rendrait impossible la réalisation de travaux de reconstruction en cas de sinistres pour environ 300 habitations. L'association, soutenue par la municipalité, demande l'application d'une exception pour cette portion de rivage. En 2007, le PPR est approuvé par le préfet du Pas-de-Calais, sans la prise en compte des revendications de la commune du Portel. Cependant, trois conditions pourraient justifiées l'application de cette exception pour la commune du Portel dans les restrictions imposées par le PPR Falaises : la construction d'un ouvrage de protection contre l'érosion, son entretien par un maître d'ouvrage et un contrôle régulier de son état. Depuis 2007, la commune réalise donc un programme de travaux d'entretien et de confortement des ouvrages de protection du trait de côte pour un coût de 80 000 euros en 2007 et 78 000 euros en 2009. Le coût des travaux réalisés en 2010 s'élève à 83 000 euros subventionnés à hauteur de 30% par l'État. Dans la commune d'Oye-Plage, une association « Les écardiens » s'est constituée en 2009 pour « informer, défendre et protéger les biens et les personnes propriétaires aux Écardines », un lotissement situé dans le cordon dunaire du Platier d'Oye. L'objectif de l'association est similaire à celui du comité de défense du littoral Portelois et sa constitution est aussi liée à la réalisation du plan de prévention des risques « côtes basses » du Pas-de-Calais (prescrit en 2003) et au projet de classement en zone rouge d'un tiers des habitations du lotissement (environ 70 maisons). Ces exemples de mobilisation de riverains de la frange côtière illustrent le développement de conflits dans l'élaboration des projets de gestion des risques naturels à l'échelle locale (Deboudt, 2013 ; Delsaut et Meur-Ferec, 2009).

Conclusion

Envisagée sur la durée des deux derniers siècles, la gestion des risques naturels littoraux a connu des changements importants dans ses orientations, ses méthodes et son organisation dans une période assez courte – la dernière décennie. Cette rapidité des changements impose l'émergence d'une nouvelle culture pour permettre une forme de co-construction de cette politique et des stratégies à élaborer par l'ensemble des acteurs concernés par la gestion des risques naturels littoraux. La prise en compte des héritages d'une gestion des risques naturels dominée par l'État et l'évolution importante du rôle de l'État nécessitent un temps d'adaptation (Deboudt, 2010, 2013). C'est aussi une adaptation qui est imposée aux acteurs et aux territoires littoraux par les perspectives sur le changement climatique et ses conséquences sur l'élévation du niveau de la mer. Celles-ci ajoutent par anticipation des contraintes nouvelles pour l'aménagement de territoires à forts enjeux de développement. Les outils existants pour gérer les risques naturels ne seront sans doute pas suffisants pour intégrer cette complexité. L'émergence d'une action collective n'a probablement pas suffisamment été organisée par l'État. Elle nécessite l'invention de nouveaux principes ou de nouvelles procédures de coordination entre les acteurs (Mormont, 2009). La mission parlementaire confiée en 2019 par la ministre de la Transition écologique et solidaire au député de Vendée et président du Comité national de suivi pour la gestion intégrée du trait de côte, Stéphane Buchou, a envisagé différentes nouvelles évolutions pour repenser les politiques publiques actuelles face aux risques naturels côtiers et à l'érosion côtière. Les propositions contenues dans son rapport (Buchou, 2019) pourraient déboucher sur une proposition de loi qui permettrait de repenser à l'échelle nationale la gestion des risques naturels côtiers à l'épreuve de la multiplication des projets et des stratégies déclinées aux échelles locales.

Bibliographie

Bonnot Y. (1995). *Pour une politique globale et cohérente du littoral en France, Rapport au Premier ministre*, Paris, La Documentation française, 151 p.

Buchou S. (2019). *Quel littoral pour demain ? Vers un nouvel aménagement des territoires côtiers adapté au changement climatique*, 113 p.

Chauveau E., Chadenas C., Comentale B., Pottier P., Blanlœil A., Feuillet T., Mercier D., Pourinet L., Rollo N., Tillier I. et Trouillet B. (2017). « Xynthia: lessons learned from a catastrophe », *Cybergeo*, document 538, mis en ligne le 11 avril 2017. URL : http://journals.openedition.org/cybergeo/28032 ; DOI : 10.4000/cybergeo.28032

Cousin A. (2011). *Propositions pour une stratégie nationale de gestion du trait de côte, du recul stratégique et de la défense contre la mer, partagée entre l'État et les collectivités territoriales*, Paris, La documentation française, 61 p.

Deboudt P. (2013). *Géographie sociale de la nature littorale*, Éditions Universitaires Européennes, 640 p.

Deboudt P. (2010). « Towards coastal risk management in France », *Ocean & Coastal management*, 53, p. 366–378.

Deboudt P. (2005). « Tourisme littoral, préservation des espaces naturels et gestion intégrée de la zone côtière en France : le cas de la Côte d'Opale », *Hommes et Terres du Nord*, 2, p. 37–38.

Deboudt P., Paris D (2016). « La fabrication du grand territoire : résultat d'une vision stratégique planifiée ou action publique pilotée par opportunités ? L'exemple de la Côte d'Opale (Nord-Pas-de-Calais-Picardie, France) », *Revue Internationale d'Urbanisme* (RIURBA), 2.

Delsaut M. et Meur-Férec C. (2009). « La réserve naturelle nationale du Platier d'Oye : analyse de vingt ans de conflits (1987–2007) », *Natures Sciences Sociétés*, 2, 17, p. 155–160.

Denis Mercier (coord.) (2012). « Après Xynthia : vers un repli stratégique et un État fort ? », *Norois*, 222, p. 7–9.

Drobenko B. (2015). « Risques littoraux : entre stratégie et droit », *VertigO*, Hors-série 21, mis en ligne le 20 février 2015, URL : http://journals.openedition.org/vertigo/15787 ; DOI : 10.4000/vertigo.15787

Froger G., Méral P. (2002). « Des mécanismes de l'action collective aux perspectives pour les politiques d'environnement », in G. Froger, P. Méral (dir.), *Gouvernance, action collective et politiques d'environnement*, Bâle, Genève, Helbing & Lichtenhahn.

Ghézali M. (2000). *Gestion intégrée des zones côtières, l'approche statutaire de la Côte d'Opale*, Éd. Université du Littoral Côte d'Opale & Syndicat mixte de la Côte d'Opale, Boulogne-sur-Mer.

Heitz C., Fernandez S. & Laumin V. (2018). « Enquêter sur la GEMAPI : quelles origines et quels effets sur les territoires de l'eau ? », *Sciences Eaux & Territoires*, n° 26, 2, p. 6–11. DOI :10.3917/set.026.0006.

Héquette A. (2010). « Les risques naturels littoraux dans le Nord-Pas-de-Calais, France », *VertigO*, Hors-série 8, mis en ligne le 21 octobre 2010. URL : http://journals.openedition.org/vertigo/10173 ; DOI : 10.4000/vertigo.10173

Héquette A., Ruz M.-H., Zemmour A., Marin D., Cartier A., Sipka V. (2019). « Alongshore Variability in Coastal Dune Érosion and Post-Storm Recovery, Northern Coast of France », *Journal of Coastal Research*, 88, 1, p. 25–45.

Herbert V., Deboudt P., Meur-Férec C., Morel V. (2006). « Contribution aux recherches en géographie littorale sur la Côte d'Opale », *Territoire en Mouvement*, 1, p. 54–67.

Herbert V., Maillefert M., Petit O., Zuindeau B. (2009). « Risque environnemental et action collective : l'exemple de la gestion du risque d'érosion à Wissant (Côte d'Opale) », *VertigO*, 9, mis en ligne le 14 décembre 2009.

Juffé M., Mazière B. (2008). Le jeu des acteurs locaux de la prévention des risques : vers un nouveau partage des responsabilités, Paris, Conseil Général des Ponts et Chaussées.

MEEDD, MEIE, MIOMCT (2010), Tempête Xynthia. Retour d'expérience, évaluation et propositions d'action, tome 1, 191 p.

Ministère de l'Écologie, de l'Énergie, du Développement durable et de la Mer (MEEDDM) (2009). *À l'interface entre terre et mer, la gestion du trait de côte*, 32 p.

Ministère de l'Écologie, de l'Énergie, du Développement durable et de la Mer (MEEDDM) (2010). *La gestion du trait de côte*, Paris, Quae, 352 p.

Mesnard A.-H. (2009). « L'approche stratégique française des instruments de la gestion intégrée des Zones côtière », *VertigO*, hors-série n° 5, 28 mai 2009.

Meur-Férec C., Deboudt Ph., Morel V. (2007). « Coastal Risks in France: An Integrated Method For Evaluating Vulnerability », *Journal of Coastal Resarch*, 24, p. 178–189.

Meur-Férec C., Morel V. (2004). « L'érosion sur la frange côtière : un exemple de gestion des risques », *Natures Sciences et Sociétés*, 12, p. 263–273.

Meur-Férec, C. & Rabuteau, Y. (2014). Plonevez-les-Flots : un territoire fictif pour souligner les dilemmes des élus locaux face à la gestion des risques côtiers. *L'Espace géographique*, 43, 1, 18–34. DOI :10.3917/eg.431.0018.

Miossec A. (1998). « Les sociétés contemporaines face à l'élévation du niveau de la mer », *Annales de géographie*, 600, p. 201–219.

Mormont M. (2009). « Le sociologue dans l'action collective face au risque », *Développement durable et territoires*, Varia, 02 novembre 2009.

Mulot V., Vigneron A.-L., Lambert-Hadid M.-L. (2010). « Le littoral face aux changements climatiques », *Méditerranée*, 115, p. 131–137.

Pascal M. (2007). « La lutte contre les submersions marines : une priorité pour la région », *Air Pur*, 72, p. 21–23.

Paskoff R. (1995). « Le Conservatoire du Littoral confronté au problème de l'érosion marine », *Les Cahiers du Conservatoire du Littoral*, 7, p. 65–74.

Przyluski V., Hallegatte S. (coord.) (2012). *Gestion des risques naturels. Leçons de la tempête Xynthia*, Versailles, Quae, 264 p.

SMCO (Syndicat Mixte de la Côte d'Opale), Région Nord-Pas-de-Calais, Ministère de l'Équipement, MEDD (2003), Plan Littoral d'Actions pour la Gestion de l'Érosion, Lille.

Vinet F., Defossez S., Rey T., Boissier L. (2012). « Le processus de production du risque « submersion marine » en zone littorale : l'exemple des territoires « Xynthia », *Norois*, 222, mis en ligne le 30 mars 2014. URL : http://journals.openedition.org/norois/3834 ; DOI : 10.4000/norois.3834

Conclusion

Transition, adaptation, résilience : un processus itératif pour construire de nouveaux paradigmes du projet

Helga-Jane Scarwell et Philippe Deboudt

Philippe Genestier (2012) soulignait à propos de l'ouvrage de Gilles Pinson, « Gouverner la ville par projet. Urbanisme et gouvernance des villes européennes » (2009) que depuis une vingtaine d'années, le projet urbain, comme notion et comme pratique, donnait lieu à des flots de publications. Les textes présentés dans cet ouvrage qui est le 3e d'une entreprise de publication autour du projet font suite aux 20e rencontres internationales en urbanisme de l'Association pour la Promotion de l'Enseignement et de la Recherche en Aménagement et Urbanisme (APERAU), organisées à l'Université de Lille en 2018. Cette manifestation avait souhaité revenir sur les transformations du projet, « Que reste-t-il du projet ? », « tout à la fois urbain, métropolitain, de développement (durable), de territoire, agricole, grand, structurant, multi-acteur, multi dimensionnel, négocié, complexe, emblématique… ». Nadia Arab (2018) a proposé une réflexion pour une théorie du projet en urbanisme :

> L'activité de projet en urbanisme ne commence pas et ne finit pas avec le modèle d'action incarné par le projet urbain … les projets d'urbanisme recouvrent des réalités variées … les enjeux et les types d'opérations sont également diversifiés… Chaque activité de projet s'inscrit dans des configurations locales historiques, économiques, géographiques, sociologiques, politiques, propres au territoire considéré, voire au site précis concerné par le projet. Il en va de même de la configuration des acteurs et de leurs combinaisons dans des collectifs aux relations variables.

Dans cet ouvrage, le projet a principalement été envisagé dans ses rapports au temps et à la durabilité en en recherchant au fil des chapitres l'émergence de trois nouveaux paradigmes pour le projet avec la transition, l'adaptation et la résilience.

Le développement durable, référentiel d'action de la politique et registre cognitif majeur de la pensée urbaine contemporaine, constitue le fil conducteur de l'ouvrage et il a été envisagé à travers le prisme de ces trois paradigmes que sont la transition, l'adaptation et la résilience.

La question formulée dans le titre de l'ouvrage n'était pas en l'occurrence de définir la notion de projet mais bien celle de savoir si la mobilisation des trois paradigmes avait donné lieu à des façons différentes de le concevoir et si ces paradigmes traduisaient des registres et expressions de la durabilité urbaine agissant comme autant de tournants pour le projet. Plusieurs questions, en lien avec ces interrogations, ont été envisagées au fil des dix-sept chapitres de cet ouvrage : quelles ont été les conséquences spatiales, morphologiques, sociales, environnementales et économiques des plans et projets initiés par la mobilisation de ces paradigmes ? De même, ces paradigmes ont-ils modifié le système et les configurations d'acteurs dans une logique de coproduction de la ville et du territoire ? Ou encore, ont-ils formulé de nouveaux enjeux sociaux (Claude, 2000) traduisant une nouvelle catégorie de l'action (Arab, 2018) ?

Plus précisément, à travers cet ouvrage ont été explorées successivement les diverses formes de renouvellement ou annoncées comme telles du projet dans ses dimensions décisionnelles, organisationnelles et opérationnelles. Qu'il s'agisse de la volonté de transformation de l'espace urbain, des tentatives de relance de l'action stratégique en mettant en avant les particularismes locaux pour renouveler les processus productifs ou encore des approches qui privilégient les acteurs, leurs pratiques et leurs interactions, l'ensemble des textes rassemblés ici s'inscrivent dans cette perspective et ont l'ambition également d'être des clés de compréhension pour anticiper les transformations à venir. Autrement dit, cet ouvrage renvoie modestement à une capacité de projection en vue d'analyser les transformations des territoires et des villes dans un contexte de changement climatique et de durabilité, sans présupposer qu'elles répondent directement à des impératifs de durabilité, techniques ou découlent de la nature des problèmes ciblés.

Si l'impératif du développement durable a introduit de nouvelles exigences dans la production de la ville qui se sont traduites dans le processus de réalisation de projets, l'histoire urbaine tout entière et le système territorial sont traversés de transformations qui se posent aujourd'hui avec une acuité particulière, en raison des effets les plus nuisibles du changement environnemental et du changement climatique en particulier.

À travers ces dix-sept chapitres, l'ouvrage montre que les paradigmes mobilisés (transition, adaptation et résilience) ne convergent pas toujours naturellement et s'articulent suivant les contextes locaux, les époques ou encore les objectifs de l'action urbaine. S'ils sont devenus les plus en vogue de l'agenda de la politique climatique, la volonté de formuler des politiques particulières en vue de favoriser leur mise en œuvre non seulement n'est pas récente mais est surtout conflictuelle. Confrontés à ces nouvelles dynamiques et aux bouleversements des anciens équilibres, les acteurs locaux doivent intégrer les temporalités propres aux processus d'apprentissages collectifs pour formuler collectivement des réponses de transition, d'adaptation et de résilience aux changements économiques, sociaux, politiques et urbains de la société.

Ensuite, les paradigmes mobilisés (transition, adaptation et résilience) à travers les textes proposés traduisent davantage un processus qu'un aboutissement dont le cheminement itératif renvoie parfois à des objectifs de portée lointaine. Au mieux, ils se présentent « d'un côté comme une nouvelle métrologie pour définir l'état d'un système que l'on va chercher à améliorer, mais aussi comme une nouvelle façon de penser » (Hervé, Rivière, 2014).

Enfin, à travers la diversité de ses contributeurs, cet ouvrage témoigne qu'il existe bien des manières de parler du projet et de s'y intéresser.

Bibliographie

Arab N. (2018).« Pour une théorie du projet en urbanisme », *Revue européenne des sciences sociales*, 56–1 (1), p. 219–240. https://www-cairn-info.ressources-electroniques.univ-lille.fr/revue-europeenne-des-sciences-sociales-2018-1-page-219.htm

Claude V. (2000). « Le projet urbain, un ici et maintenant ou un nouvel ailleurs ? Quelques réflexions sommaires » *in* A. Hayot, A. Sauvage (dir.), *Le projet urbain. Enjeux, expérimentations et professions*, Paris, Éditions de La Villette, p. 61–77.

Genestier P. (2012). Gilles Pinson, *Gouverner la ville par projet. Urbanisme et gouvernance des villes européennes*, 2009, *Les Annales de la recherche urbaine*, n° 107, La ville en thèse, 131–133.

Hervé D., Rivière M. (2014). « Résilience, adaptation, changement : l'interdisciplinarité questionnée », *Natures Sciences Sociétés*, 3, (22), p. 247–253. DOI : 10.1051/nss/2014043. URL : Sociétés https://www-cairn-info.ressources-electroniques.univ-lille.fr/revue-natures-sciences-societes-2014-3-page-247.htm.

www.ingramcontent.com/pod-product-compliance
Ingram Content Group UK Ltd.
Pitfield, Milton Keynes, MK11 3LW, UK
UKHW021902290926
8980IPUK00015B/1002

9 782807 611115